U0296368

中文翻译版

手术室器械图谱

INSTRUMENTATION FOR THE OPERATING ROOM

A PHOTOGRAPHIC MANUAL

原书第9版

原著者 〔美〕雪莉·M·泰伊（Shirley M. Tighe）

主 译 任 辉 王 莉

副主译 谢 菲 王丽华 鲁 芳

译 者 （以姓氏笔画为序）

卫 江 王 莉 王 敏 王家玲
龙 波 成俊杰 吕 蓉 吕雪菊
任晓叶 刘林莉 许志发 杜文秀
李 凤 李 杉 李春香 李桂花
张 薇 张玲琳 张琬莹 周娅颖
郑 妍 赵 莉 胡 航 唐 慧
程 勤

科 学 出 版 社

北 京

图字：01-2018-7644号

内 容 简 介

手术器械是外科医师和手术室护士工作中必用的医疗设备，如何辨认、正确使用及管理手术器械是一项非常重要的课题。本书以图谱形式介绍了外科各系统手术器械的名称、手术中的应用、灭菌、保养及配套设置，经过多版次的修订（第 9 版），内容不断更新，增减后的内容更好地体现了学科的专业性和先进性。全书共收集手术器械图 537 幅，图版清晰，文字详细，图文并茂。

本书可供手术室护士、外科医师及相关人员参考阅读，也可作为手术室护士、供应室人员技能培训用书。

图书在版编目(CIP)数据

手术室器械图谱：原书第9版 /（美）雪莉 · M · 泰伊（Shirley M. Tighe）著；任辉，王莉主译. 一北京：科学出版社，2018.12

书名原文：Instrumentation for the Operation Room 9/E

ISBN 978-7-03-059750-2

Ⅰ. ①手… Ⅱ. ①雪… ②任… ③王… Ⅲ. ①手术器械一图谱 Ⅳ. ①TH777-64

中国版本图书馆CIP数据核字（2018）第262480号

责任编辑：郭 颖 马 莉 / 责任校对：王晓茜

责任印制：李 彤 / 封面设计：龙 岩

ELSEVIER

Elsevier (Singapore) Pte Ltd.

3 Killiney Road, #08-01 Winsland House I, Singapore 239519

Tel: (65) 6349-0200; Fax: (65) 6733-1817

Instrumentation For The Operating Room – A Photographic Manual, 9/E

ISBN 978-0-323-24315-5

This translation of Instrumentation For The Operating Room – A Photographic Manual, 9/E by Shirley M. Tighe was undertaken by China Science Publishing & Media Ltd. (Science Press) and is published by arrangement with Elsevier (Singapore) Pte Ltd.

Instrumentation For The Operating Room – A Photographic Manual, 9/E by Shirley M. Tighe 由中国科技出版传媒股份有限公司（科学出版社）进行翻译，并根据中国科技出版传媒股份有限公司（科学出版社）与爱思唯尔（新加坡）私人有限公司的协议约定出版。

《手术室器械图谱》（第9版）（任辉 王莉译）

ISBN:

科 学 出 版 社 出版

北京东黄城根北街16号

邮政编码：100717

http: //www. sciencep. com

北京中科印刷有限公司 印刷

科学出版社发行 各地新华书店经销

*

2018年 12 月第 一 版 开本：787×1092 1/16

2023年 3 月第六次印刷 印张：21

字数：300 000

定价：120.00元

（如有印装质量问题，我社负责调换）

CONTRIBUTORS/CONSULTANTS

CLINICAL EDITOR

Denise A. Reese, RN, CNOR
Clinical Educator — Perioperative Services
PeaceHealth Southwest Medical Center
Vancouver, Washington

Wendy M. Weir-Raynor, BSN, RN
Clinical Educator — Perioperative Services
PeaceHealth Southwest Medical Center
Vancouver, Washington

NURSE/CONSULTANTS

Marcia Frieze, CEO
Case Medical, Inc.
South Hackensack, New Jersey

Cynthia C. Spry, MA, MSN, RN, CNOR(E), CBSPDT
Independent Consultant, Sterilization, Disinfection, and Related Infection Prevention
New York, New York

CLINICAL CONSULTANTS

Kathryn Diane Amer, BSN, RN
Ambulatory Surgery
PeaceHealth Southwest Medical Center
Vancouver, Washington

Joan Blackler, RN, CNOR
RN Surgical Specialist — Orthopedic Surgery
PeaceHealth Southwest Medical Center
Vancouver, Washington

M. Tiffany Brenton, BSN, RN
RN Surgical Specialist — EENT/Plastics/Robotics Surgery
PeaceHealth Southwest Medical Center
Vancouver, Washington

Sheryl A. Bundy, RN
Pediatric Surgical Coordinator
Legacy Emanuel Hospital and Medical Center
Portland, Oregon

Robert L. Nyberg, RN
RN Surgical Specialist — Cardiovascular Surgery
PeaceHealth Southwest Medical Center
Vancouver, Washington

viii Contributors/Consultants

Katherine Schneider, RN, CNOR
RN Surgical Specialist — Neurosurgery
PeaceHealth Southwest Medical Center
Vancouver, Washington

Jack Som, RN
RN Surgical Specialist — General Surgery
PeaceHealth Southwest Medical Center
Vancouver, Washington

Shannon Young, RN
RN Surgical Specialist — GYN/GU Surgery
PeaceHealth Southwest Medical Center
Vancouver, Washington

Sandy Zarosinski, RN
Open Heart/Vascular Coordinator
Legacy Good Samaritan Hospital and Medical Center
Portland, Oregon

CONTRIBUTORS/CONSULTANTS

Beverly I. Burns, RN, CNOR(E)
Clinical Education Specialist, Retired
SurgiCount Medical
Portland, Oregon

Gwendolyn Graham, MN, RN
Associate Professor in AD Nursing Program, Retired
Umpqua Community College, Oregon
Silverlake, Washington

Kia Holmes
Graphic Designer
Case Medical, Inc.
South Hackensack, New Jersey

Christianne C. Mariano, MA
Executive Assistant
Case Medical, Inc.
South Hackensack, New Jersey

Jack W. Sanders, BA
Medical Photography/Videographer
Portland, Oregon

Glen E. Tighe
Photography and Computer Consultant, Retired
Lake Havasu City, Arizona

Pauline E. Vorderstrasse, BSN, RN, Retired
Director/Instructor Surgical Technology, Retired
Mt. Hood Community College
West Linn, Oregon

PeaceHealth Southwest Medical Center
Vancouver, Washington

译者前言

《手术室器械图谱》第 9 版编排与先前版本相同，根据人体解剖系统分类进行编排，但较之第 8 版略有改动。

第一，第 9 版删除了儿科手术器械内容，共 10 个单元，114 章内容；第 8 版共 11 个单元，128 章内容。

第二，第 9 版各单元内容在第 8 版基础上进行了更新、补充、删除等改动。第一单元“外科手术器械准备”增加了手术器械维护相关资源，其中包括美国医疗仪器促进协会（Association for the Advancement of Medical Instrumentation，AAMI）发布的《医疗卫生设备整齐灭菌和无菌保证综合手册》、美国围术期注册护士协会（Association of peri-Operative Registered Nurses, AORN）的《手术器械清洁—打包—灭菌系统选择和使用的实践建议》和美国国家疾控中心（Centers for Disease Control, CDC）的《2008 年医疗卫生设备消毒与灭菌指南》。还首次对手术器械大体分类进行补充说明，即手术器械大体分三大类：手持式、非动力器械；动力器械；腔镜器械。主要对手持式、非动力手术器械进行了阐述和举例说明。

第一单元“灭菌容器”是第 9 版增加内容最多的章节，主要从灭菌容器的使用和保养、存放和保持无菌、手术器械在灭菌容器内的放置、无菌容器的选择及注意事项、灭菌容器管理要求等方面进行详细阐述。

第二～十单元分别对普外科、妇科、泌尿外科、骨科、五官科、整形外科、周围血管与心胸外科和神经外科最常见手术的手术器械进行描述，增加、删减后的内容更好地体现了学科的专业性和先进性。

陆军军医大学护理系教授　任　辉

陆军军医大学第一附属医院手术室总护士长，主任护师　王　莉

2018 年 10 月

原著前言

本书的编排与先前版本相同，遵循从基础到高级进阶原则，正如在围手术领域的工作进展一样。

了解手术室器械的历史演变、维护与使用、分类及各种手术器械正确的灭菌方法，将有助于中心消毒供应室、门诊手术间及手术室工作人员更好地胜任围手术领域工作。此外，了解装载手术器械的灭菌容器种类也很重要，这将有助于保持手术器械在灭菌和运输途中的无菌状态。

图谱根据人体解剖系统进行分类，共展示了 114 种外科手术中使用的手术器械。每个单元首先将介绍一组与手术相关的基本器械或常用器械。多数单元还会先描述在手术中如何使用这组手术器械，并配有手术器械的相关图片。图片若呈现成组的手术器械，则该组器械一般放置在同一个灭菌容器内。有些图片仅呈现单个手术器械，主要考虑该手术器械的尖端在一组器械中不能清晰呈现，单独呈现过的手术器械将不会重复出现。查询目录可帮助您找到感兴趣的手术方式涉及的手术器械；查询索引还可帮助您快速找到单个手术器械在本书中的位置。

本书邀请的评审专家多数是临床一线的咨询顾问，他们在围手术领域具有丰富的工作经验。书中删减的相关手术器械内容已放在 Evolve 网站上供读者查阅。Evolve 网站上共享的手术器械的相关信息在相应章节首页上均有提示。可在本书开始部分的 Evolve 页面上找到进入网站的信息。

特别感谢 Cynthia Spry 在撰写第 1 章“外科手术器械的维护与使用”和 Case Medical 公司首席执行官 Marcia Frieze 撰写第 2 章“灭菌容器”中给予我的大力帮助。

本书顺利出版离不开一直在幕后工作，却很少被人提及的三位 Elsevier 合作伙伴，他们分别是：执行内容策略家（executive content strategist）Tamara Myers、高级内容发展专家（senior content development specialist）Laura Selkirk 及项目经理人 Suzanne Fannin。在此，我向你们的辛勤付出致以衷心的感谢，谢谢你们！

Shirley M. Tighe, BA, RN, Retired, AD in Applied Science of Photography

致　谢

感谢和平健康西南医疗中心（PeaceHealth Southwest Medical Center）及其工作人员允许我使用它们提供人力拍摄《手术室器械图谱》（第9版）的图片。

非常荣幸有机会与华盛顿州温哥华市和平健康西南医疗中心（PeaceHealth Southwest Medical Center）的工作人员共事。首先，他们专业知识渊博，并且非常乐意与我们从事围术期护理的工作人员分享关于新的或升级的仪器设备的知识。其次，他们对如何更新图谱非常有想法，并有效地帮助我们拍摄和标记这些仪器设备。

对于《手术室器械图谱》（第9版）的问世而言，温蒂·威尔·雷诺（Wendy Weir-Raynor）（前排右二）和丹尼斯·瑞斯（Denise Reese）（后排左一）无疑是最宝贵的财富。她们是临床教育工作者，有20余年围术期工作经验。这是消毒供应中心的部分临床顾问和技术人员的合影。

和平健康西南医疗中心

从左到右：杰克·桑德斯（Jack Sanders）、格伦·泰伊（Glen Tighe）、雪莉·泰伊（Shirley Tighe）、波琳·沃德斯特拉斯（Pauline Vorderstrasse）、格温·格拉哈姆（Gwen Graham）和贝弗莉·伯恩斯（Beverly Burns）。他们均已退休，但为了帮助雪莉更新教材，又重新出来工作。在过去的40余年里，我非常荣幸能与这些朋友以及其他的顾问一起工作。我们应该将这本书命名为"他们的书"，因为他们无私分享了手术室护理方面的专业知识，奉献了宝贵的时间。非常感谢大家。

诚挚地，

Shirley M. Tighe，文学学士，注册护士，退休人员，摄影应用科学美术指导

目 录

第一单元　外科手术器械准备

第 1 章

外科手术器械的维护与处理

尽管有证据表明早在公元前 1 万年前就有石制刀具用于外科手术，但直到 20 世纪初，随着不锈钢的发明，现代外科器械才真正诞生。如今，几乎 85% 的外科器械都由不锈钢制成。尽管不锈钢制品仍然构成外科器械的绝大部分，但在过去的几十年间，外科器械发生了翻天覆地的变化。新材料的引入是其中之一。除了不锈钢之外，钛、铬合金及各种高分子材料也被应用到外科器械中。微创手术的发明，以及先进材料的获得，使曾经只能梦想的器械成为现实。摄像头、软式与硬式内镜、微创手术和高级成像技术，使现代医学能在不执行开放手术也不要求患者住院的情况下，检查人体的每个部位。手术器械的发展方向是逐渐小型化，并能增强医师可视化、操作、诊断和处理组织的能力。这些器械与技术使医师能在不做大切口的同时，施行动脉瘤修补术、冠状动脉旁路移植术、胎儿手术等。手术器械的发展在改善患者预后、提高早期出院率、减少康复时间，以及减轻生理创伤和疼痛方面也有显著的贡献。相比普外科手术器械没有明显变化，微创和介入手术器械则更为复杂和精细，因此对这类手术器械需要特殊的保养和处理技巧。例如软管内镜，其管道直径仅 0.1mm，管长 2200mm。器械的发展必然带来价格昂贵、可替代器械库存量小、清洁去污消毒程序复杂等问题。外科器械的种类增加，但同类器械的库存量却未相应增加，现有器械将被更为频繁地使用和操作。这将增加器械损坏的风险，进而增加维修费用，并可能导致相应的手术被取消。因此，随着如今成本意识的增强，正确维护和使用外科手术器械就显得尤为重要。

外科手术器械除了在外观设计上有所改进外，在对手术器械进行清洗、打包和灭菌方面的技术也有所提升。通过循证的方法，有关手术器械处理的标准、指南和推荐建议也在不断更新中。因此，对手术器械的维护和使用者而言，需要掌握的专业知识也急剧增多。器械维护人员必须了解器械的用途、功能及各种清洗、消毒、打包和灭菌方法与手术器械的兼容性，同时还要对清洗、去污、打包和灭菌的仪器设备有所熟悉和掌握。许多机构都意识到正确处理外科器械是一项技能，要求处理人员有相应证书，并且在美国至少两个州内该证书已成为受雇的条件，其他州也将效仿。虽然维护和使用手术器械并不能为医院创造收益，但是正确精细的维护和使用能防止器械损坏，从而减少维修和替换费，进而降低外科部门的总支出。但是，首先应当考虑手术器械是否真正符合患者的需求，即必须保证安全无菌。手术器械必须保证处于良好的工作状态，以备手术之用。手术器械必须做到全部清洗和去污后，进行正确打包和灭菌后备用。手术器械使用不当或稍有瑕疵，均可导致手术时间的延长、术中操作失误及患者感染、受伤或死亡。美国医学会（Institute of Medicine）1999 年 11 月在《人人会犯错：构建一个更安全的卫生系统》的报道中指出，每年有多达 9.8 万例患者在医院内受伤的案例发生，在专业期刊和新闻媒体上也有关于患者受伤的报道。加州民主党参议员芭芭拉 · 博克瑟在 2014 年的一份报道中估计，每年有 21 万 ~ 40 万例患者在医院内因医疗差错和其他可防范的伤害而导致死亡。该报道还指出，手术部位感染在导致患者伤害的常见原因中居第 7 位。患者伤害风险意识的增强及伤害带来的经济负担，使得患者安全问题和用经济手段预防伤害发生成为焦点。像美国的国家老年人医疗保险公司、医疗补助公司和其他一些私人保险公司将不再为医疗机构发生的部分患者伤害事件埋单，诸如外科手术部位感染等预防其发生的事件。整个医疗卫生行业都持续关注着患者的安全问题，正确维护和使用手术器械是保证患者安全的关键所在，如手术部位感染的预防。

总之，正确维护和使用手术器械并不是一项简单机械的任务，它需要专业知识、工作能力、评判性思维、专业判断及致力于提供优质医疗服务的职业精神。

一、外科手术及手术器械的演变

外科手术的出现远早于复杂精细的外科手术器械。史前时代，石刀、打磨锋利的燧石、动物牙齿都是可用于割礼、环锯术和放血的器械。希波克拉底（公元前460—公元前377）在《希波克拉底文集》中提到了使用钢铁制造手术器械；然而，目前尚未发现古罗马早期以前的手术器械。始于1771年的庞贝古城考古发现了手术器械，并与现代器械惊人地相似。发掘出的手术器械有异物去除器、扩张器、牵开器、探针、骨膜剥离器、钳子及钩子。对它们进行金属分析，检测出三种金属：铜、青铜和铁。

18世纪90年代以前，外科还不是一门严格意义上的学科，外科医师的地位也不及内科医师。手术器械则由铁匠、刀剪匠和枪械制造者制作。然而，随着外科逐渐发展成为一门学科并获得了一定地位，手术器械制造这一职业也就应运而生。外科医师雇用一些铜匠、炼钢工人、银匠、车工、木工及其他手艺人，要求他们根据特定需求制作器械。当时的手术器械常常有华丽的象牙或精致的木刻手柄，并且用天鹅绒覆盖。

19世纪40年代麻醉的发明及80年代李斯特抗菌技术的应用，在很大程度上影响了手术器械制作。麻醉技术能帮助外科医师更从容准确地操作，以及实施更耗时复杂的手术。外科手术的类型增多了，对相应器械的需求也随之增加。器械消毒技术对器械设计的影响也不容忽视。蒸汽消毒成为标准程序后，木刻或象牙手柄就被全金属取代，包括银、黄铜或钢。内衬天鹅绒的包装盒也被内置托盘取代，以便放入蒸汽箱中消毒。

二、不锈钢器械制造

20世纪研发的不锈钢为手术器械制作提供了上佳材料。随后，手术器械制造便发展为一个高技术含量的职业。很快，美国开始引进德国、法国和英国的工匠，要求他们向本国工匠传授技艺。甚至今天，许多精密、高质的不锈钢器械仍产自欧洲。一般认为德国是高质量手术器械的发源地。尽管其他金属材料如钴铬钼合金、钛已得到应用，但大多数器械仍由不锈钢制成，并产自美国。

不锈钢是由不同含量的碳、铬、铁组成的化合物，还可能含少量的镍、镁、硅。三种金属元素的含量不同，其特性也不同，例如有弹性、韧性、可焊性、抗腐蚀性。目前共有80多种不同类型的不锈钢。美国钢铁学会（American Iron and Steel Institute）根据性能和成分用三位数字标示各标准级的不锈钢。用于制造耐热、可复用手术器械的最常见铁合金是不锈钢300系列和400系列，其中400系列更为常用。300系列主要用于制造非切割性，但强度高的器械，如扩张器和大拉钩。400系列可同时用于制造切割和非切割性器械。两种系列都具有抗锈、耐腐蚀、高延伸性等性能，并能在多次使用后保持边缘锋利。铬为不锈钢提供了抗锈性能。事实上，“不锈钢”是一个不恰当的名称。钢究竟在多大程度上“不锈”还取决于其化学组成、热处理和最后的清洗。

不锈钢医疗器械制造的第一步是将原钢进行碾压、打磨或经车床加工成器械毛坯。再根据模具将这些毛坯锻造成特定零部件，并在适当情况下制成相互匹配的两部分。之后，削减掉多余金属，打磨并手工组装零部件。完成对钳口细齿、棘齿和钻头的定位、校正后，工匠们会手工组装器械，再将其打磨抛光。随后对其热处理，以达到合适的大小、重量、弹性、韧性和平衡。检测不锈钢是否达到了预期硬度、钳口棘齿吻合度及夹闭功能后，使用抛光剂加工。

最后两步是钝化和抛光。钝化是指将器械浸泡在稀释的硝酸溶液中，以除去碳钢粒，并促进表面氧化铬层的形成。氧化铬是产生抗腐蚀性的重要成分。碳粒清除后，表面会留下一些凹点。这些凹点可通过抛光去除，抛光可使器械表面平滑，有利于氧化铬的形成。钝化和抛光有效去除了器械表面的凹槽，并防止了腐蚀。

有三种类型的抛光：精抛光、亚光、毛面抛光。精抛光最为常见，但其使器械反光和刺眼，从而干扰外科医师的视线。亚光则不会使器械反光，从而避免刺眼。毛面抛光的器械表面为黑色，也可以避免器械刺眼。毛面抛光适用于激光手术，可有效防止激光反射，从而避免造成灼伤或燃烧。

三、不锈钢器械的质量

新不锈钢器械的质量看上去似乎相差无几。然而事实上，不锈钢器械的质量差异很大，从高质量和优质级到手术室和最低级。一些看似不锈钢制成的器械质量很低，因此只作为一次性用品销售。美国尚无专门机构制定手术器械质量标准。器械的质量由制造商决定。此外，贴有“德国”标签的器械可能是在德国锻造的，但却是在一个几乎没有甚至不存在质量标准的国家组装的。由于手术器械是手术室经费预算至关重要的一部分，因此，了解如何购买和选择符合质量标准的产品非常重要。质量受诸多因素影响，其中最主要的两个因素是合理的碳铬的含量比和钝化处理过程。碳铬含量比对器械强度和寿命非常重要。优质器械有着恰当的碳铬比。钝化对于表面保护层的形成有很大影响，保护层可以防止腐蚀并延长产品寿命。制造商有时会用电解抛光取代钝化，生产出的产品相对便宜但使用寿命会缩短。购买不锈钢器械时，最好选择一个信誉好的制造商，他能够解释不同产品间的质量差异。

购买前有必要核实该制造商拥有美国食品药品管理局（Food and Drug Administration, FDA）颁发的上市许可证明。因为其他一些国家生产的器械也已流入美国市场，但没有 FDA 的许可证明，也没有具体的使用和处理说明。选择信誉好的制造商的另一个原因是为了产品的真实性。近年来，一些假冒伪劣产品已流入了美国的医院。通常卖 150 美元的器械要价 50 美元时，消费者就应当警惕，并在购买前核实该产品的 FDA 许可证明。

除不锈钢材质的手术器械外，在购买其他材质的手术器械前还需要考虑其他因素，主要包括能否被拆卸、是否便于清洗和重新组装、器械的使用寿命，以及与所在医院供应室消毒灭菌处理所用到资源的兼容性（如化学清洗剂、消毒剂和不同灭菌方式等对手术器械的影响）。

四、基本手术器械的使用和维护概述

一件制作精良、维护恰当的手术器械可以使用 10 年。延长器械使用寿命的最重要措施包括合理使用、小心操作和正确的清洁、除污和灭菌，其他措施还包括消毒、打包和贮存。每种器械都有特定的用途。将某种器械另作他用，无疑会损坏器械。例如误用组织钳固定手术台上的无菌巾或手术仪器的连接线。

五、相关资源

手术器械维护必备资源主要有美国医疗仪器促进协会（Association for the Advancement of Medical Instrumentation, AAMI）发布的《医疗卫生设备整齐灭菌和无菌保证综合手册》、美国围术期注册护士协会（Association of peri-Operative Registered Nurses, AORN）的《手术器械清洁—打包—灭菌系统选择和使用的实践建议》和美国国家疾控中心（Centers for Disease Control, CDC）的《2008 年医疗卫生设备消毒与灭菌指南》。其他资源还包括设备使用说明书（instructions for use, IFU）。IFU 是手术器械制造商确保该项产品安全使用的必要说明，应清晰写明拆卸、清洗和（或）消毒、检查、功能测试、打包、高级消毒和灭菌等内容。IFU 需要经常被查阅。因为当制造商改进设备、采用新的器械管理制度或是市场上出现新的技术时，使用说明都会随之改变，所以应定期查看使用说明书。事实上，医疗保险和补助服务中心 (Centers for Medicare and Medicaid Services, CMS) 曾对门诊手术设备使用发表声明并指出，“若制造商的指示不被遵守，那么灭菌仪器的灭菌效果无法确保，则门诊手术中心的操作违反了 42 CFR 416.44(b)(5) 项的规定。”

除了针对手术器械本身的说明书之外，操作前还应该仔细阅读化学清洗剂、清洗和灭菌设备、打包材料和质量监控器的说明书。如果说明书内容之间互相冲突，则应联系销售方以解决这一问题。当销售方无法调节这种不协调时，则应进行器械性能测试（详见本章末消毒部分）。

负责手术器械操作的所有人都应当掌握使用说明书的内容，并定期进行查阅。来自具有一定公信度机构的检测人员表示会检查使用器械相关人员在操作时是否严格参照了 IFU。大量的设备进入文件管理系统后有利于获取最新的 IFU。电子计算机的文件管理系统的运用，使得相关使用人员可以更好地进行操作。

六、手术器械灭菌处理前的准备

使用时

手术器械在送去供应室灭菌前，首要处理步骤在手术器械使用时。手术过程中，被血液或组织污染的器械应当恰当擦拭，并在无菌环境中用无菌蒸馏水冲洗。彻底的冲洗可有效去除器械铰链、节点和缝隙处的血液及其他污染物。未及时清除和干燥变硬的血渍或外来杂质，可能淤积在锯齿爪中、剪刀刃间或盒子锁扣中，使最终（术后）的清洁工作更加棘手，消毒杀菌过程失效，从而可能导致器械钝化并最终损坏。一些器械（如吸引头）的管道或管腔应在手术中定时灌洗，以免血液干燥黏附于腔壁。如果忽视这一步骤，即使在术后进行了系统的清洁、消除污染和消毒，血液或其他残留物仍将黏附于腔壁。在手术过程中，应备一支储有无菌蒸馏水的注射器用以冲洗腔体。冲洗腔体的过程应在水面下进行，防止气体杂质污染。器械均应用蒸馏水冲洗，而不用生理盐水。长时间浸于盐水中会导致不锈钢材料腐蚀，最终在表面形成凹陷。这些凹陷可能容纳组织残留物，妨碍清洁，从而导致器械损坏。

处理手术器械时应该小心谨慎，轻拿轻放，不管是单件还是小批处理，以避免因随意放置、碰撞或扭曲造成的损伤。无论在术中还是术后，都应将器械轻轻放置，而不是投掷入器械盘中。若需叠放手术器械，则应从下往上按由重到轻的顺序叠放，精密、脆弱的器械应置于顶部。硬式内镜和光纤电缆虽然坚硬也应放在上层或单独放置。光纤电缆存放时应宽松盘卷，避免过紧缠绕。手术结束后，便拆装可浸泡器械，打开盒子时应小心，避免器械相互缠绕或堆叠太高。所有器械应放回各自的容器或篮子内，以防止整套器械不完整。应将器械盛装或包裹起来送至消毒供应中心。所有一次性刀片或针头都应取下并放置在专用的锐器处理器内。精密器械、内镜及其他特殊器械可能需要用特定容器将其转移至消毒供应中心，以避免造成损坏。有锋利边缘、锐利尖端或其他锋利结构的器械，应将其锋利部分保护起来再放置，保证清洁消毒人员打开容器时免于受伤。

七、清洁和消毒

AAMI 将清洁（cleaning）定义为：“除去物体上的污染物，直到达到可以进行进一步处理或进行预期使用的程度。” AAMI 还进一步指出，“对于医疗卫生器械设施，清洁工作包括利用人工或机械，使用水和洗涤剂去除设施（包括手术刀具，仪器及存放或准备医疗设施的容器或器皿）表面、缝隙、齿状凹槽、连接处和腔体上黏附的固体污物（例如血渍、蛋白质和其他组织碎片），为此后的安全使用或进一步消毒做好准备。”

美国职业安全与健康管理局（Occupational Safety and Health Administration, OSHA）将去污 (decontamination) 定义为：“使用物理或化学方法对器械表面或器械上来自于血液的病原体进行清除，使其失活或直接杀死，直到使其失去传播感染物的能力，从而使得该器械可再次安全使用、操作或处理。”

去污包括清洗和消毒两个过程。机械动力去污常用热循环或化学循环处理方法，以确保手术器械能安全去污。

八、术后的清洁

只要有可能，器械都应当在使用之前拆装一遍。任何可以被分离的部件都应该分离后再进行清洁，除非制造商所给说明书中另附特别声明。手术后，器械都应存放在密封容器或用塑料袋封装的盘子中，并转移到指定区域进行清洁和消毒。器械不应使用有水的盆状容器进行转移，以防盆中的水溢出。清洗器械时，应该远离患者区。消毒区域可能就限定在那些需要穿手术服的地方，或者通常在中央处理部门（也称为无菌处理部门）。一些无法立即清洁但允许浸泡的器械应在清洁之前使用含酶的泡沫或胶状液体进行处理，或完全浸泡在温度适宜且不具有腐蚀性的含酶液体中，以避免组织碎片干燥黏附在设备上或形成生物膜（菌膜）。

所有存放在无菌区供手术使用的器械，无论在术中是否使用，术后都应视作已被污染，应进行全面清洁。在手术过程中，血液、盐水或其他组织碎片有可能散落在这些器械上，因此需对其进行重新清洁和消毒。

消毒的方法有很多，但都是从彻底清洁开始的。消毒过程通常包括以下几个步骤：分类、浸泡、洗涤、冲洗、干燥和添加润滑油。

清洁需要清除附着于器械表面、缝隙、锯齿凹槽、连接处及腔体的明显固体杂质。清洁过程既可通过人工完成，也可使用机器自动处理，最终应使用洗涤剂清洁，再用清水冲洗擦拭。适当使用洗涤剂是十分重要的。所使用的洗涤剂应按照比例表或制造商说明书中所给比例进行混合配制。含酶洗涤剂浓度过高或过低，或是使用不当都会干扰接下来的消毒杀菌过程。无论器械在使用过后污染有多严重，都不应通过添加更多洗涤剂的方式来解决。为了保证洗涤剂浓度适当，建议采用精确的洗涤剂测量装置，或在水槽内放入卷尺或其他无菌度量工具来标记应添加的水位高度。例如，若说明书要求将1oz（28.413ml）洗涤剂添加到1gal（4.546L）水中，那么1oz的容器应当事先准备好，并放在洗涤剂瓶或水槽旁。1gal的容器应当装满清水，缓缓倒入人工清洗器械的水槽，直到达到事先标记的水位。1oz的测量容器和水槽内的水位标记都有助于所配制的洗涤剂达到要求的浓度。用清水冲洗器械的过程同样很重要。有些洗涤过程还需要多次冲洗。若决定更换一种新的洗涤剂，应当确保通知到所有器械操作人员。

如果可能的话，应当优先使用机器清洁器械。然而，一些专业仪器及那些不能进行浸泡或机器清洗的仪器还是需要人工清洗。也有一些仪器由于自身的设计原理，需要人工和机器清洗交叉进行。例如，腹腔镜设备和骨钻孔设备等，组织碎片很容易残留在这类设备上，仅仅依靠机器清洗就不能彻底清除这些杂质。浸泡在含酶洗涤剂中能有效分解有机污染物。骨钻（绞刀）带有很多缝隙，组织碎片很容易残留其中，因此，在机器清洗之前需要将它们浸泡在含酶洗涤剂中，并进行人工冲刷。这很大程度上取决于无菌环境下清洁机器的清洁能力。腹腔镜和其他腔体设备应当用水冲刷。可以用注满含酶洗涤剂的锁口针筒对器械腔体进行冲洗。刷洗所用的刷子应足够长，以便能触及腔体通道末端，同时其直径还应足够宽，这样在垂直刷洗的时候能在腔体壁造成足够的摩擦力，从而将壁上的残渣刷下。用于清洗腹腔镜或其他腔体设备的清洁机或超声清洁设备，清洁效果明显，应当优先考虑。如果器械不允许浸泡，不耐高温，不能承受清洁机清洁时的压力或不能承受所有其他机械清洗带来的不良影响，那么这类器械必须采用人工清洗。人工清洗的器械应允许被完全浸泡在用于清洁该手术器械的洗涤剂中。可分解的仪器应当分解，器械连接关节处，铰链和关节处应打开。应当冲刷去除锯齿、套接处和腔体内嵌入的颗粒。钢丝球、硬毛刷、磨砂、肥皂和锋利的工具由于会对手术器械上的保护涂料造成损伤，所以不能用作除污工具。

人工清洗的器械应当一件一件放入水面以下进行清洗，以防沾染有害气体或飞溅的组织碎片。器械清洗人员必须穿着防护服，防止接触血液或含血和其他体液的液体。防护服由头套、口罩、袖套、经消毒灭菌的手套和盖住内层服装的防水长袍组成。不要穿着围裙，建议在清洁可能产生气体的物件（如腔体器械）时带上面具。清洁时应着防水鞋套或防水靴，因为水可能溢出到地面。

超声清洗是清洁器械的另一个组成部分。只有那些允许进行超声清洁的器械才能进行此项操作，而且必须在大体清除所有组织碎片以后进行。超声清洁机采用空穴作用原理，从器械较难接触的部位去除人工难以清除的附着颗粒。在此过程中，高频声波被捕获并转换成机械振动。声波在器械表面产生微小气泡，这些气泡持续向外膨胀，直到破裂或向内塌陷，造成一定区域内片刻的真空，从而能够迅速破坏使组织碎片附着在器械表面的黏合物质。这样就将所有的微小颗粒迅速从器械缝隙中排除出来。对器械的套接处，带有锯齿的器械和不能直接接触到的器械缝隙等难以彻底清洁的地方使用超声清洁格外有效。

超声清洁不会杀死病原体，它只是从器械表面清除这些病原体，使病原体沉积在超声清洁机的储水槽内。超声清洁机产生的能量不是用于杀菌的，除非频繁更换溶解剂，否则仪器上的细菌数目反而会增加。为了防止这一现象，超声清洁机应当周期性进行更改。超声清洁机在工作的时候应该关闭机盖以防止超声清洁机工作时产生的气溶胶向外传播，对人体造成损伤。

在使用超声清洁医疗器械之前，工作人员应当仔细阅读医疗器械和超声清洁机的 IFU。

由不同金属材料制成的器械如果放在一起进行超声清洁，可能会对器械造成不同程度的损害。如果把较活泼的金属电镀到较不活泼的金属上，可能会在较不活泼的金属上留下永恒的变色（例如把黄铜镀到不锈钢上，会把不锈钢变成金黄色），并在把活泼金属除去以后，最终导致器械性能的减弱。另外，一些器械无法承受超声清洁时产生的能量波，生产精密机械的厂商通常就不会推荐使用超声清洁。

市场上有各种各样的超声清洗器，有些产品专门为特殊的器械设计和使用，如机器人手术的器械。这些设计能进行附件或端口连接腔的清洁，对手术设备上较难取下的物品进行去污时尤为有效。

在完成超声清洁步骤后，应对器械进行冲洗和干燥。

超声清洗器的性能应定期使用配套的监视器进行测试。目前尚未有针对超声清洗器测试频率的标准，然而一些 IFU 可能会推荐具体的测试时间间隔。较常见的测试周期为每周或每天测试。

最常用的器械清洁设备是清洗 - 杀菌 / 消毒一体机。清洗 - 消毒一体机也会用到。这些器械提供了多种功能，包括冷水冲洗、酶浸泡、冲洗、声波降解（超声清洗）、热水冲洗、杀菌剂冲洗、干燥等。

在清洗 - 消毒一体机中，首先对器械进行初步的清洗和冲洗，然后进行简单的消毒操作。那些不能在清洗过程中完全被清除的碎片可能会在高温消毒过程中固化附着在器械表面。因此，通常会优先考虑不使用高温消毒的清洗 - 灭菌一体机。

针对腔体设备，应该利用带有有利于清洁腔体的连接端口的清洁机进行清洁。

器械在置于机器清洁系统之前，应当放在一个带有网孔面或多孔盘上。洗涤剂的选择应由需要清除的组织碎片类型和器械的洗涤剂耐受程度决定。工作人员应同时咨询医疗器械和清洁设备的制造商。洗涤剂的 pH 可以是碱性、中性或酸性。通常优先使用弱碱性和中性的洗涤剂。酸性和强碱性的洗涤剂会对器械的保护镀层造成腐蚀，所以通常不会采用。当使用强碱性洗涤剂时，必须对其进行完全彻底的中和。

含酶洗涤剂通常包括中性洗涤剂和一种或多种酶及表面活性剂。表面活性剂可降低水的表面张力，使洗涤剂更易进入缝隙和锯齿凹槽。市场上有许多含酶洗涤剂。有的仅含有一种酶，有的含有多种酶。有一些含酶洗涤剂可同时供超声清洁机或其他清洁设备，甚至手工清洗使用。也有一些含酶洗涤剂只供手工清洗或机器清洗使用。有些洗涤剂只供特殊器械，如整形手术中的器械、内镜、腹腔镜手术中所用的器械和胆囊切除术中涉及器械的清洗。还有一些洗涤剂是针对血液、脂肪或其他有机物质的清洁。通常优先选用泡沫少，pH 呈中性的洗涤剂。泡沫多的洗涤剂很难完全冲洗干净，容易在器械表面留下斑点。在一些地区，水中含较多无机盐，则应事先使用水软化剂来尽可能地减少结垢。

虽然可以通过目测来判断医疗器械是否清洁干净，但也可以从市场上购买到能对清洁机的性能进行测试的仪器。至少每周都要对机器清洁设备进行一次测试，最好是每天都进行。

消毒检查和包装之前的最后一步是给器械添加不含树脂且可溶于水的润滑剂。器械清洗机自身往往带有润滑功能，因此，不需要从外部添加润滑油。手工添加润滑油的过程中，器械要浸入看起来如同牛奶的乳白色润滑剂中。应遵循制造商的说明书对润滑剂进行稀释，此外，还应在器械润滑剂表面注明该混合润滑剂的保质期。

九、专业器械

专业器械需要进行特别处理。腹腔镜手术器械需与普通手术器械分开处理，因为普通手术器械较重，放置在腹腔镜手术器械上会导致后者的缠绕或吻合不良。其他的专业器械，如动力性手柄及内镜，在超声波清洗、清洗 - 灭菌或清洗 - 消毒过程中会遭到损毁，所以应小心地用手清洁。器械的护理和处理应遵循说明书进行。

（一）眼科手术器械

眼前节毒性综合征（toxic anterior segment syndrome, TASS）是可以导致视力受损的急性眼前节炎症，与白内障及眼前节手术后的器械清洗不当有关。器械上残留的清洗剂及手术中用的黏弹性溶液、防腐剂及异物会引起 TASS。晶状体手术器械的灌洗端口、尖端、小腔径管道、管状器械，以及眼科手术中使用的黏性溶液，使眼科器械的清洁面临着独特的挑战。白内障手术使用的器械适用于便捷式蒸汽灭菌法（immediate use steam sterilization, IUSS）进行处理。尽管正确使用 IUSS 是一种安全、高效的方法，但保证 IUSS 得到正确运用的资源不太理想（详见 IUSS 部分），而这将对灭菌效果带来不利影响。

眼科手术后的器械需要即刻浸入无菌水中，而器械的管腔需用无菌水冲洗。吸气端口、灌洗端口及白内障手术器械的管子都必须先冲洗后拆分，然后再用制造方推荐的清洁剂进行清洗。

除非说明书特别指明，否则不应使用酶类清洁剂。此外，清洁剂的浓度及水质需遵循说明。最后一道冲洗需用灭菌水、蒸馏水或去离子水。管腔需用压缩空气干燥。美国 AORN 建议在人工或超声波清洗后应用乙醇擦拭眼科器械以达到净化的目的。

（二）软式内镜

软式内镜有着又长又窄的管腔，致使其难以清洁。有报道指出，大量感染都是由于对内镜的清洁和处理不当而引起的。上千名做过消化道内镜检查的患者被通知返回医院做检测，以排除因软式内镜处理不当导致感染的发生。对软式内镜如何清洁的说明非常详细、明确，因此不在本文的叙述范围内。2003 年，美国胃肠病学护士学会（The Society of Gastroenterology Nurses and Associates, SGNA）发布了《软式胃肠道内镜再处理指南》，提出了软式内镜及其附件详细的清洁及消毒方案。2011 年，该指南经修订并获得 11 家机构组织的支持，其中包括联合委员会（The Joint Commission）、专业护士和医师内镜协会 (Professional Nurse and Physician Endoscopic Societies)、感染控制及流行病学专业人员学会 (The Association for Practitioners in Infection Control and Epidemiology)。2005 年，美国胸科医师学会 (The American College of Chest Physicians) 和美国支气管病学会 (The American Association for Bronchology) 颁布了《联合声明：支气管镜检相关感染疾病的预防》，其中包括了对软式胸腔内镜的清洁、消毒及手术后处理的建议。

遵守这些指南对恰当处理内镜极为重要，有疑问时应及时参考生产说明，并结合与之相关的结构特点进行处理。制造方通常会提供设备清洁及消毒方面的在职教育。负责清洁处理这些设备的人员应掌握这些知识及具备相应的能力。

软式内镜应在使用后即刻进行清洁。活检及抽吸的管道应用酶促清洁剂冲洗，并擦拭其外部灰尘。为防止细胞碎屑在管道内变干，内镜应在使用后尽快送到净化区。在使用消毒和灭菌剂之前应进行仔细清洁。管腔和内部沟道应用适宜型号的刷子清洁后再冲洗。内镜的清洁剂应按照比例表精确地混合及使用，这一点非常关键。在手工清洁后，内镜应用自动内镜处理器（AER）进行进一步处理，使用 AER 的电镜的兼容性、清洁剂和消毒剂都必须确定。如果没有自动装置，则需要按照生产说明进行进一步仔细的手工清洁。严格遵循其规定使用的消毒剂和 AER 对实现充分的清洁和消毒非常重要。最后一步，所有的管道必须用 70% 的乙醇冲洗以加快干燥。有些 AER 本身就包括了乙醇冲洗。同时，贮存在温湿度控制适宜的干燥箱也是加快干燥的方法之一。如果没有对内镜进行充分的干燥，冲洗水中的病原微生物就可以在相对短的时间内（一夜）在内镜中进行繁殖，还可能在管腔中形成一层生物膜。生物膜由微生物细胞合成，是细菌黏附在某个表面时会形成的，然后生成细胞外多聚糖，形成一层细菌繁殖的黏液保护膜。生物膜只能通过机械作用力去除。由于生物膜包含大量细菌，一旦通过破损的皮肤进入患者体内则可能致命，因此，需要用多于 100 倍普通剂量的抗生素来治疗由生物膜引起的感染。生物膜形成于潮湿内镜管腔内并与患者病死率有关，这一点已得到证实。乙醇冲洗能够预防水生微生物和生物膜的形成。

十、关于被朊病毒污染的器械的注意事项

朊病毒是一种感染性蛋白颗粒，是克 - 雅病及一些致命性退化性神经病的主要致病因素。由于常规的消毒和灭菌对朊病毒无效，所以对接触朊病毒的器械需要进行特殊的处理。但现在关于合理的处理方案的意见并不统一，仍在商讨之中。2010 年 2 月，美国流行病卫生保健学会 (The Society for Health Care Epidemiology of America, SEHA) 颁布了《朊病毒污染的医学器械消毒与灭菌指南》。AORN 和 AAMI 也对朊病毒感染器械的处理发布了相关建议和指南。这些指南和最新的文献报道均可为朊病毒感染器械处理方案的制定提供参考。

有关处理朊病毒感染的手术器械的研究一直在进行中。相关的处理方案也在不断改进，用化学清洁剂处理朊病毒感染的手术器械也逐渐得到重视。至少每年应对朊病毒感染器械处理的政策和方案进行审视和修订。处理方案是基于外科手术患者感染或怀疑其感染朊病毒，与手术中所用手术器械接触过的组织类别，以及所用器械是否为关键器械之上的。关键器械是指进入无菌组织或脉管系统的一类器械。高危患者是指某种已知的朊病毒疾病患者或与朊病毒疾病相关的快速进行性痴呆患者。高危组织包括脑、脊髓、后眼和垂体等。用于高危患

者高危组织手术中的关键器械需要特殊的处理方案。这些器械应保持湿润、浸入水中或杀灭朊病毒的清洁剂中，或一直保持湿润状态直到器械净化。器械在使用后应尽快用自动清洗消毒机净化。每个卫生保健机构都应建立筛选患者的政策及程序，以确定是否存在朊病毒疾病、识别并追踪这些患者所用的器械，并制定处理这些器械的指南。现阶段研究表明清洁器械时使用碱性清洁剂和蒸汽灭菌十分重要。

十一、斑点、沾染、腐蚀

尽管不锈钢高度耐斑点、沾染、生锈、腐蚀，但很多原因都能导致这些情况的发生，了解这些原因有助于找到有效的处理措施。

水中的矿物质可能导致出现或浅或深的斑点。若使用仪器的保健机构的水源具有高浓度的矿物质，则可导致斑点的出现。当水珠在仪器上浓缩并慢慢地蒸发，水中的矿物质会残留并留下斑点。钠、钙、镁最容易导致斑点的出现。采用去矿物质或处理过的水清洗及用纯蒸汽灭菌可以解决上述问题。灭菌后，高压灭菌器应保持关闭，直至蒸汽全部被排出，这样会减少残留在仪器上的冷凝水。用布用力地擦拭，或用软毛刷清洁可以有效地去除矿物质残留的斑点。如果还有问题，则需要维修高压蒸汽锅，漏气或是垫圈破损都能导致上述问题。

水中铁含量过高或是蒸汽管中存在异物都会导致仪器上出现锈色的薄膜。黄褐色或是深褐色的斑点有时会被误认为是锈迹；橡皮擦拭能够用来判断是否是锈迹：橡皮能擦掉的就不是锈迹。在某些情况下，蒸汽过滤器可以避免出现这类的沾污。

清洁剂中如果含有磷酸盐常常会导致褐色沾染，因为磷酸盐可以溶解消毒器中铜的成分，因此电解作用下仪器上会残留一层铜。出现这种情况，应该换一种清洁剂，并按照说明书操作。

橙褐色的沾污可能是由清洁剂的高 pH 所导致。

黑色斑点是清洁试剂中的氨引起的，更换清洁试剂或是彻底清洗能够解决该问题。黑色斑点还有可能是铵盐沉积引起的。锅炉中用胺类可以防止矿物盐沉积在锅炉壁或蒸汽管中。有些胺类会随蒸汽进入高压锅中并通过电解沉积在仪器上，导致沾染。应控制加入锅炉中的胺量，并逐渐地增加，以避免其浓度过高在灭菌的物品上留下斑点。

蓝灰色沾染可能是由过期冷液体灭菌剂引起。

不锈钢生锈可能性很小，类似锈迹的斑点其实是锁上的橙色残留或是仪器表面矿物质残留。如果不采取补救措施，就会发生腐蚀。

真正的腐蚀是不锈钢物理性能的退化。点状腐蚀是一种严重的腐蚀，会在仪器表面形成很多的小凹点。通常在仪器长时间接触盐类或有机残体（血或组织）残留在难以清洗的部位（锁、细齿、棘齿等）时，会出现腐蚀和点状凹陷。过酸或是过碱的清洁剂都会导致腐蚀或点状凹陷的出现，所以应避免 pH 过高或过低。接触碳酸、氯化钙、氯化亚铁、高锰酸钾及次氯酸钠会导致严重的点状凹陷。为了避免电解作用，不锈钢仪器不应该与含铝或铜的工具混合放置。不当的清洁包裹也能制造出腐蚀性环境。在接触高温、蒸汽及仪器上的残留物时清洁剂能从包裹中浸出。

避免仪器腐蚀及点蚀的措施包括：仪器使用后，用含酶的试剂浸泡或喷雾喷洒，防止残留物干燥变硬；用力擦拭难以清洁的区域；使用中性 pH 的清洁剂；用蒸馏水彻底漂洗；用水或醋常规清洁消毒器以去除杂质。

有时很难确定沾污的原因，这时应同时咨询仪器厂商及消毒器厂商。

综上所述，可采取以下步骤预防斑点、沾染、腐蚀。

1. 手术器械使用后尽快清理上面的污物，以免污物变干不易清除（即用即清理）。

2. 为防止手术使用过的器械上污物硬化，可采用特定的酶喷雾剂或胶剂。

3. 充分清洗，去除所有污渍。

4. 充分冲洗。最后一次冲洗使用净化水。

5. 不要将不同金属材质的器械一同放置在超声清洗器中。放置前先清除器械上所有污渍。

6. 只选择说明书上推荐的洗涤剂与消毒剂。遵循洗净 - 净化机 / 消毒机或洗净 - 消毒器的使用说明。

7. 按厂家说明书准确配制和使用清洁剂溶液。

8. 打包手术器械前先将其干燥。确保器械充分干燥后再灭菌，并检查高压蒸汽锅是否正常运行以保证干燥充分。

9. 按厂家说明书做好消毒器的维护工作。

10. 定期检查蒸汽管道及锅炉，以避免锅炉中的杂质掺杂到蒸汽中。

十二、检查与测试

在打包之前应检查各项手术器械，以确保器械清洁、功能正常、完好无缺。清洁不当、功能不全或受损的手术器械会给外科医师带来麻烦，因其可能造成手术中的严重延误及患者的感染或严重损伤。

应仔细检查器械连接关节、锯齿、裂缝及其他难清理的部位是否清洁。仪器上的残留物能够导致灭菌不彻底，并常常转移至患者身上。

应仔细检查器械连接关节上是否存在微小裂缝，因为裂缝预示着更大的裂口。裂缝还常见于合页、内腔及持针钳钳口处。应对带铰链仪器的钳口运动、钳口吻合及棘齿功能进行检查。连接处必须活动自如，钳口必须吻合良好并没有重叠。棘齿应吻合良好并可牢固相扣。可通过多次开合仪器来检查其连接处的活动情况。仪器应该易于闭合与释放。若仪器僵硬不易操作，可能是因为不恰当的清洁致使连接处残留微粒，也可能是因为清洁用的水中含有的杂质沉积在连接处。如必要，应重新清洁这些连接处，并在打包灭菌前用水溶性的润滑剂润滑。

钳口吻合性能通过轻轻闭合仪器来检查，如果有重叠则表明吻合不好，需要维修。钳口的细齿则应紧密吻合，可以闭合仪器并在灯下检查，光线不能透过吻合良好的仪器。吻合不好的仪器能够损伤组织，并不能有效止血。止血钳吻合效果不好是仪器使用不当所引起的最常见问题。止血钳不应用来代替布巾钳、持针钳、镊子或是其他的非止血用途。

检查棘齿时，可以闭合第一棘齿，在结实的物品上轻叩，若棘齿弹开则提示该工具需要修理。

对于切割的工具，应检查其是否有裂纹、毛刺或是缺口。钝的、带缺口或凹痕的刃口将导致组织创伤。可用山羊皮检查精细的小刀、角膜刀、针及骨钳是否有毛边。切割山羊皮时若感到轻微阻力，则表示工具边缘太粗糙。对于剪刀，应检测其锋利程度。像梅氏解剖剪这样的大剪刀应能轻易地剪开四层纱布，而精细组织解剖剪或其他更精细的剪刀应能轻易剪开两层纱布。剪刀不够锋利是最常见的工具问题之一。一种解决方法就是在锋利剪刀变钝或出现问题之前就制订预防性保养维修的计划。剪刀通常有针对性的用途，如果用来剪一些别的材料，如用 Metzenbaum 剪来剪缝合材料，就会导致损坏。

持针器应能牢固持针，不在缝纫过程中出现滑动。检测方式如下：钳口持针，在第二关节处闭合，查看缝合针是否松动，如松动则提示应修理或替换持针器。使用不当是工具损坏的主要原因。应根据针的大小选择匹配的持针器。如针过大则会导致持针器关节处弹开、减损其持针能力。如果持针器是金色的把手，意示其钳口是由钨制成，并可以替换，因此延长了工具的使用寿命。

检查光导纤维应从一端对光查看，透过破损的玻璃纤维将会看到黑点。如果损坏超过 20% 则应修理。

硬式内镜，以前只用于妇科诊断，现在常规使用于外科各领域。硬式内镜是手术室里最昂贵的工具之一，极易损坏，维修频率与费用也很高。许多手术室每年在硬式内镜维修上的花费比购买时还高。很多情况下硬式内镜都极易损坏：手术中，比如在关节腔内镜检查过程中，内镜的远端就易被关节内的电动刀割坏；放置于较重的工具下，会使轴部凹陷或弯曲，进而损坏内部的玻璃棒；灭菌程序有误；使用不当或是不慎摔落。很多仪器公司都提供内镜的维修服务。在维修中使用原装的零件十分关键。一些第三方维修公司使用的非原装零件导致内镜很快就再次损坏。所以，确保维修中使用原装零件的最好办法就是选择出厂商提供的维修服务。应检查硬式内镜的透镜是否模糊或存在遮挡。检查望远镜时应将探头对向光源，观察远端透镜的成像。图像应该清晰而且易于观察。注意不能使用手术室所用的光源来做此测试，以免光太强损伤眼睛。

分辨率图是一种更为精确的光分辨测试，其价格也十分低廉。分辨图是由圆图上的许多组渐小的柱状图构成，柱状集合位于图表中的五个位置：中间，圆周的左边缘、右边缘、顶部及中心的底部。柱状集合被编号，比如，最大的柱状图被记为 75，最小的一组被记为 450。这些数字代表如果将该大小的柱状排在所成图像中的个数。使用者应透过探头，将图表填满视野。之前提过的五个位置中数目会记录下来，数字越小则代表分辨率越低。在内镜第一次用之前、每次使用之间及维修之后对其进行光分辨率测量，可以非常有效地判断维修质量。如果在维修后的分辨率比损坏之前的分辨率要低，那么应质疑维修的质量，这也是让维修公司负责的方法之一。

每次使用绝缘隔热仪器后，都应检查其是否断裂或松动，这两种情况都代表绝缘不好。可以使用能重复使用的和一次性的绝缘测试器。一旦检测到仪器损坏应立即停止使用。不完全绝缘会导致患者意外烧伤。因为绝缘仪器适用于内镜手术中，该手术视野十分有限，烧伤位置可能在医师的视野范围之外，未被发现。在发现并发症之前，患者甚至可能被电灼伤。手术中这种烧伤可能导致肠穿孔、腹膜炎，并导致二次手术、恢复期延长，甚至因感染而死亡。

微小仪器必须在显微镜下检查其是否有毛边或毛刺、吻合性是否良好。显微用钳的钳齿肉眼很难看清，必须在显微镜下检查其吻合性。

十三、灭菌或消毒的准备工作

（一）手术器械的分类

1972 年，Dr. E. Spaulding 将医疗器材及手术器械根据其可致感染的风险分为三类：高危类、危险类及普通类。该分类方法被 CDC 认可并沿用至今。高危类器械指穿刺黏膜及进入人体无菌组织的器械，如外科器械、针、解剖刀等，必须严格灭菌。危险类器械是指接触完好黏膜的器械，如支气管镜、体温计、气管内导管等，应进行高水平消毒。普通类器械是指接触完好皮肤的器械，如拐杖、血压计袖带等，需要低水平消毒或是用肥皂和水清洁。

列为危险或高危的手术器械在灭菌前还需完成打包这一步骤。用于手术器械打包的材料有纸塑袋、特卫强 / 聚酯薄膜、硬质的灭菌容器、聚丙烯包装材料和无纺布。所有打包材料应按照制造商的 IFU 选择。

（二）打包

作为灭菌前准备步骤，打包时应将手术器械小心放置在带金属丝网或底部穿孔的容器或篮内，或是其他可以进行灭菌的内置托盘，或用可重复使用或是一次性的包装材料将手术器械包裹住。另外，器械也可以放入由塑料或金属制成的硬式容器内，以进一步消毒，外部不需再包裹。硬式灭菌容器可以在灭菌、运输过程中提供更好的保护，并在消毒后叠放以节约空间。除非厂家说明书说明，否则容器不要堆叠在消毒器中，以免干扰灭菌和烘干。遵循说明书中的清洁方法、滤器和阀门的更换方法、消毒方法、消毒时间。

器械及其容器的总重量不应超过 25 lb（11.34kg），若过重则易导致背负者受伤，并易导致消毒后器械潮湿而不易烘干。器械的放置必须标准化，以方便存货、更替，更易对手术所需器械进行识别与定位。

（三）放置

器械放置时，关节和合页要打开。包含有多种零件的器械其零件要拆分放置。牵开器及其他重的仪器应放在篮子底部或一端，较轻的器械捆扎好放其旁边或上方。应注意保护器械锋利的边缘。应避免精细、易碎及有透镜的器械与其他器械相碰撞。保护器械的物品包括指状垫、泡沫袋、显示器固定器、尖端保护器等。有些器械备有专用的容器，可以起到规定或保护作用（如精巧的显微手术用器械），或方便获取（如整形外科关节置换术的有关器械）。

手术器械盒内不要放置纸袋或塑料袋。除非说明书有特殊说明，否则不应将器械放在双层纸袋或塑料袋内。放置手术器械和使用灭菌器应严格按照厂家说明书进行。

（四）灭菌

蒸汽灭菌是最常见的灭菌方法，能够耐受蒸汽的潮湿和高温的器械都应用这种方法。蒸汽灭菌是几乎在每个卫生保健所都可实施的、经济可靠的消毒方法。若仪器对高温和潮湿敏感，则可采用其他的灭菌方法，如环氧乙烷及过氧化氢气体等离子。虽然切割工具及其他带锋利边缘的工具能够接受蒸汽处理，但为了保持其锋利性，应用低温灭菌系统。

器械、盘子、容器、包装材料及其他填料或保护材料都应该能够接受灭菌。比如，蒸汽灭菌时，在盘子或是容器底部放一条棉质的手术巾能有效地吸收冷凝水，加快干燥。但棉质或含纤维的材料不能在低温灭菌技术中采用。

大多数的器械只需要一个灭菌循环，但还有些器械需要多个循环或是特别的循环。应根据器械说明书及灭菌器说明书选择灭菌循环，并在灭菌前就解决两者间可能存在的差异。主要的监测方法包括在器械最不容易接触灭菌剂的地方放置多种生物及化学指示剂进行灭菌，并评价生物与化学监测的结果。如果监测为阴性，就可以对仪器进行冲洗、打包、灭菌并使用。具体的监测操作可以参考 AAMI 发表的 ST79，《健康保健中心蒸汽灭菌及无菌综合指南》。

朊病毒对常规的灭菌循环耐受，所以已知或是怀疑沾染朊病毒组织的器械需要延长灭菌周期或进行特殊处理。现阶段 SHEA 提供以下几种灭菌的选择。

- 置于预真空灭菌器，134℃，18min。
- 置于重力置换式蒸汽灭菌器，132℃，1h。
- 浸泡于 1mol/L(40g NaOH 溶液溶于 1L 水中) 的 NaOH 中 1h，取出并用水冲洗，并放入盘中转移至重力置换式蒸汽灭菌器（121℃）或预真空高压蒸汽灭菌器（134℃，1h）。

灭菌前应先干燥器械。用蒸汽灭菌处理潮湿器械很难干燥，而灭菌循环结束后还未干燥的器械被认为受到污染，因为包裹内的湿气能突破无菌屏障，从而为微生物进入包裹打开通路。

除非 IFU 有特殊说明，否则灭菌前器械内腔应该保持干燥。

环氧乙烷可以对潮湿器械灭菌，并能导致乙烯乙二醇（防冻剂）的形成，后者是水和环氧乙烷的副产物。这种化学副产物通风处理时不能被消除，会给患者带来伤害。潮湿器械在过氧化氢气体等离子或蒸汽中处理能导致灭菌周期停止。

（五）消毒

消毒手术器械的常用液体化学试剂包括戊二醛、过氧化氢、过氧乙酸及邻苯二甲醛。每种试剂都有自己的特点，应根据仪器的兼容性及部门需要选择相应的试剂。

器械在消毒前应清洁并干燥，因为湿气可以稀释消毒剂并使其失效。应根据说明书检测消毒剂的最小有效浓度，通常每天用专用的试纸检测。应严格遵照产品标签上标明的在高水平消毒剂中的浸泡时间。消毒后的物品应按照说明用大量的水冲洗。灭菌器械应干燥并贮存在干净、干燥的环境中。

十四、识别系统

器械识别及相关的器械追踪系统在健康保健中心越来越常见。器械识别用于存货管理、重新排序及防盗窃。颜色代码及蚀刻编码是编码的两种方法，前者适用于特定的器械、专业、部门或外科医师。大多数的系统用有色硬涂层永久地熔于器械把手上，比如绿色环把手可能提示某一特殊专业。对于有色胶带标记的器械，应严格遵照说明书，检查胶带是否与目的灭菌方法相容。在打包前检查胶带情况十分重要，胶带可能会剥落或藏有微生物。松动的、破裂的或是剥落的条带必须去除，并换上新条带。因此，条带并非首选器械标记方法。

另一种器械识别的方法是在轴上蚀刻或雕刻所需要的信息。不应选用只刮擦表面的机械雕刻，因为会破坏器械的防锈保护涂层，进而导致腐蚀。在箱锁处用机械雕刻，可能产生微小的断裂线，导致锁的过早损坏。更新的酸或激光蚀刻处理会更好，因为它们不会损坏器械。

按照说明检查器械是否能够接受目标编码系统是十分必要的。许多器械公司在售出器械时可以提供雕刻。

十五、器械的分类

手术器械大体分三大类：手持式、非动力器械；动力器械；腔镜器械。手持式、非动力器械主要用于切割、夹闭、抓取、拉钩、凿开及操纵人体组织和骨骼。动力器械主要于钻孔、锯开、切割骨骼或烧灼组织，如电钻、电锯和导线驱动器属于这类器械，它们由电流、压缩气体或电池供能。腔镜器械用于微创手术，通过极小的切口检查内脏器官的情况。腔镜器械主要有带镜子和光源的硬式及软式内镜。

随着影像学的发展，越来越多的介入手术开展起来。介入手术用到的器械是一次性的，因而不纳入本章节。这些器械不允许在医疗机构进行再加工处理。

以下主要对手持式、非动力手术器械进行阐述和举例说明。手术器械的名称根据制造商、产地、外科医师偏好及所在医疗机构的不同会有差别。不同的手术器械名称可通用。本书中出现的手术器械名称均以制造商命名。

手持式、非动力器械

1. 钳夹类　止血钳的功能为止血。止血钳的钳口带有水平锯齿，用以夹闭血管边缘来确保组织损伤最小化（图 1-1）。止血钳有各种大小不一的类型，比如蚊式钳、Crile 钳、Halsted 钳和 Mayo Péan 钳。较大的止血钳也可用于钳夹组织。

阻断钳用于钳夹肠组织或吻合血管。用于肠吻合的阻断钳其钳口带有垂直锯齿。用于血管吻合的阻断钳有多个纵行精细啮合齿。这两种设计旨在防止渗漏，最大限度地减少组织损伤。

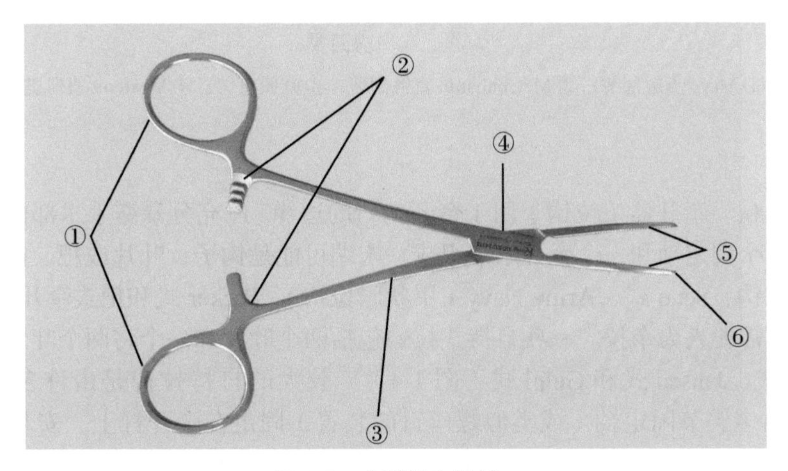

图 1-1　**典型钳夹器械**

① 指环；② 齿扣；③ 钳柄；④ 连接关节；⑤ 钳口；⑥ 头端

2. 切割器械　各种刀柄通常为直柄，可以安装用于切割和解剖的各种形状的刀片，如Bard-Parker刀柄和Beaver刀柄。而其他种类的刀，如Fisher扁桃体、Smillie软骨、鼓膜切开刀，其刀片也可以安装在这种直刀柄上。

剪刀有许多不同的类型，其中两个最基本的类型是解剖剪和缝合剪。解剖剪的使用目的决定其设计方式。小巧、精致的剪刀，如虹膜或Westcott剪，用于眼科、整形和显微手术。Metzenbaum剪用于腹腔内手术和其他一般手术。更加坚固的剪刀，如Mayo剪，则用于切割筋膜或缝合。Metzenbaum剪与Mayo剪通常配置在一般的手术器械包里（图1-2）。可根据不同用途选择剪刀的弯度、重量、大小和灵活性(柔韧性)。

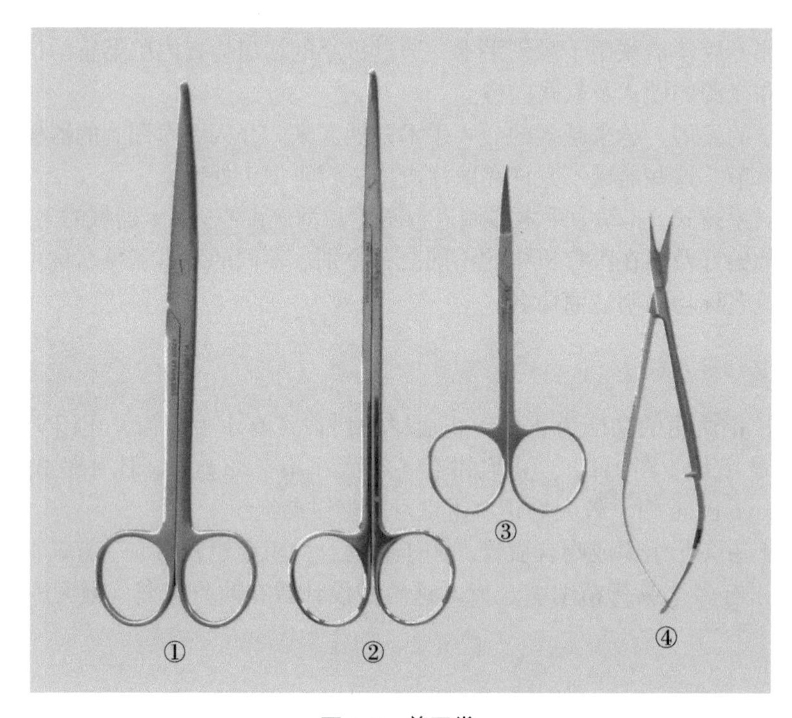

图1-2　剪刀类

① Mayo直解剖剪；② Metzenbaum直解剖剪；③ 虹膜直剪；④ Westcott直肌腱剪

3. 牵开器械　牵开器（拉钩）用于牵开伤口的边缘，以充分暴露手术部位的视野。手持式牵开器由一个固定轴和一个牵开末端组成。末端可能是钩子、叶片或耙。比如，手持式牵开器有皮肤拉钩、Senn式、Army Navy（甲状腺拉钩）、Parker式和耙式牵开器（图1-3）。自动拉钩并不需要人为牵拉。一些自持式拉钩包括两个叶片和一个将两个叶片分开的棘轮，如Weitlaner式、Jansen式和Gelpi式（图1-4）。较大的自持拉钩是由许多叶片组成，它们附着于用由多关节固定轴（或类似螺丝钉的装置）固定在牵开杆上。安装有叶片的牵开杆可以固定在手术台上。大型的自动牵开器包括O′Sullivan-O′Connor式、Thompson式和Balfour式。

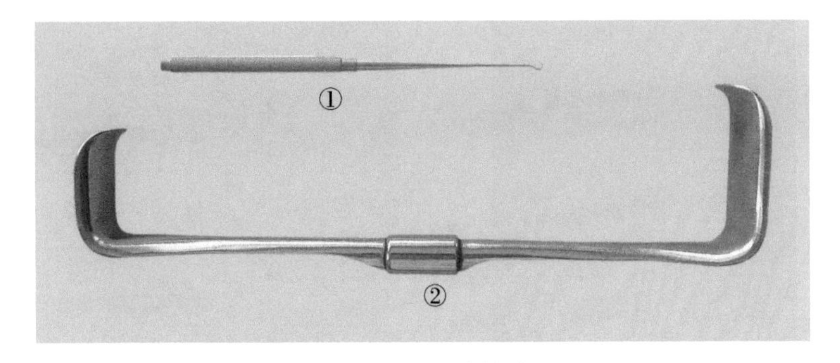

图 1-3　**手持式拉钩**

① 皮肤钩；② Richardson 双头开腹拉钩

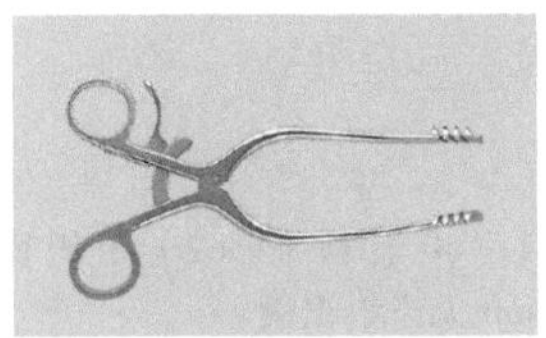

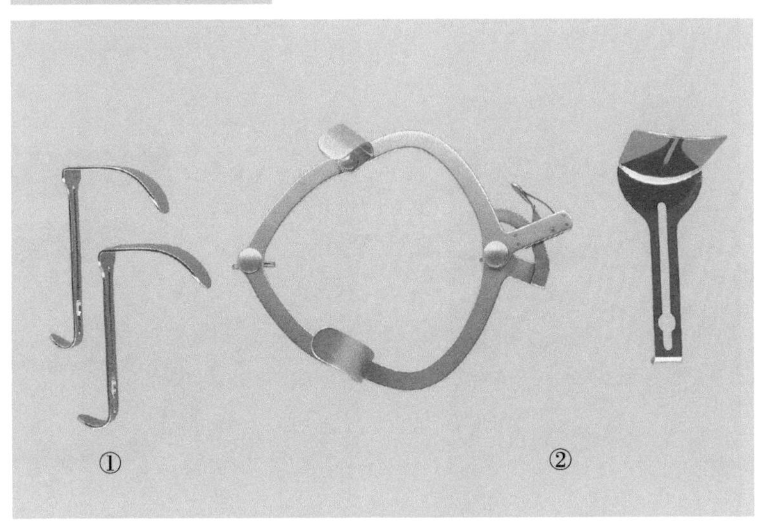

图 1-4　**自动拉钩**

① Weitlaner 乳突拉钩；② O'Sullivan-O'Connor 拉钩

4. 夹、持器械　钳镊，也称为夹持钳（镊），形如镊子，用于提起和夹持组织。钳镊尖端根据其用途而有不同样式：有光滑的，或呈锯齿状的；具有单个或多个联锁齿。

常见钳状夹持钳 / 镊器械包括 Ochsner 式、Kocher 式、Allis 式和 Babcock 式。Ochsner 式和 Kocher 式钳 / 镊的尖端有大齿，用于夹持组织，而不造成损伤。Allis 钳带有多个无损伤齿，用于夹持组织而不引起损伤。Babcock 组织镊尖端带有一个无齿的弯弧形网状孔，可用于夹持如输卵管或输尿管等组织。

持针器是一种夹持器械，其钳口可稳定夹持缝合针。持针器可以是棘轮手柄型或是笔式弹簧型。其长短尺寸和钳口面大小是针对不同手术步骤及缝针大小而异。

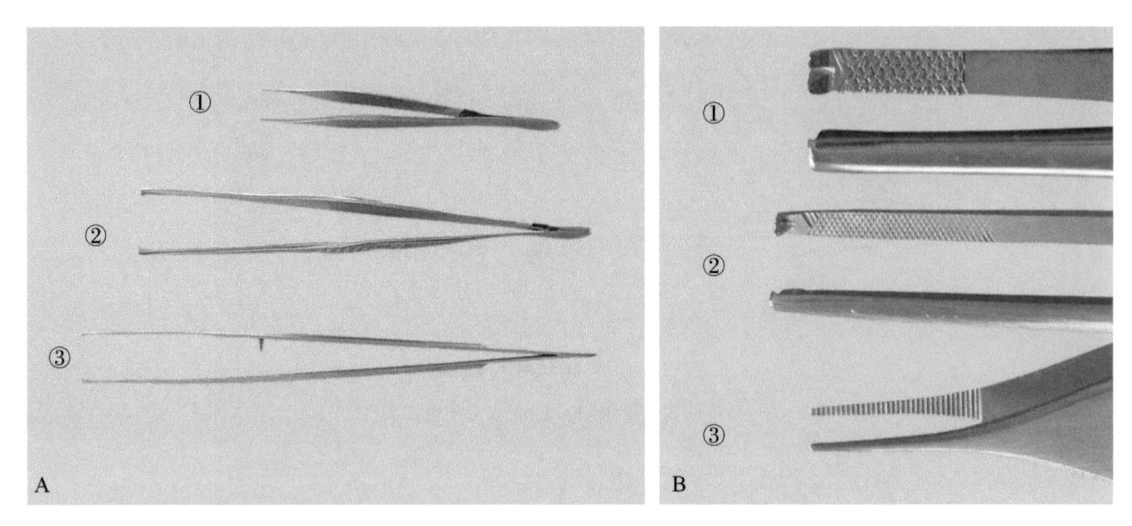

图 1-5 **夹持器械**

A. ① Adson 无齿组织镊；② Ferris-Smish 有齿（1×2）组织镊；③ 有齿（1×2）组织镊。B. 尖端放大。① Ferris-Smish 有齿（1×2）组织镊；② 有齿（1×2）组织镊；③ Adson 无齿组织镊

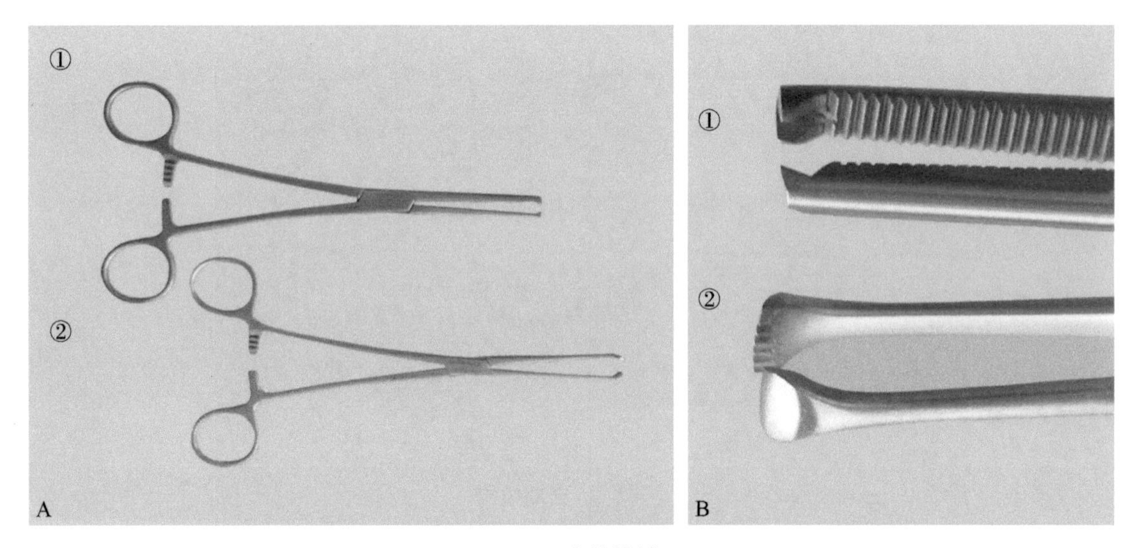

图 1-6 **夹持器械**

A. ① Ochsner 钳；② Allis 组织钳。B. 尖端放大。① Ochsner 钳；② Allis 组织钳

巾钳是一种用来固定毛巾、布单位置的器械。头端可设计成可以穿透布类的尖头，也有设计为钝头的巾钳。

纱布钳是环形的夹钳型的器械，可用来夹持折叠成 4×4 纱布块。

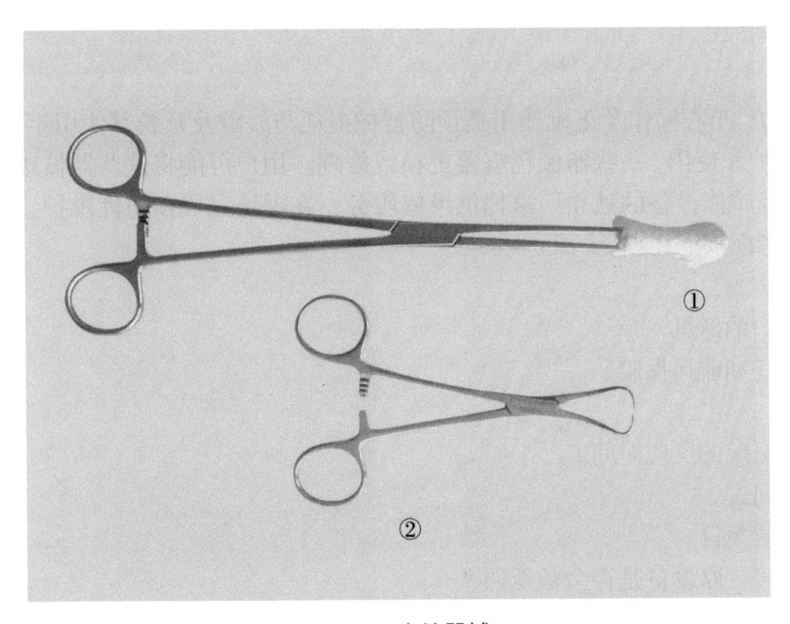

图 1-7　**夹持器械**

① 夹持有纱布的 Foerster 纱布钳；② Backhaus 尖头细巾钳

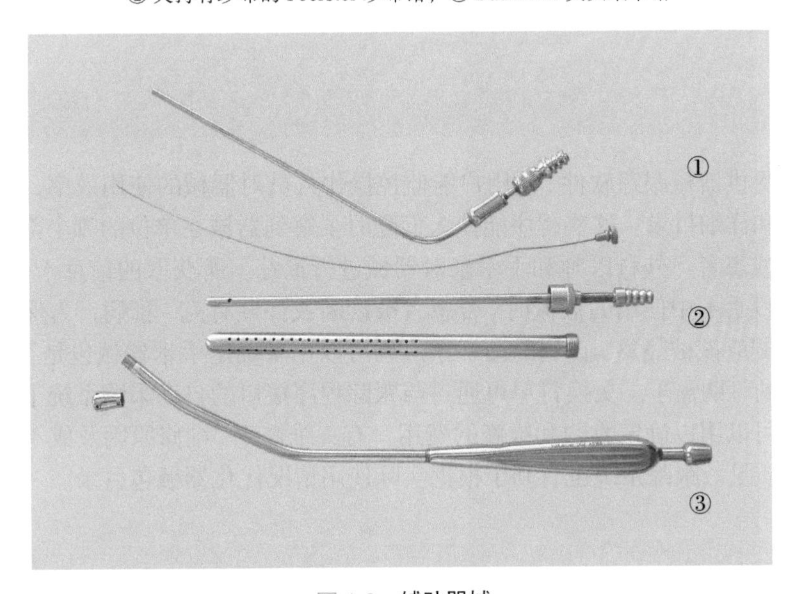

图 1-8　**辅助器械**

① Frazier 吸引管及通条；② Poole 腹部吸引管及套管；③ Yankauer 吸引管及旋拧接头

5. 辅助器械　吸引器械 / 吸引管有不同的长度、弯度及管腔内直径，可根据手术类型与被抽吸液的量和深度对其进行选用。精细的手术和小血管手术需要小直径的吸引管。Frazier 与窦道吸引头就属于小直径吸引管。腹部手术、关节手术及其他一般手术通常需用 Yankauer 或 Poole 吸引管。Poole 吸引管用于深部积液的处理。Yankauer 吸引管是弯曲的，其开口在尖端。Poole 吸引头是直的，沿管壁有多个侧孔（图 1-8）。

十六、手术器械维修注意事项

预防性维护、小心操作及正确使用是预防器械损耗与故障及延长其使用年限的最佳方式。但无论怎样维护和使用，一些器械仍需要更换或修理。用户可能将这些器械送回给制造商或承包商，或选择维修设备的独立厂家提供维修服务，在现场完成预防性维护。选择维修机构或服务时，应考虑以下几点。

1. 公司的声誉。
2. 其他用户的意见。
3. 赔偿责任和航运保险。
4. 成本。
5. 公司对医院的反应时间。
6. 周转时间。
7. 器械租赁项目。
8. 维修交接：原设备是否会被返回？
9. 质保措施：是按 ISO 9000 进行质量检测吗？
10. 更换部件：是由原制造商提供零件吗？
11. 现场考察受限制吗？

十七、手术器械追踪记录

一些公司提供器械跟踪软件，使用户能监控操作人员对器械的使用效率，并能跟踪手术器械包的使用和详细目录。这些程序能使人们随时了解到器械在单位的哪个部门使用。可以根据序列号，或患者、外科医师和手术来对器械进行追踪。所获取的信息十分有用。例如，在追踪神经外科手术中使用的器械时，若患者被诊断或怀疑有克 - 雅病，为保证手术器械的安全，手术器械应该被隔离，直到确诊。条形码可以用来确定手术器械包是否完整，以及设备需要更换时的订购需求。更换订单可通过与跟踪程序接口的自动采购系统下达。从跟踪系统获得的数据可以用以确定收购和维修的费用。有关维修率，维修原因及成本的信息有助于明确如何改进质量。跟踪系统也有利于根据实际使用情况优化器械包目录。

十八、小结

手术器械是手术设施中的一个主要资金投入，应该采取措施保护这种投入。手术器械的寿命取决于其使用和维护。手术团队与器械使用者有责任对其进行合理操作，根据其设计目的正确使用，并适当维护。在器械维护上付出的时间与精力是值得的，并有益于患者。

第 2 章

灭菌容器

一、简介

灭菌打包系统旨在确保手术器械包的安全，使灭菌剂充分发挥效果，在长时间的储存和保管过程中确保器械的完好和无菌。灭菌容器有两种类型：硬式的、可重复使用的密闭容器与盒子，可用作打包器械盒。该灭菌盒提供了一种有效的、经济的包装方式，保证了手术器械的消毒、运输、储存和无菌性。这些密闭的灭菌容器可作为一次性和可重复使用灭菌包装的替代产品。灭菌容器的坚硬边框可以保护内部脆弱的手术器械，并且可以防止无菌包装可能引起的磨损。一些容器用于高压蒸汽灭菌，另一些容器用于低温灭菌。FDA 目前采用的高压蒸汽灭菌和各种低温灭菌是一种普遍接受的并且耐腐蚀的灭菌方法。

在美国，使用硬式灭菌盒尤其对密闭容器的偏爱已有 30 多年历史了。硬式灭菌容器主要用于医疗器械灭菌前、中、后的打包。灭菌处理手术器械安全性高，灭菌剂能全面渗透器械盒内，可确保手术器械长时间储存。

二、概述

用于装载可重复使用的医疗器械进行灭菌处理的密闭式容器包括有盖子、底座、密闭的多孔板和单孔板容器。容器是典型的铝箱式结构，有一个可移动的盖子，并带有垫片，确保紧密密封。密封容器还带有防破坏的锁定装置 (自毁锁) 和便于搬运的手柄。所有的灭菌容器都有一个过滤装置，旨在允许消毒剂进出及作为微生物屏障。大多数的密封容器采用一次性过滤器，由垫圈滤板固定，作用为终端灭菌和扩大存储量。一些容器的过滤系统配备有压敏或可开关灭菌器的恒温阀。这种装置一般仅可接受高压蒸汽灭菌，极少装置可采用密封条件下的快速灭菌，包括下排汽重力蒸汽灭菌。

所有可密闭容器都需要一个内置装载篮或内置托盘来固定容器内手术器械。装载篮内可包含一些附件，如器械支架、分隔栏和杆，以固定、保护内容物，并对其分类。部分包含可叠放的内置托盘可将内容物分离成几层，从而在运输过程中保护内容物免受互相碰撞损害。包装袋不能放置于密封包装的容器，因其不能完全被穿透而影响灭菌效果。能有效隔绝空气的小型精密多孔板或装载篮可替代包装袋。所有多孔板或单孔板都可以用于包裹器械，并置于器械盒内。有孔装载篮的设计应利于用手洗或机洗的方法进行除污、清洁和漂洗 (图 2-1 至图 2-4)。

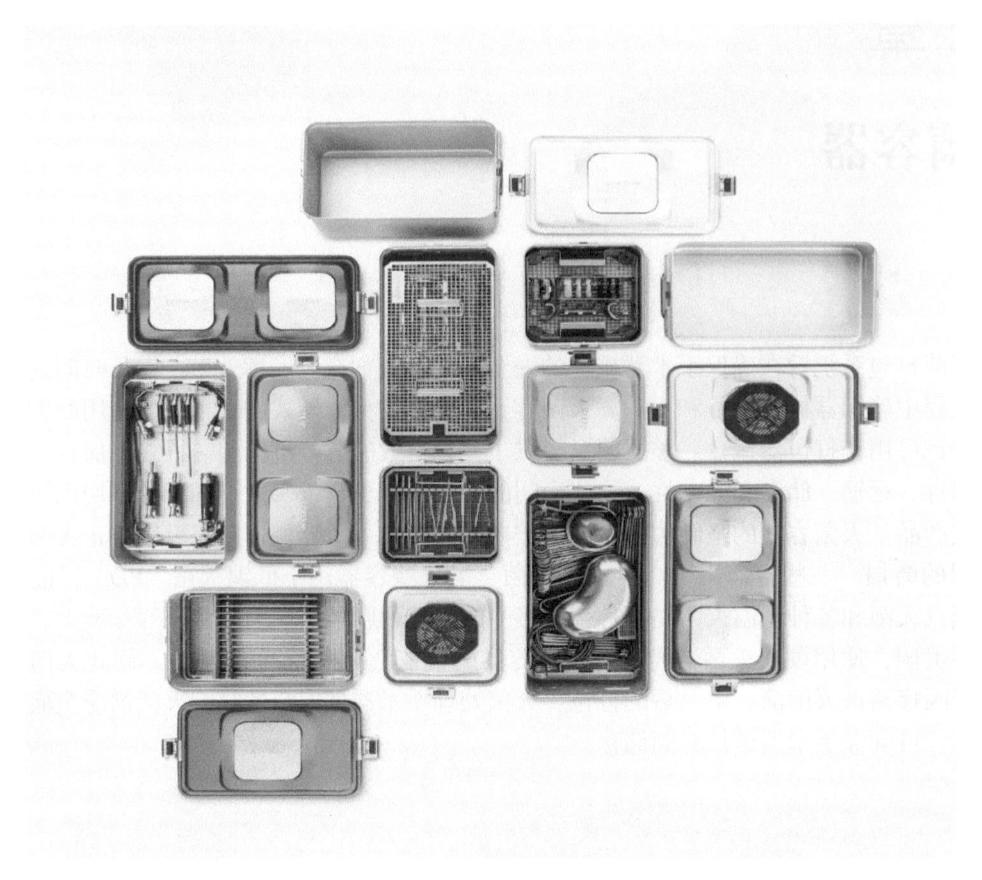

图 2-1 成套的 SteriTite 灭菌器械盒及 MediTray 器械装载篮

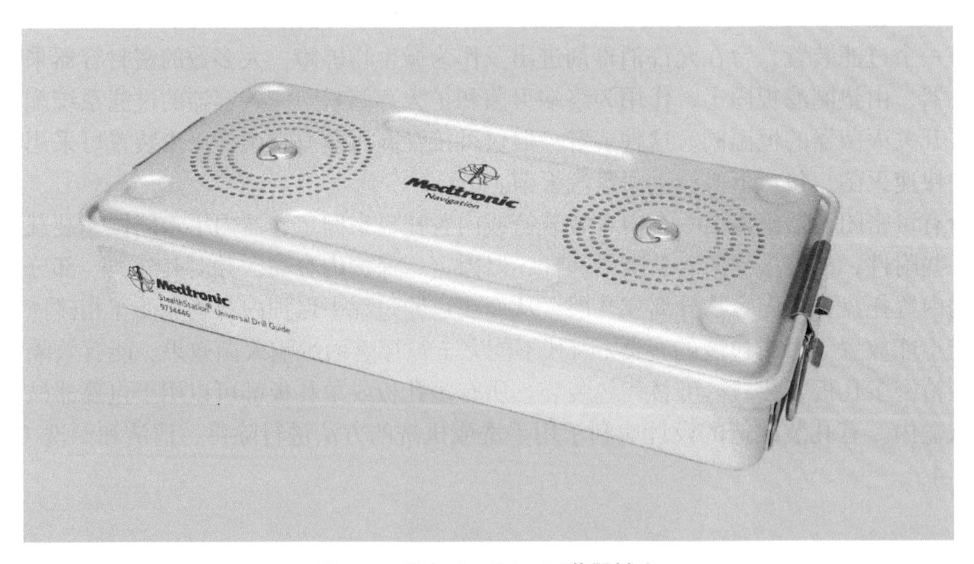

图 2-2 单个 SteriTite 灭菌器械盒

图 2-3　小型穿孔内置装载篮

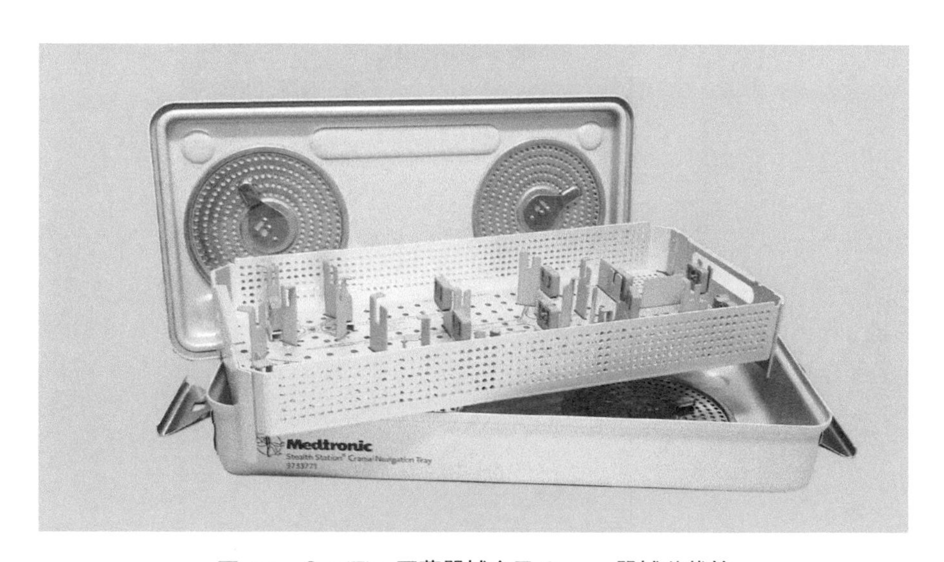

图 2-4　SteriTite 灭菌器械盒及 Solera 器械装载篮

三、灭菌容器的使用和保养

硬式灭菌系统应在每次使用后清洗和检查。一次性过滤器应丢弃，可拆卸的部件和容器底座、盖子等都应彻底清洗。AAMI ST79 指南指出，“对所有可重复使用的部件，最重要的去污措施就是彻底的冲洗和清洁。清洗的目的在于清除微生物而非将其杀死。”阀关闭装置应根据说明书消毒。应特别注意洗涤剂的类型，因为酸性与碱性洗涤剂的中和易损坏密封系统的钝化层。多酶清洁剂已被证实是一种 pH 为中性的清洗剂（图 2-5），可采用手洗或机洗的方法清洗容器内部。若手洗，则需用干燥、不起毛的布擦拭掉多余水分；若放置于机器内清洗，要确保可拆卸的部分均放置妥当。化学消毒剂绝不能用于灭菌容器的清洗和漂洗。

检验程序应包括验证垫圈的完整性和锁扣是否正常运作，如由铆钉连接的容器硬板，随着使用时间推移，铆钉松脱，设备将会给微生物入侵留出通道。

无菌操作对所有无菌包装过程是很重要的。应正确地取出容器内的篮子或内置托盘，篮子的边缘不能接触容器的边缘，否则内容物将受到污染。容器外面和托盘外包装均视为有菌区，使用时正确拿出和操作都需要严格执行。在转运无菌容器的过程中，所有容器均需用塑料包进行双层包裹后转运。

此外，容器的内容物必须干燥。湿包装被认为受到污染，唯一的例外是接受快速灭菌的物件。应该对其进行正确清洗、去污、消毒灭菌，并立即使用。若使用湿包装，应确保内容物在灭菌之前是干燥的。预热装载篮可以在循环中降低冷凝水的形成。评估装置的重量和密度，查看制造商的处理建议，包括运输前的适当冷却到无菌储存。塑料容器可能需要额外的干燥时间，因为它们不具备铝和其他金属的导热性能。用于制造容器装置的金属材料必须能耐腐蚀，或者经过处理后提高其耐腐蚀能力。此外，这些材料不能影响设备的生物相容性。

图 2-5 **pH 中性清洗剂**

四、灭菌容器的储存和保持无菌

经过灭菌处理的器械应与其他未灭菌的物品隔开放置，并储存于一定温湿度、通风良好和一般人较难接触的环境下，更不能放置在水槽或靠近水源的地方，以防其被弄湿、污染。尽管密闭容器会挨个堆放和运输，包布裹着的器械包不宜堆放在一起，以免互相挤碎、弯曲、压坏。有孔或金属过滤架常用于密封系统以防止粉尘堆积。金属过滤架对处理撕坏的灭菌外包装有用。有孔架对搬运小推车上的物品有用。

容器的灭菌有效期视储存时间和环境而定。依据储存环境而定灭菌有效期意味着无菌包只要在储存和使用过程中没被污染，它就仍然视为无菌。灭菌的有效期是由灭菌后的手术器械是否遭受污染决定的。正确的打包、储存、使用和环境条件都能影响无菌容器的灭菌有效期。美国大部分医疗机构已经取消了以灭菌天数作为无菌包的使用期限，而是转为依据储存环境而定灭菌有效期。放置在密闭的灭菌容器内的手术器械较用包布包裹的器械，前者有更长的有效期。密闭容器不易受环境或人为因素干扰，也不像包布裹着的器械那样易碎。

五、手术器械的放置

有关灭菌容器内手术器械的放置问题，目前已有专门的指南进行指导。灭菌容器内多孔或有网眼的装载篮、内置托盘都应加以利用，用于保护盒内的手术器械。一些灭菌容器盒内可以堆放多层手术器械。灭菌容器的选择依赖于放置在盒内器械的长、高和体积。AAMI ST79 中指出，“若用硬式灭菌容器装器械，则其中的装载篮应足够大到能放下金属手术器械。手术器械应按一定间隔摆放以利于灭菌剂能充分到达器械的表面，并且有关节或连接头的手术器械均应打开和暴露。”支架、分开器、纵梁等可用来隔开和分开灭菌盒内的手术器械。还有一点，为防止损坏手术器械，可将轻而精密的器械放置在重的手术器械上面。相关信息还可查阅医疗器械制造商的说明书。

一组手术器械包的重量和密度主要决定了器械盒的构造。若一组器械太重或摆放太密集，那对灭菌效果、干燥度和器械本身都可能产生副作用。AAMI ST79 指出，“手术器械包重量大小应视搬运者的人体力学特点、单个手术器械设计特点和密度、医疗器械制造商的建议、器械分布情况和灭菌器承载量而定。”当器械包的总重量超过 AAMI 和 AORN 推荐的 25 lb（11.34kg），那么器械包内多余重量的器械应放置在另一个灭菌盒内。有些情况下，出于合理而有效地放置器械，也可将多个装载篮堆积放置于一个密闭灭菌容器内进行处理。记住将精密器械放置在重的手术器械上面。手术器械要按程序进行放置，越先用到的器械越应放在最上面或利于拿到的位置。

带显卡的内置托盘常用于盛放专科手术器械，其中主要是骨科手术器械。专科手术器械托盘里常有帮助识别和定位具体手术器械的显卡（图 2-6 和图 2-7）。这些信息会以丝印、激光刻字或盖印的方式印在托盘底座上。内置托盘里的支架或镶嵌装置用于保护放在里面的手术器械，还能帮助定位器械的摆放位置。过去带显卡的托盘常用包布打包，但近年来，硬式可重复利用的密封容器能够装下大量成套的手术器械，因而选择也多样化了。有些密闭容器的规格达到了德国标准化学会（DIN）的要求，能做到从打包到集装化的无缝连接。

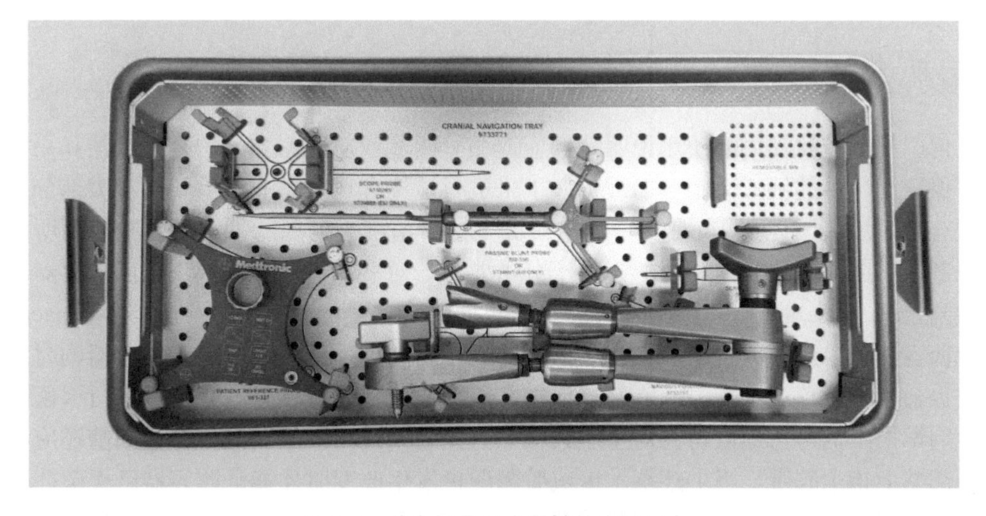

图 2-6　装有颅骨手术器械的内置托盘

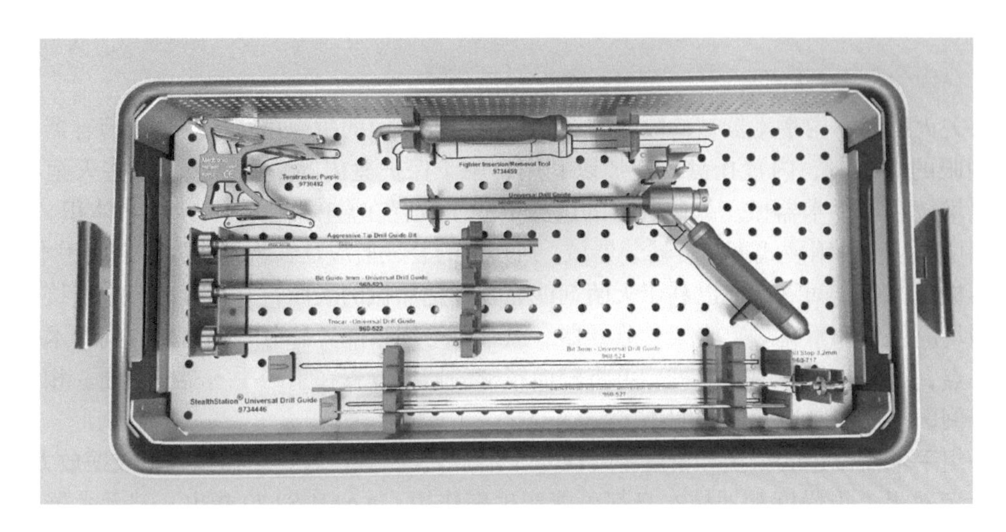

图 2-7 **装有脊柱手术器械的内置托盘**

六、无菌容器的选择及注意事项

无菌容器的选择要考虑科室需求，评估容器的用途和与灭菌设施的兼容性。并非所有容器均适于低温蒸汽灭菌法。可进行蒸汽灭菌的容器未必适合其他的物理灭菌法。如果灭菌容器的标签或说明书上未注明具体灭菌方法，使用者应向制造商求助咨询相关容器的灭菌方法。

选择灭菌容器时需考虑各种因素，如容器大小、容器的使用寿命、无菌要求、装置手术器械的内置托盘、操作方便性、最大承重量及成本等。还要考虑有关去污和使用的特别说明。尽管制造商有责任确保产品安全和功效，指南中指出医院也应对容器进行检验后才能使用。医院对无菌容器的监测可采用生物学指示卡或指示器，将其放置在容器最有可能被污染的地方，例如装载篮的角落里和带孔篮的盖子下面。

七、制造商的使用说明

任何产品制造商提供的使用说明书均应遵循。制造商对无菌容器的有效清洁和灭菌负有责任。保证使用后的硬式无菌容器被拆卸下来进行清洗和风干是非常重要的。大部分无菌容器是铝合金材质，因此要用 pH 为中性的洗涤剂进行清洗。彻底的冲洗可去除表面所有污渍和洗涤剂。灭菌前容器和内容物的干燥十分重要。若对一些需要低温蒸汽灭菌的容器和内容物未做到合理干燥，那么就达不到灭菌效果了。容器内的水蒸气会产生湿包（wet packs）。

无菌容器若采用重力置换蒸汽法灭菌，那灭菌时间要适当延迟。另外，容器的材质和设计样式也会增加灭菌或干燥时间。装载篮中常规会放置化学指示卡或指示器进行灭菌效果监测。生物学指示剂可每周或每天对手术器械的灭菌效果进行监测。此外，灭菌前还应在无菌容器外部贴上指示胶带。当上述指示卡或胶带颜色发生改变时才能证明容器已灭菌。

无菌容器内手术器械应平铺在装载篮内。若有打包的器械应包在一起放在里面，并用架子隔开，以免水汽干扰灭菌效果。为最大限度地减少密闭容器内的冷凝水，灭菌后应逐渐冷却。灭菌后逐渐冷却至少 10 ～ 15min 后再把灭菌仪器的门打开，以利于减少冷凝水的形成。终末灭菌和储存时绝不允许出现湿包。从灭菌仪器中取出容器后，应将其放置在指定架子上冷却到合适温度再储存或搬运。除非紧急情况下，否则不能马上使用刚灭菌好的器械。因为水分最容易在刚灭菌完尚未完全干燥的容器内形成。

八、灭菌容器的管理要求

所有的密闭装置，无论是可密封的容器，还是可打包的配套盒，均被认为是Ⅱ类医疗设备，必须获得 FDA 的批准方可使用。AORN 的推荐做法为：购买和使用前应对包装系统进行评估，保证被包装物可以被特定的灭菌器和（或）灭菌方法消毒，且能够适应特定的灭菌过程。AAMI ST77 可重复使用的医疗设备的生产为容器制造商提供了指南。许多国际标准在美国的文件中已被采用，对小型标签设计、灭菌安全性及其性能和验证都提出了要求。制造商需要验证它们的密封装置，为获得 FDA 的批准需要提供相关数据。不管怎样，卫生部门相关人员最终的确认是：密封装置或灭菌包装是可以并存的，或者也都可有效地使用卫生设备进行灭菌。

第二单元　普外科手术

第 3 章

手术间设备及基本剖腹手术

见图 3-1 至图 3-3。

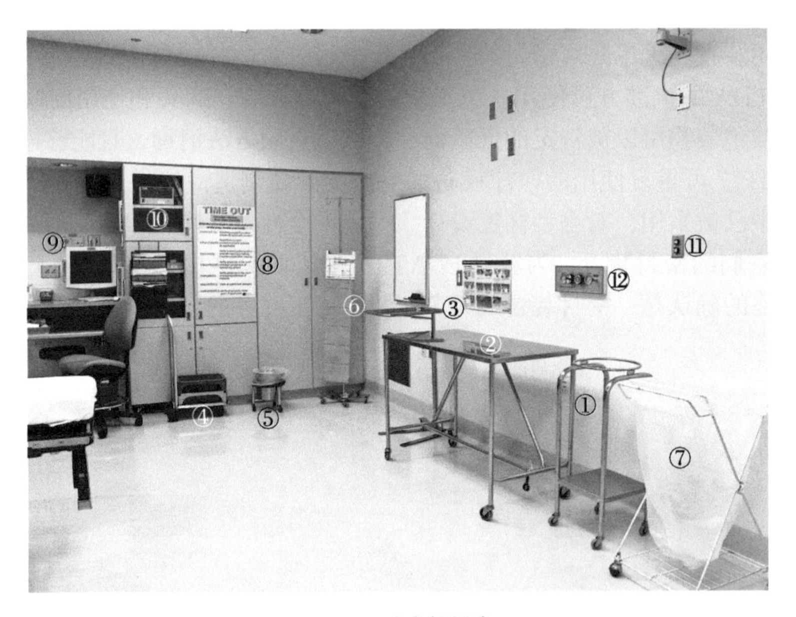

图 3-1　手术间设备

① 环形托架车；② 器械台；③ Mayo 器械托盘；④ 脚踏凳；⑤ 海绵（纱布）桶；⑥ 纱布计数袋；⑦ 垃圾袋；⑧ Time out 核查图示或海报；⑨ 护士工作台或站；⑩ 集成或视频设备（打印机）；⑪ 手术计时钟；⑫ 氮气调节开关

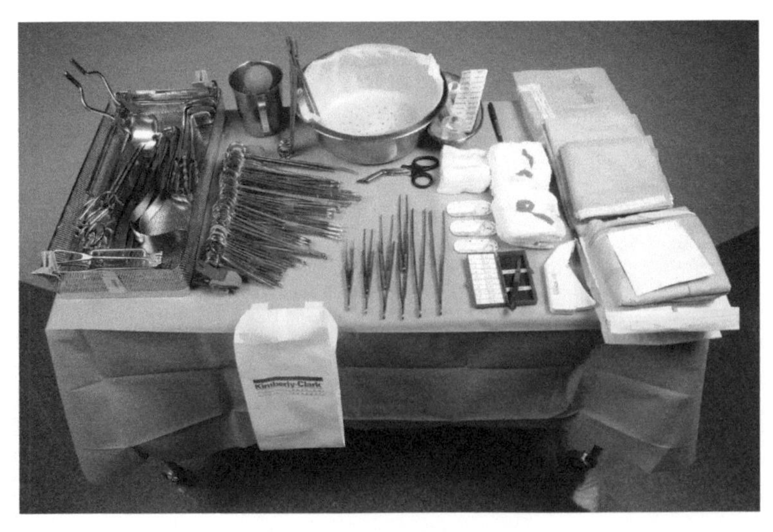

图 3-2　基本的器械台布局

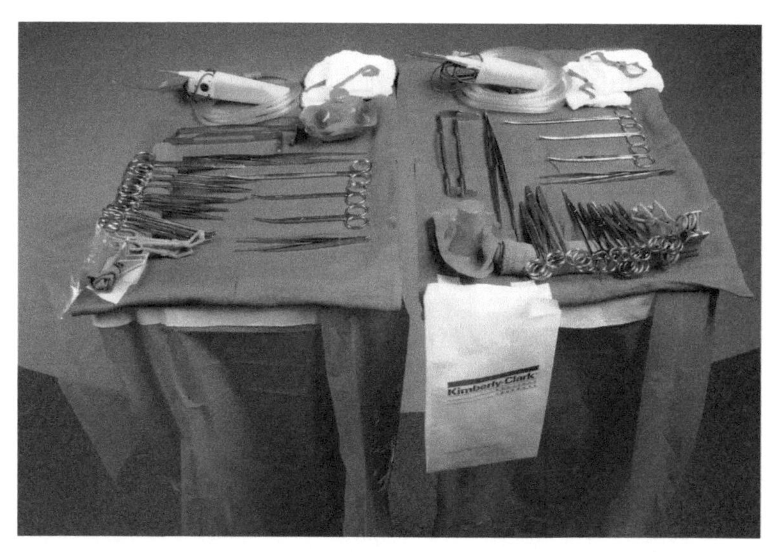

图 3-3　术前两个 Mayo 器械托盘盛放器械。这两个托盘上的手术器械及布局一模一样，只是摆放方式不同。摆放方式由洗手护士决定

剖腹手术就是将腹腔切开的手术，目的是检查腹腔或者为腹腔内的脏器、组织结构施行手术。

术前按照解剖层次将解剖器械放于 Mayo 器械台。剖腹手术可能需要的器械如下（图 3-4 至图 3-14）。

1. Bard-Parker 4 号刀柄和 20 号刀片，用于切开皮肤。
2. Bard-Parker 3 号刀柄和 10 号刀片，用于切开腹壁各层。
3. Ferris Smith 组织镊 2 把，用于夹持腹壁各层。
4. Mayo 弯解剖剪，用于解剖组织。
5. Mayo 直解剖剪，用于剪断缝线。
6. Crile 直止血钳 6 把，用于夹出血点。
7. Crile 弯止血钳 6 把，用于夹深部腹腔的出血点。
8. 甲状腺牵开器 2 个，用于腹壁层的牵开和暴露。
9. Richardson 小号开腹拉钩 2 个，用于牵开腹壁。

腹腔探查时，可能需要更长和更大的手术器械，在 Mayo 器械台添加如下手术器械。

1. Bard-Parker 7 号刀柄和 10 号刀片，用于深部切割。
2. Bard-Parker 3 号长刀柄和 10 号刀片，用于深部切割。
3. Mayo-Péan 止血钳，用于夹闭深部出血点。
4. Babcock 组织钳，用于提牵肠道和无损伤地牵开组织。
5. 扁桃体止血钳 1 把，用于夹闭深部出血点。

如果需要很牢固的夹持，则添加以下的手术器械：常规头的长 Kocher 钳，用于夹持那些可能要被切除的组织；Ochsner 止血钳；常规头的长 Allis 组织钳。

深部组织的牵开，需要添加以下的手术器械：大型 Richardson 开腹拉钩；Deaver 中号宽拉钩；Ochsner 可塑形的拉钩（带状的）；自动拉钩，如 Balfour，O′Sullivan- O′Connor,

Harrington, Thompson。

检查结束后，撤下无菌区的器械，换上下列关闭切口的手术器械。

1. Crile 弯止血钳 4 把，用于夹持腹膜。
2. 甲状腺拉钩 1 个，用于牵开腹壁层。
3. Ferris Smith 组织镊 1 把，用于夹持腹壁层使之关闭。
4. 穿好针线的 Mayo 7in 持针器 1 把，用于缝合组织。
5. Mayo 直解剖剪，用于剪断缝线。

缝合皮肤可能用到的手术器械：Adson 有齿组织镊，用于夹持组织，以及 1 个订皮器。

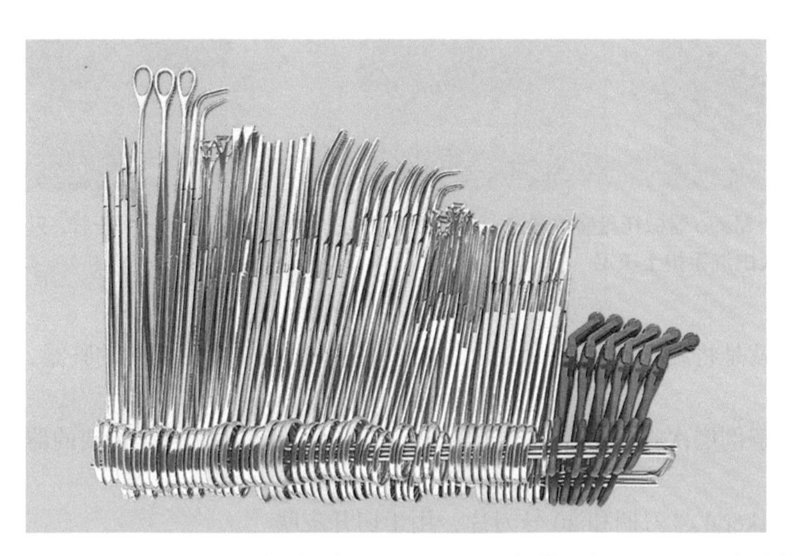

图 3-4 由左至右：Mayo-Hegar 7in 持针器 2 把；Ayers 8in 持针器 2 把；Foerster 海绵钳 3 把；Mixter 长精细止血钳 2 把；Babcock 长组织钳 2 把；Allis 长组织钳 2 把；Ochsner 长直止血钳 6 把；Mayo-Péan 长弯止血钳 4 把；扁桃体止血钳 6 把；Westphal 止血钳 2 把；Babcock 短组织钳 4 把；Allis 短组织钳 4 把；Crile 6½in 弯止血钳 8 把；Halstead 直蚊式止血钳 1 把；粗巾钳 6 把

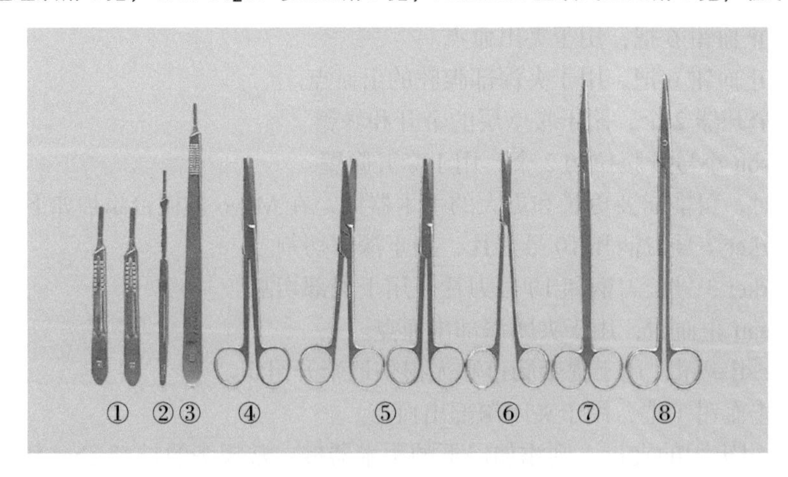

图 3-5 ① Bard-Parker 4 号刀柄 2 把；② Bard-Parker 7 号刀柄 1 把；③ Bard-Parker 3 号长刀柄 1 把；④ Mayo 弯解剖剪 1 把；⑤ Mayo 直解剖剪 2 把；⑥ Metzenbaum 7in 解剖剪 1 把；⑦ Snowden-Pencer 弯解剖剪 1 把；⑧ Snowden-Pencer 直解剖剪 1 把

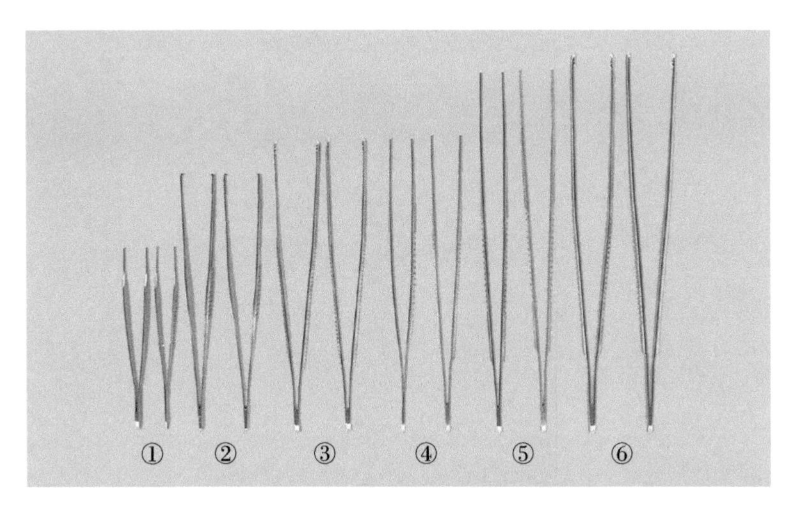

图 3-6　① Adson 有齿（1×2）镊 2 把；② Ferris Smith 组织镊 2 把；③ Russian 中号组织镊 2 把；④ DeBakey 中号血管组织镊 2 把；⑤ DeBakey 长血管组织镊 2 把；⑥ Russian 长组织镊 2 把

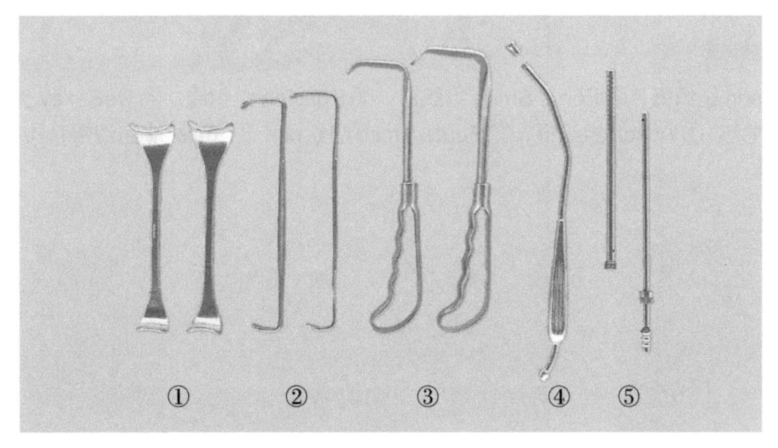

图 3-7　① Goelet 拉钩 2 个；② 甲状腺拉钩 2 个；③ Richardson 中号、大号开腹拉钩各 1 个；④ Yankauer 吸引管及旋拧接头 1 套；⑤ Poole 腹部吸引管和套管 1 套

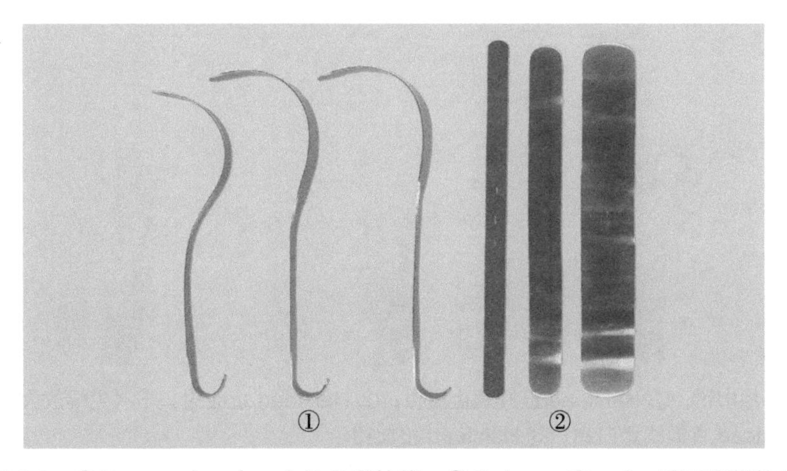

图 3-8　① Deaver 大、中、小号 S 形拉钩；② Ochsner 窄、中、宽可塑形拉钩

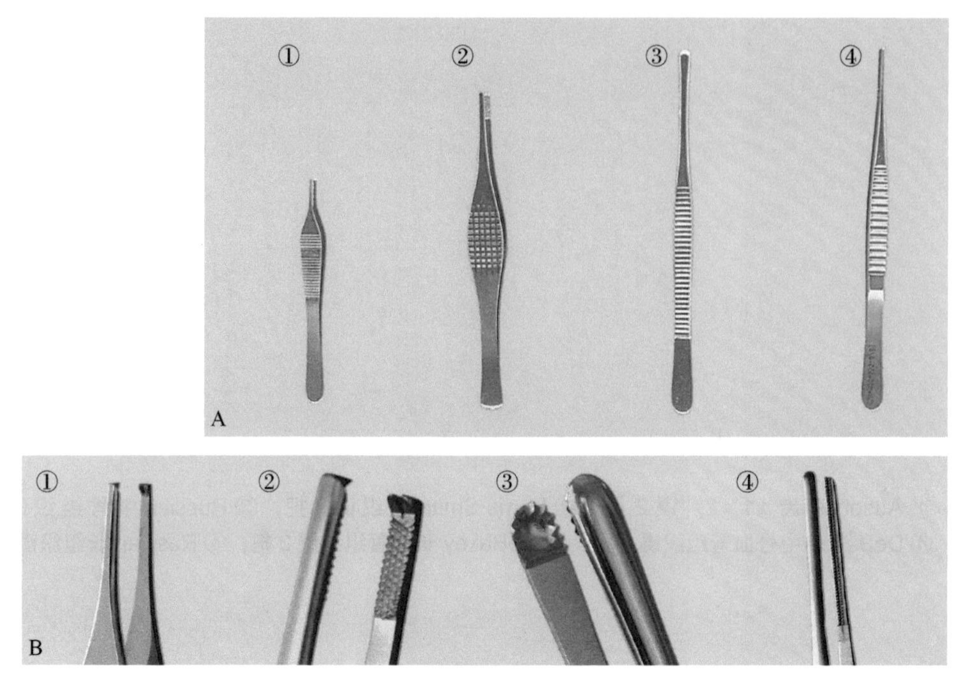

图 3-9 A. ① Adson 组织镊；② Ferris Smith 组织镊；③ Russian 组织镊；④ DeBakey 无创血管组织镊。B. 尖端放大。① Adson 组织镊；② Ferris Smith 组织镊；③ Russian 组织镊；④ DeBakey 无创血管组织镊

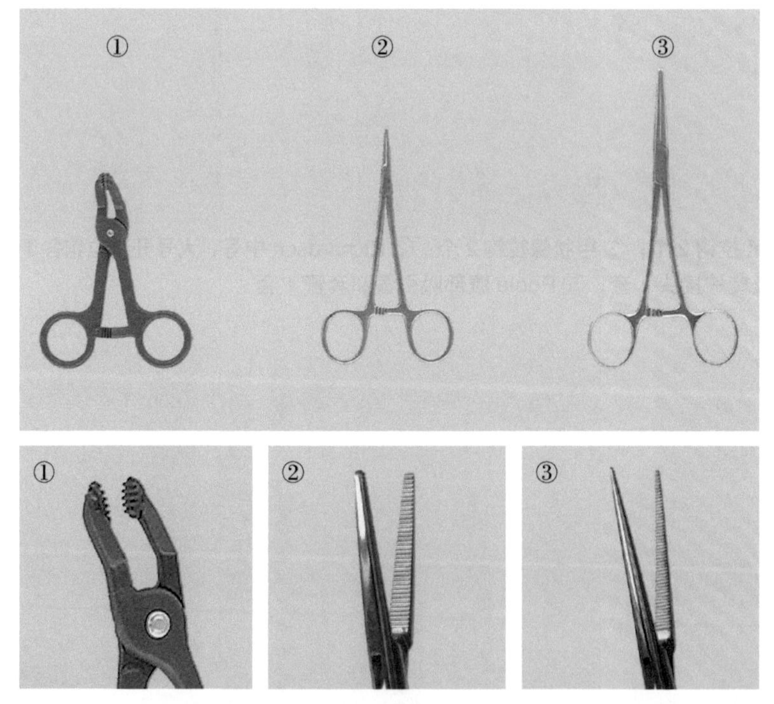

图 3-10 上。① 粗巾钳；② Halstead 直蚊式止血钳；③ Halstead 止血钳。下（尖端放大）。① 粗巾钳；② Halstead 直蚊式止血钳；③ Halstead 止血钳

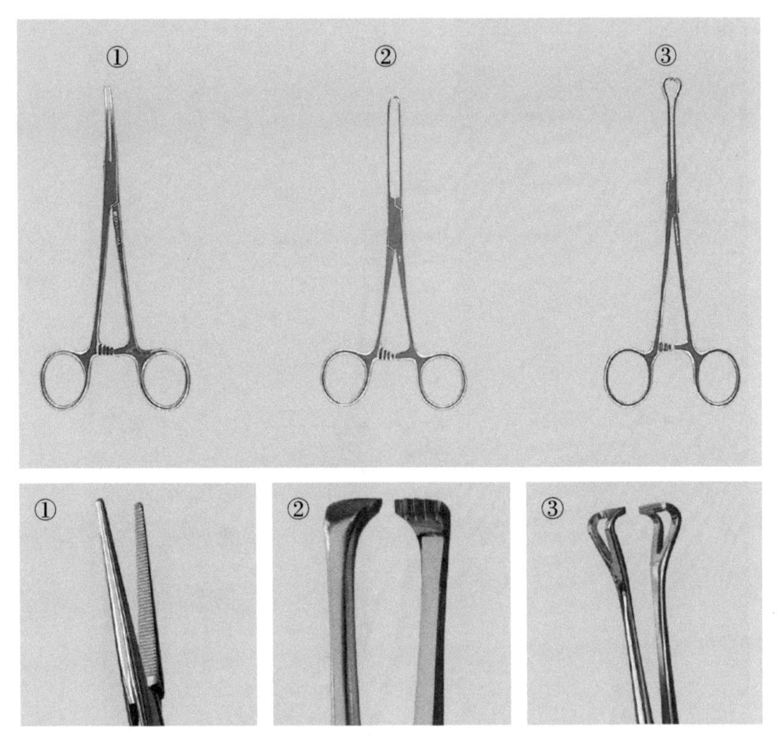

图 3-11　上。① Crile 止血钳；② Allis 组织钳；③ Babcock 组织钳。下（尖端放大）。① Crile 止血钳；② Allis 组织钳；③ Babcock 组织钳

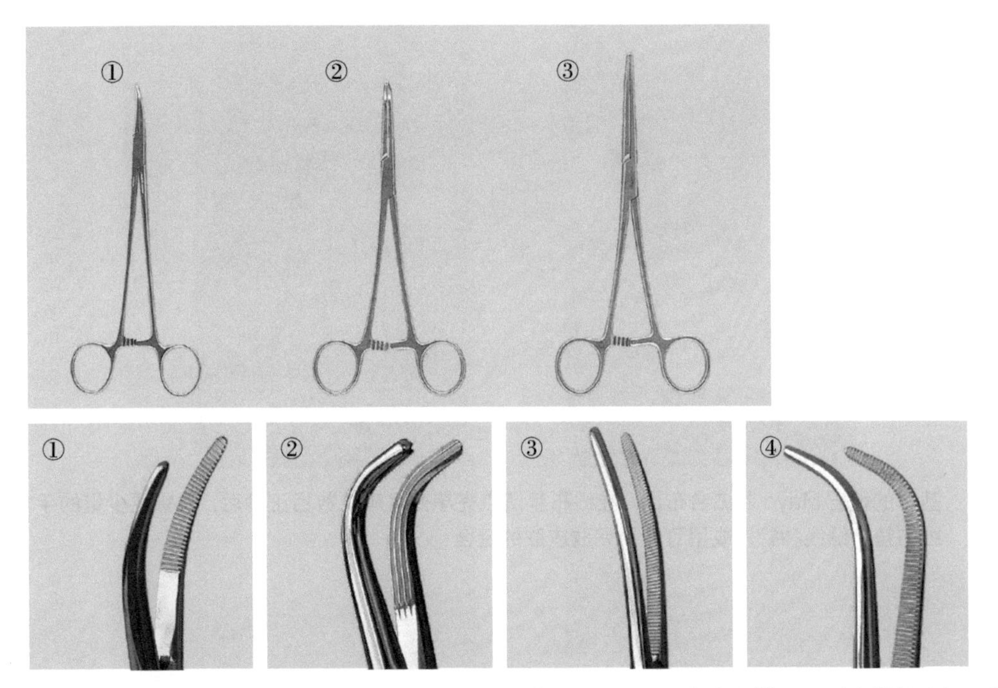

图 3-12　上。① 扁桃体止血钳；② Westphal 止血钳；③ Mayo-Péan 弯止血钳。下（尖端放大）。① 扁桃体止血钳尖端；② Westphal 止血钳尖端；③ Mayo-Péan 弯止血钳尖端；④ Mixter 精细止血钳尖端

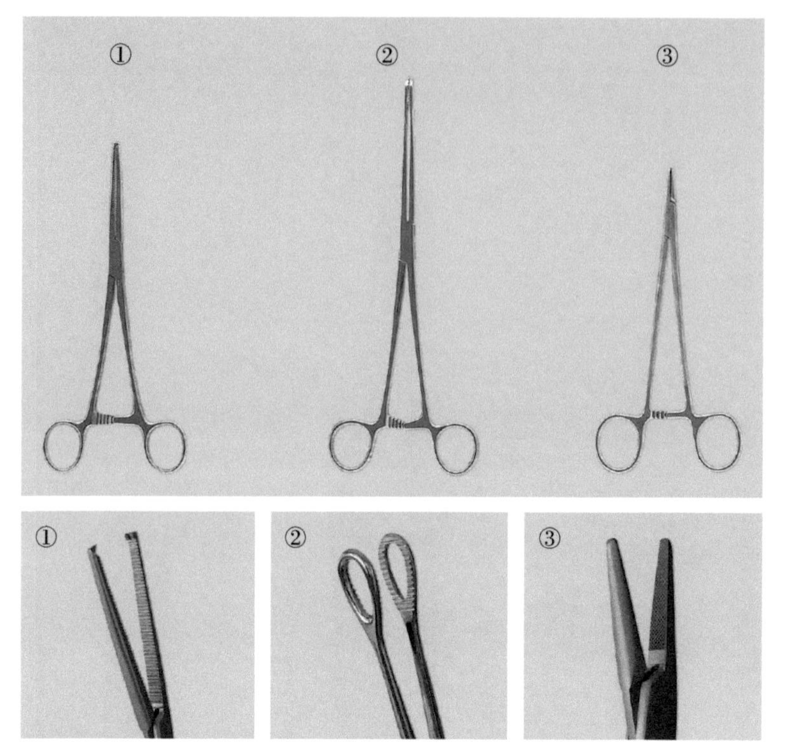

图 3-13 上。① Ochsner 止血钳；② Foerster 海绵钳；③ Mayo-Hegar 持针器。下（尖端放大）。① Ochsner 止血钳尖端；② Foerster 海绵钳尖端；③ Mayo-Hegar 持针器

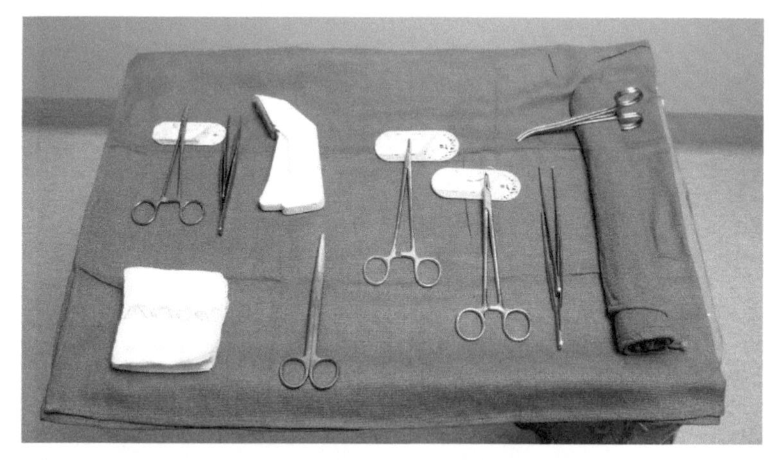

图 3-14 基本的缝皮 Mayo 器械台布局。在纱布垫清点完毕并且确认数目正确后，只需要少量的手术器械、纱布垫、缝线和针，或用订皮器完成皮肤的缝合

第 4 章

腹部自动拉钩

腹部自动拉钩是置于适当位置、不需人为牵拉的牵开器。外科医师一旦固定自动拉钩，并调整好角度、螺丝或多向接头后，自动拉钩就会一直处于工作状态直到放松为止（图 4-1 至图 4-13）。

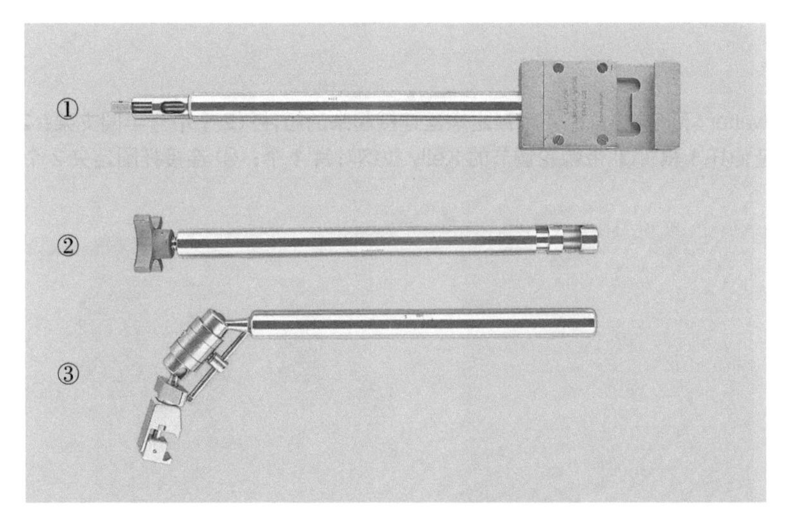

图 4-1　① Bookwalter 拉钩手术台固定柱；② Bookwalter 拉钩水平杆；③ Bookwalter 拉钩水平弯曲杆

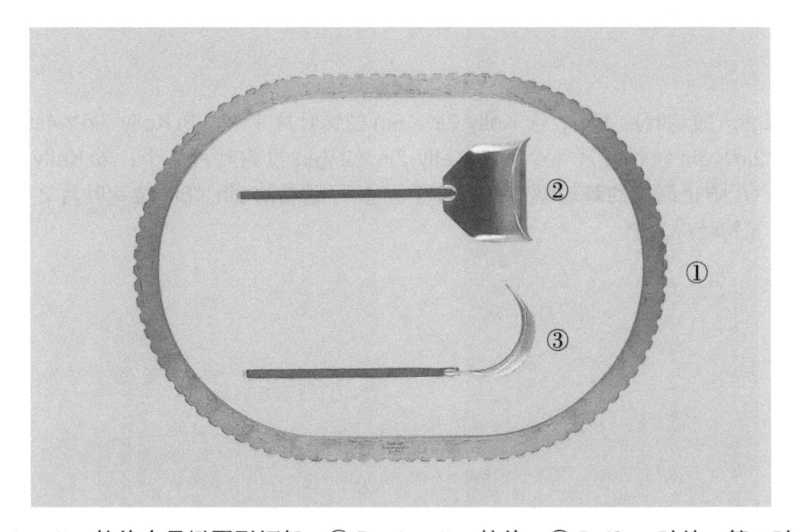

图 4-2　① Bookwalter 拉钩中号椭圆形框架；② Bookwalter 拉钩；③ Balfour 叶片，第二叶片（侧面观）

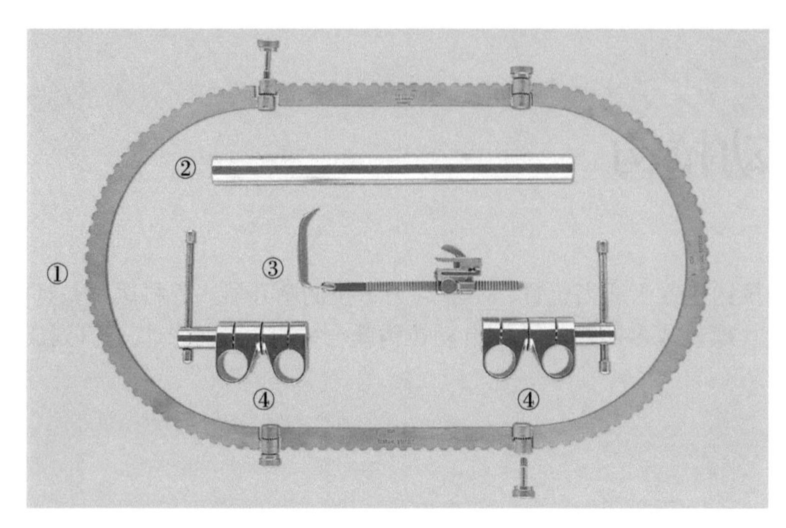

图 4-3 ① Bookwalter 环形拉钩：用 4 个锁定螺丝连接起来的组件（2 个中号半圆支架；2 根直延伸杆）；② 垂直延伸杆 1 根；③ 带棘轮调节的 Kelly 拉钩叶片 1 个；④ 连接杆固定夹 2 个

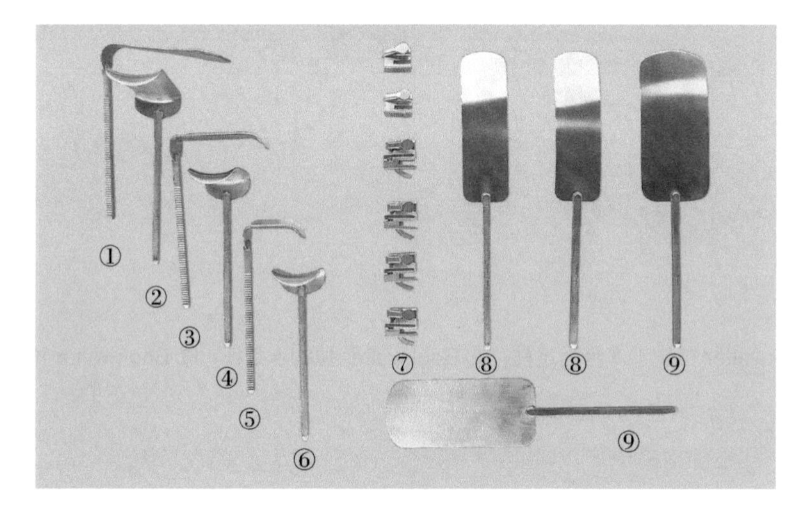

图 4-4 ① Harrington 拉钩叶片 1 个；② Kelly 2in×6in 拉钩叶片 1 个；③ Kelly 2in×4in 拉钩叶片 1 个；④ Kelly 2in×3in 拉钩叶片 1 个；⑤ Kelly 2in×2½in 拉钩叶片 1 个；⑥ Kelly 2in×6in 拉钩叶片 1 个；⑦ 防止倒转的棘轮调节装置 6 个；⑧ 可延展的 2in×6in 拉钩叶片 2 个；⑨ 可延展的 3in×6in 拉钩叶片 2 个

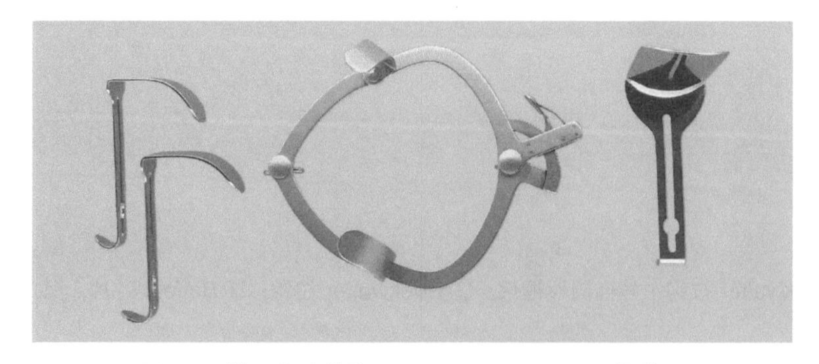

图 4-5 带 3 个叶片的 O'Sullivan-O'Connor 拉钩

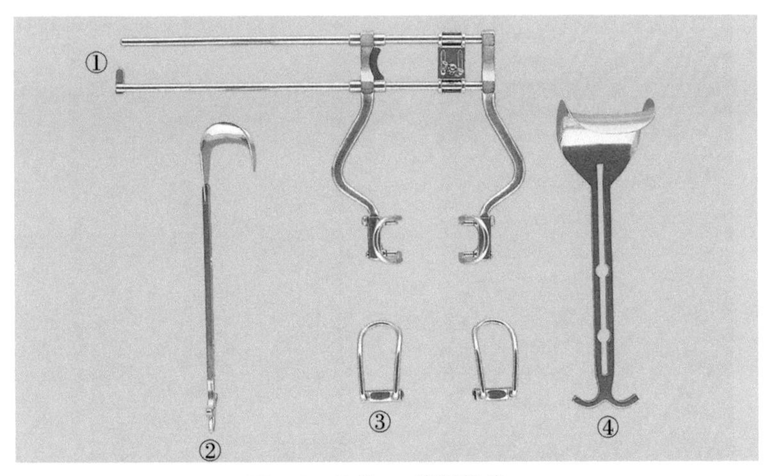

图 4-6 Balfour 腹部拉钩

① 带有 2 个有孔可拆浅叶片的拉钩框架；② 中心浅叶片 1 个；③ 有孔深叶片 2 个；④ 中心深叶片 1 个

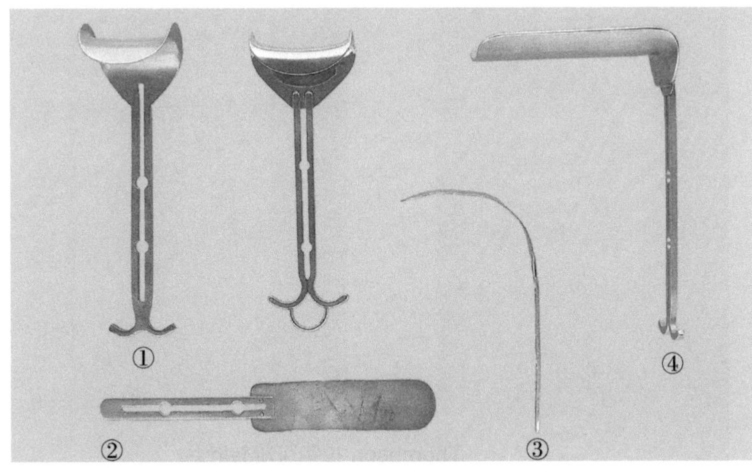

图 4-7 掌形拉钩

① Balfour 腹腔叶片 2 个（深浅各 1 个）；② Deaver 叶片 1 个（侧面观）；③ Weinberg 叶片 1 个（改良 Joe Hoe）；④ 可延展叶片 1 个

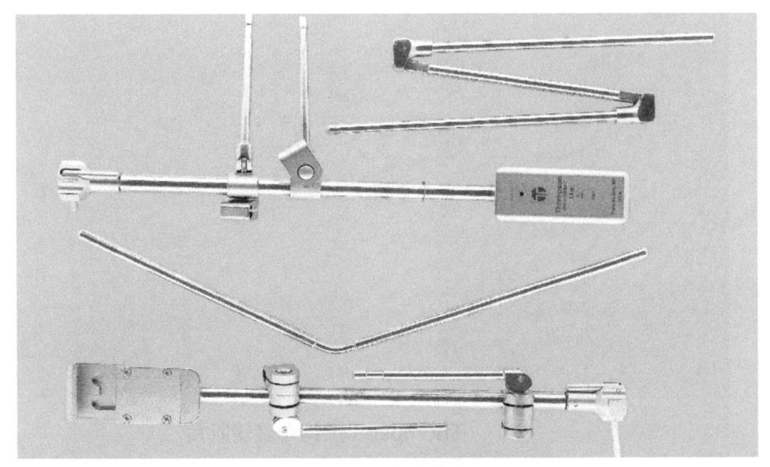

图 4-8 Thompson 拉钩连接杆和棒

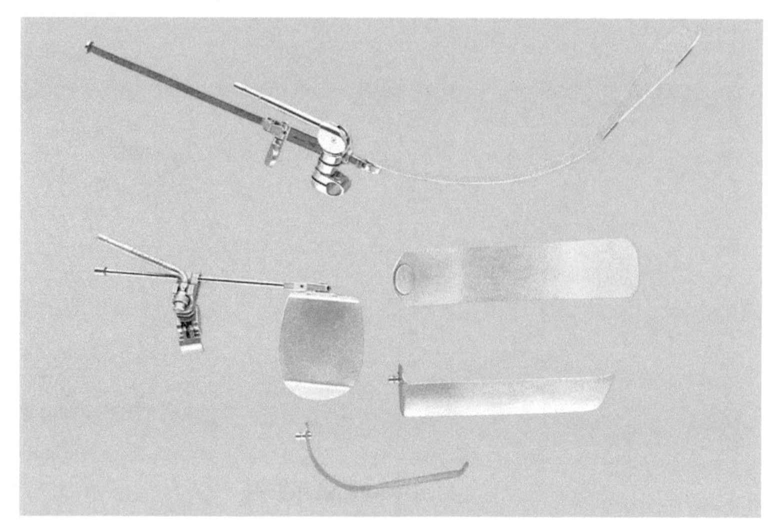

图 4-9 Thompson 拉钩叶片及固定夹

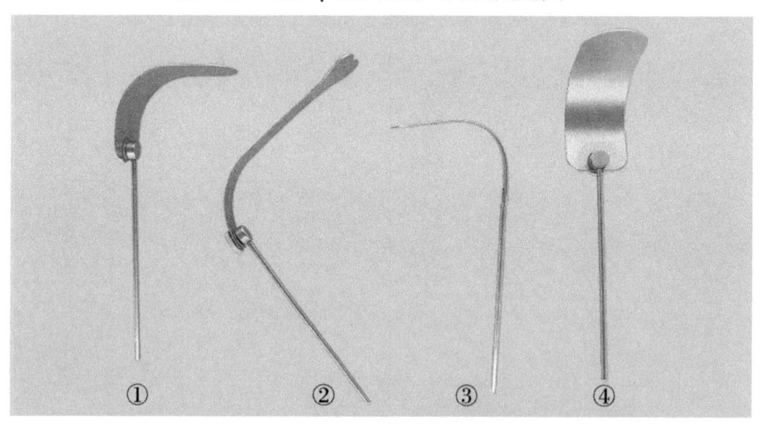

图 4-10 Thompson 拉钩可旋转叶片

① Deaver 中号叶片 1 个（侧面观）；② Harrington 叶片 1 个（侧面观）；③ Deaver 2½in × 5in 中号叶片 1 个（侧面观）；④ Deaver 大号叶片 1 个（正面观）

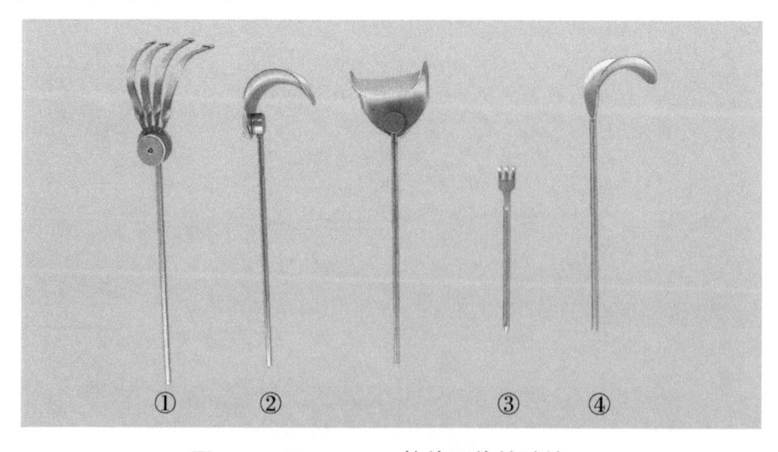

图 4-11 Thompson 拉钩可旋转叶片

① 手指状可延展叶片 1 个；② Balfour 叶片 2 个（侧面观与背面观）；③ Murphy 三爪尖耙叶片 1 个；④ Balfour-Mayo 2¾in × 5in 中心叶片 1 个（侧面观）

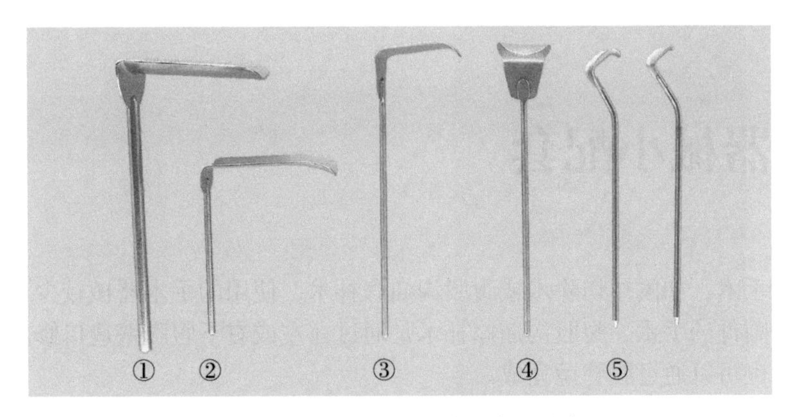

图 4-12　Thompson 拉钩可旋转叶片

① Weinberg $3\frac{1}{4}$in × $5\frac{1}{4}$in 叶片 1 个（侧面观）；② Richardson 2in × 5in 叶片 1 个（侧面观）；③ Kelly $2\frac{1}{2}$in × 3in 叶片 1 个（侧面观）；④ Kelly 2in × $2\frac{1}{2}$in 叶片 1 个（正面观）；⑤ Richardson 1in × $\frac{1}{4}$in 和 $\frac{3}{4}$in × 1in 颈动脉叶片 2 个（侧面观）

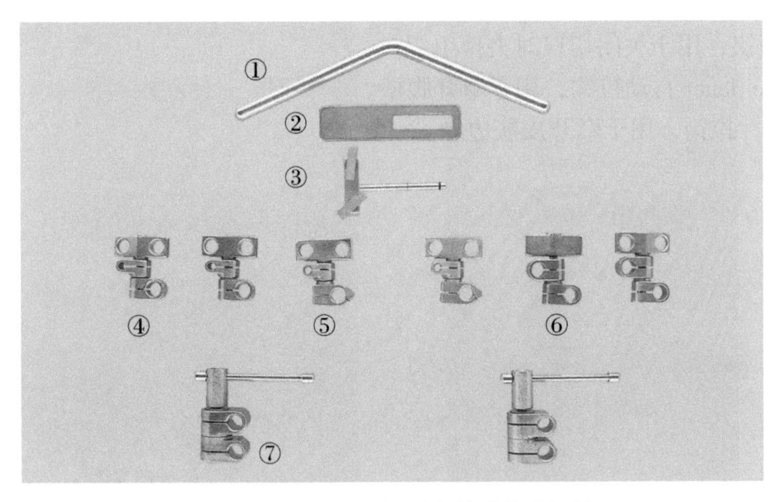

图 4-13　Thompson 深腹部拉钩接头组件

① 12in 成角延伸臂 1 个；② 通用扳手 1 个；③ 通用叶片适配器 1 个；④ $\frac{1}{2}$in × $\frac{1}{4}$in 多关节接头 2 个；⑤ $\frac{1}{2}$in × $\frac{1}{4}$ in 叉口接头 2 个；⑥ $\frac{1}{2}$in × $\frac{1}{2}$ in 多关节接头 2 个；⑦ $\frac{1}{2}$in × $\frac{1}{2}$ in 大号多关节接头 2 个

第 5 章

剖腹术器械小配套

较简单的手术，如阑尾切除术或腹股沟疝修补术，使用的手术器械较少。阑尾切除术是切除蠕虫状肠附件的手术。腹股沟疝修补术是通过在左或右下腹腹壁造口修复异常突出的手术。这些手术也可以通过腹腔镜完成。

小型剖腹术器械套装简述如下（图 5-1 至图 5-3）。

1. Adson 无齿组织镊，用于夹持精细组织。
2. Adson 有齿组织镊，用于夹持皮肤边缘。
3. Halsted 蚊式止血钳，用于夹闭出血点。
4. Babcock 组织钳，用于夹持阑尾或疝囊。
5. Allis 短镊，用于关闭切口时夹持组织。
6. 1 个 Weitlaner 自动拉钩，用于牵开腹壁。
7. Farr 弹性拉钩，用于牵开皮肤边缘。

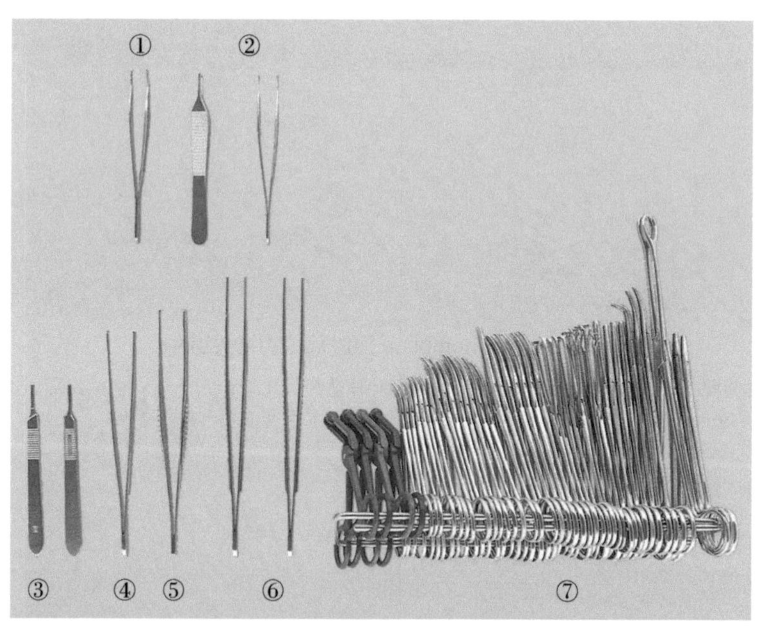

图 5-1 ① Browm-Adson 有齿（9×9）组织镊 1 把；② Adson 有齿（1×2）组织镊 2 把；③ Bard-Parker 3 号刀柄 2 把；④ Cushing 有齿（1×2）组织镊 1 把；⑤ Ferris Smith 有齿（1×2）组织镊 1 把；⑥ DeBakey 中号血管组织镊 2 把；⑦（由左至右）粗巾钳 4 把，Halsted 弯蚊式组织钳 6 把，Halsted 直蚊式组织钳 1 把，Crile $5\frac{1}{2}$in 长弯止血钳 8 把，Halsted 直止血钳 1 把，Crile $6\frac{1}{2}$in 长弯止血钳 6 把，Allis 短组织钳 4 把，Babcock 短组织钳 4 把，Ochsner 短止血钳 4 把，Westphal 止血钳 1 把，扁桃体止血钳 2 把，Foerster 海绵钳 1 把，Mayo-Hegar 6in 持针器 2 个，Crile-Wood 6in 持针器 1 个

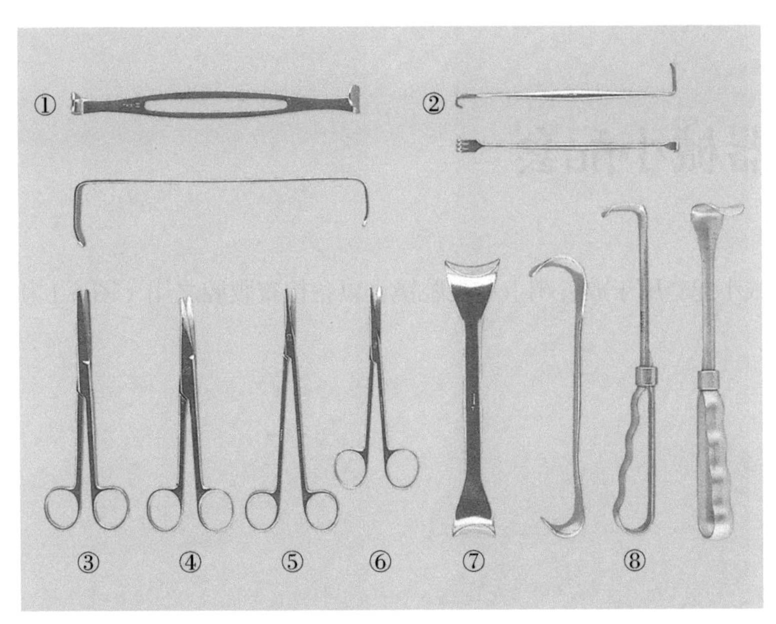

图 5-2　① 双头甲状腺拉钩 2 个（正面观与侧面观）；② Miller-Senn 双头拉钩 2 个（侧面观与正面观）；③ Mayo 直解剖剪 1 把；④ Mayo 弯解剖剪 1 把；⑤ Metzenbaum 7in 解剖剪 1 把；⑥ Metzenbaum 5in 解剖剪 1 把；⑦ Goelet 拉钩 2 个（正面观与侧面观）；⑧ Richardson 小号开腹拉钩 2 个（侧面观与正面观）

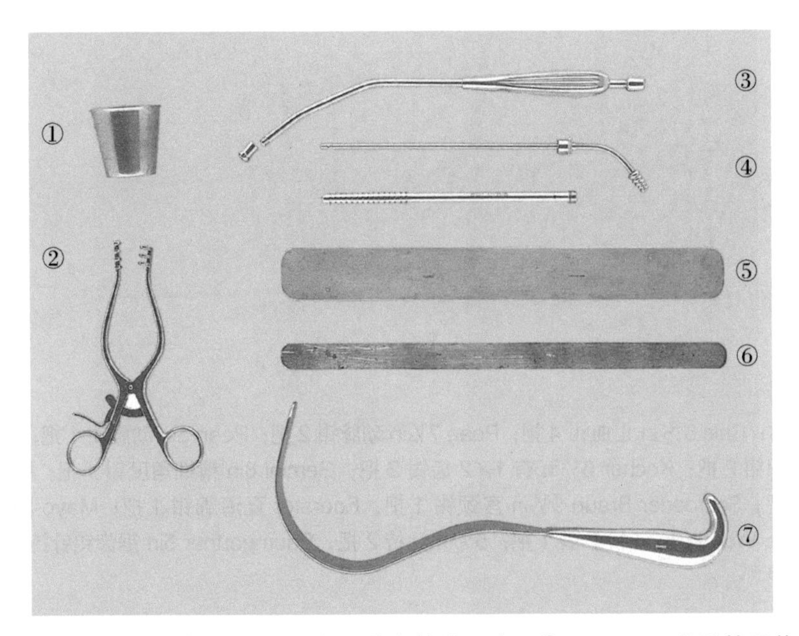

图 5-3　① 不锈钢药杯 1 个；② Weitlaner 中号乳突拉钩 1 个；③ Yankauer 吸引管及旋拧接头 1 套；④ Poole 腹部吸引管及套管 1 套；⑤ Ochsner 中号可塑形拉钩 1 个；⑥ Ochsner 窄式可塑形拉钩 1 个；⑦ Deaver 中号拉钩 1 个

第 6 章

腹腔镜器械小配套

腹腔镜器械小配套用于放置鞘卡和腹腔镜，以备检查腹腔之用（图 6-1 和图 6-2）。

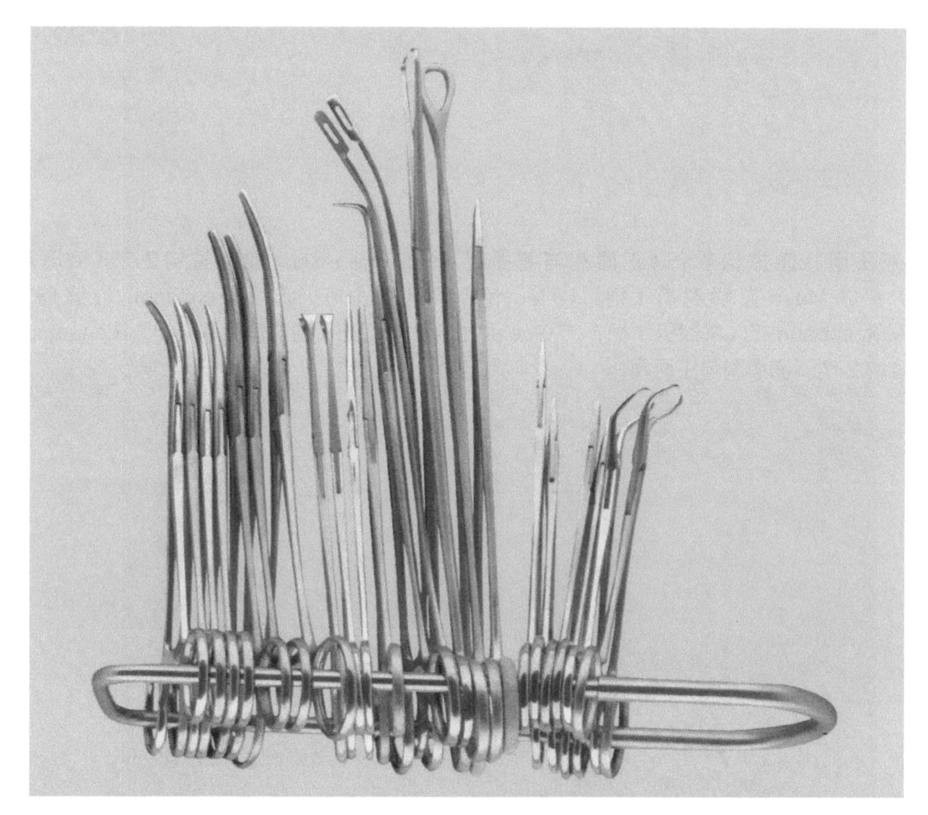

图 6-1　由左至右：Crile 6½ in 止血钳 4 把；Pean 7¼in 动脉钳 2 把；Péan 8in 动脉钳 1 把；Allis 6in （5×6）有齿组织钳 2 把；Kocher 6½in 有 1×2 齿钳 2 把；Gemini 8in 精细角度钳 1 把；Randall ¼in 弯取石钳 1 把；Schroeder Braun 9½in 宫颈钳 1 把；Foerster 直海绵钳 1 把；Mayo-Hegar 8in 针持 1 把；Crile-Wood 6¼ in 持针器 1 把；5½in 针持 2 把；Baumgartner 5in 锯齿钨针持 1 把；Backhaus 巾钳 2 把

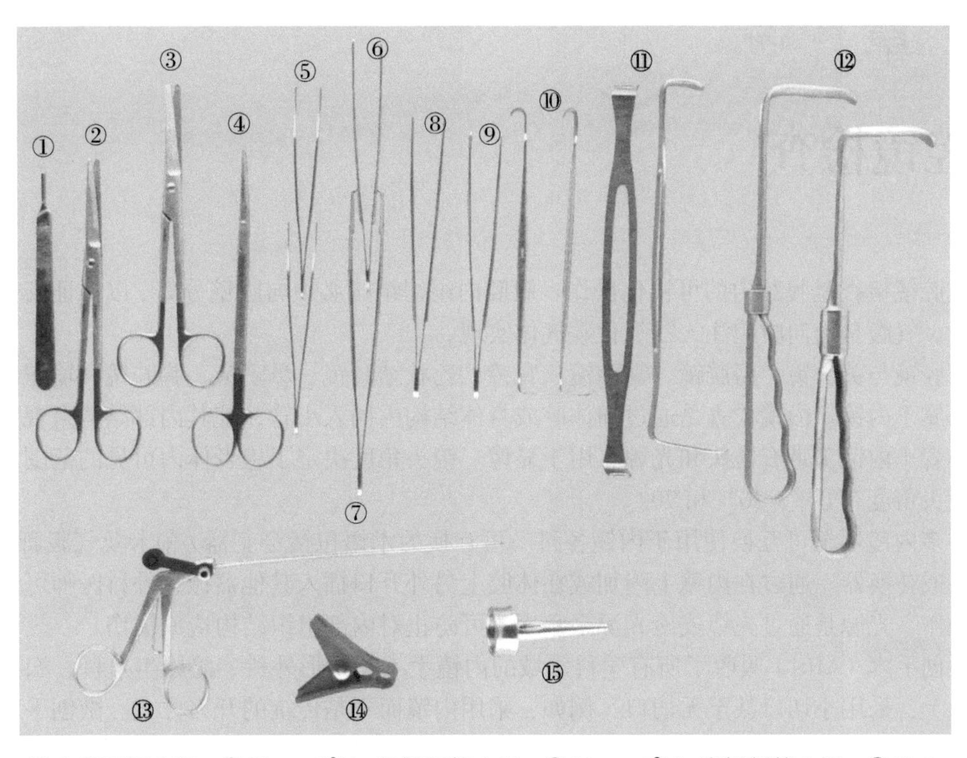

图 6-2　① 3 号刀柄 1 把；② Mayo $6\frac{3}{4}$in 直解剖剪 1 把；③ Mayo $6\frac{3}{4}$in 弯解剖剪 1 把；④ Metzenbaum 7in 弯解剖剪 1 把；⑤ Adson $4\frac{3}{4}$in 有齿（1×2）镊子 2 把；⑥ $6\frac{3}{4}$in 有齿（1×2）镊子 1 把；⑦ Bonney $6\frac{3}{4}$in 有齿（1×2）镊子 1 把；⑧ DeBakey-Diethrich 6in 冠状动脉镊 1 把；⑨ Russian 6in 镊子 1 把；⑩ Senn$6\frac{3}{4}$in 拉钩 2 把；⑪ Army Navy 甲状腺拉钩 2 把（正面观与侧面观）；⑫ Richardson $9\frac{1}{2}$in 开腹拉钩 2 把；⑬ Suture 枪状缝合器 1 把；⑭ 蓝色夹子 1 个；⑮ 喇叭形筋膜插入器 1 个

第 7 章

腹腔镜检查

腹腔镜检查是腹腔内的可视化操作。腹腔内组织结构必须与腹壁分离，以保证安全插入腹腔镜。气腹是由向腹腔注入二氧化碳气体实现。

腹腔镜与关节镜、膀胱镜、宫腔镜、肾镜、乙状结肠镜、鼻窦镜、胸腔镜和输尿管镜一样，都属于内镜。内镜检查是通过向体腔或身体结构内插入小管，使其内部结构直观可见。这一小管（内镜）带有镜头和光源，用于显像。镜头角度决定了患者体内可见的范围。最常用的镜头角度有 0°、30° 和 70°。

许多内镜器械可互换使用于内镜各科。可互换的术语包括穿刺器 / 鞘卡及气腹管 / 气腹管接头或转换器。通过在内镜上附加或在体腔上另外开口插入其他器械，外科医师可以进行手术操作。光源是通过光缆或冷光源来实现，可防止对内部组织结构造成损伤。

微创手术（MIS）吸收了所有学科领域的内镜手术（矫形外科、泌尿生殖科、妇科和耳鼻喉科），采用小切口甚至无切口，例如，采用内镜而不是传统的开刀方式。微创手术的优势包括：①手术切口小；②减轻术后疼痛；③缩短康复时间；④可尽快回归工作和家庭。目前，几乎所有外科领域对大多数身体部位都采用微创手术。

腔镜检查中器械托盘的建立与布局：Bard-Parker 3 号刀柄，11 号刀片；Backhaus 细巾钳 2 把；Verres 气腹针；硅胶管；带套筒的鞘卡；腹腔镜；光缆电源。

腹腔镜手术器械检查程序简述如下（图 7-1 至图 7-8）。

1. 用 2 把 Backhaus 细巾钳提起腹壁。
2. 用 Bard-Parker 刀在脐部附近切口。
3. 45° 插入 Verres 气腹针。
4. 硅胶管连接气腹针，注入 CO_2 创建气腹。当气腹压达到 12 ~ 15mmHg 时，拔出气腹针。
5. 插入带筒鞘卡。
6. 拔出鞘卡芯，插入腹腔镜。
7. 连接光源。

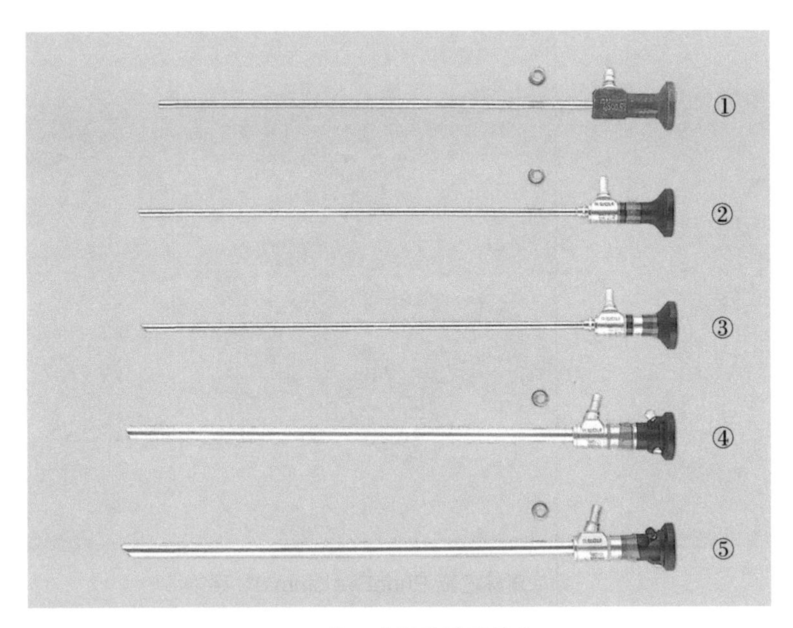

图 7-1　非一次性腹腔镜镜头。

① 0°，5mm；② 25°，5mm；③ 50°，5mm；④ 25°，10mm；⑤ 50°，10mm

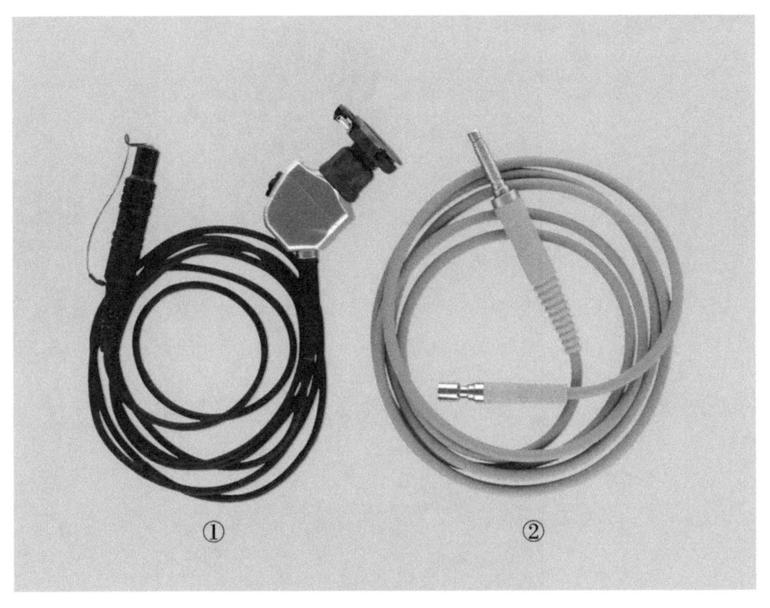

图 7-2　①摄像头；②光纤连接线

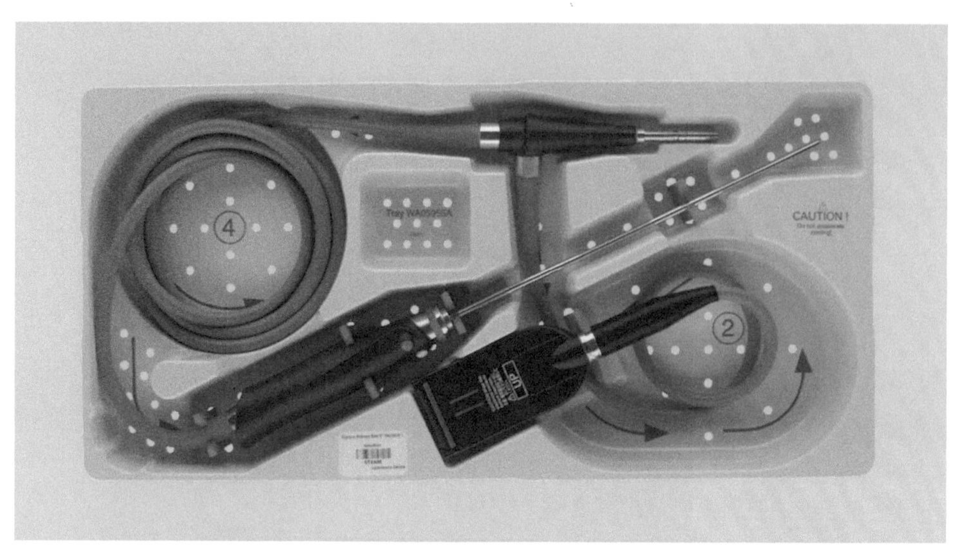

图 7-3 奥林巴斯 EndoEye 5mm 0° 硬镜

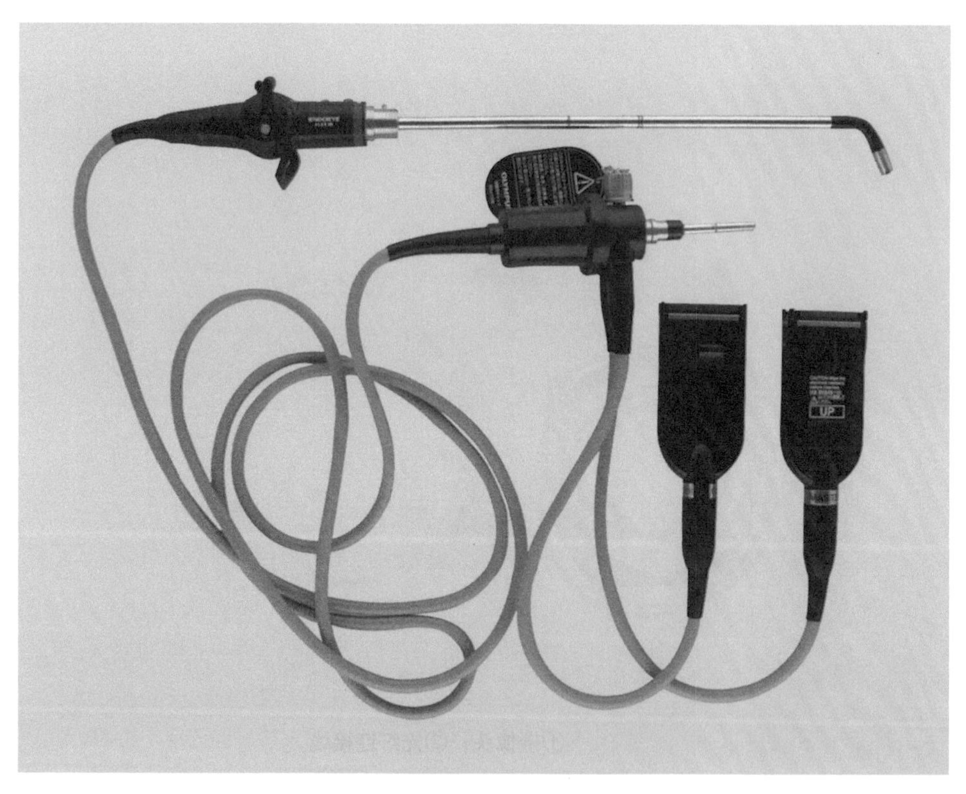

图 7-4 奥林巴斯 EndoEye 10mm 3D HD 软镜

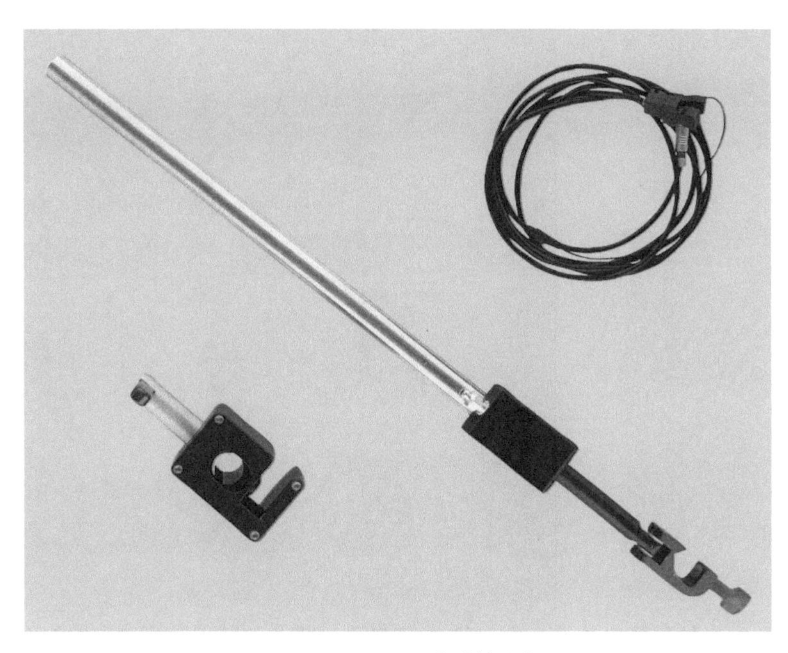

图 7-5 Kronner 腹腔镜支架

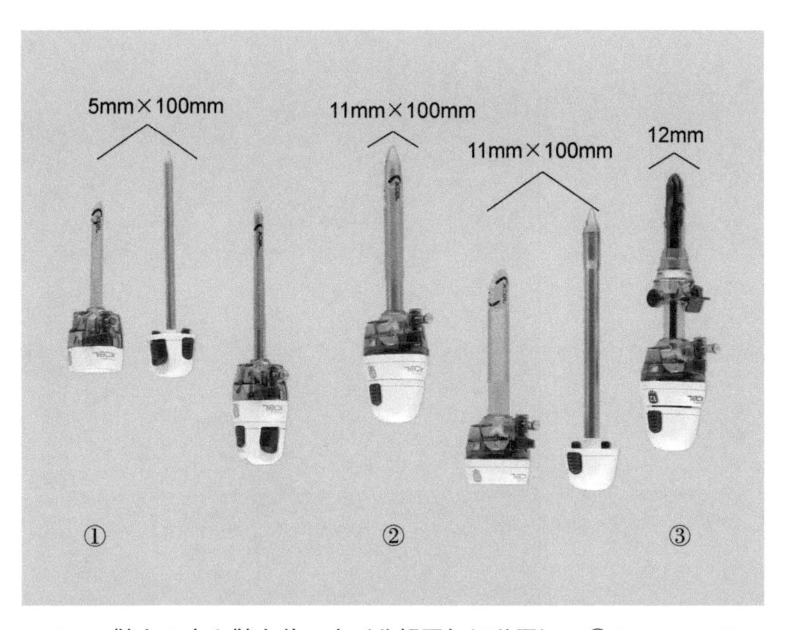

图 7-6 ① 5mm×100mm 鞘卡 1 个和鞘卡芯 1 个（分解图与组装图）；② 11mm×100mm 鞘卡 1 个和鞘卡芯 1 个（组装图与分解图）；③ Hasson 12mm 鞘卡 1 个

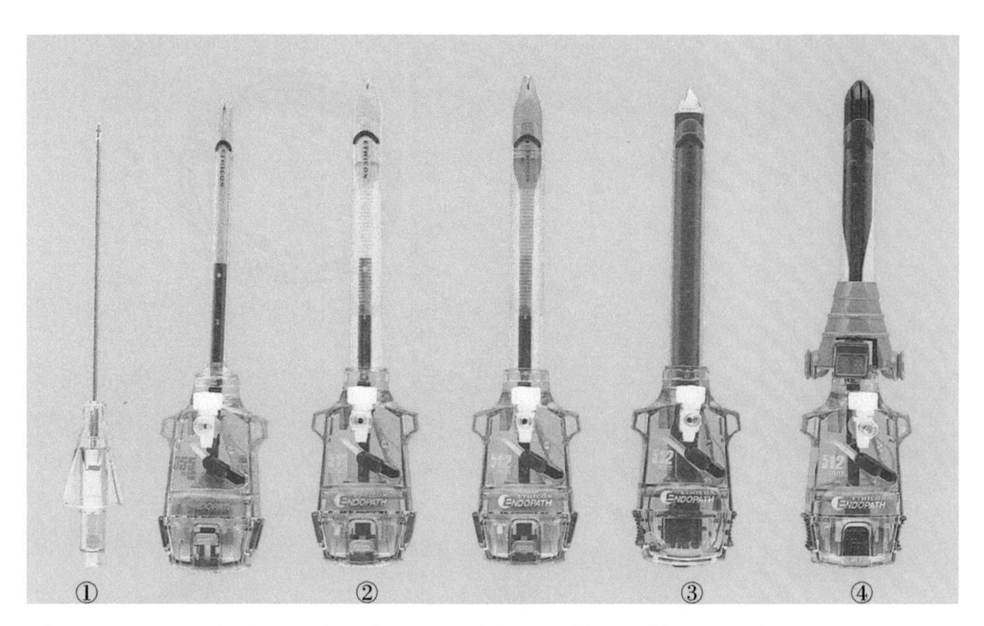

图 7-7 ① Verres 一次性气腹针 1 个；②一次性穿刺器（鞘卡和鞘卡芯配套）3 个（5mm，10mm 或 11mm 和 12mm）；③一次性锐头鞘卡 1 个（10mm）；④一次性钝头鞘卡 1 个（10mm）（Hasson 型）

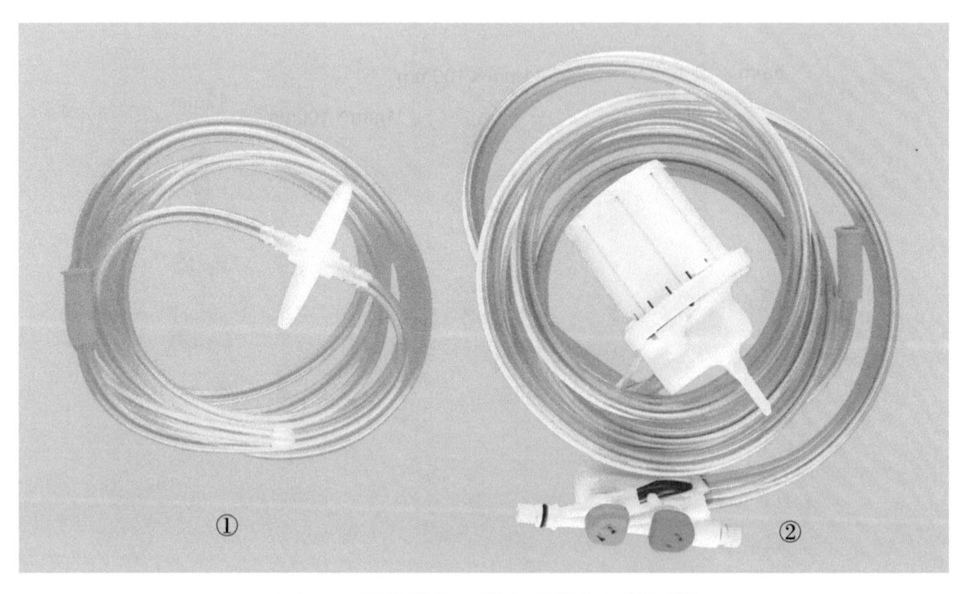

图 7-8 ①气腹管；②电动吸引 / 冲洗系统

第 8 章

成人腹腔镜微创手术器械套装

一套微创腹腔镜设备是用于放置鞘卡、腹腔镜、摄像系统。腹腔镜作用是检查腹腔，通过多个微小的手术切口诊断、取出病变组织，或者行修补手术。例如行腹腔镜肠切除，胆囊切除，疝修补手术（图 8-1 至图 8-10）。

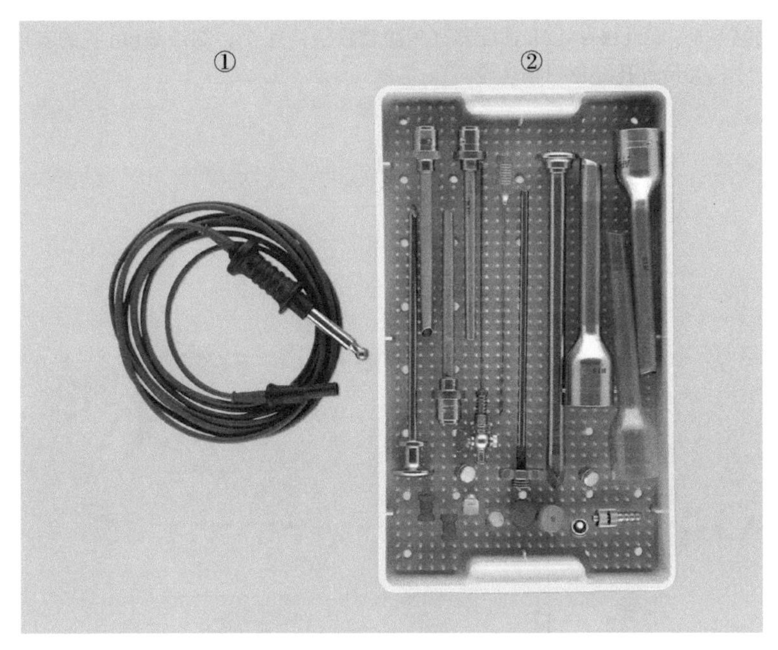

图 8-1 ①可重复使用电极线；②器械盒内配有：鞘卡芯 1 个（5mm×100mm），5mm 鞘卡套管 3 个，Verres 气腹针 1 根，Verres 中号气腹针 1 根，Nezhat 鞘卡转换器 1 个，鞘卡芯 1 个（10mm×100mm），10mm 鞘卡套管 3 个。盒子底部：红色封帽 2 个，灰色封帽 5 个，带针孔红色封帽 1 个，带 3mm 孔的灰色封帽 1 个，Luer-Lok 适配器（气腹管接头）1 个

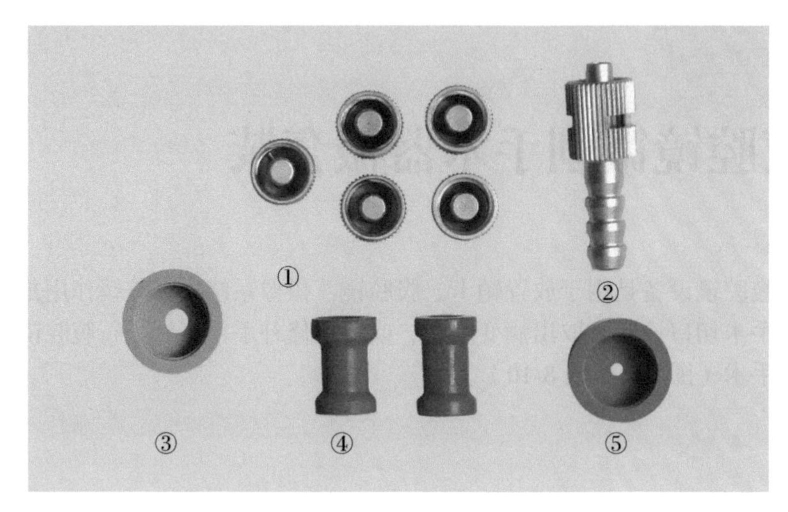

图 8-2 ①灰色封帽 5 个；② Luker-Lok 适配器（气腹管接头） 1 个；③带 3mm 孔的灰色封帽 1 个；④红色封帽 2 个；⑤带针孔红色封帽 1 个

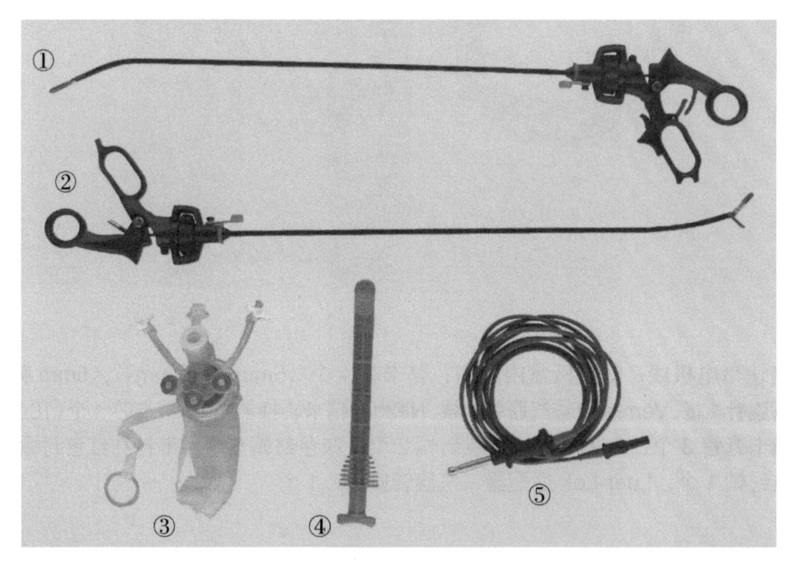

图 8-3 ①可锁定肠抓钳（闭合）1 把；②肠抓钳（张开）1 把；③单孔腹腔镜穿刺器鞘管 1 个；④将鞘管导入腹腔用的鞘管芯 1 个；⑤单极电凝线 1 根

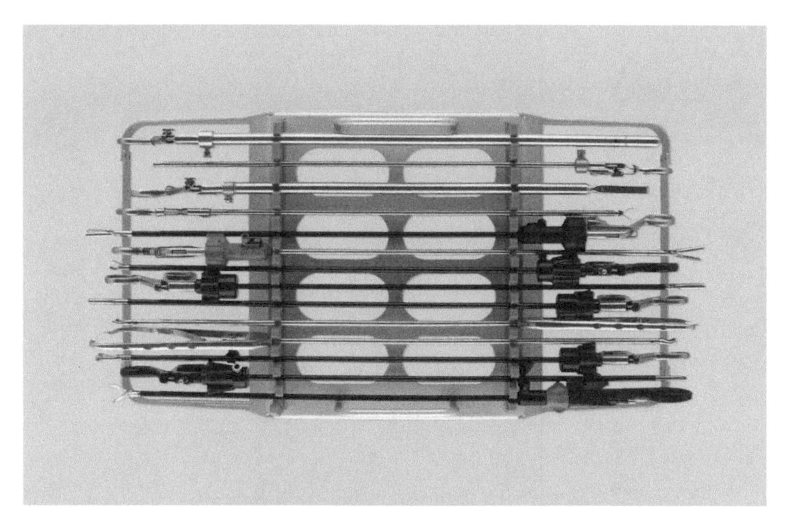

图 8-4　灭菌容器盒内第一个器械架是腹腔镜器械

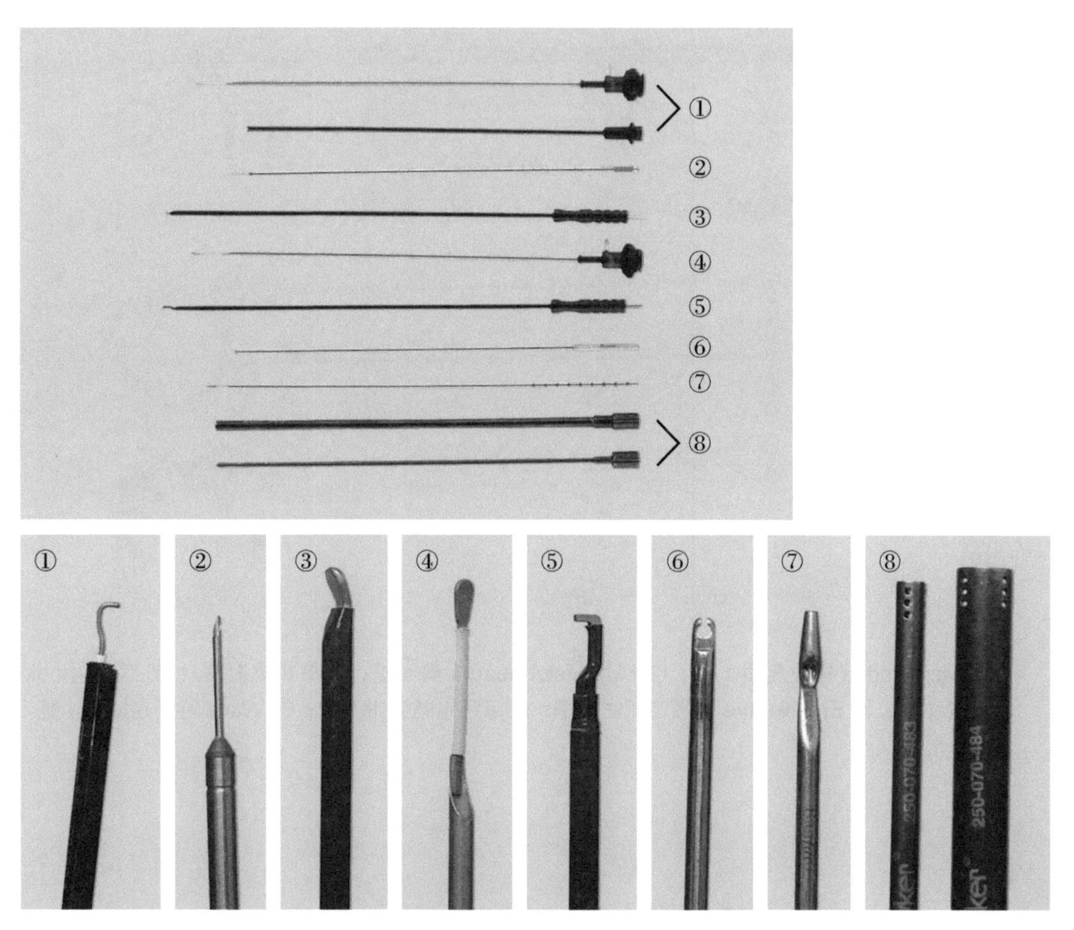

图 8-5　上：① Nezhat-Dorsey L 形尖端带鞘电凝钩（注意①下图有防护罩）；②针形尖端吸引管；③铲形尖端电凝钩；④铲形尖端吸引管；⑤ L 形尖端电凝钩；⑥ Marlow 推结器；⑦ Ranfac 推结器；⑧ Nezhat-Dorsey 吸引管（直径为 10mm 和 5mm）。下：头端放大图

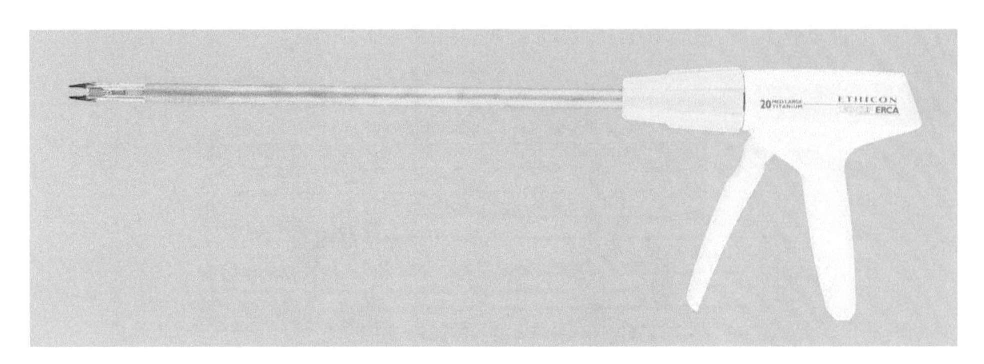

图 8-6 一次性连发钛夹施夹钳 1 把

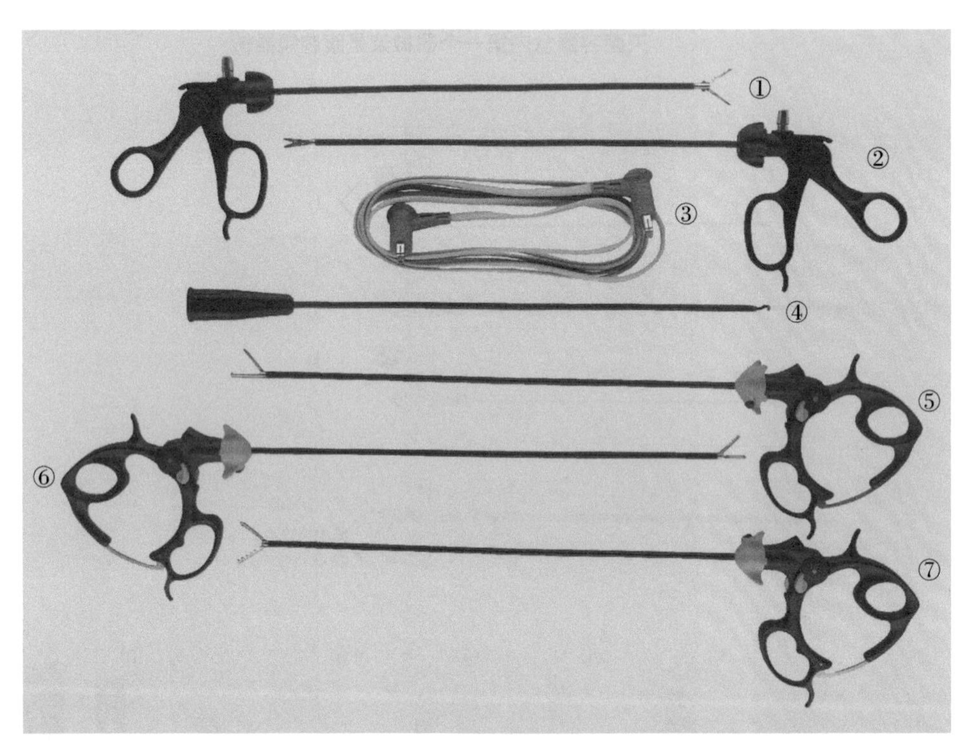

图 8-7 ① Maryland 双极分离钳 1 把；② Mini-Metzenbaum 剪 1 把；③单极电凝线 1 根；④ J-hook 电凝钩 1 个；⑤ Endoweave 可锁定抓钳 1 把；⑥可锁定肠抓钳 1 把；⑦ Wave 可锁定抓钳 1 把

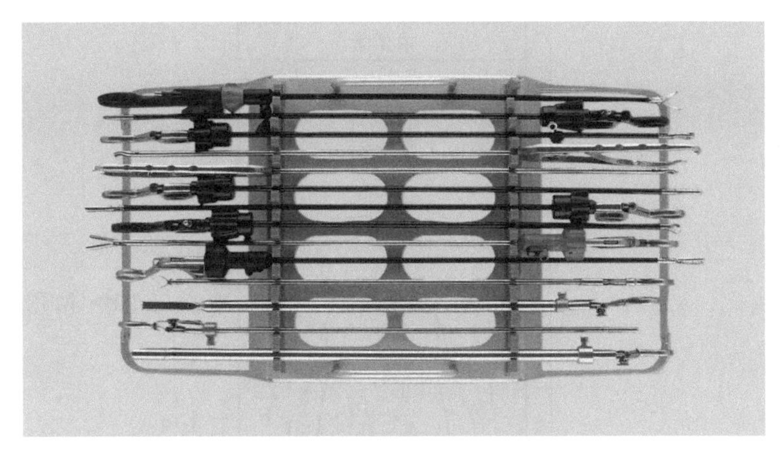

图 8-8　灭菌容器盒内第二架腹腔镜器械

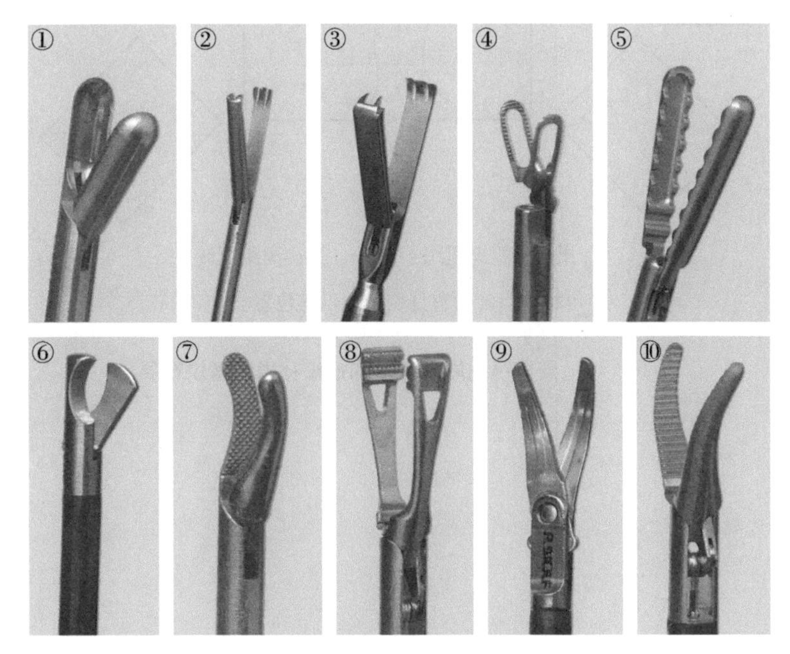

图 8-9　上述第二架器械（头端放大）

① 10mm 杯状钳；② 5mm 有齿抓钳；③ 10mm 有齿抓钳；④ Olsen 夹钳；⑤复动抓钳；⑥弯钩剪；⑦ Apple 左弯持针器（5mm）；⑧ Babcock 抓钳（5mm）；⑨单极剪（5mm × 32mm）；⑩ Maryland 解剖钳

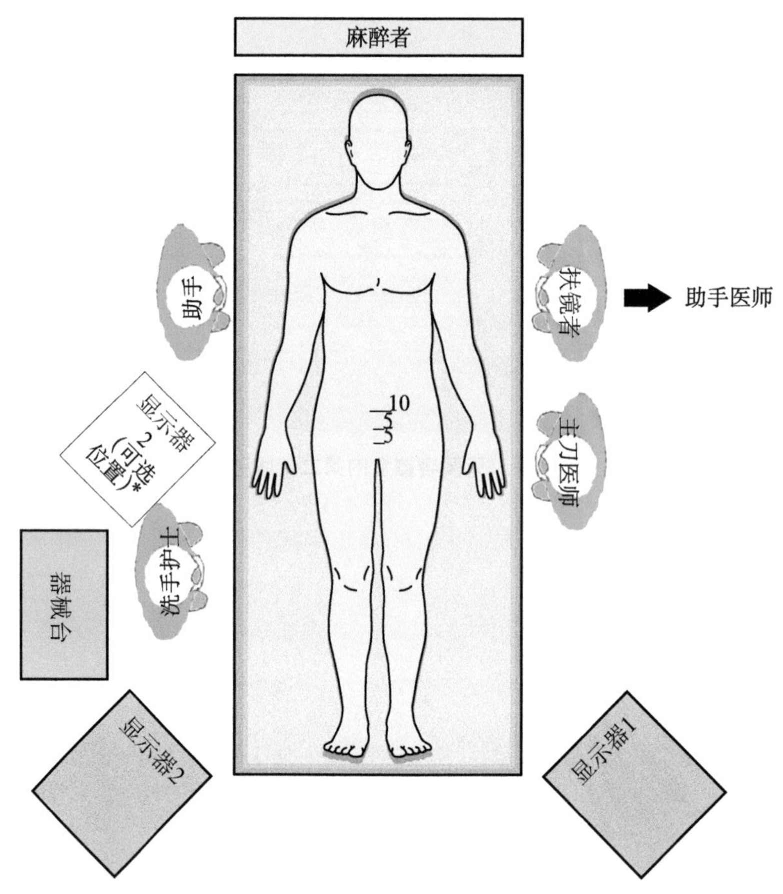

如果成像距离组织=12mm，最小焦距可调整

* 可根据医师的喜好变换显示屏位置

图 8-10 腹腔镜阑尾切除术和疝修补术的摆位布局

第 9 章

激光腹腔镜

激光腹腔镜是将激光束作为一种精密工具用于手术中的切割、凝固、汽化、粘合组织。所有外科人员必须接受激光使用要求和操作程序的基本教育。要求与操作程序应当包括：眼睛保护、控制人员进入、防火安全、烟雾排放、建立操作规程说明书、激光手术团队责任、皮肤组织保护、电安全、教育 / 培训及认证（图 9-1 和图 9-2）。

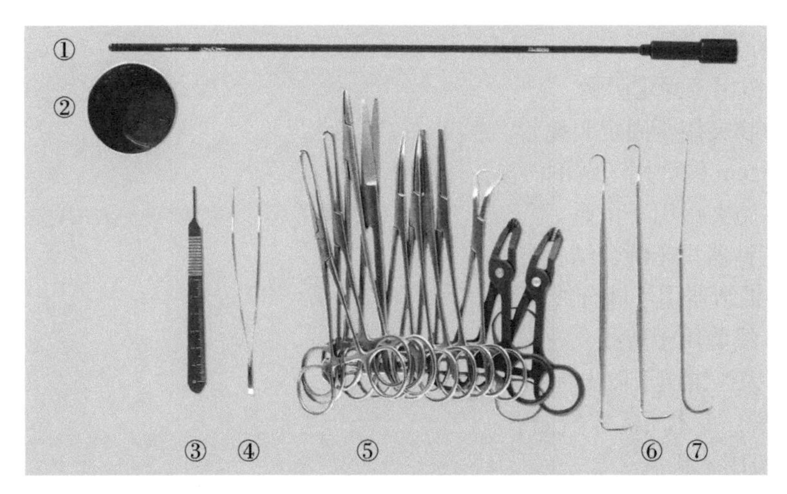

图 9-1　①吸引头 1 个；②不锈钢药杯 1 个；③ Bard-Parker 3 号刀柄 1 把；④ Adson 有齿组织镊（1×2）1 把；⑤ Allis 组织钳 2 把，Crile-Wood 7in 持针器 1 把，Mayo 直解剖剪 1 把，Crile 弯止血钳 2 把，Kocher 钳 2 把，Backhaus 细巾钳 1 把，粗巾钳 2 把；⑥ Senn 双头拉钩 2 个；⑦ News 套管钩 1 个

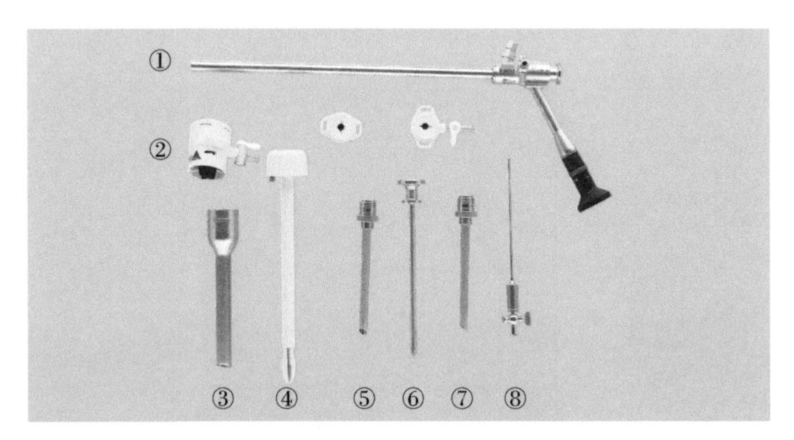

图 9-2　①激光腹腔镜；②一次性鞘卡接头 3 个，其中 2 个侧面带旋塞开关。由左至右。③ 10mm 鞘卡 1 个；④一次性鞘卡芯 1 个；⑤ 5mm 鞘卡 1 个；⑥ 5mm 鞘卡芯 1 个；⑦ 5mm 鞘卡 1 个；⑧ Verres 气腹针 1 根

第 10 章

腹腔镜胆囊切除术

胆囊切除术是通过腹部切口或利用腹腔镜切除胆囊的手术。

这一手术可能需要的设备包括：一套小型腹腔镜器械，一套腹腔镜器械，以及一套成人微创手术器械。

气腹建立后腹腔镜手术器械操作程序简述如下（图 10-1 和图 10-2）。

1. 同时使用 3 ~ 4 个鞘卡，一个用于放置镜头，一个用于牵开显露，一个用于解剖游离，一个用于结扎。
2. Claw 抓钳用于固定胆囊。
3. Olsen 生物夹用于固定胆囊管。
4. Metzenbaum 钩剪用于解剖游离。
5. Ligaclip 施夹钳用于止血。
6. Apple 持针器用于缝合结扎。
7. Marlow 推结器用于缝合线打结。
8. Ligature 线剪用于剪线。
9. Endo 内镜抓钳用于取出标本。

若用电外科，手术所需器械如下。

1. 铲形电极用于止血。
2. Metzenbaum 单极剪用于解剖游离。
3. Maryland 弯钳用于游离疏松组织和取出标本。

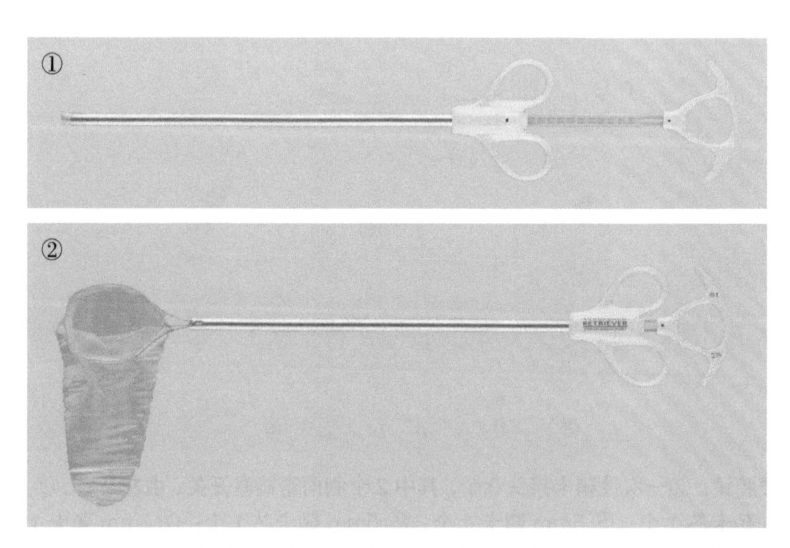

图 10-1　①尖端闭合的 Endo 抓取组织钳；②尖端扩张的 Endo 抓取组织钳

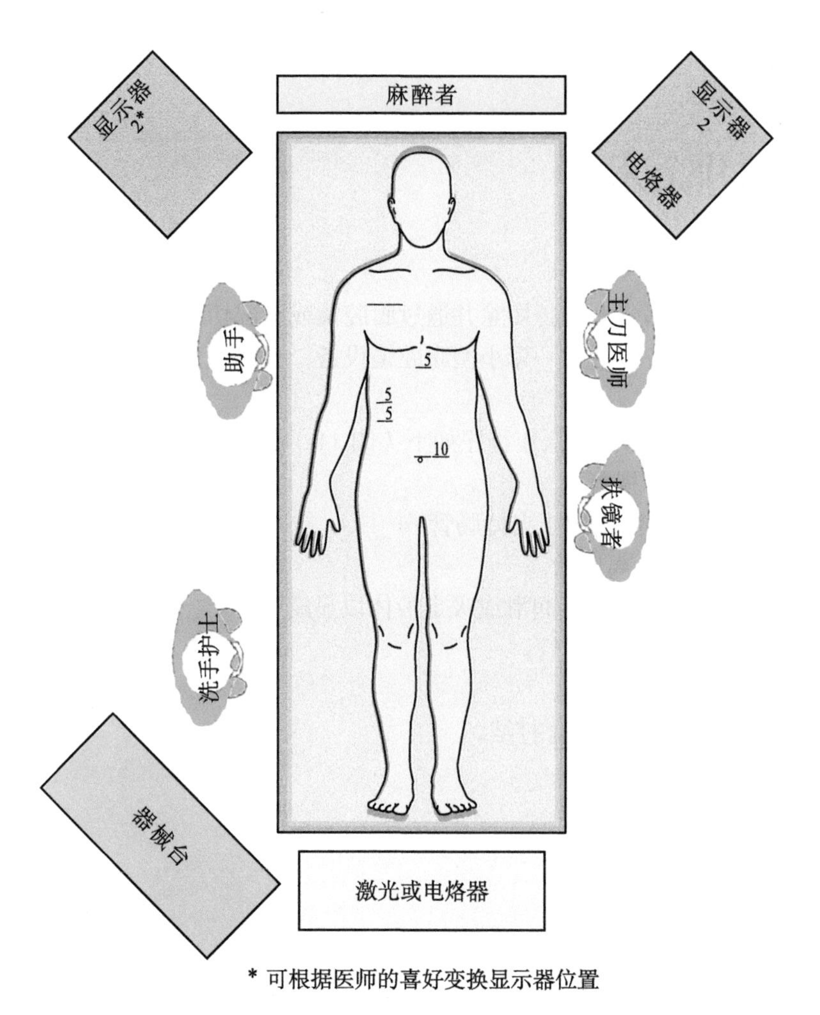

* 可根据医师的喜好变换显示器位置

图 10-2　腹腔镜胆囊切除术体位摆放

第 11 章

腹腔镜肠切除术

腹腔镜肠切除术是将部分大小肠切除并通过腹腔镜或腹部切口进行吻合的手术。

此手术可能需要的设备包括：一套小型腹腔镜设备，腹腔镜，腹腔镜摄像头，光纤光源及套管。

建立气腹后，腹腔镜手术器械操作程序如下（图 11-1 至图 11-17）。

1. 用 Endoflex 显露手术视野。
2. 用 Hunter(Glassman) 抓钳用于夹持肠管。
3. 用 Maryland 分离钳分离肠管。
4. 用 Nezhat 吸引 / 冲洗器进行润滑或吸走液体以显露视野。
5. 用直线型切割闭合器切断肠管。
6. 用连发施夹钳止血。
7. 用持针钳 (缝线引导器) 缝合打结。
8. 用 Marlow 打结器将结打紧。
9. 用直线型闭合器再吻合肠管。

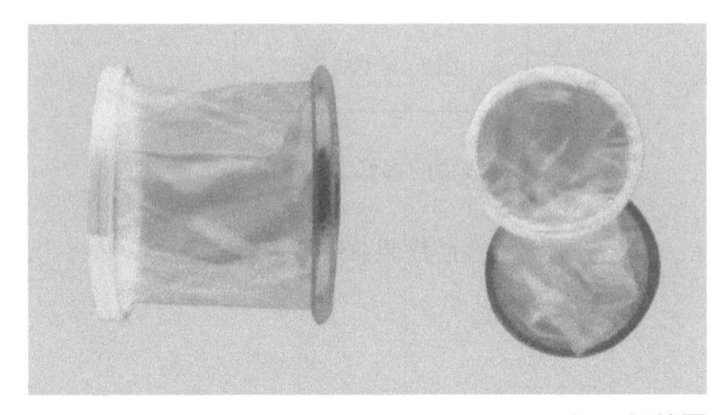

图 11-1 Applied Medical Alexis 5 ～ 9cm 切口保护圈

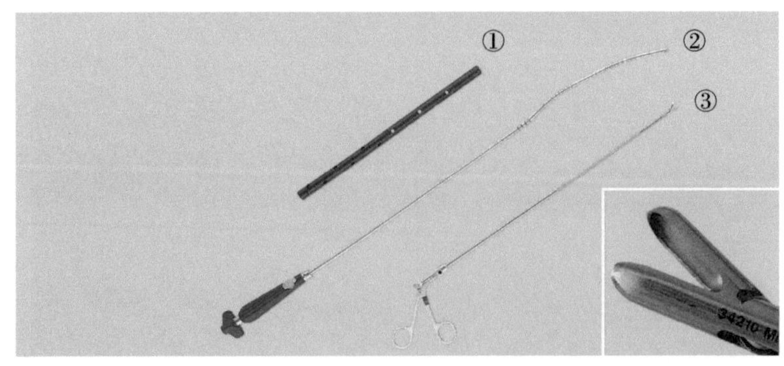

图 11-2 ① Endoflex 保护罩 1 个；② Endoflex 厚度 5mm, 长 80cm 三角形牵开器 1 个；③ 5mm 活检钳 1 把及其放大尖端图

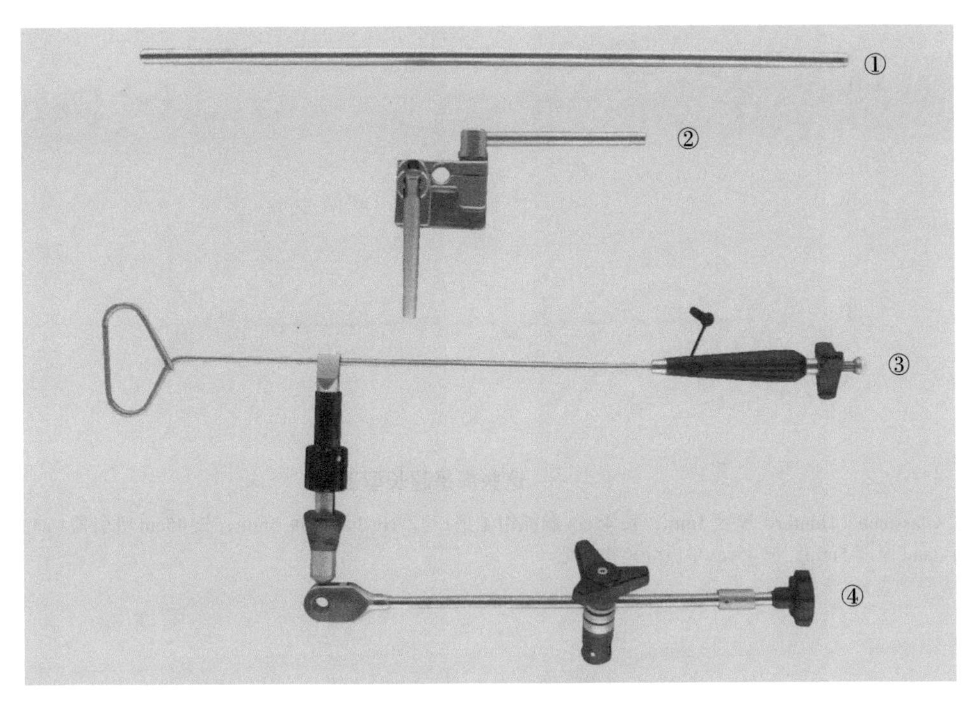

图 11-3 FastClamp 和 Endoflex 蛇形牵开器

①牵引棒 1 根；②牵引棒固定底座 1 个；③ Endoflex 蛇形牵开器 1 个（成连接盘绕状）；④支撑臂 1 个（连接至蛇形牵开器）

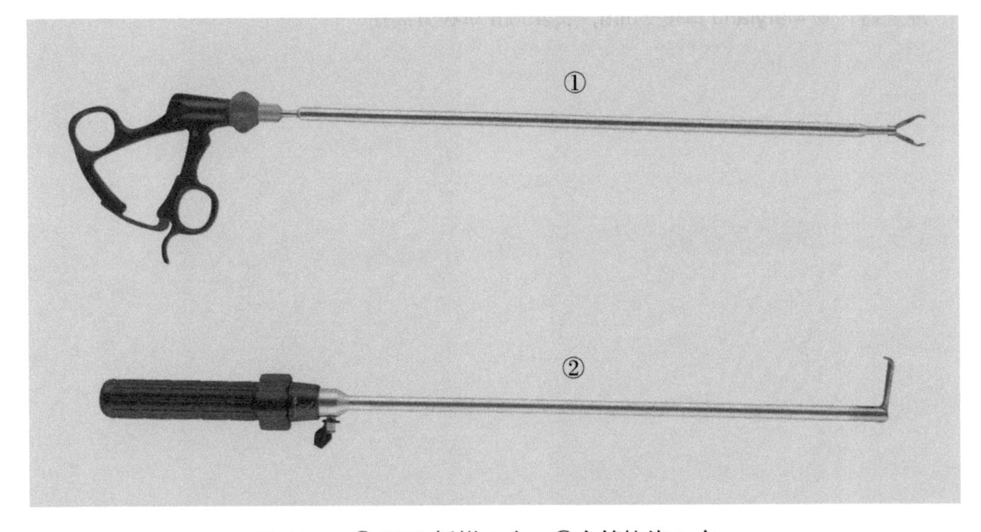

图 11-4 ① EEA 抓钳 1 个；②食管拉钩 1 个

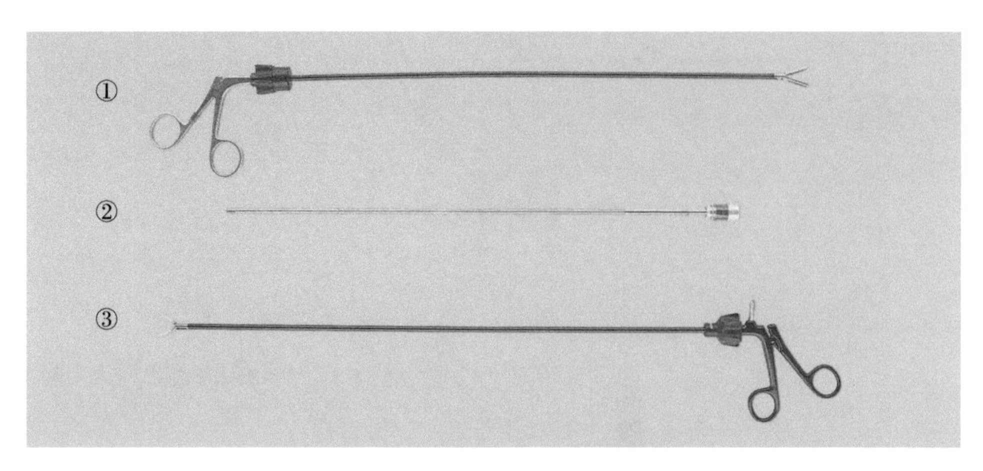

图 11-5 **这些都是超长型工具**

① Glassman（Hunter）厚度 5mm，长 45cm 肠抓钳 1 把； ② Nezhat 厚度 5mm，长 45cm 吸引器 / 冲洗器 1 个； ③ Maryland 厚度 5mm，长 45cm 单极分离钳 1 把

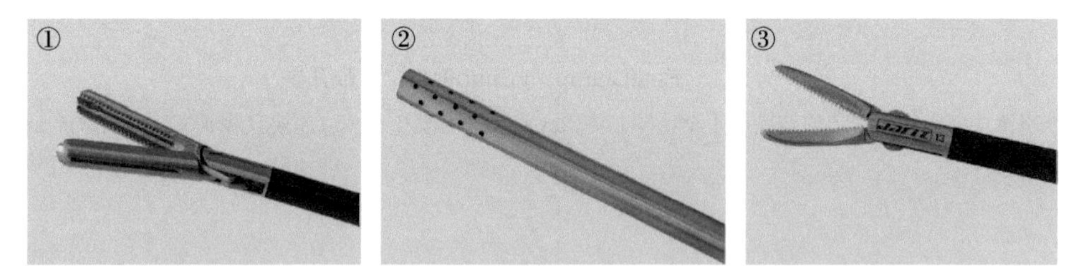

图 11-6 **① Hunter 厚度 5mm，长 45cm 肠钳（Glassman 型）；② Nezhat 厚度 5mm，长 45cm 吸引器 / 冲洗器；③ Maryland 厚度 5mm，长 45cm 单极分离钳**

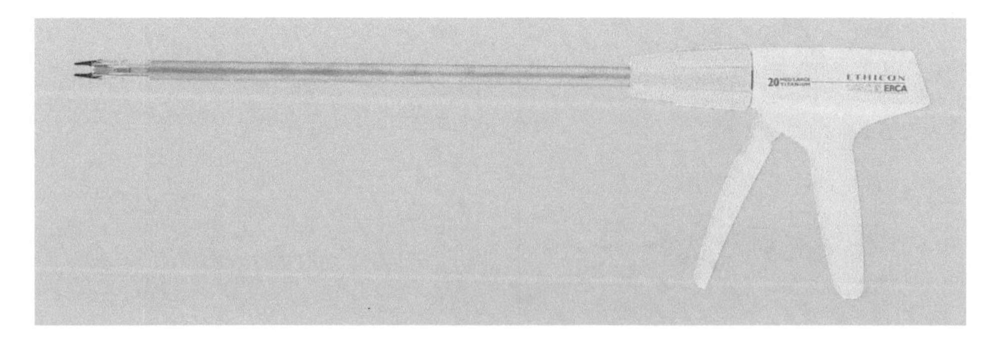

图 11-7 **一次性腹腔镜连发钛夹施夹器 1 把**

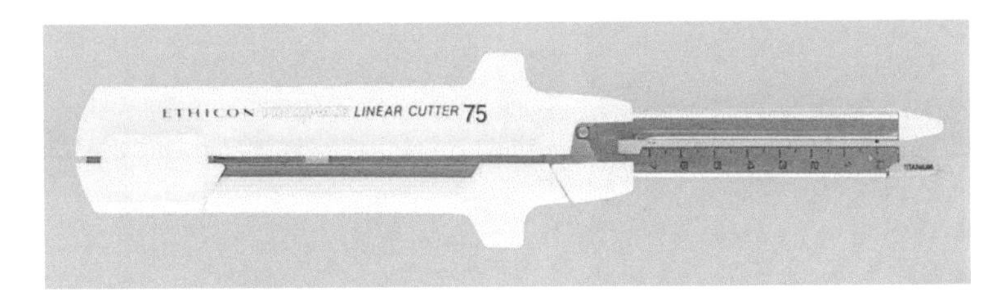

图 11-8　可拆装刀头的直线切割吻合器

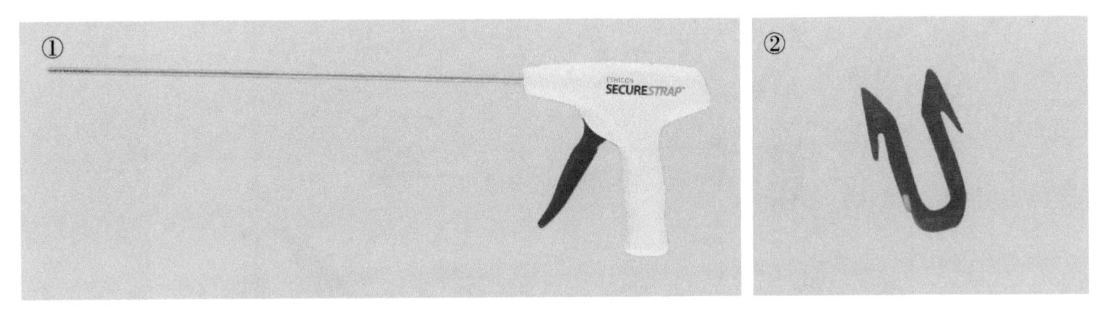

图 11-9　① Ethicon SecureStrap 腹腔镜钉枪；② SecureStrap 大头钉

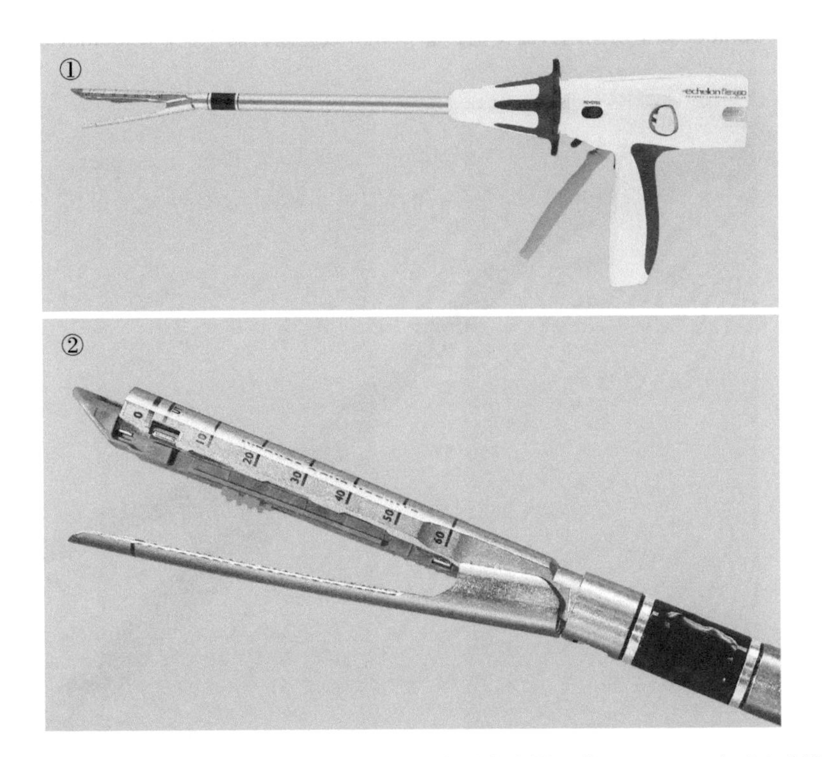

图 11-10　① Ethicon Echelon Flex 60 Endo GIA 电动吻合器；② Endo GIA 电动吻合器头端

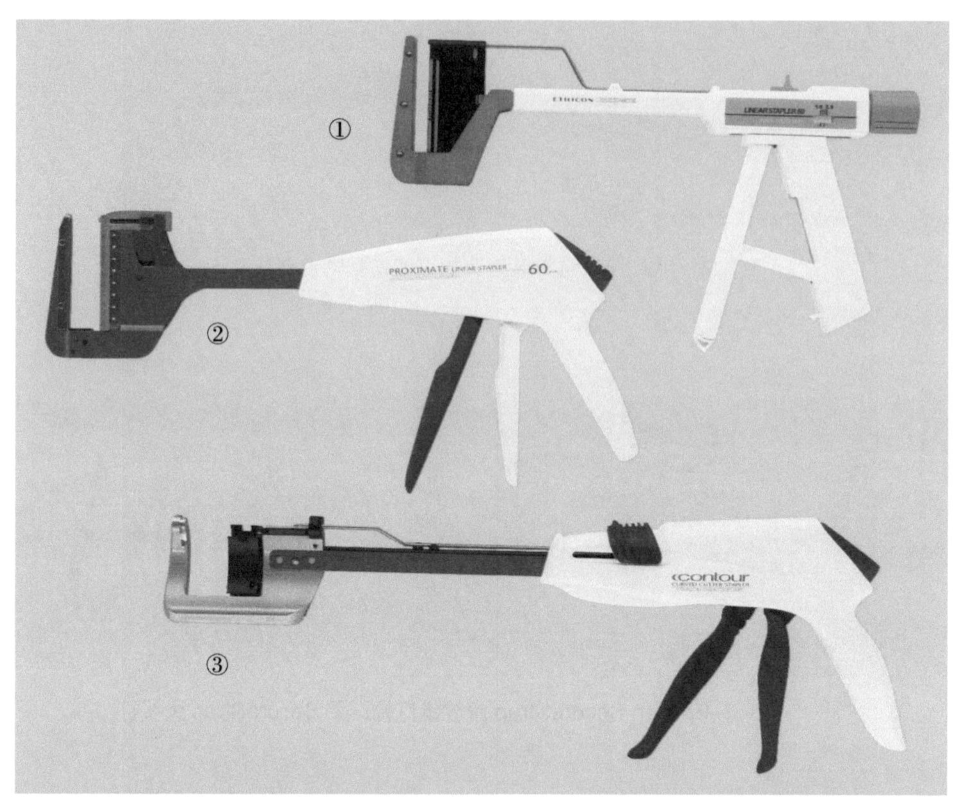

图 11-11　① Contour 弧型切割闭合器 1 把；② 60mm 线型闭合器 1 把；③ 90mm 线型闭合器 1 把

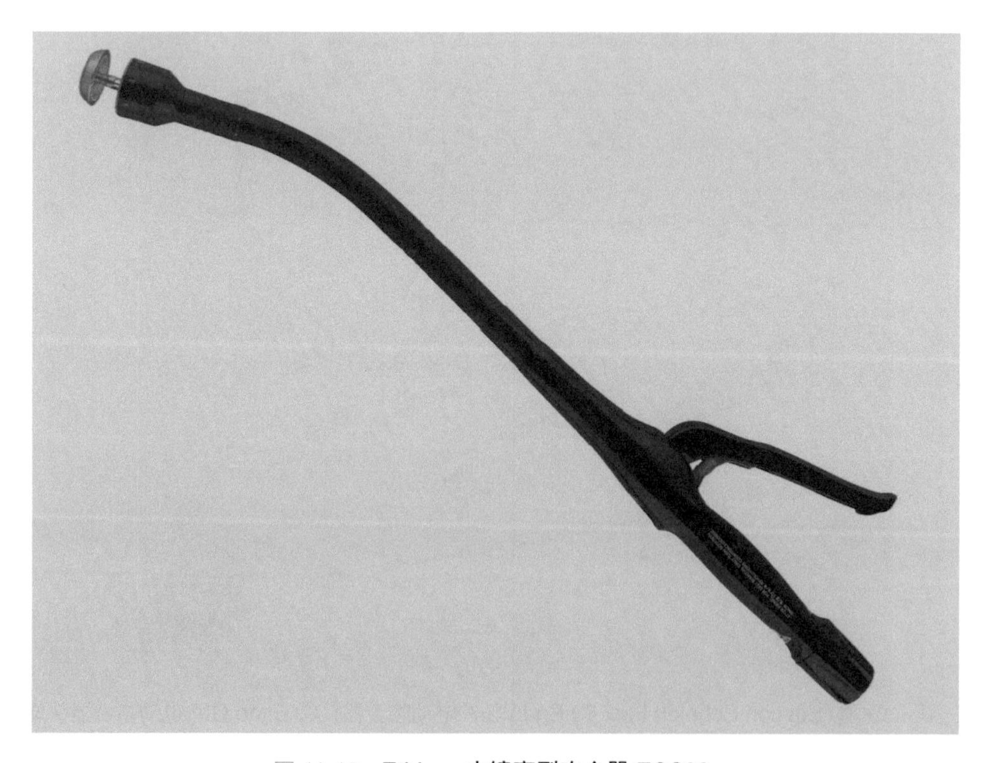

图 11-12　Ethicon 内镜弯型吻合器 ECS33

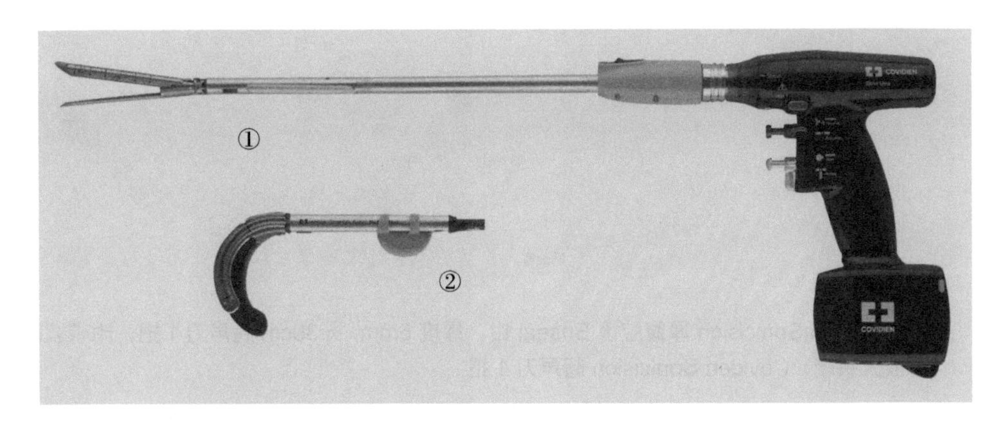

图 11-13　① Covidien Endoscopic 60 Endo GIA 三头吻合器 1 把；②电动半弧形附件 1 个

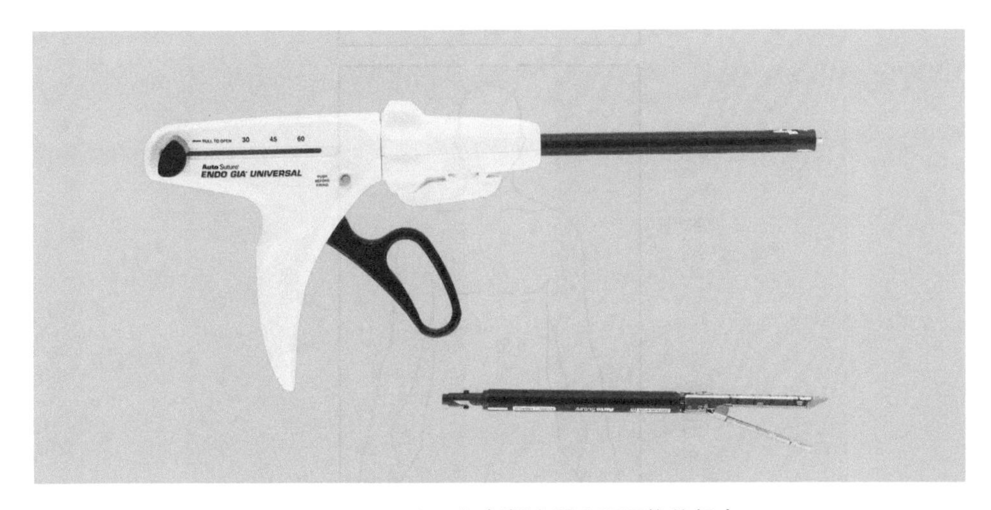

图 11-14　Endo GIA 切割闭合器和可更换的钉仓

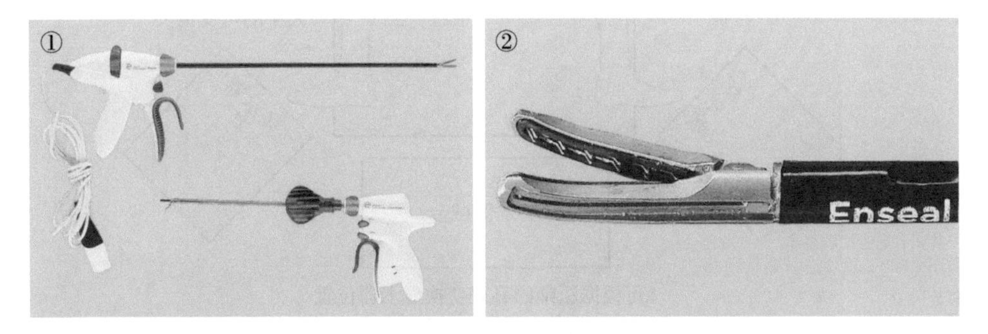

图 11-15　① Ethicon 厚度 5mm，长 35cm 腹腔镜 Enseal 钳 1 把，Ethicon 厚度 5mm，长 23cm 腹腔镜 Harmonic 手术刀 1 把；②（放大头端）Ethicon 厚度 5mm

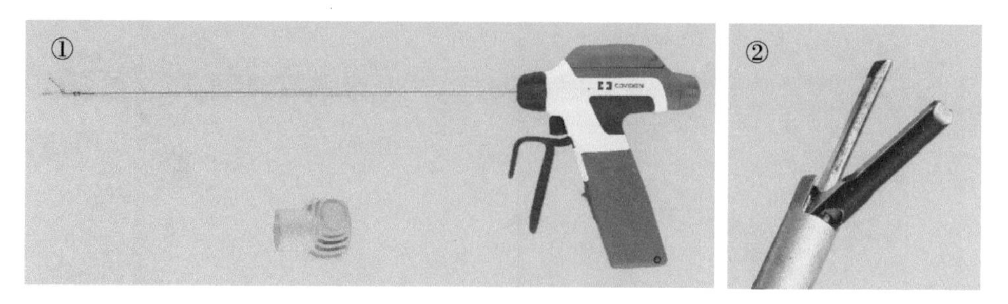

图 11-16 ① Covidien Sonicision 厚腹腔镜 Enseal 钳。厚度 5mm, 长 39cm 超声刀 1 把，附带紧固件。②（放大头端）Coviden Sonicision 超声刀 1 把

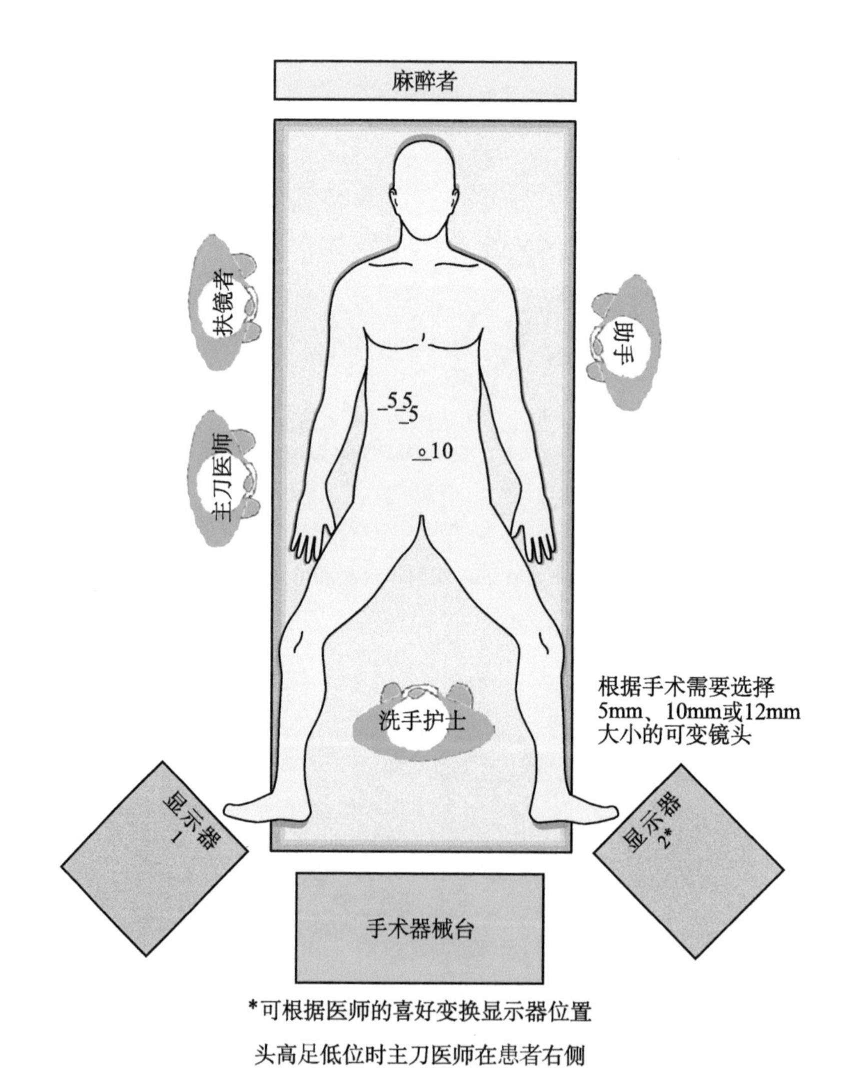

图 11-17 腹腔镜肠切除术摆位布局

第 12 章

肠切除术

肠切除术可能需要的器械包括：一套基本的剖腹手术设备，自动牵开器。

通过腹部切口的肠切除手术操作过程如下。

1. 开腹后，使用自动牵开器，显露手术视野。
2. 用 Doyen 肠钳无损伤夹持肠组织。
3. 用 Carmalt 止血钳止血及钝性剥离。
4. 用 Babcock 长组织钳处理肠道。
5. 用 Ethicon 线性切割器切除肠管。
6. 用 Ethicon 线性吻合器进行肠道吻合术。

切除乙状结肠还需要一个特殊的吻合器（EEA），可以一并切除病变肠组织。

常用手术器械见图 12-1 和图 12-2。

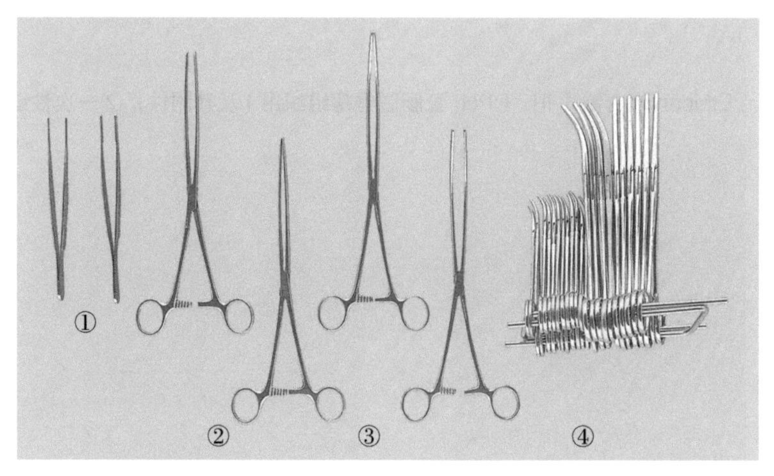

图 12-1 ① DeBakey 短血管组织镊 2 把；② Doyen 直肠钳 2 把；③ Doyen 弯肠钳 2 把；④ Halstead 弯蚊式止血钳 12 把，Carmalt 长弯止血钳 4 把，Carmalt 长直止血钳 6 把

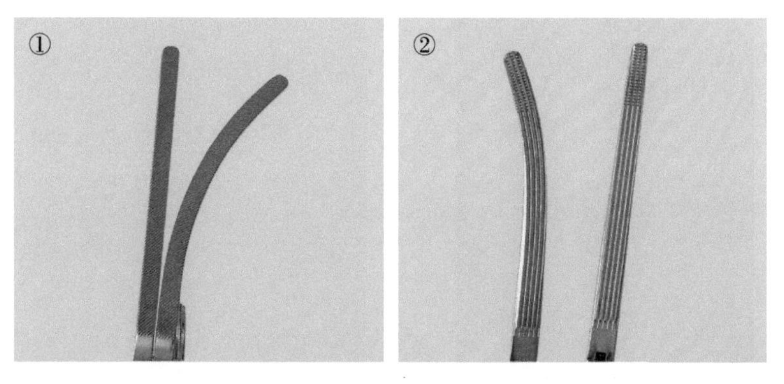

图 12-2 ① Doyen 肠钳，直式和弯式各 1 把；② Carmalt 止血钳，直式和弯式各 1 把

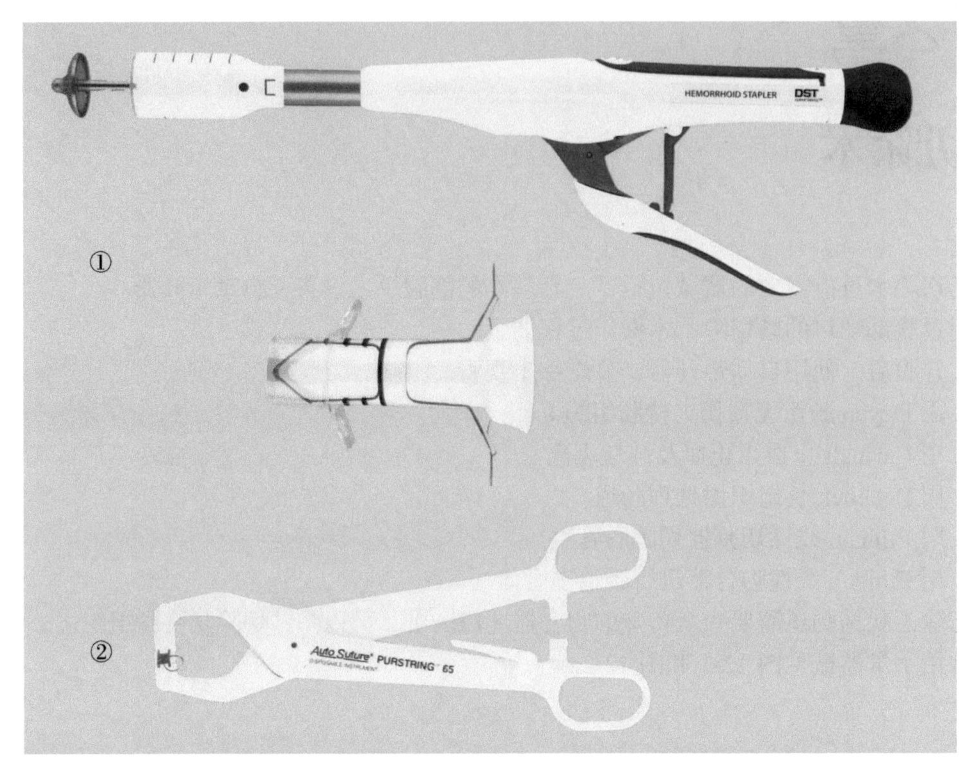

图 12-3 ① Ethicon 吻合器 1 把，PPH(直肠脱垂痔组织用) 及其附件；②一次性缝扎器 1 个

第 13 章

乙状结肠镜检查术

乙状结肠镜检查术是借助乙状结肠镜和光源来诊断乙状结肠和降结肠疾病的一种检查方法。

乙状结肠镜检查过程手术器械使用简述如下（图 13-1）。

1. 将乙状结肠镜及封闭器插入肛门。
2. 移除封闭器。
3. 连接空气软管与镜杆。
4. 结肠充气。
5. 连接光源与镜杆。

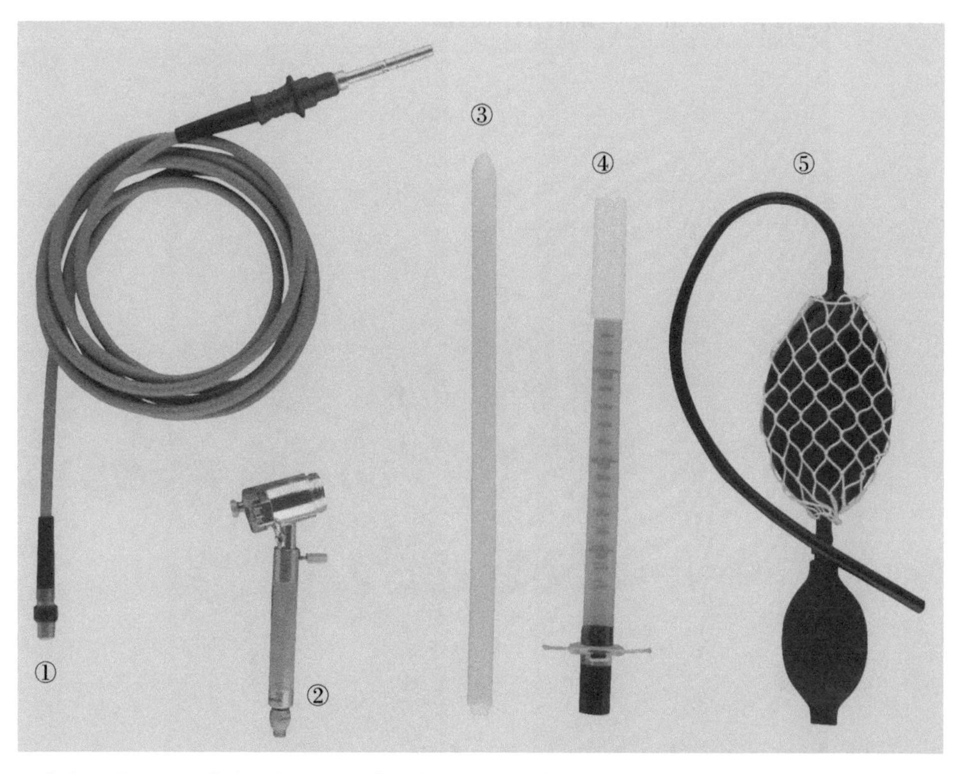

图 13-1　①光源线 1 根；②光源柄 1 根；③封闭器 1 个；④一次性乙状结肠镜 1 套；⑤结肠充气囊 1 个

第 14 章

腹腔镜胃减容术

肥胖症治疗学是研究肥胖症和体重相关疾病的医学。

腹腔镜手术减少了对肥胖患者和不易愈合患者的手术切口。胃减容术的仪器和腹腔镜的基本仪器一样，只是胃减容术的器械会更长、更宽以适应肥胖患者更大的体积。腹腔镜胃束带手术可能需要的设备包括：腹腔镜器械，鞘卡及更长的穿刺器。

腹腔镜胃束带手术器械的使用简述如下（图 14-1 至图 14-14）。

1. 按常规方式插入腹腔镜。
2. 放置 Nathanson 牵开器牵开肝脏。
3. 基于所安排的手术，不同种类的器材可能会被使用到。
4. 为了帮助愈合，可使用一个绷带闭合装置。

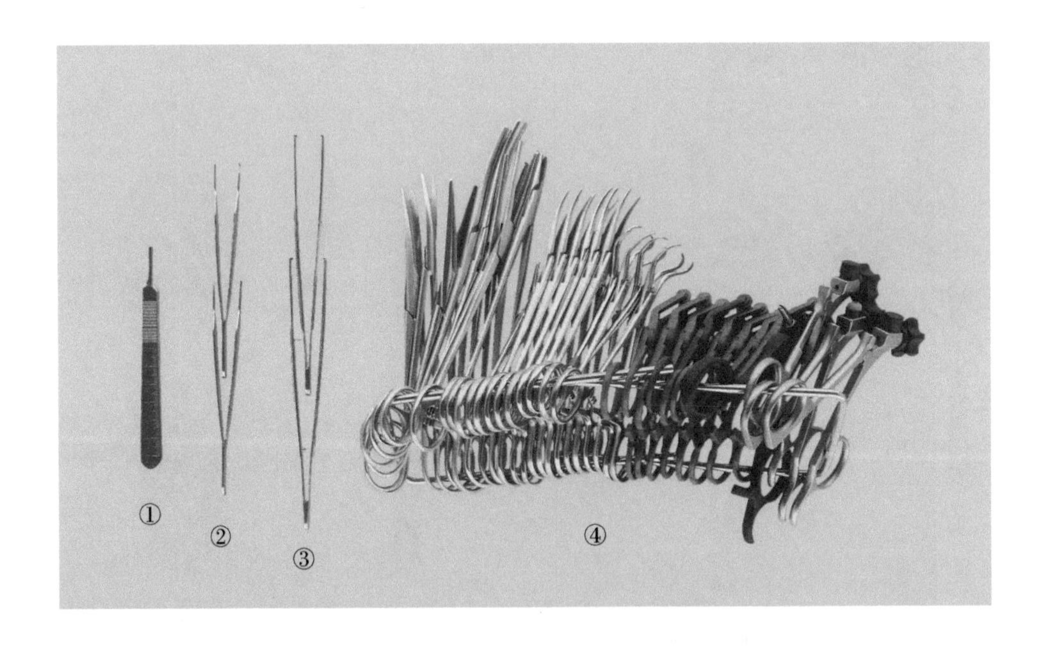

图 14-1 ① Bard-Parker 3 号刀柄 1 把；② Adson 有齿 (1×2) 组织镊 2 把；③无齿（1×2）短拇指组织镊 2 把；④ Mayo 弯解剖剪 1 把，Metzenbaum 7in 解剖剪 1 把，Mayo 直解剖剪 1 把，MayoPean 弯止血钳 2 把，Kocher 钳 2 把，Crile-Wood 7in 持针器 1 把，Crile-Wood 5in 持针器 1 把，Cril 弯止血钳 6½ in 6 把，Backhaus 细巾钳 4 把，粗巾钳 8 把，非绝缘旋转把手 3 把

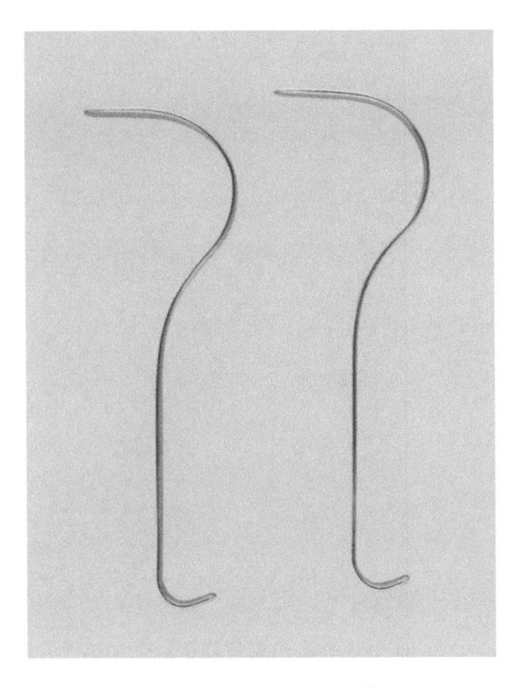

图 14-2　Deaver 小儿“S”形拉钩 2 个

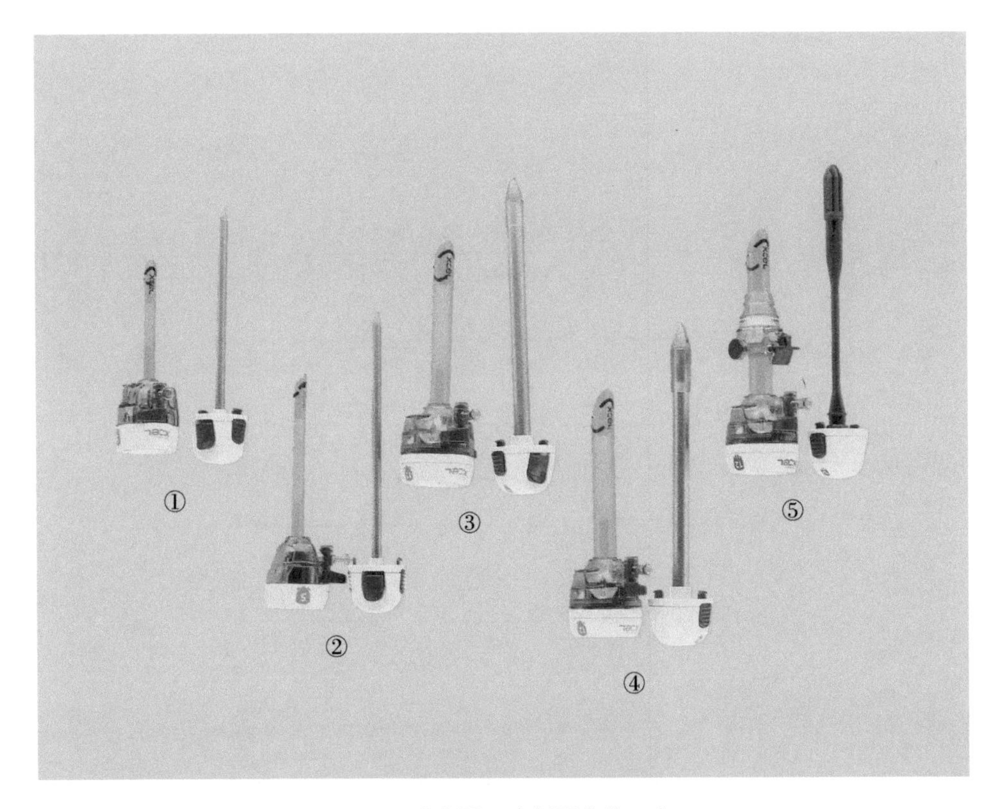

图 14-3　穿刺器和穿刺器内芯 2 套

① 5mm × 100mm(标准型) 1 套; ② 5mm × 150mm(加长型) 1 套, 穿刺器和穿刺器内芯 2 套; ③ 11mm × 150mm (加长型) 1 套; ④ 12mm × 150mm(细长型) 1 套; ⑤ 12mm Hasson 穿刺器和穿刺器内芯 1 套

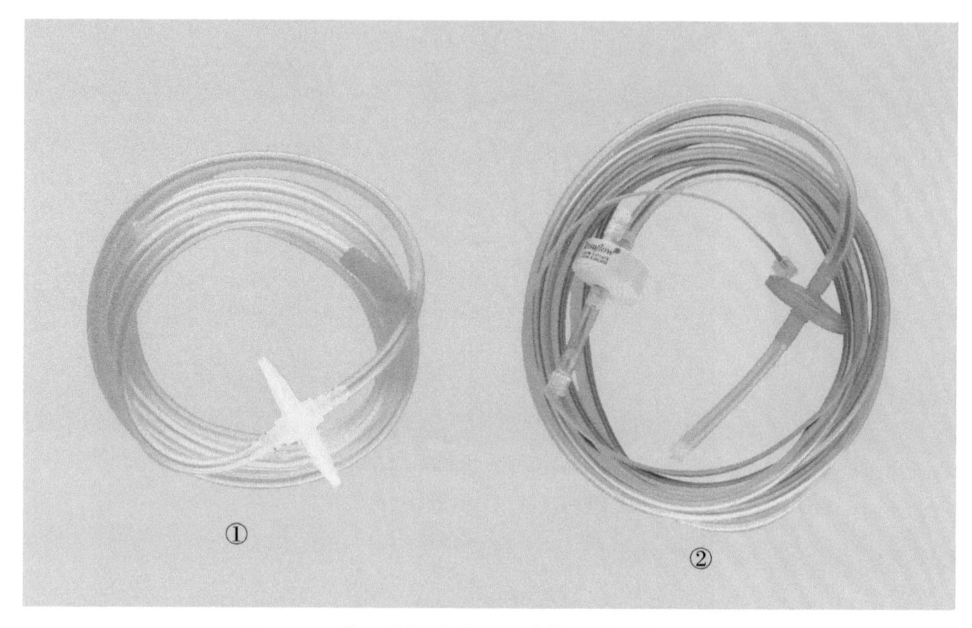

图 14-4 ①一次性高流量气腹管；②加热式气腹管

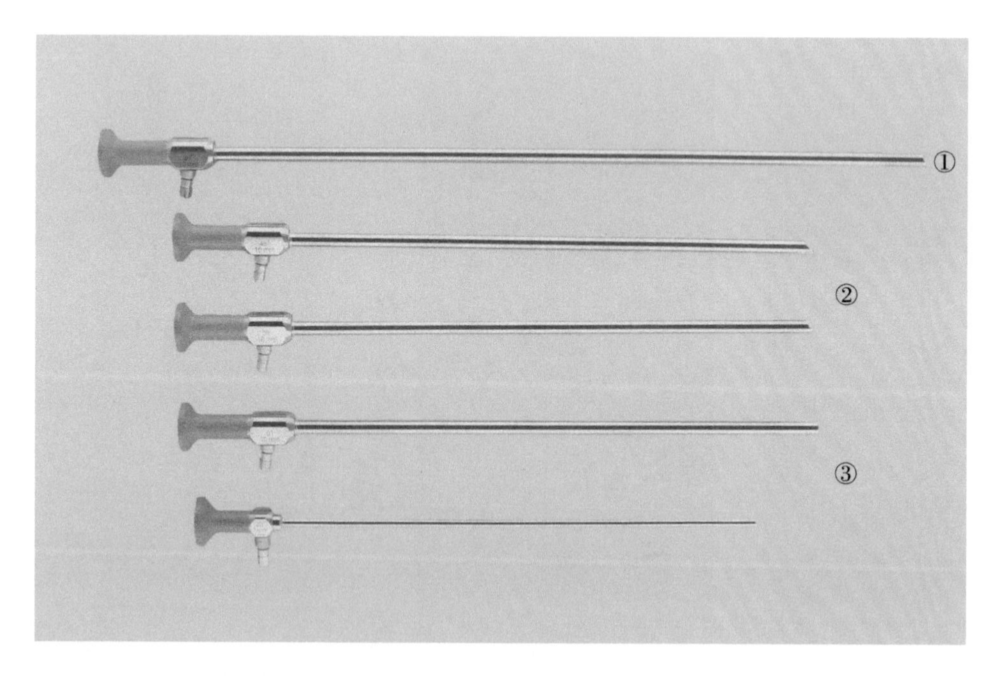

图 14-5 ①内径 10mm，30° 加长型内镜 1 个；②内径 10mm，45°、30°、0° 内镜各 1 个；③内径 5mm，30° 内镜 1 个

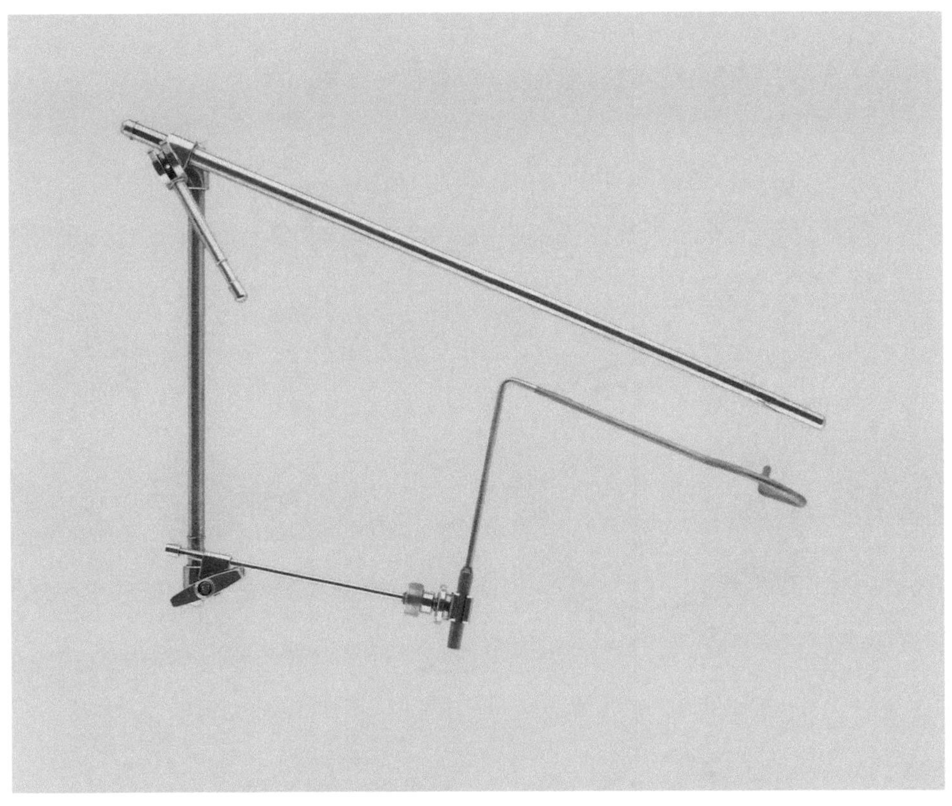

图 14-6 Nathanson 牵开器与 Thompson 腹腔镜牵开支撑器

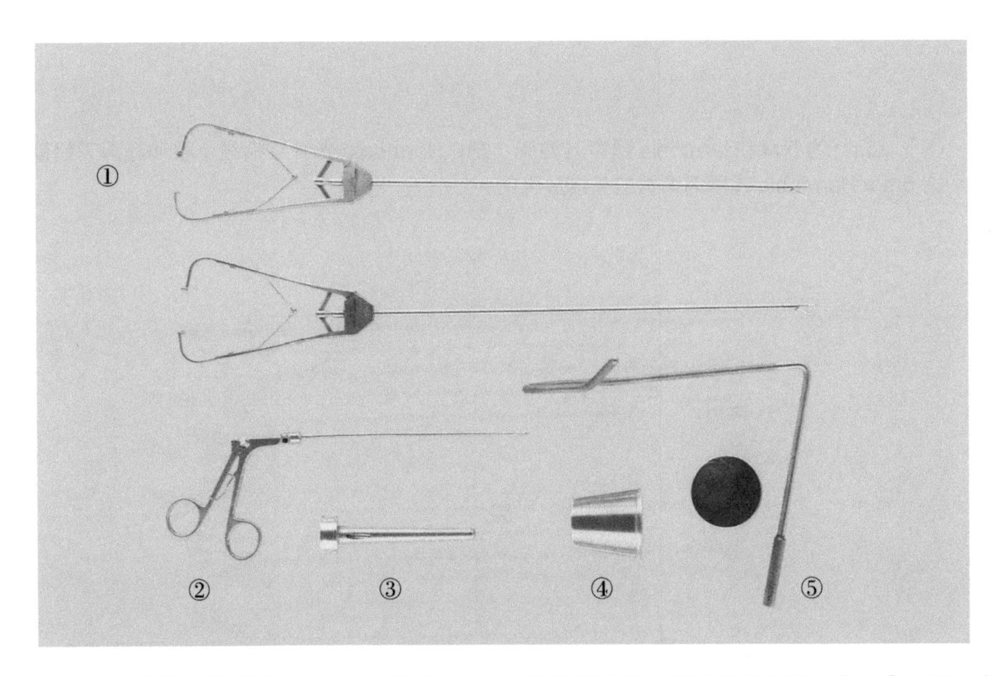

图 14-7 ①苹果形带锁持针器 2 把，左右弯曲 5mm；②长圆形进口筋膜封闭装置 1 个；③长锥 1 个；④不锈钢药杯 2 个（侧面观与俯视图）；⑤ Nathanson 肝牵开器 1 个

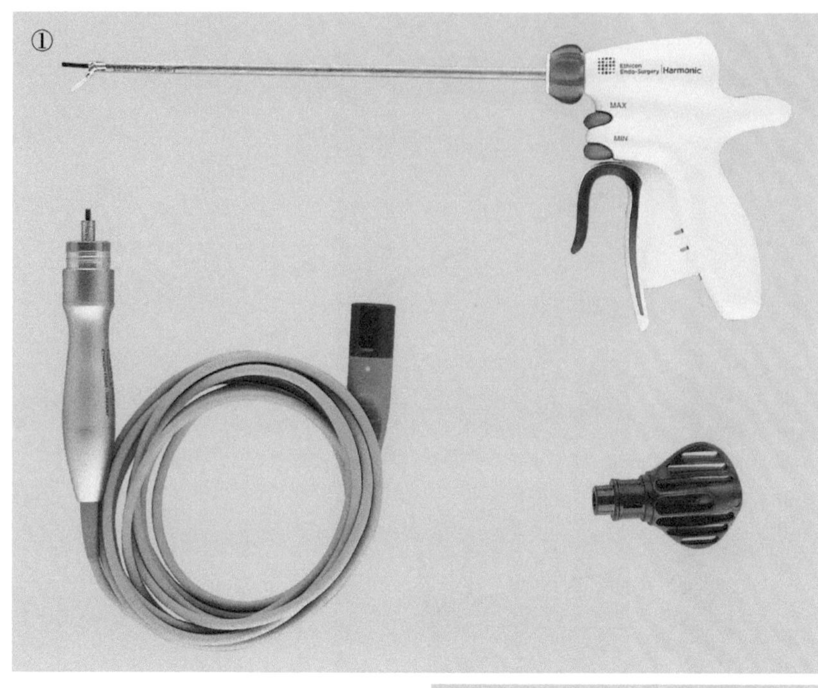

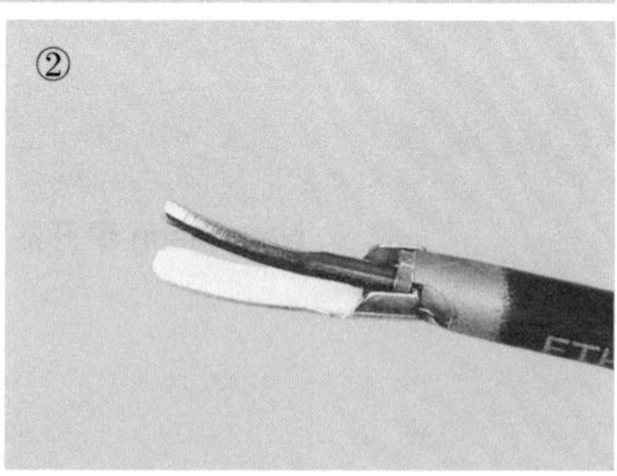

图 14-8 ①长 23cm 的 5mm Harmonic 超声刀刀头 1 把，Harmonic 光纤手柄线 1 根和超声刀钥匙 1 个；② 5mm Harmonic 超声刀弯剪的头端放大图

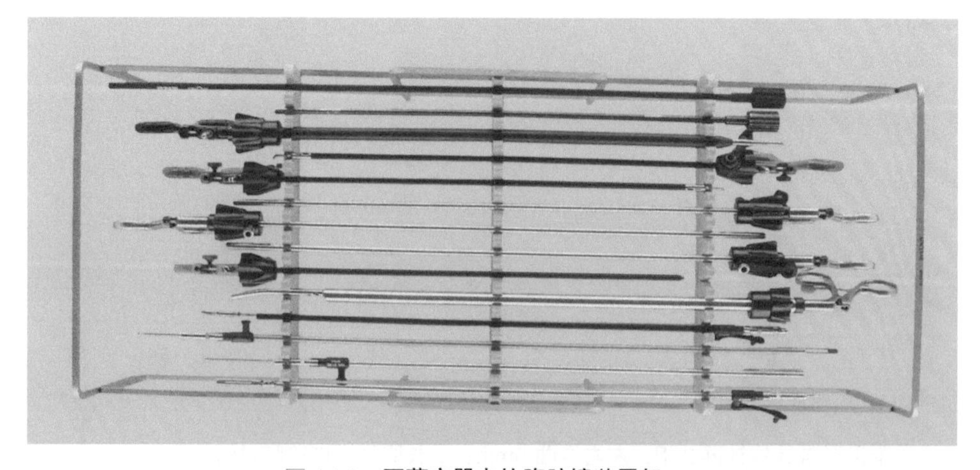

图 14-9 灭菌容器内的腹腔镜装置架

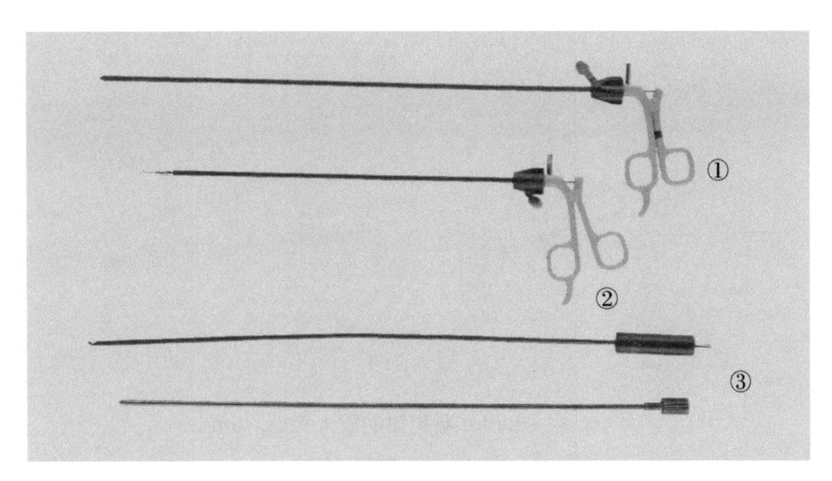

图 14-10　①肥胖型按钮式弹簧开启剪 1 把；②常规型按钮式弹簧开启剪 1 把；③肥胖型电凝钩 1 个和 Nezhat-Dorsey 冲洗头 1 个

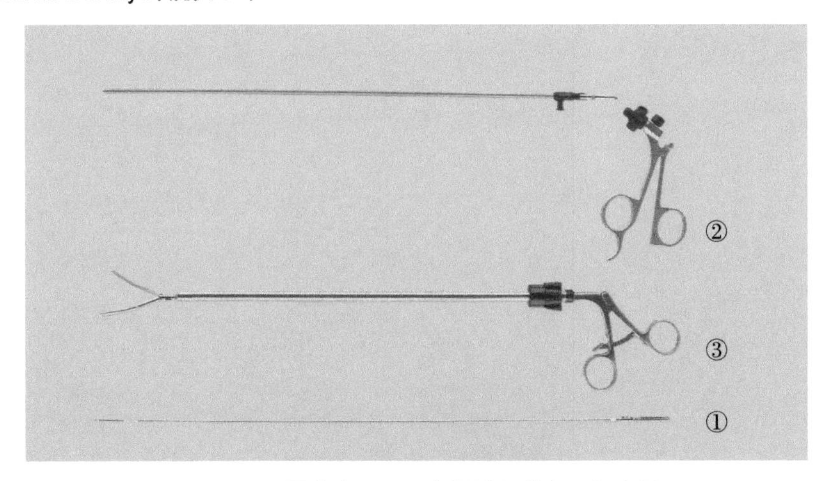

图 14-11　图中上、下两个器械组装在一起应用

①有孔肠抓钳芯；②非绝缘肠抓钳及鞘与金属手柄；先将非绝缘有孔肠抓钳套在钳鞘上，然后两者与非绝缘金属柄相连；③已安装完毕的 DeBakey 10mm 无创弯抓钳

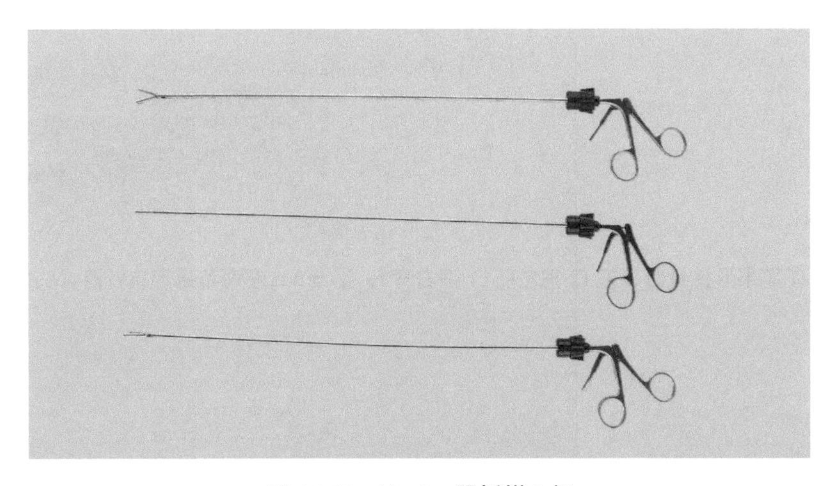

图 14-12　Hunter 肠抓钳 3 把

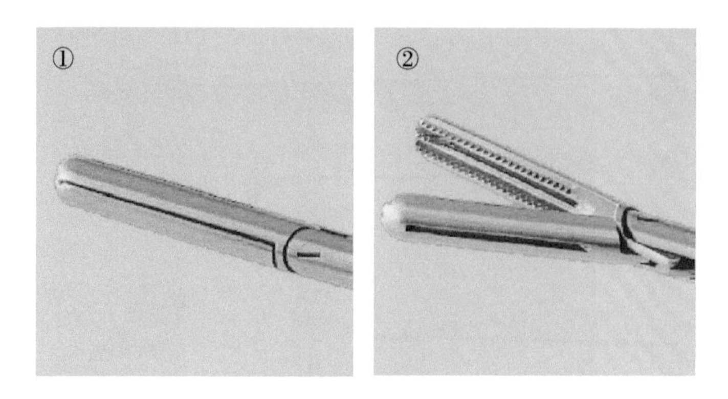

图 14-13 Hunter 肠抓钳的放大头端，5mm

①闭合状态；②打开状态

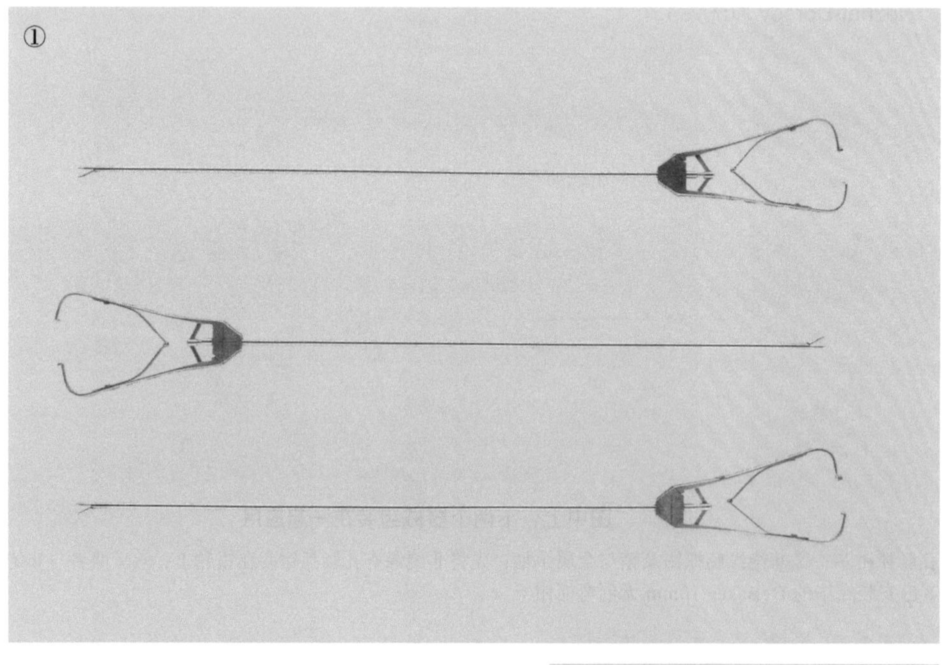

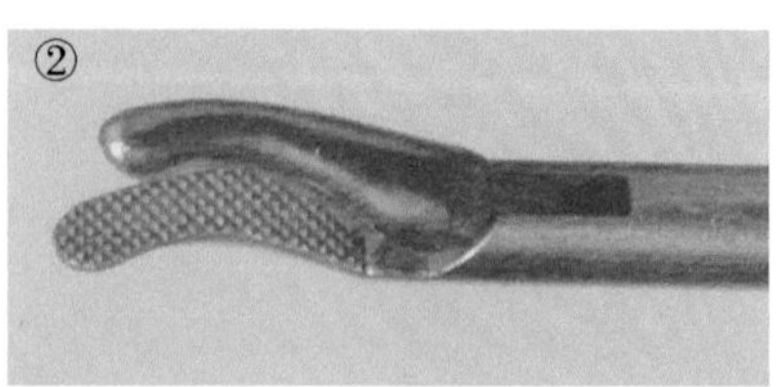

图 14-14 ①苹果形持针器 3 把 (2 把左弯 ,1 把右弯)；② 5mm 左弯苹果形持针器（头端放大图）

第 15 章

达芬奇外科机器人系统和 EndoWrist 手术器械（机器人器械）

EndoWrist 系列器械是由 Intuitive Surgial 公司制造，专门用于配合达芬奇外科机器人系统使用。Endo Wrist 手术器械为外科医师在微小的手术切口下提供如开放手术的灵敏性与全方位的活动范围，实现比开放手术更加精细的手术。类似于人体手腕活动，EndoWrist 手术器械可以进行快速而精确的缝合、分离和擦抹等操作。

EndoWrist 手术器械根据需要有各种不同的头部设计。这些器械包括各种钳、持针器和剪刀；单极和双极电凝等可接电外科的器械、手术刀头器械等（图 15-1 至图 15-11）。根据外科医师的要求，EndoWrist 手术器械有两种规格器械：5mm 直径器械和 8mm 直径器械。

EndoWrist 手术器械安装于达芬奇外科机器人系统上后，在机器人系统上和器械间连接的适配器是用来识别器械的类型和功能，也可显示器械的还可使用次数。达芬奇外科机器人系统通过此适配器对器械进行检测，提示是否需要更换新的器械（图 15-12）。

由于这些手术器械都很精细，因此，所有的操作、清洗和灭菌都必须严格按照制造商操作指南执行。Intuitive Surgial 公司有培训课程可协助教育。

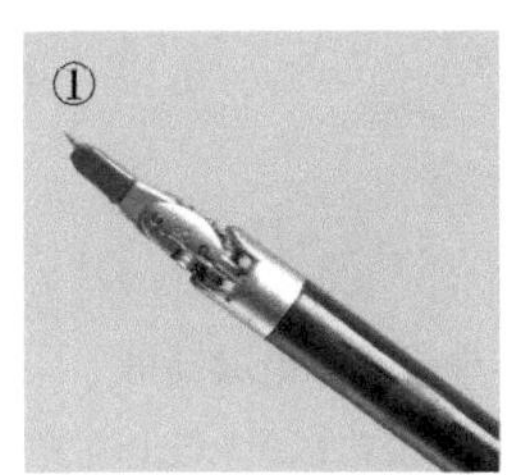

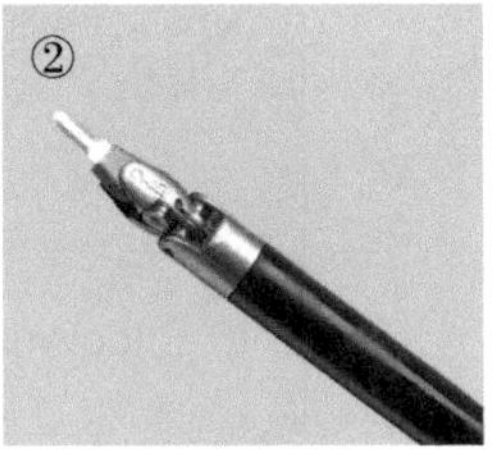

图 15-1 可更换刀头的转腕器械

① 15° 冠状动脉尖刀片；②冠状动脉圆刀片

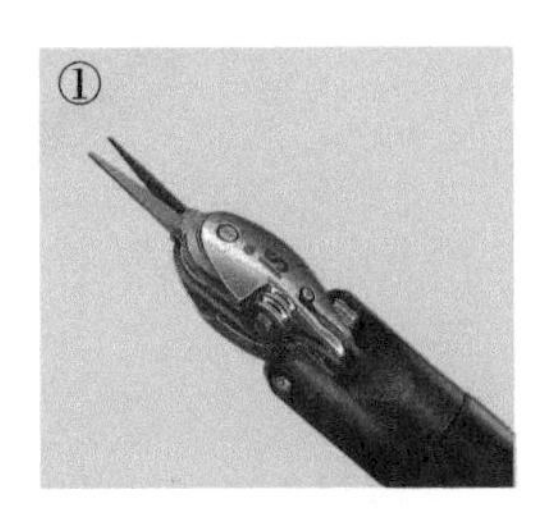

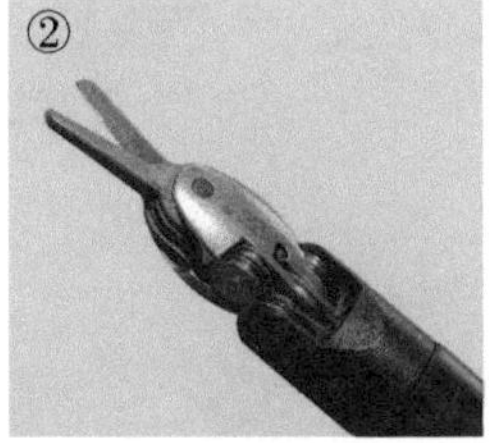

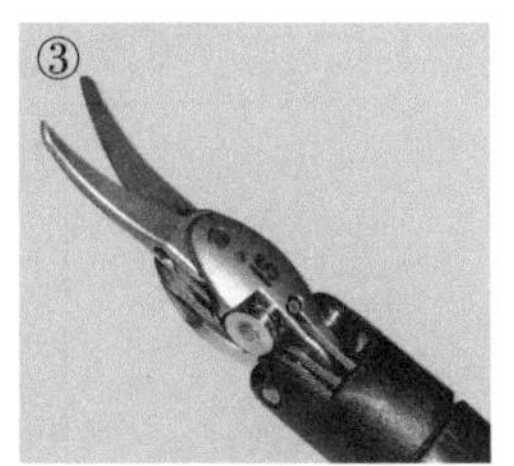

图 15-2 机器人手术剪

① Potts 精细血管剪；②圆头剪；③弯头剪

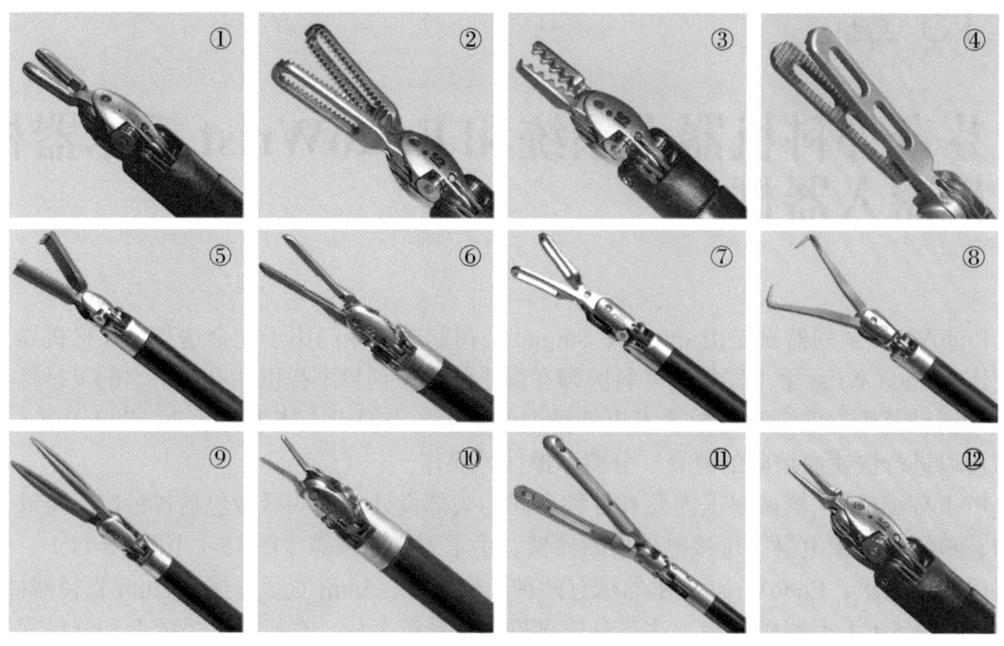

图 15-3 **抓钳**

① Debakey 钳；②心包抓钳；③ Resano 钳；④双孔抓钳；⑤ Cobra 抓钳；⑥长尖钳；⑦ ProGrasp 抓钳；⑧肌瘤抓钳；⑨胸腔抓钳；⑩精细组织钳；⑪ Graptor(机器人专用牵开拉钳)；⑫ 金刚砂涂层精细显微持针器

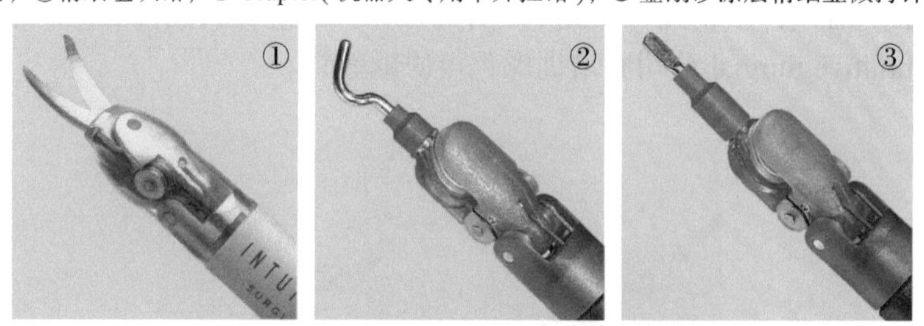

图 15-4 **EndoWrist 单极手术电凝器械**

①热剪 (单极弯剪)；②单极电凝钩；③单极电凝铲

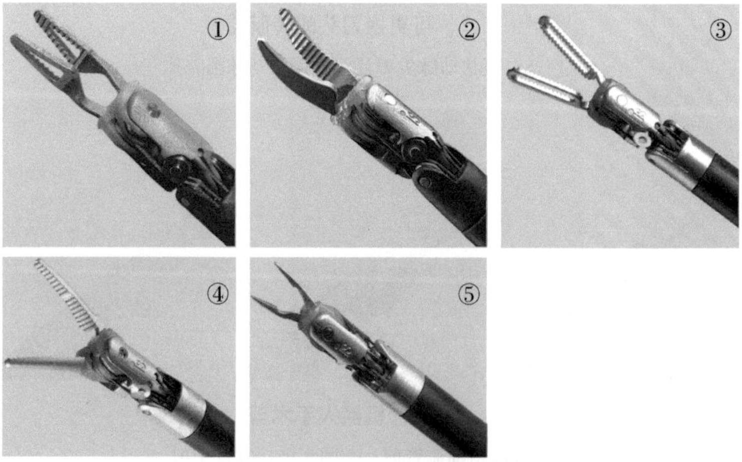

图 15-5 **EndoWrist 双极手术器械**

① PreCise 精细双极钳；② Maryland 双极钳；③有孔双极钳；④ PK 刀解剖钳；⑤微型双极钳

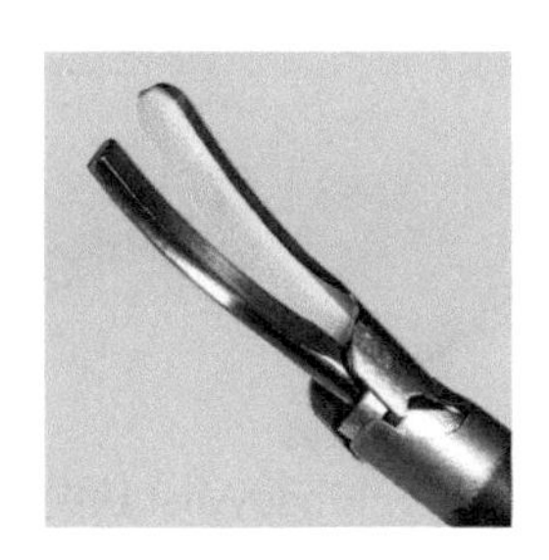

图 15-6 Harmonic 超声刀弯剪

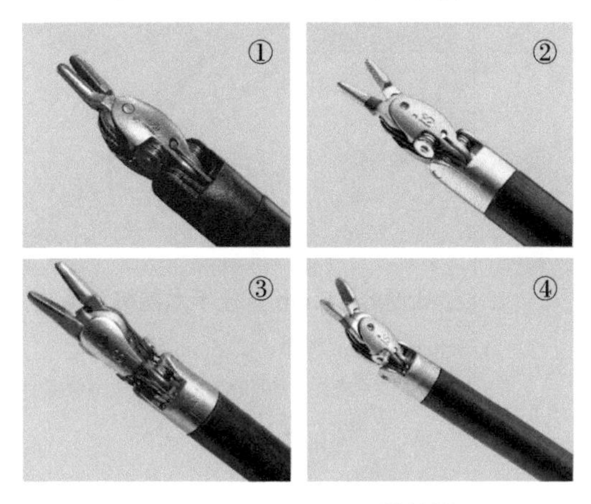

图 15-7 EndoWrist 持针器

①大号持针器；②带剪刀的持针器；③机器人专用强力持针器；④机器人带剪刀强力持针器

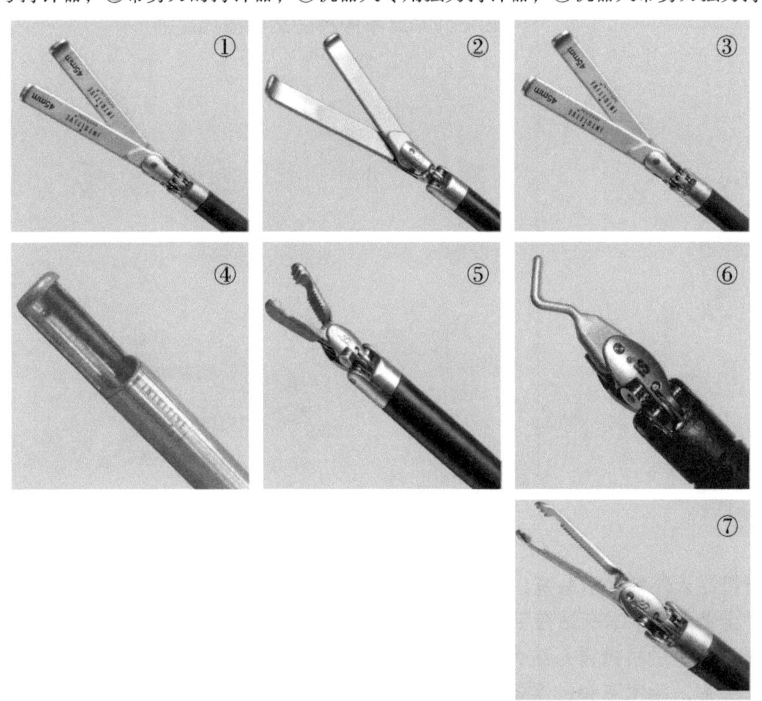

图 15-8 机器人手术专用器械

①心房拉钩；②短头心房拉钩；③双叶拉钩；④机器人专用递送器；⑤心脏射频消融探针抓持钳；⑥瓣膜钩；⑦心包剥离钳

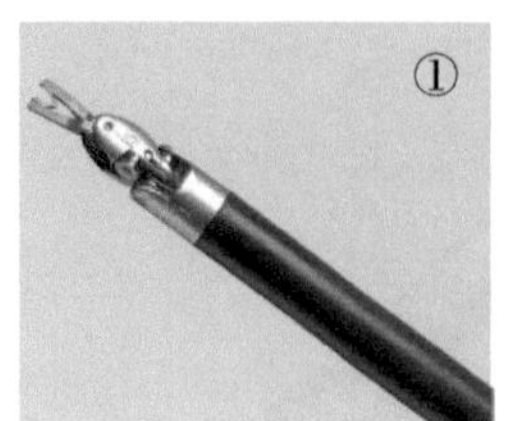

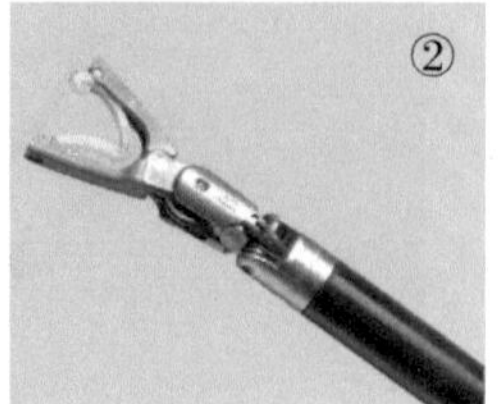

图 15-9 EndoWrist 钛夹钳

①小号钛夹钳；② Hem-o-lok 大号钛夹钳

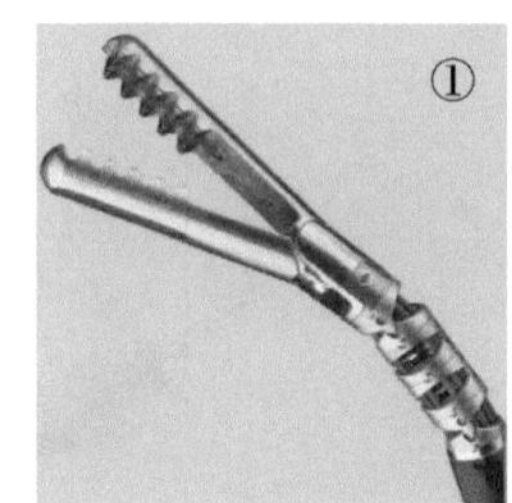

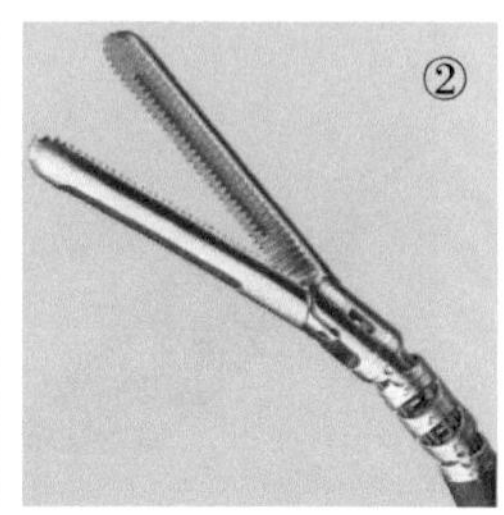

图 15-10 EndoWrist 5mm 直径手术器械（抓钳）

① Schertel 5mm 抓钳；② 5mm 肠抓钳

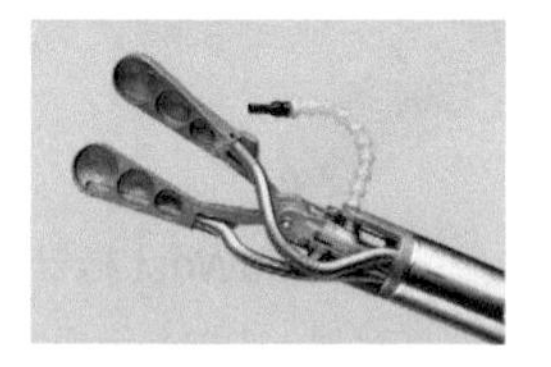

图 15-11 EndoWrist 不停搏旁路移植稳定器

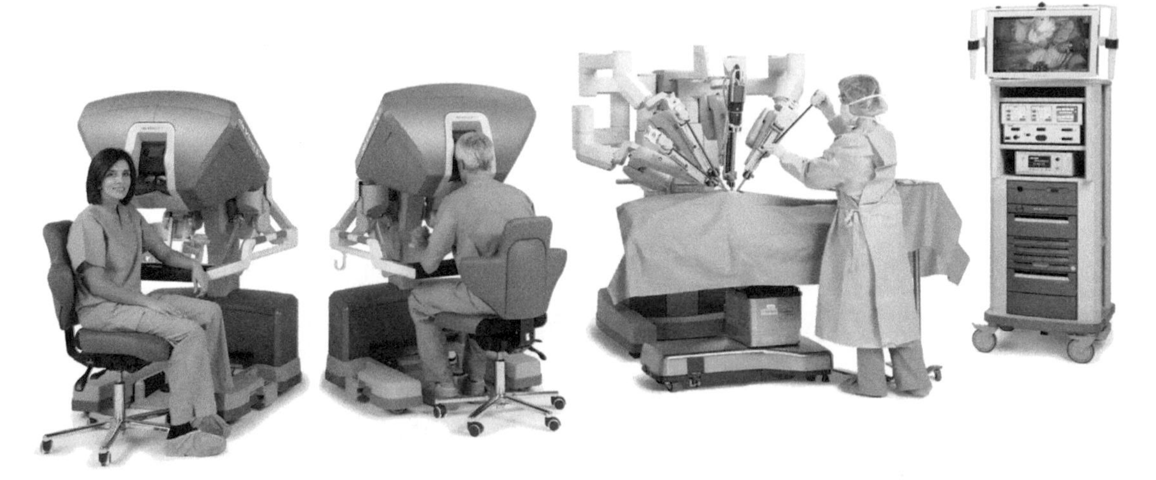

图 15-12 达芬奇机器人外科手术系统。由左至右：两台外科医师控制台（电源电缆未在该图片上显示）；洗手护士着无菌手术衣站在手术台边，正对床旁机械臂系统，右边是成像系统。在手术过程中，你会看到床旁的机械臂系统旁有一名外科医师助手和洗手护士（从右边拍摄），麻醉机旁有一名麻醉医师，手术室旁的准备室有一名巡回护士和手术医师。大多数情况下，达芬奇机器人外科手术系统被放在手术室，外科医师们穿着规范的手术衣，戴着手术帽和口罩

第 16 章

乳房活组织检查或乳房肿块切除术

乳房活组织检查是切取可疑乳腺组织用于显微镜检查。此手术所用器械的使用简述如下（图 16-1）。

1. Halstead 蚊式止血钳用于止血。
2. DeBakey 组织钳用于乳腺组织无创伤处理。
3. Lahey 甲状腺拉钩用于牵开病变组织。
4. Senn 牵开器用于牵开深部组织。
5. Joseph 钩用于牵开皮肤。

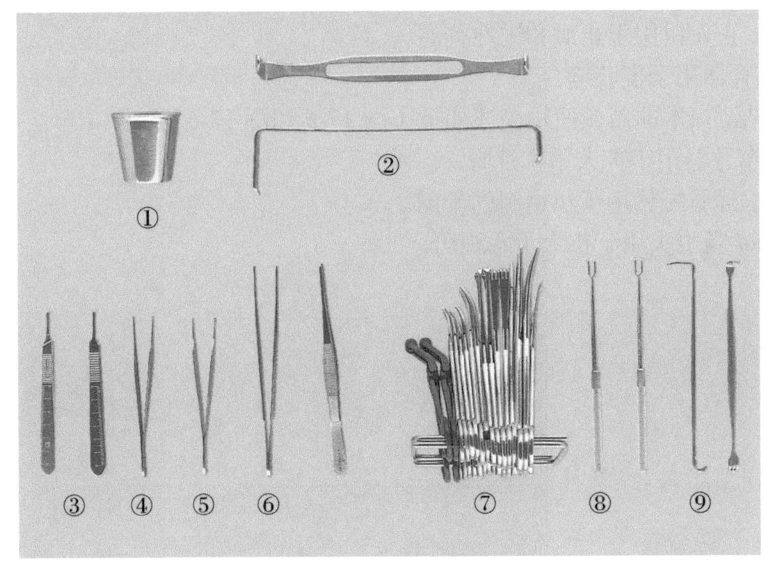

图 16-1 ①不锈钢药杯 1 个；②甲状腺拉钩 2 把（正面观和侧面观）。下（由左至右）。③ Bard-Parker 3 号刀柄 2 个；④ Adson 有齿（1×2）组织镊 1 把；⑤ Brown-Adson 有齿（9×9）组织镊 1 把；⑥ DeBakey 短血管组织镊 2 把（正面观和侧面观）；⑦粗巾钳 2 把，Halstead 弯蚊式止血钳 4 把，Crile $5\frac{1}{2}$in 止血钳 2 把，Allis 组织钳 2 把，Lahey 甲状腺抓钳 2 把，Crile-Wood 6in 持针器 1 个，Mayo 解剖剪 2 把（直、弯各 1 把），Metzenbaum 5in 解剖剪 1 把；⑧ Joseph 双叉皮肤拉钩 2 个；⑨ Miller-Senn 拉钩 2 个（侧面观和正面观）

第 17 章

乳房切除术

乳房切除术即切除乳房（乳腺）的手术。乳房切除术器械的使用简述如下（图 17-1 至图 17-4）。

1. Lahey 牵引钳用于抓持皮肤边缘。
2. Prince-Metzenbaum 剪用于解剖分离。
3. Hayes Martin 组织钳用于协助切割分离。
4. Volkmann（耙）拉钩（锐的和钝的）用于扩大手术视野。
5. 带吸引管的 Poole 吸引头用于改善手术视野。
6. Adair 乳房钳用于夹取乳腺组织。
7. 弯 Crile 止血钳用于止血和钝性剥离。
8. 皮肤缝合器用于皮肤缝合。

腋窝淋巴结清扫术的器械使用简述如下（图 17-5 和图 17-6）。

1. Green 牵开器用于扩大手术视野。
2. Cushing 静脉拉钩用于小组织的暴露。
3. Yankauer 吸引头用于扩大手术视野。

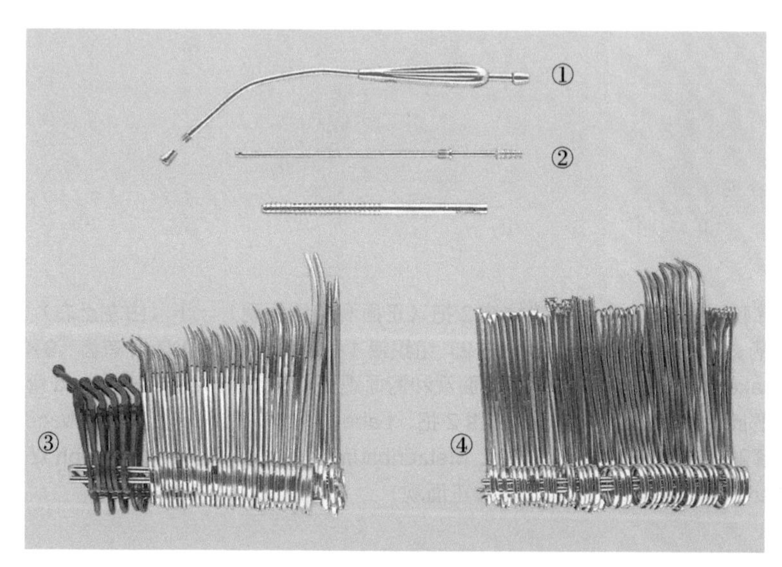

图 17-1 ① Yankauer 吸引管及旋拧接头 1 套；② Poole 腹部吸引管和套管 1 套。由左至右。③粗巾钳 6 把，Backhaus 细巾钳 2 把，Halsted 弯蚊式止血钳 8 把，Crile 5½in 止血钳 12 把，Crile 6½in 止血钳 8 把，Mayo-Pean 长止血钳 2 把，Halsey 5in 锯齿状持针器 2 把，Crile-Wood 7in 针持器 2 把。由左至右。④ Allis 组织钳 12 把，Babcock 组织钳 4 把，Ochsner 直短止血钳 4 把，Adair 短乳房钳 8 把，扁桃体止血钳 4 把，Westphal 止血钳 4 把，Lahey 牵引钳 4 把

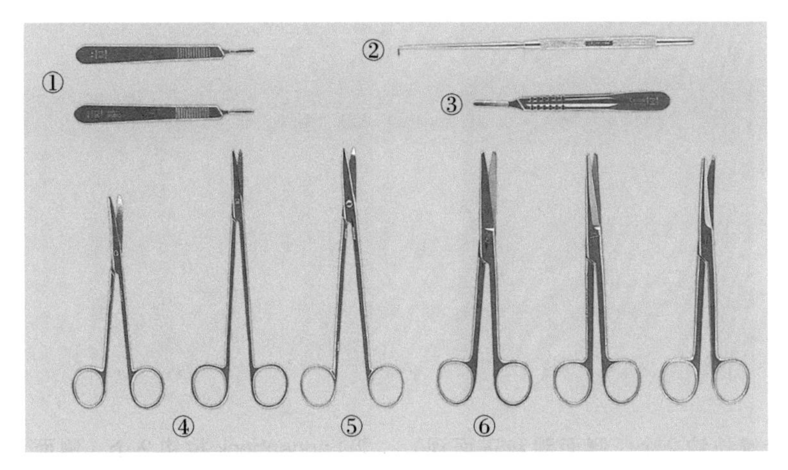

图 17-2 ① Bard-Parker 3 号刀柄 2 个；② Hoen 神经钩 1 个；③ Bard-Parker 4 号刀柄 1 个；④ Metzenbaum 解剖剪 2 把（5in 和 6in 各 1 把）；⑤ Prince-Metzenbaum 解剖剪 1 把；⑥ Mayo 解剖剪 3 把（直剪 2 把和弯剪 1 把）

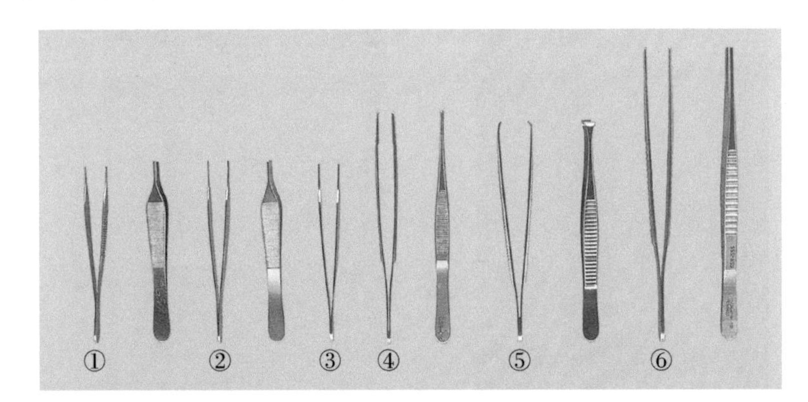

图 17-3 ① Adson 有齿 (1×2) 组织镊 2 把（正面观和侧面观）；② Brown-Adson 有齿（9×9）组织镊 2 把（正面观和侧面观）；③ Adson 无齿组织镊 1 把（正面观）；④ DeBakey 短血管组织镊 2 把（正面观和侧面观）；⑤ Hayes Martin 短组织镊 2 把（正面观和侧面观）；⑥ DeBakey 中号血管组织镊 2 把（正面观和侧面观）

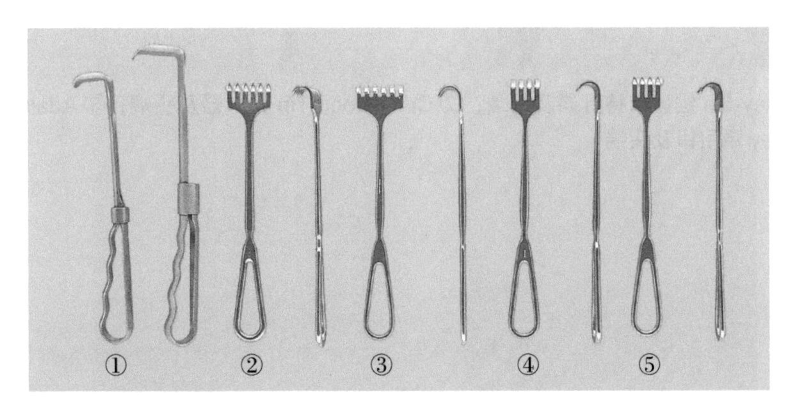

图 17-4 ① Richardson 开腹拉钩 2 个（小号和中号各 1 个）；② Volkmann 尖 6 爪拉钩 2 个（正面观和侧面观）；③ Volkmann 钝 6 爪拉钩 2 个（正面观和侧面观）；④ Volkmann 钝 4 爪拉钩 2 个（正面观和侧面观）；⑤ Volkmann 尖 4 爪拉钩 2 个（正面观和侧面观）

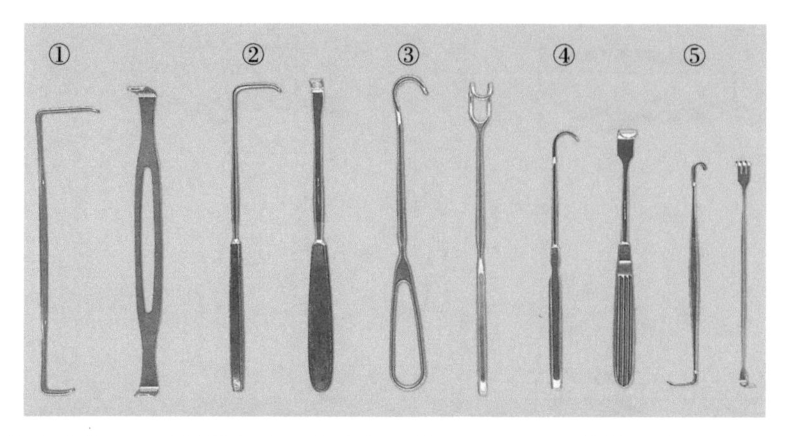

图 17-5 ①甲状腺拉钩 2 个（侧面观和正面观）；② Langenbeck 拉钩 2 个（侧面观和正面观）；③ Green 甲状腺拉钩 2 个（侧面观和正面观）；④ Cushing 静脉拉钩 2 个（侧面观和正面观）；⑤ Miller-Senn 拉钩 2 个（侧面观和正面观）

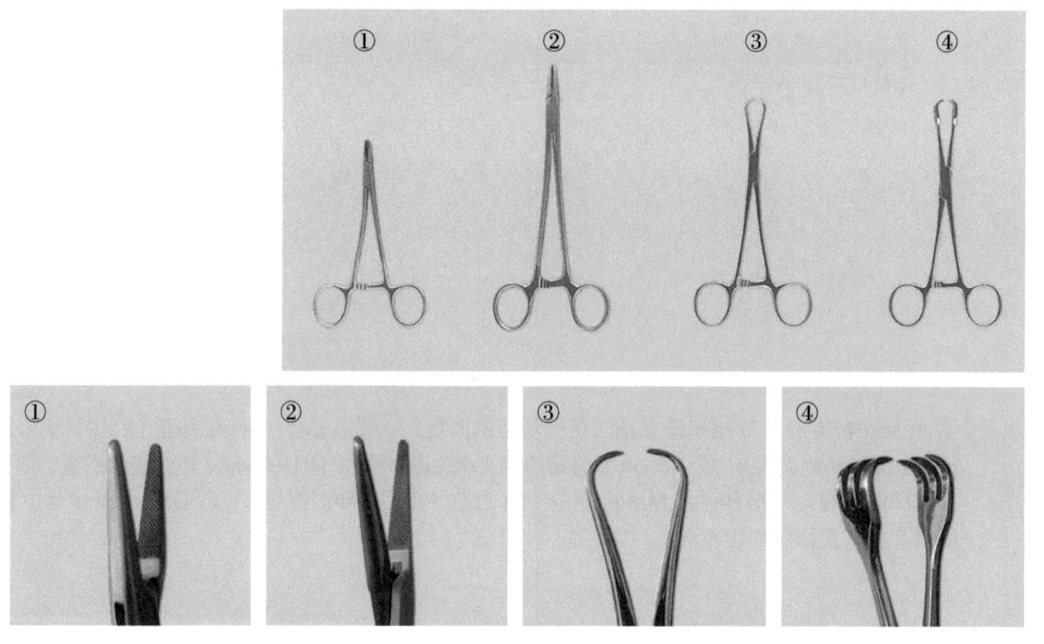

图 17-6 ① Halsey 5in 锯齿状持针器及头端；② Crile-Wood 7in 持针器及头端；③ Adair 乳房钳及头端；④ Lahey 牵引钳及头端

第 18 章

刮宫术

实施刮宫手术是为了治疗疾病或诊断性活检。此手术器械使用简述如下（图 18-1 至图 18-4）。

1. Auvard 窥阴器，撑开阴道后壁。
2. 置入 Heaney 右成角拉钩，抬高阴道前壁。
3. Shroeder 宫颈钳钳住宫颈，固定子宫。
4. 置入 Sims 子宫探针，探查子宫深度。
5. Hegar 多根扩宫条（从小号到大号）用于扩张宫颈管。
6. Sims 子宫刮匙用于刮出子宫内膜。
7. Thomas 钝刮匙用于刮出子宫内残余组织。

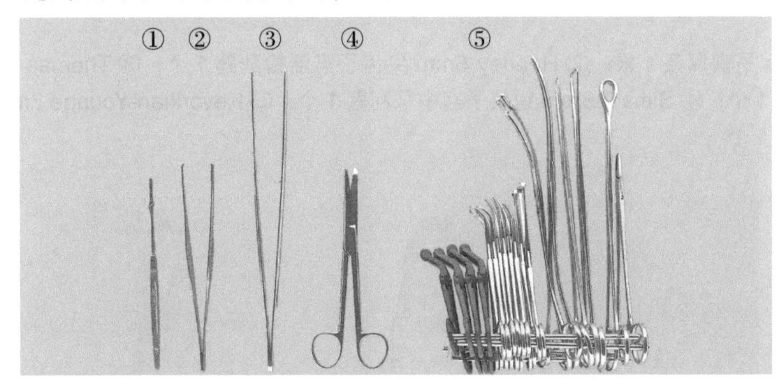

图 18-1　① Bard-parker 7 号刀柄 1 把；② Ferris-Smith 组织镊 1 把；③长号无齿镊 1 把；④ Mayo 弯解剖剪 1 把；⑤（由左至右）粗巾钳 4 把，Backhaus 细巾钳 2 把，Crile 5½in 止血钳 4 把，Allis 组织钳 2 把，Randall ¼in 弯度取石钳 1 把，Bozeman S 形妇科钳 1 把，Schroeder 单齿宫颈钳 2 把，Foerster 海绵钳 1 把，Crile-Wood 7in 持针器 1 把

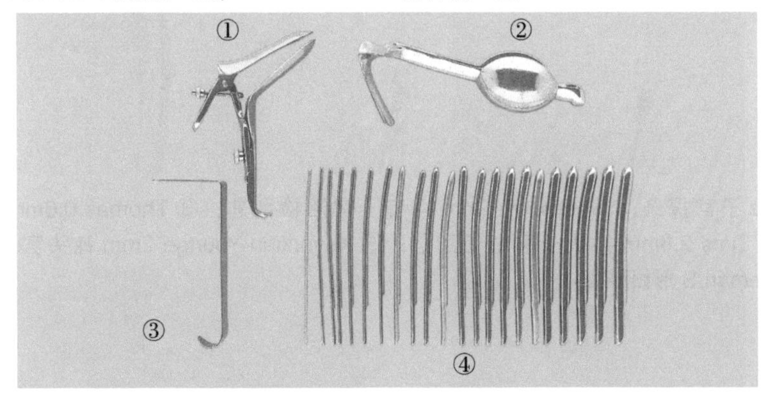

图 18-2　① Graves 窥阴器 1 个；② Auvard 中唇形重锤窥阴器 1 个；③ Heaney 拉钩 1 个；④ Hegar 扩宫条 1 套，从 3 号至 13.5 号（含半号）

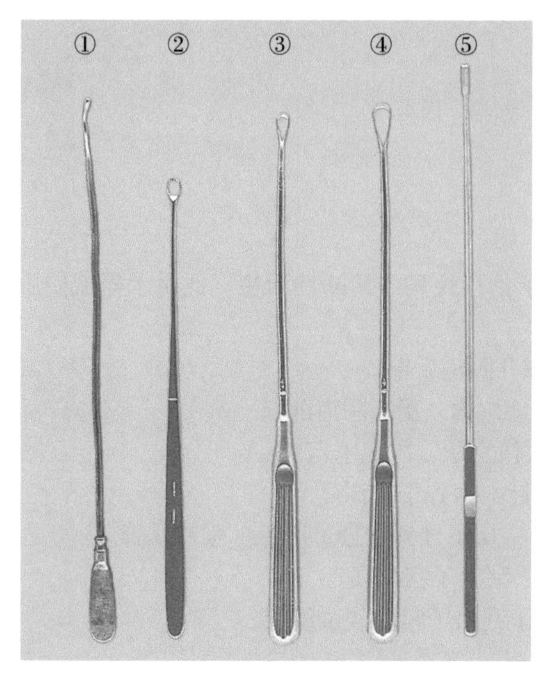

图 18-3 ① Sims 子宫探条 1 根；② Heaney 5mm 尖齿子宫活检刮匙 1 个；③ Thomas 0.6mm 钝头子宫小刮匙 1 个；④ Sims 2.8mm 锐头子宫中号刮匙 1 个；⑤ Kevorkian-Younge 2mm 钝头宫颈管活检刮匙 1 个

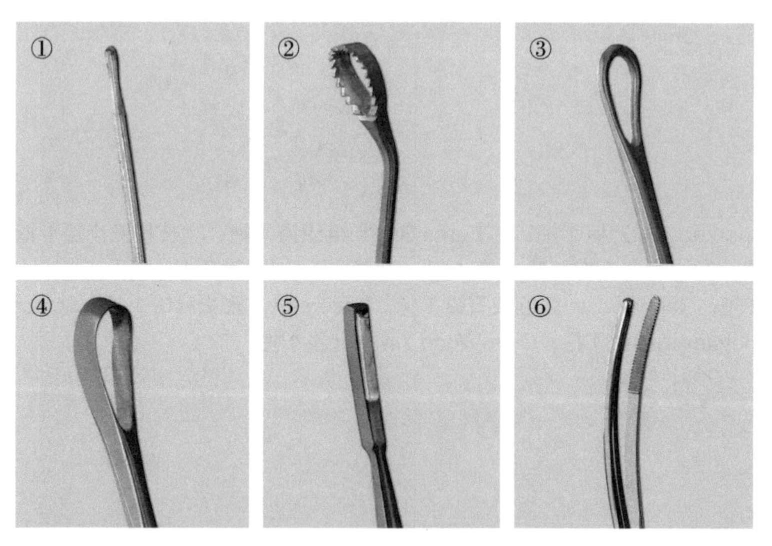

图 18-4 ① Sims 子宫探条；② Heaney 5mm 尖齿子宫活检刮匙；③ Thomas 0.6mm 钝头子宫小刮匙；④ Sims 2.8mm 尖头子宫中号刮匙；⑤ Kevorkian-Younge 2mm 钝头宫颈管活检刮匙；⑥ Bozeman S 形妇科钳

第 19 章

宫腔镜检查术

宫腔镜检查是通过宫腔镜观察宫腔，帮助诊断治疗宫腔内疾病。该手术可能用到的器械包括宫腔镜及扩宫和刮宫器械，如果需同时检查腹腔，则还应包括腹腔镜、光源机、光源线、气腹机、视频摄像机和显示器（详见第 7 章 腹腔镜检查）（图 19-1 至图 19-6）。

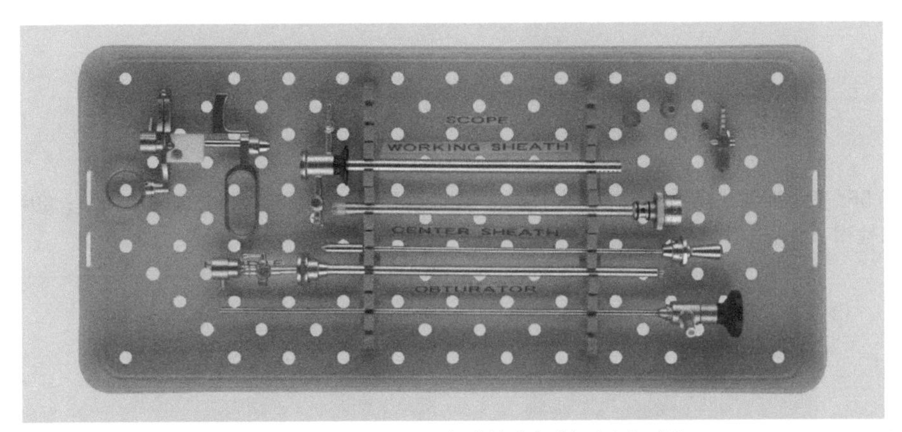

图 19-1 VersaPoint 宫腔镜电切镜（未组装）

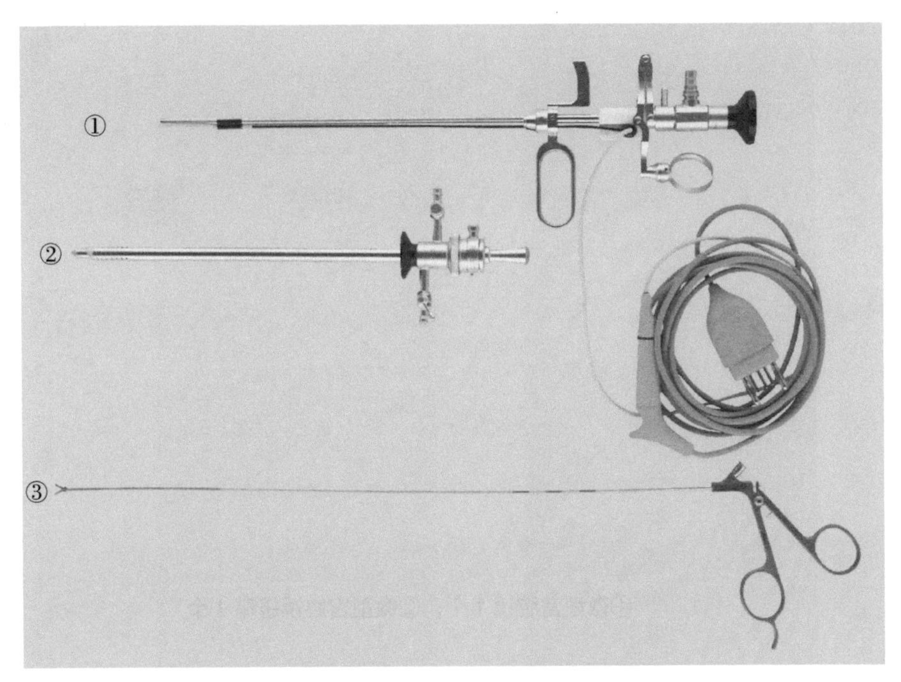

图 19-2 VersaPoint 宫腔镜电切镜（已组装）

①组装好的宫腔镜电切镜及电切线；②宫腔镜鞘；③ 5Fr 多齿半刚性抓钳

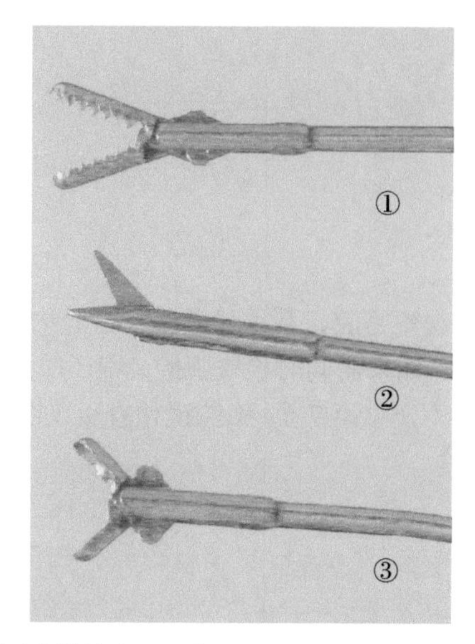

图 19-3 ① 5Fr 多齿半硬式抓钳（头端放大）；② Metzenbaum 半硬式剪刀（头端放大）；③半硬式杯状活检钳（头端放大）

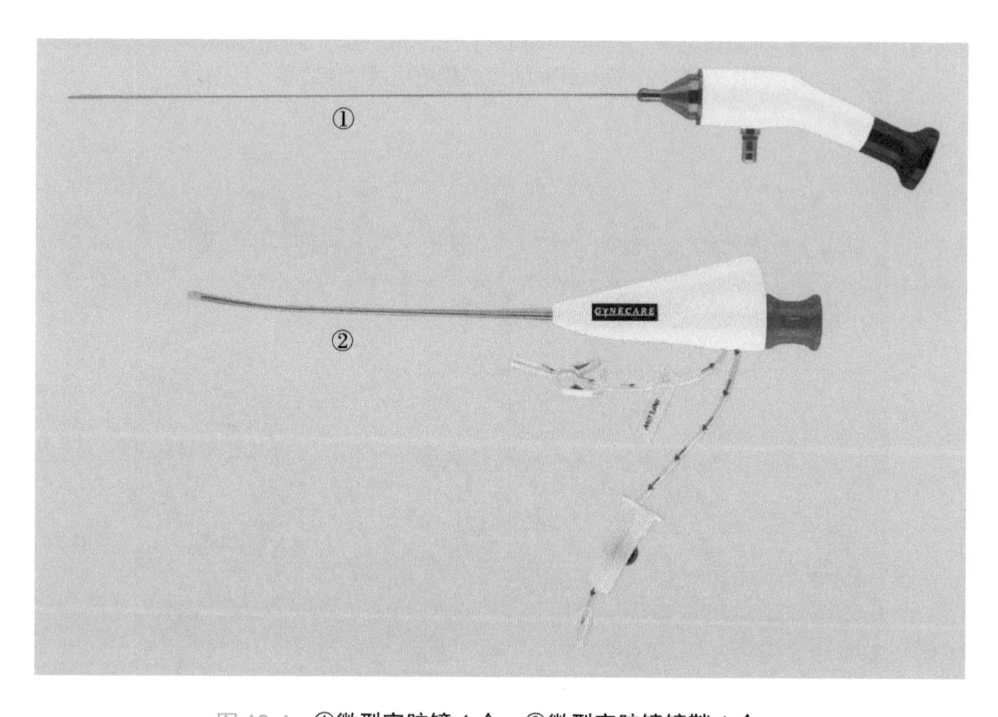

图 19-4 ①微型宫腔镜 1 个；②微型宫腔镜镜鞘 1 个

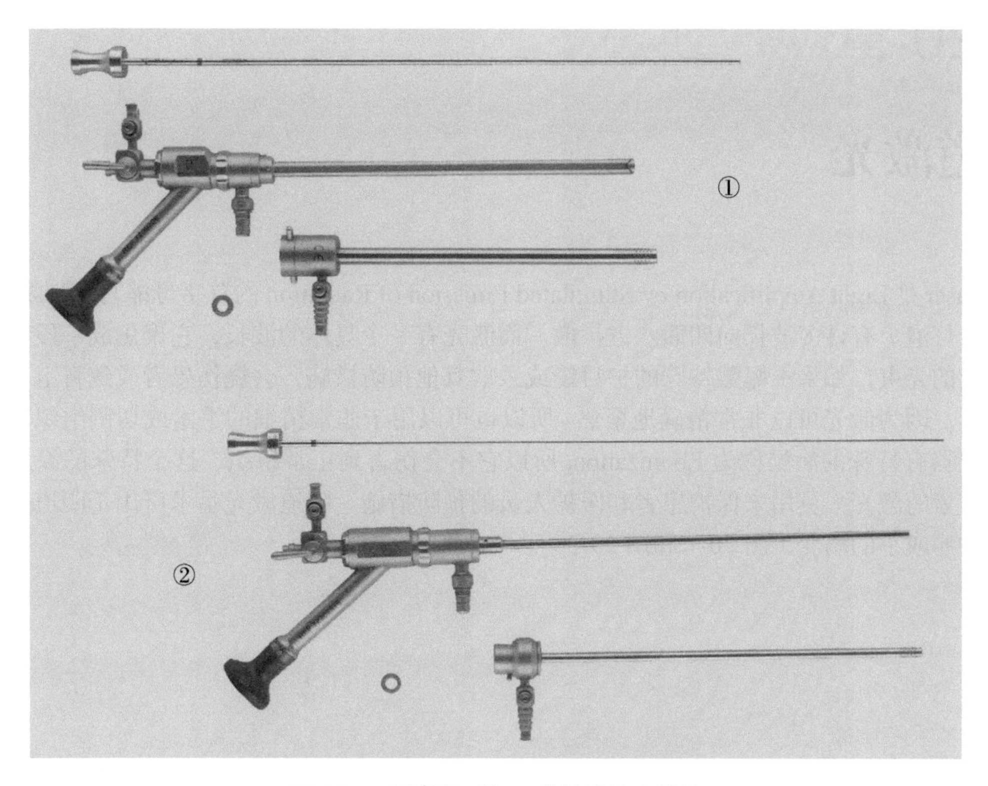

图 19-5　两套 TruClear 宫腔镜检查系统

① 9.0 系统；② 5.0 系统。每套系统包括：封闭器 1 个，带镜头的操作通道 1 个，外鞘 1 个

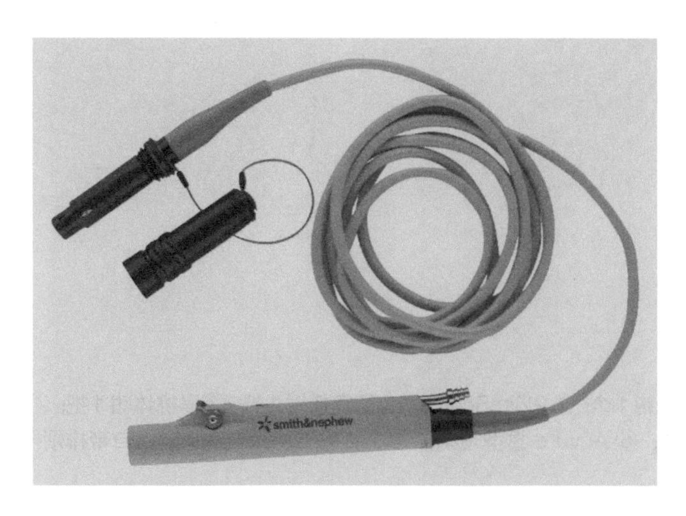

图 19-6　TruClear 宫腔镜检查系统手柄连接线

第 20 章

阴道激光

Laser 是 Light Amplification by Stimulated Emission of Radiation 的首字母缩写。普通光（比如一个灯泡）有许多波长向四面八方扩散。而激光有一个具体的波长，它聚焦成一段狭窄且高密度的光束，如果不佩戴特殊的护目镜或采取其他预防措施，会烧伤患者或致盲卫生保健工作者。因为激光可以非常精确地聚焦，所以也可以用于非常精细的手术或切割组织。阴道激光仪器有特殊的涂层称为 Ebonization，所以它不会伤害到正常组织。这个特殊的涂层是由训练有素的激光人员用来保护患者和医护人员的预防措施。阴道激光手术可用于阴道尖锐湿疣、肿瘤或小的病变（图 20-1 和图 20-2）。

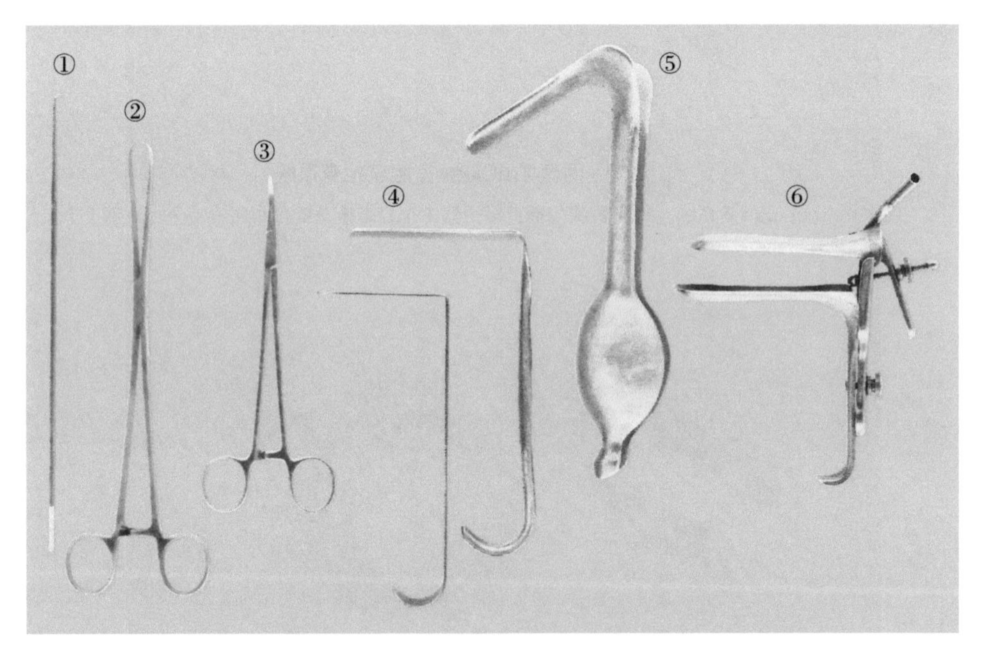

图 20-1　① 10in 神经拉钩 1 个；② 9½in Schroeder 子宫抓钳 1 把；③扁桃体钳 1 把；④ Heaney 拉钩 2 把（横向阴道拉钩）；⑤ Auvard 重型窥阴器 1 个；⑥ Graves 窥阴器（自带排烟附件）1 个

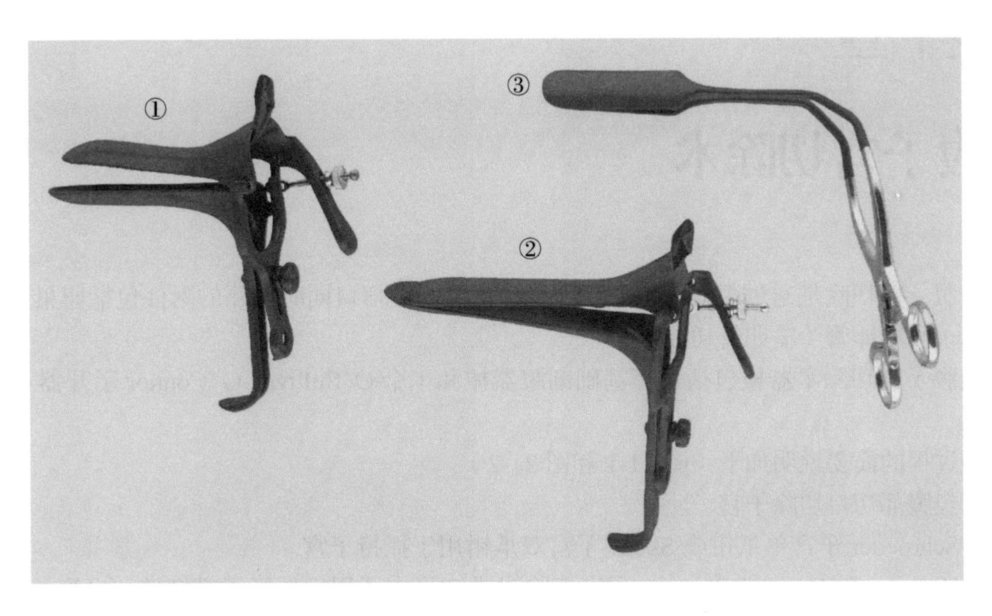

图 20-2　① Graves 紫色窥阴器（全视观）；② Graves 紫色窥阴器（纵面观）；③横向阴道牵开器（紫色）

第 21 章

经腹子宫切除术

经腹子宫切除是通过腹部切口切除子宫。可经同一切口同时切除的附件包括卵巢（卵巢切除术）和输卵管（输卵管切除术）。

经腹子宫切除术器械包括 1 套基础剖腹器械和 1 个 O′Sullivan-O′Connor 牵开器和 Z 形夹子。

该过程的简要说明如下（图 21-1 和图 21-2）。

1. 经腹部切口切除子宫。
2. Schroeder 子宫单爪钳或 Skene 子宫双爪钳用于抓持子宫。
3. Heaney 或 Heaney-ballantine 子宫切除钳或 Z 形夹子用于抓紧子宫韧带和血管。
4. Jorgenson 解剖剪用于解剖组织。
5. Heaney 持针器用于缝合结扎。

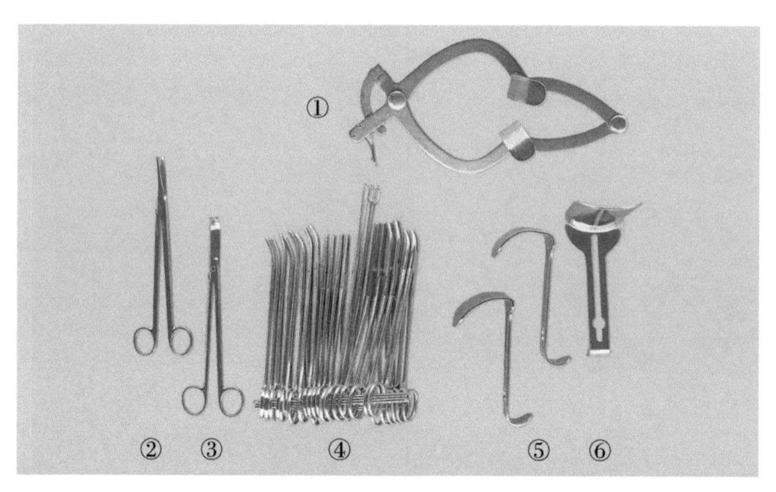

图 21-1 ① O′Sullivan- O′Connor 牵开器主体 1 个；② Mayo 9in 弯解剖剪 1 把；③ Jorgenson 9in 弯解剖剪 1 把；④ Ochsner 8in 止血钳 4 把，Heaney 单齿子宫切除钳 2 把，Heaney-Ballantine 单齿子宫切除钳 2 把，Ochsner 8in 止血钳 4 把，Schroeder 单齿子宫爪钳 1 把，Schroeder 双齿宫颈钳 1 把，Jarit 8½in 直子宫切除钳 1 把，Jarit 8½in 弯子宫切除钳 2 把，Heaney 持针器 2 个；⑤ O′Sullivan- O′ Connor 中号拉钩叶片 2 个（侧面观）；⑥大号叶片 1 个（正面观）

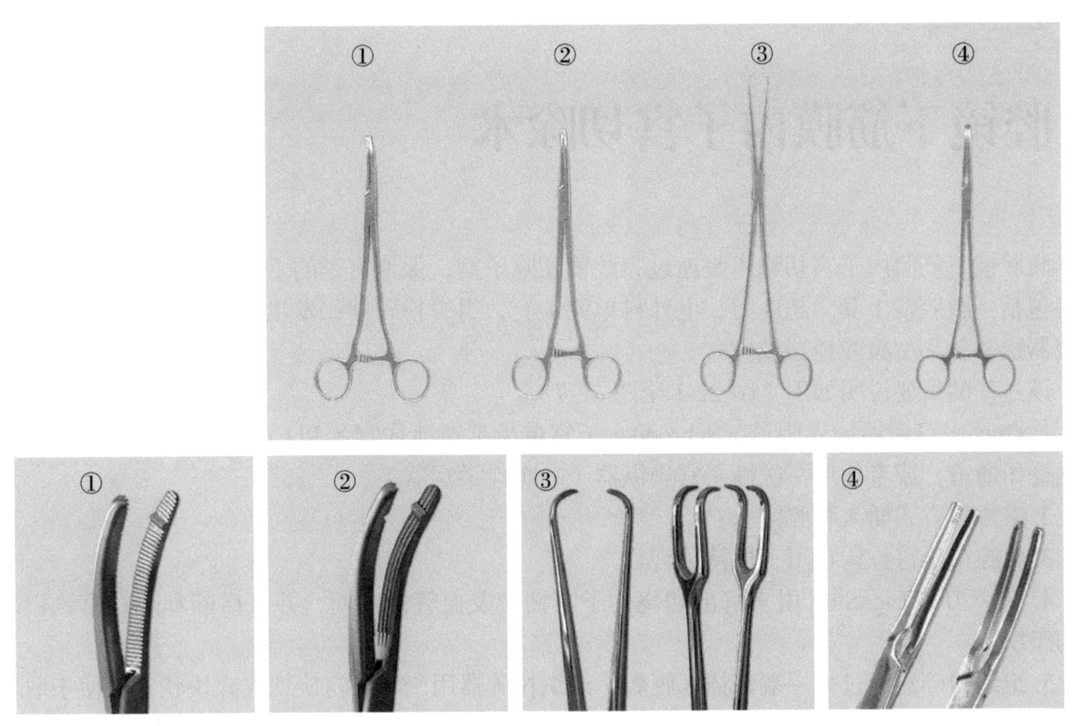

图 21-2 ① Heaney 单齿弯子宫切除钳及头端；② Heaney-Ballantine 单齿子宫切除钳及头端；③ Schroeder 单爪直宫颈钳及 Schroeder 双齿双爪宫颈钳头端；④ Z 形钳（直线型和曲线型）

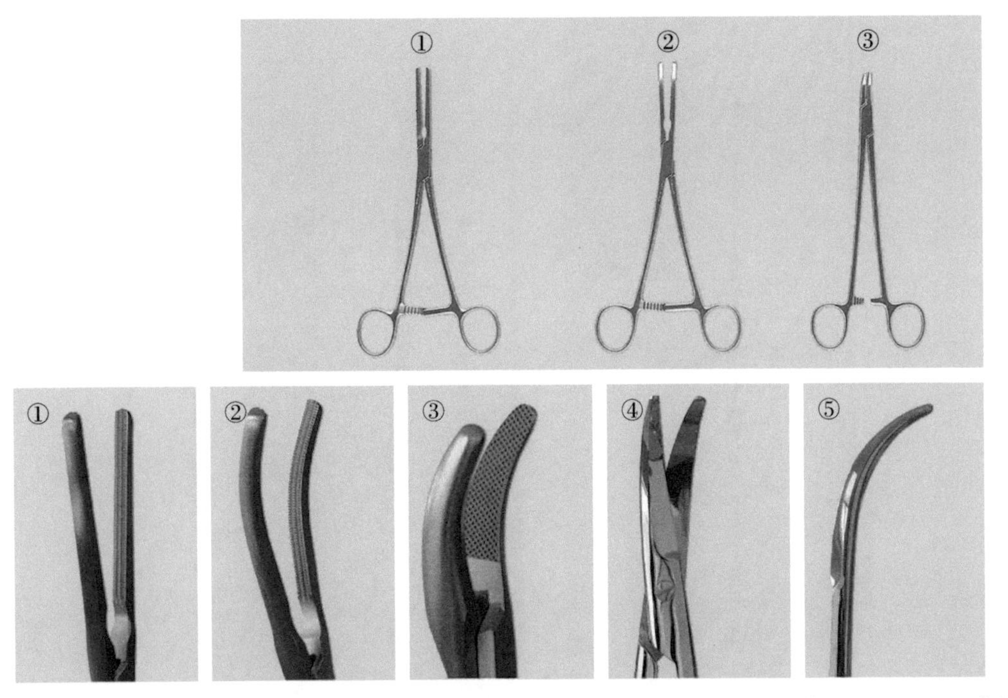

图 21-3 ① Jarit 8½in 直子宫切除钳及头端；② Jarit 8½in 弯子宫切除钳及头端；③ Heaney 8½in 弯持针器及头端；④ Jorgenson 解剖剪头端正面观；⑤ Jorgenson 解剖剪头端侧面观

第 22 章

腹腔镜下筋膜内子宫切除术

腹腔镜下筋膜内子宫切除术是通过腹腔镜切除子宫，保留宫颈的手术。手术可能需要的设备包括：腹腔镜 1 套，超声刀，电外科单元 1 套，组织粉碎器，发生器和脚控开关，简单开腹器械和较小型腹腔镜器械。

该过程的简要说明如下（图 22-1 至图 22-7）。

1. Graves 窥阴器插入阴道，Schroeder 子宫单齿爪钳抓住宫颈和 Cohen 套管插入宫颈，建立操作通道，或者使用一次性子宫操纵器（一次性举宫器）。

2. 以常规方式插入腹腔镜。

3. 腹腔镜子宫拉钩常用于抓持子宫。

4. 超声刀和 LigaSure 用来解剖和烧灼子宫韧带及血管横断面，并且横断和烧灼宫颈以上的组织。

5. 组织粉碎器通过另一端口插入腹腔，组织粉碎器用于将子宫旋切成碎块状，以便于取出，1 把大抓钳通过组织粉碎器夹出子宫组织碎片。

6. 如果不使用子宫粉碎器，可剖腹小切口将子宫切除。

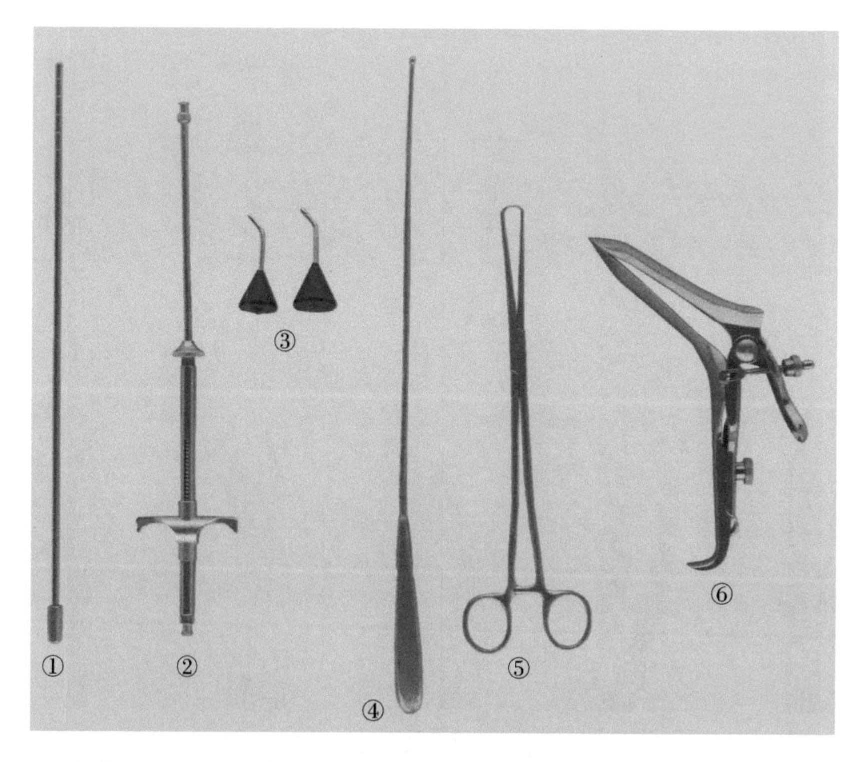

图 22-1　① 子宫操作探头 1 个；② Cohen 插管 1 根；③ Cohen 黑锥 2 个；④ 子宫探针 1 根；⑤ Schroeder 子宫单齿爪钳 1 把；⑥ Graves 窥阴器 1 个

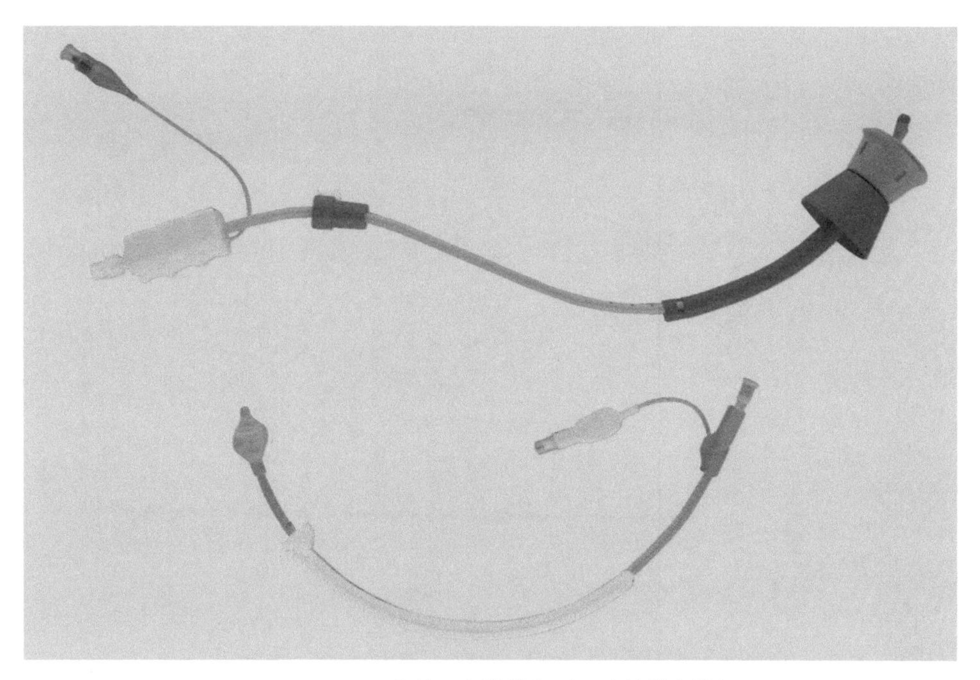

图 22-2　一次性子宫操纵器（一次性举宫器）

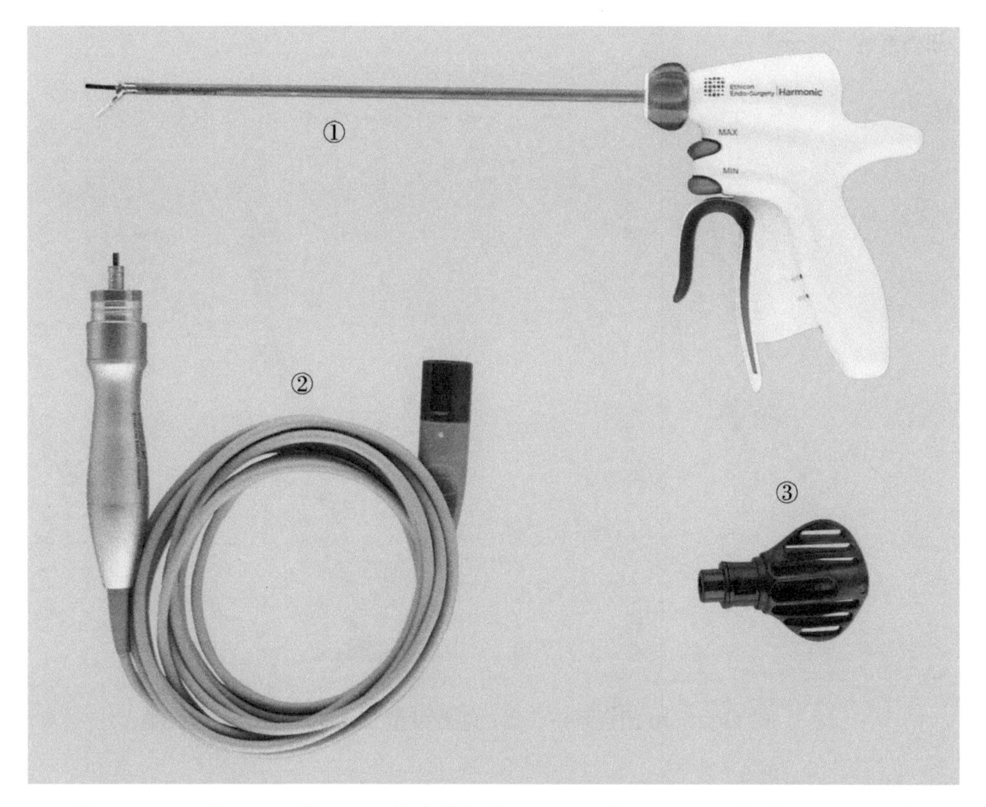

图 22-3　① Harmonic 厚 5mm, 长 23cm 的弯剪超声止血刀；② Harmonic 超声刀连接线；③超声刀钥匙

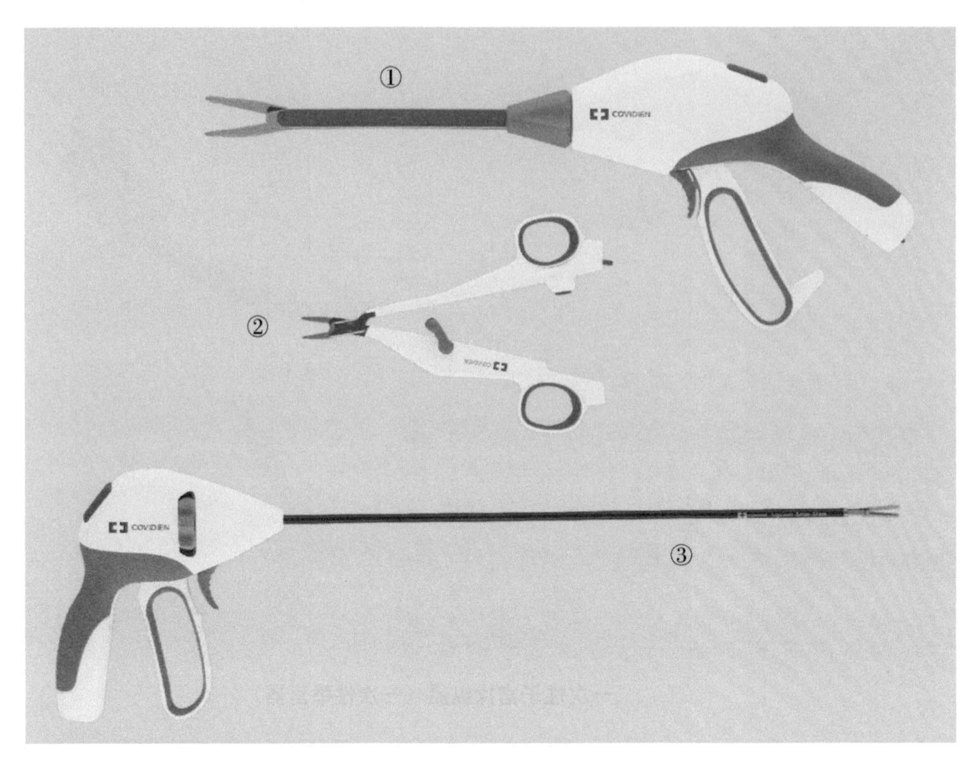

图 22-4 ① LigaSure 闭合系统（弯型 18cm）；② LigaSure 闭合系统（19cm）；③腔镜型 5mm LigaSure 闭合系统（37cm）

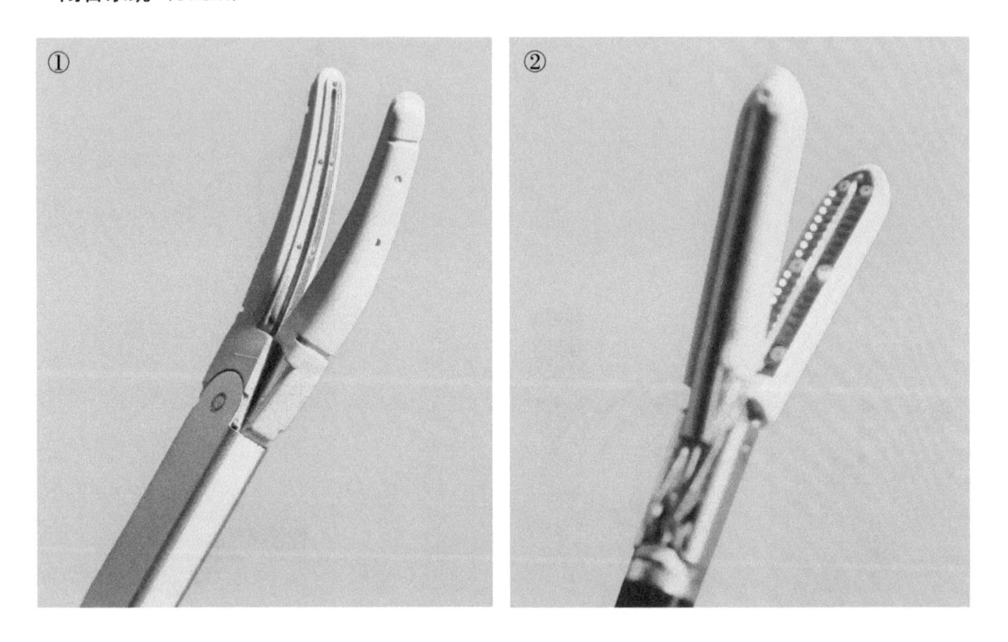

图 22-5 ① LigaSure 闭合系统头端；②腔镜型 LigaSure 闭合系统头端

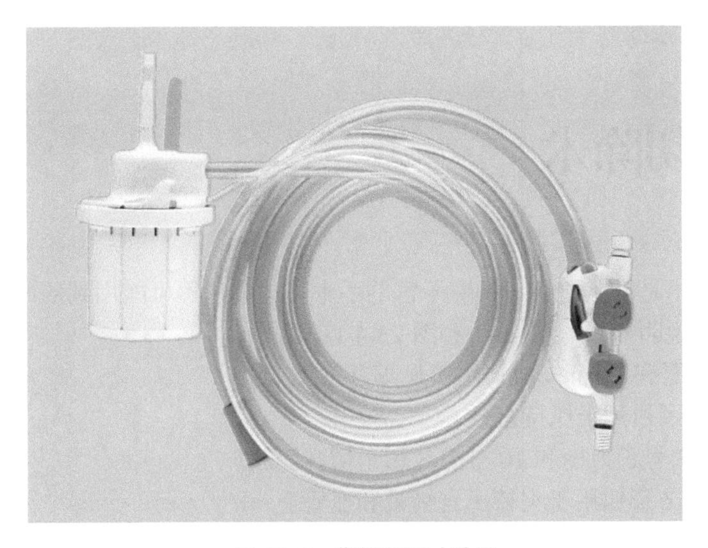

图 22-6　带泵吸引冲洗器

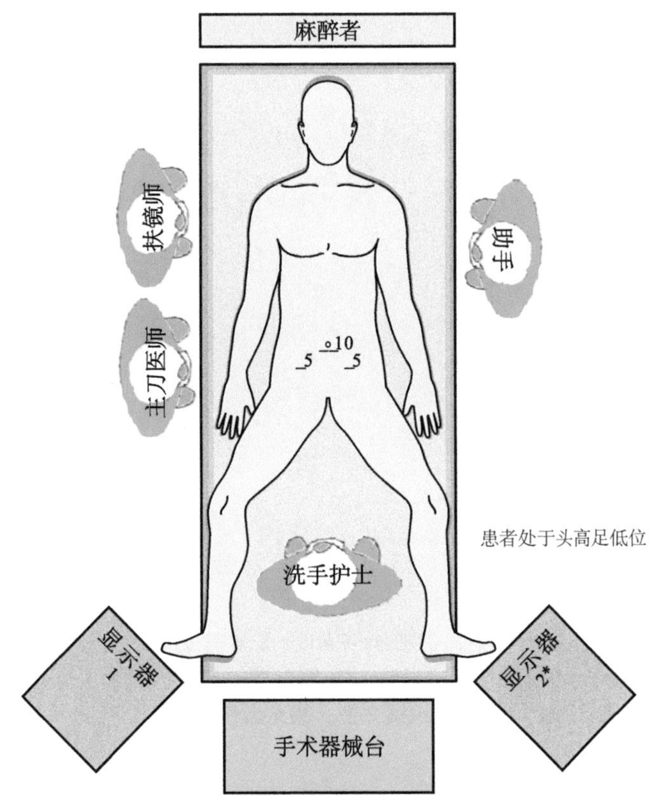

图 22-7　宫腔镜检查术摆位

第 23 章

阴式子宫切除术

阴式子宫切除术是经阴道切口切除子宫的手术。这个过程可能用到的设备是 Z 形钳子。该过程的简要说明如下（图 23-1 和图 23-4）。

1. Auvard 窥阴器和 Heaney 拉钩用于显露宫颈。
2. Schroeder 宫颈钳用于抓持宫颈。
3. Bard-Parker 3 号长刀柄和 10 号刀片用于切开腹膜。
4. Heaney 钳或 Z 形钳用于夹持子宫韧带和血管。
5. Mayo 长弯剪用于切断韧带和血管。
6. Heaney 弯头持针器和 Russian 组织钳用于结扎韧带和血管。
7. Foerster（4 × 4）海绵钳用于止血和显露手术视野。
8. Allis-Adair 钳用于拉近腹膜边缘。
9. Crile-Wood 长持针器用于缝合腹膜边缘。

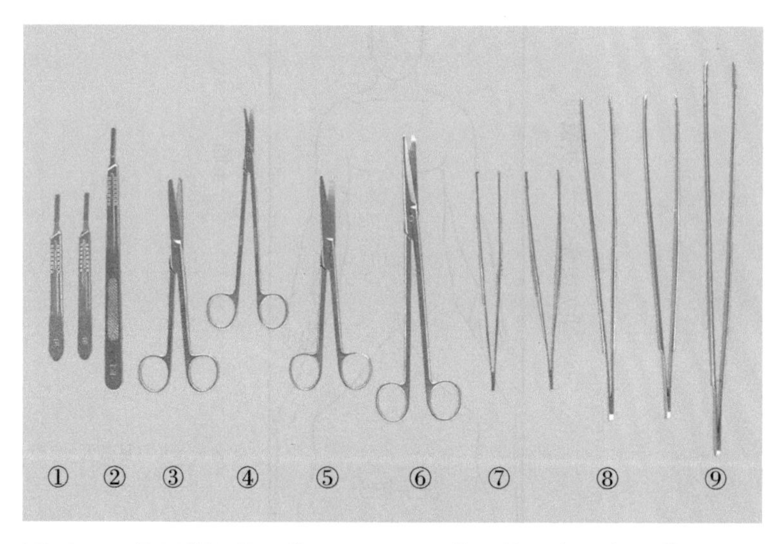

图 23-1 ① Bard-Parker 4 号刀柄 2 把；② Bard-Parker 长 4 号刀柄 1 把；③ Mayo 直解剖剪 1 把；④ Metzen-baum 7in 剪刀 1 把；⑤ Mayo 弯解剖剪 1 把；⑥ Mayo 长弯解剖剪 1 把；⑦ Ferris Smith 组织镊 2 把；⑧ Russian 组织镊 2 把；⑨无齿长组织镊 1 把

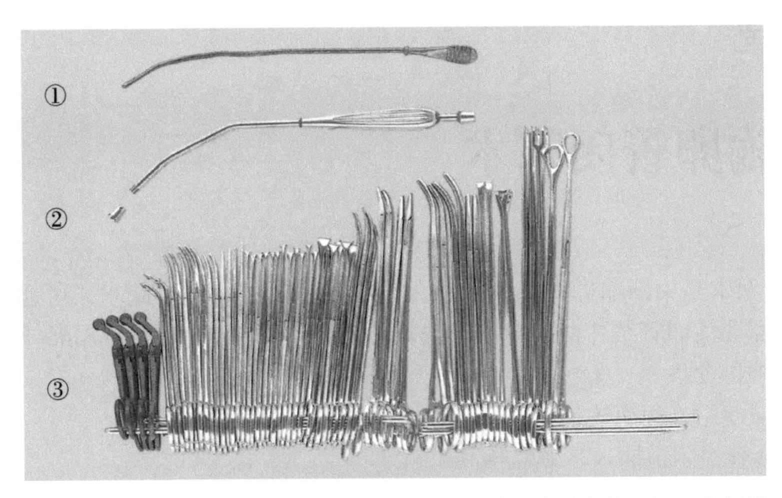

图 23-2 ①子宫探条 1 根；② Yankauer 吸引管和旋拧接头 1 套；③（由左至右）粗巾钳 4 把，Backhaus 细巾钳 2 把，Crile 6½in 止血钳 8 把，Halsted 止血钳 4 把，Allis 组织钳 12 把，Allis-Adair 组织钳 6 把，扁桃体止血钳 4 把，Heaney 持针器 2 把，Crile-Wood 8in 持针器 2 把，Heaney 单齿弯子宫切除钳 2 把，Heaney-Ballantine 单齿弯子宫切除钳 2 把，Ochsner 8in 止血钳 2 把，Allis 长组织钳 2 把，Babcock 中长组织钳 2 把，Schroeder 单齿单爪子宫钳 2 把，Schroeder 直双齿双爪子宫钳 1 把，Foerster 海绵钳 2 把

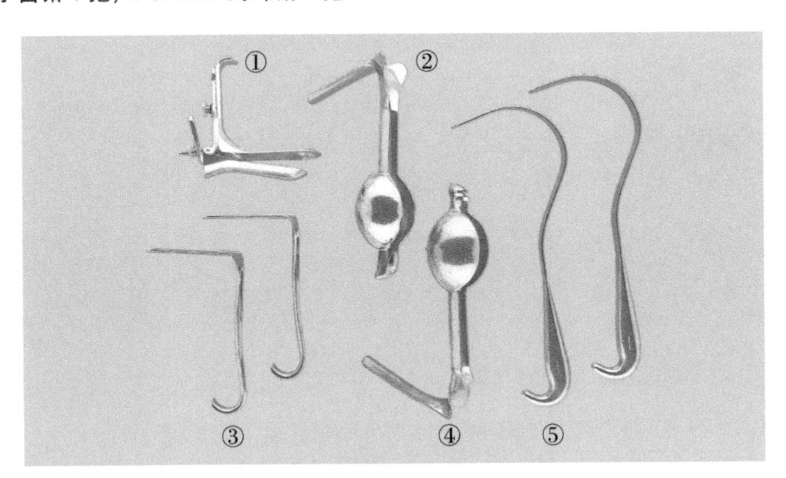

图 23-3 ① Graves 窥阴器 1 个；② Auvard 中唇形重型窥阴器 1 个；③ Heaney 拉钩 2 个；④ Auvard 长唇形重型窥阴器 1 个；⑤ Deaver 窄 S 形拉钩 2 个

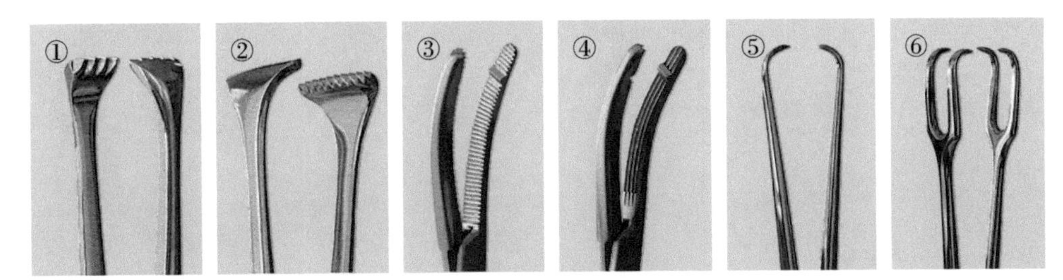

图 23-4 ① Allis 组织钳头端；② Allis-Adair 组织钳头端；③ Heaney 单齿弯子宫切除钳头端；④ Heaney-Ballantine 单齿弯子宫切除钳头端；⑤ Schroeder 单齿单爪子宫钳头端；⑥ Schroeder 直双齿双爪子宫钳头端

第 24 章

腹腔镜输卵管闭塞术

输卵管闭塞术是中断输卵管以达到永久性绝育目的的手术。此术式可能用到的设备包括：腹腔镜仪器和输卵管结扎法。有以下选择：Falope 环和填充器，Filshie 夹子和填充器，或者双极和电外科设备。

此手术器械使用过程简述如下（图 24-1 至图 24-4）。

1. Cohen 套管经阴道插入宫颈以抬高子宫。
2. 以常规方式插入腹腔镜。
3. 操作探头用于显露输卵管。
4. Endofleox 拉钩用于牵拉组织远离输卵管。
5. Babcock 钳用于固定输卵管。
6. 引入带硅胶带的 Falope 环和填充器，Filshie 夹子和填充器，或者双极钳。
7. Falope 环放置于输卵管的弯曲部分或夹子放在输卵管部分。如果用双极钳，要灼烧输卵管的一部分。

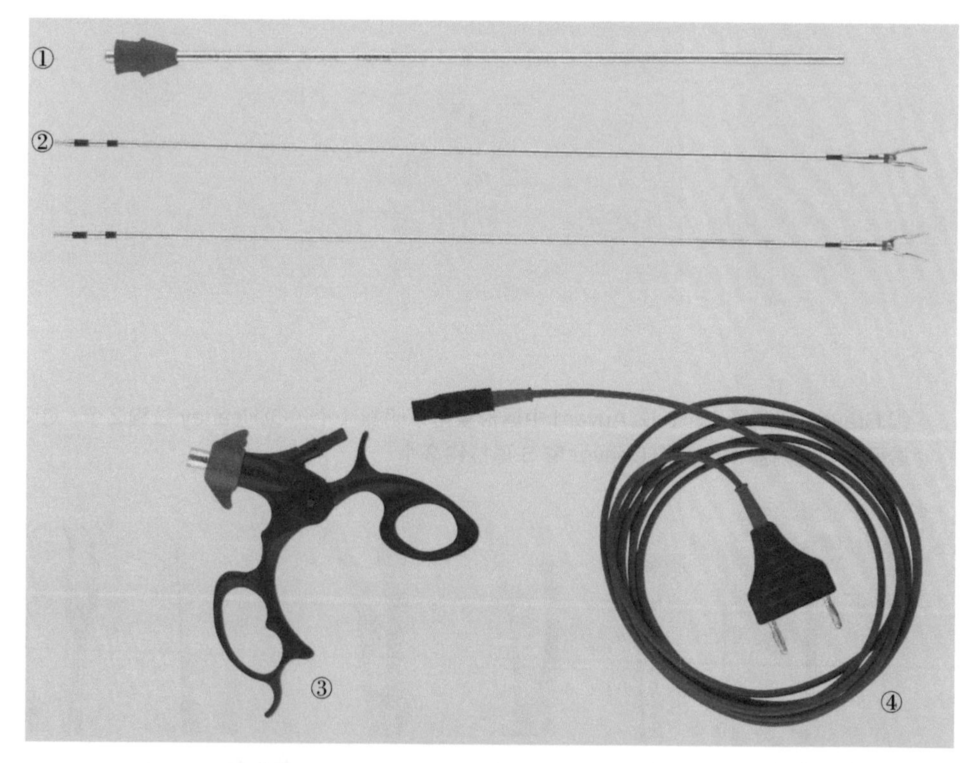

图 24-1 ① Wolf 双极外鞘 1 个；②双极抓钳内芯 2 个；③手柄 1 个；④电缆线 1 根

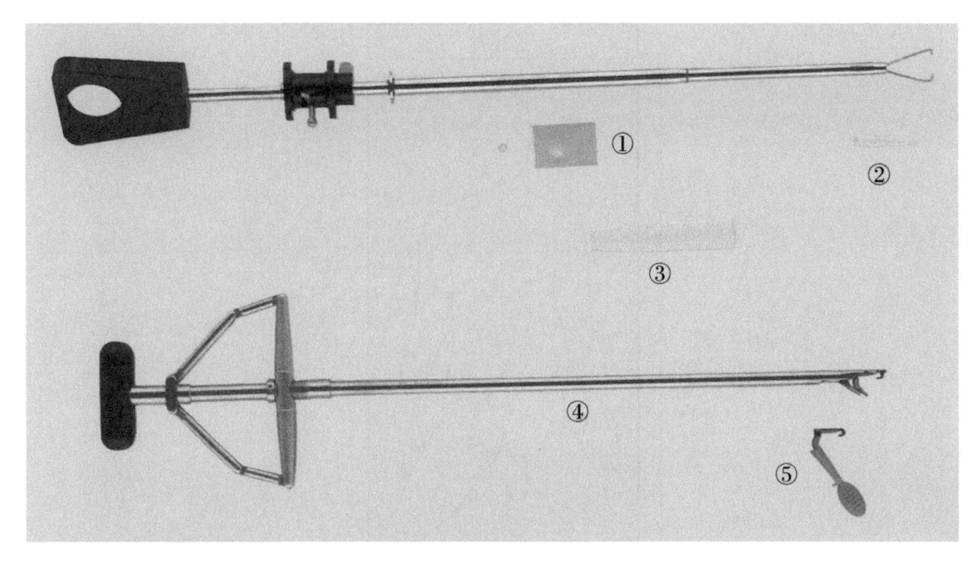

图 24-2 ①输卵管延长放置器 1 个和装好的单独输卵管环 1 个；②输卵管放置器尖端 1 个；③输卵管环推进器 1 个；④ Filshie 夹子放置器和夹子 1 个；⑤单独的夹子和蓝色的一次性手柄 1 个

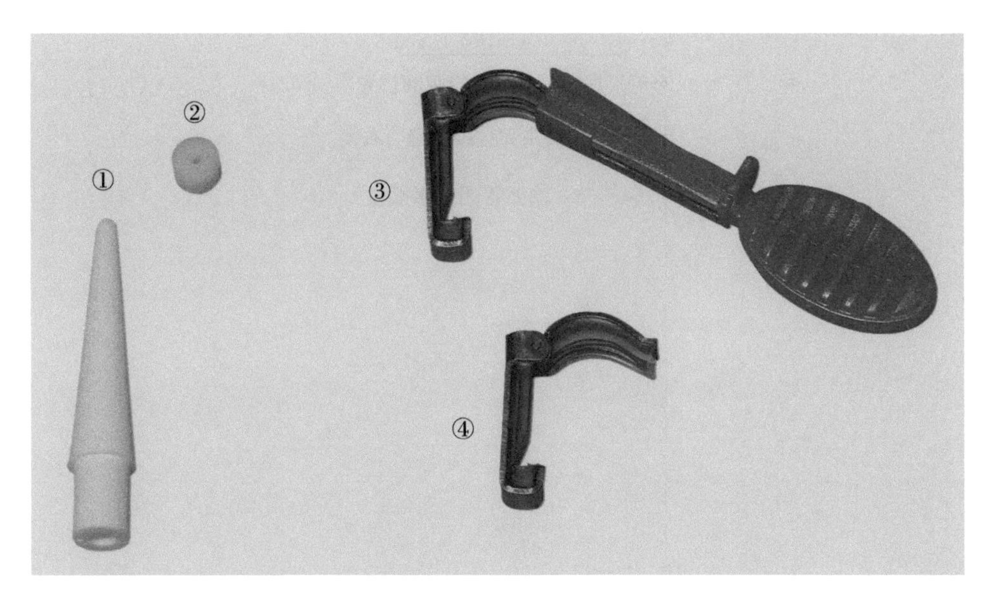

图 24-3 ①输卵管放置器尖端 1 个；②输卵管环 1 个；③ Filshie 夹子和蓝色手柄 1 个；④ Filshie 夹子 1 个

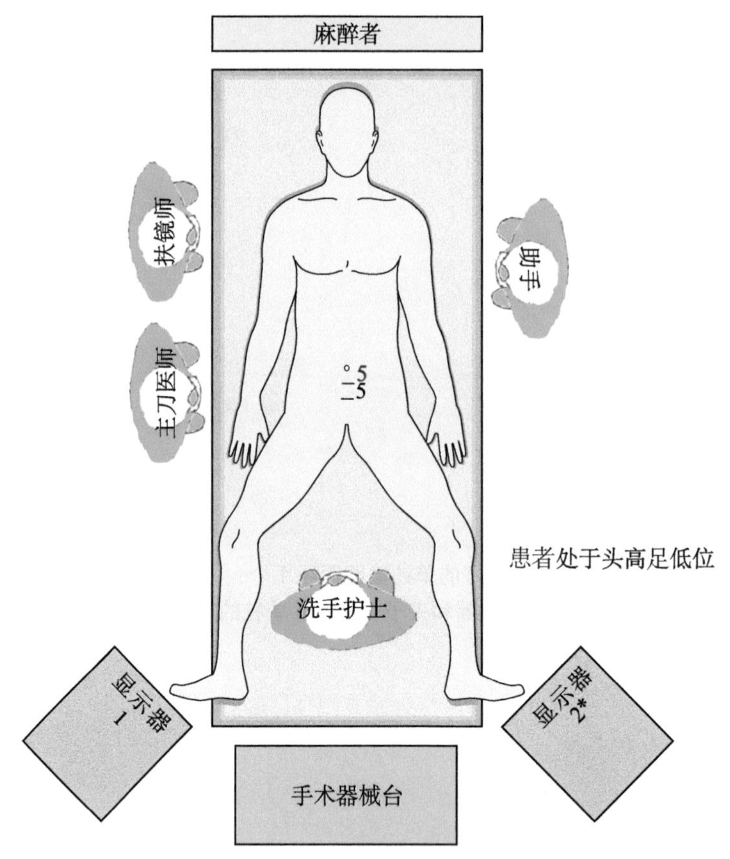

*可根据医师喜好变换视频位置

头高足低位时主刀医师在患者右侧

图 24-4 **输卵管闭塞术摆位**

第四单元　泌尿外科手术

第 25 章

膀胱镜检查

膀胱镜检查通过膀胱镜来观察膀胱、尿道、膀胱颈和尿道口。男性患者包括射精管和前列腺叶检查。可能的检查及手术方法包括膀胱 X 线片、肾盂逆行造影照片、膀胱电灼法、膀胱活检、取石术、经尿道前列腺切除、经尿道膀胱肿瘤切除及尿道切开术。

如果尿道因任何原因梗阻，该手术可能用到的器械包括 Van Buren 男性扩张器和 Walther 女性扩张器，以及带刀片的尿道切开刀。

此手术过程简述如下（图 25-1 至图 25-7）。

1. 将鞘和闭孔器润滑后插入尿道。
2. 取出闭孔器，充盈膀胱，将 30º 镜头的膀胱镜插入鞘内。
3. 连接好冲水管和光纤光源线，使膀胱充盈液体以利于观察。
4. 当放置鞘及闭孔器困难时，可用可视化的闭孔器。
5. 当需要插入输尿管导管时，用 Albarran 导丝可帮助导管插入输尿管。如果结石在膀胱中，可用结石网篮。这是一种连接碎石机的体内手持杆。它不需要电源，能量由高压的二氧化碳提供。这种装置最普遍的是通过一个膀胱镜的通道，将膀胱结石打碎，还可以将输尿管末端结石打碎，以及通过经皮肾镜打碎肾的大结石。

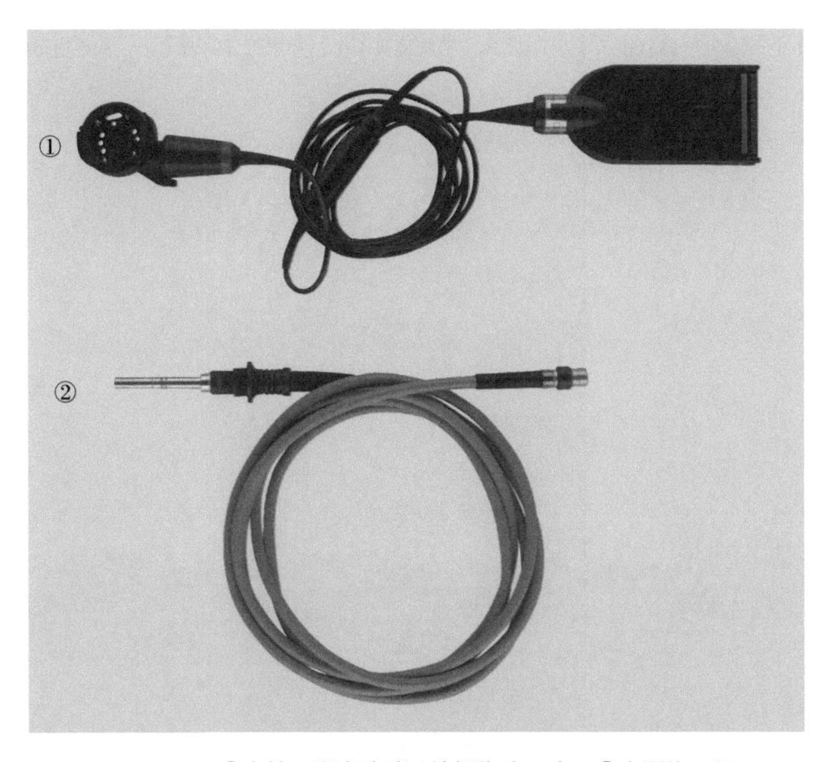

图 25-1　①奥林巴斯高清膀胱镜摄像头 1 个；②光源线 1 根

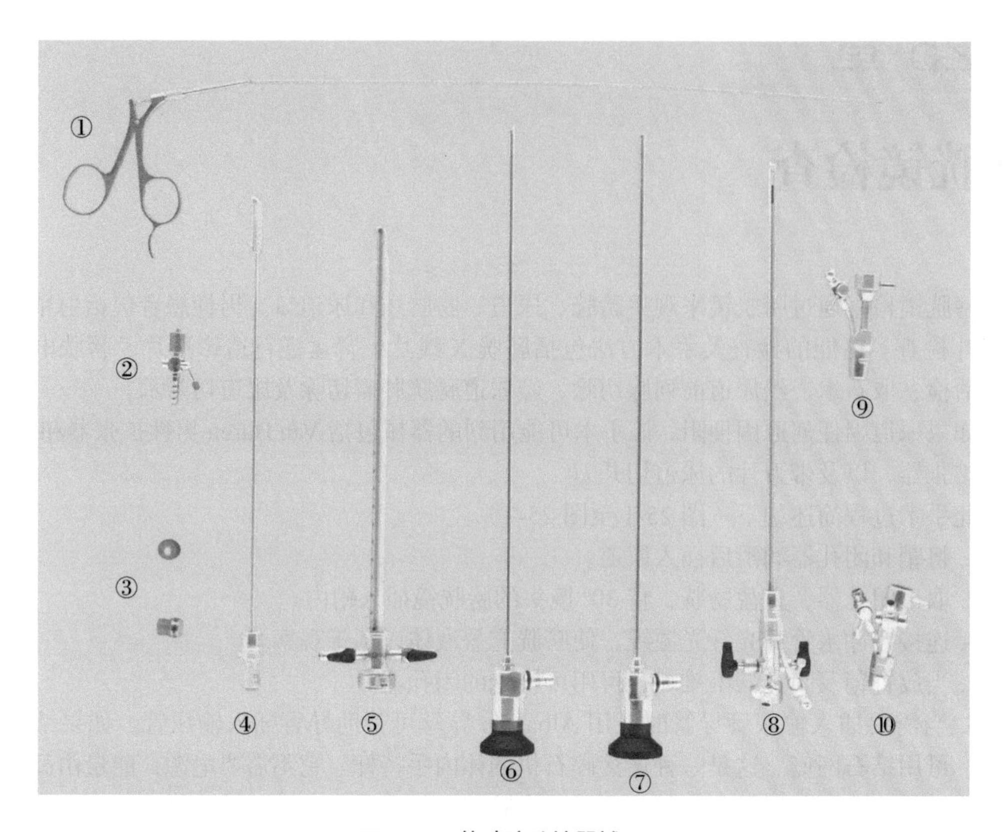

图 25-2 **基础膀胱镜器械**

① 7Fr 可弯曲抓钳 1 把；② 3mm 开关 1 个；③硅胶封水帽 2 个（1 个为侧面观）；④膀胱镜闭孔器 1 个；⑤ 21Fr 膀胱镜鞘 1 个；⑥ 70° 膀胱镜头 1 个；⑦ 30° 膀胱镜头 1 个；⑧尿管导向器 1 个；⑨单通道接头 1 个；⑩双通道接头 1 个

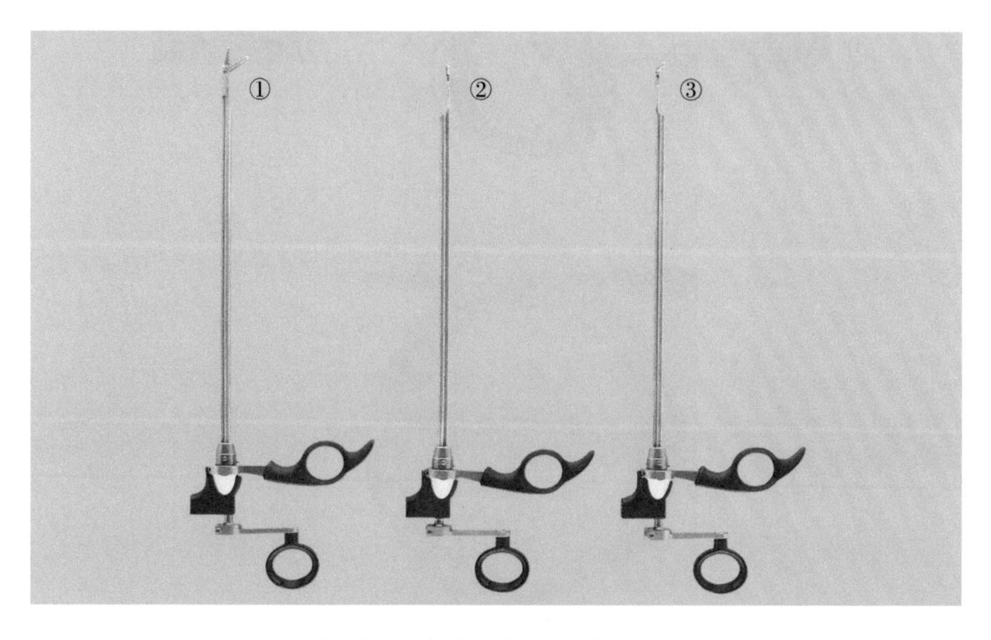

图 25-3 **①双向伸展抓钳；②直活检钳；③弯活检钳**

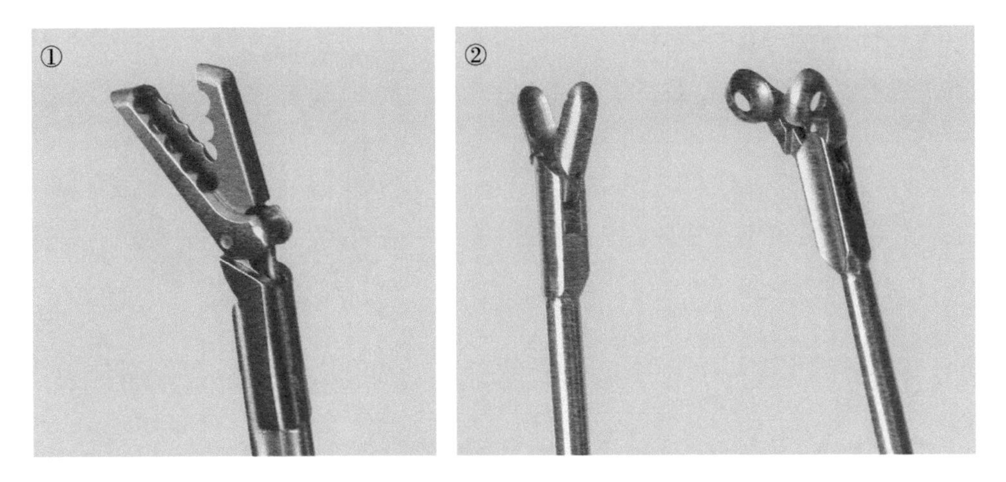

图 25-4　①双向伸展抓钳；②直活检钳和弯活检钳

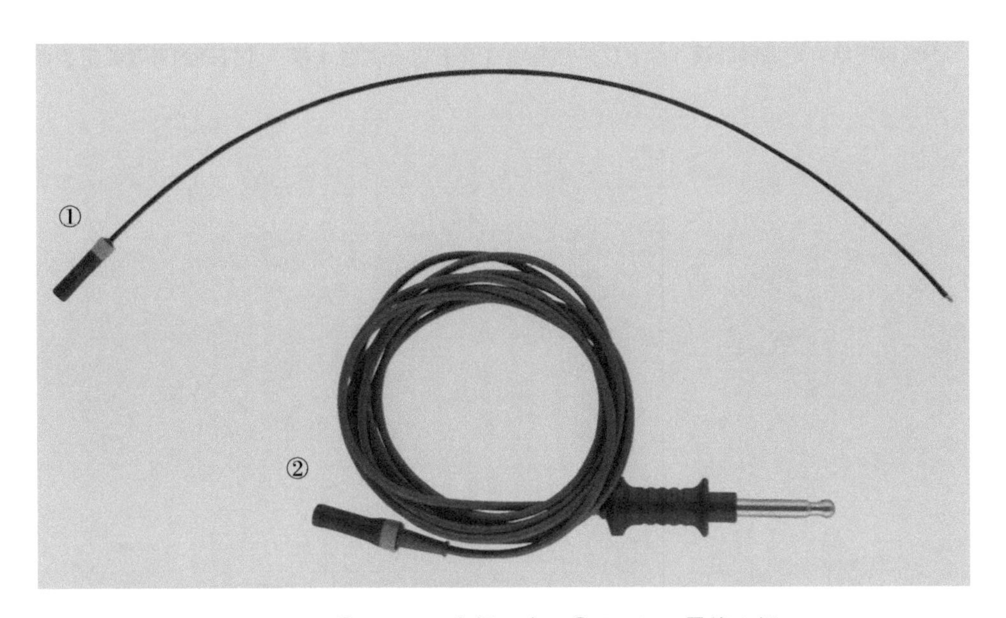

图 25-5　① Bugbee 电极 1 个；② Bugbee 导线 1 根

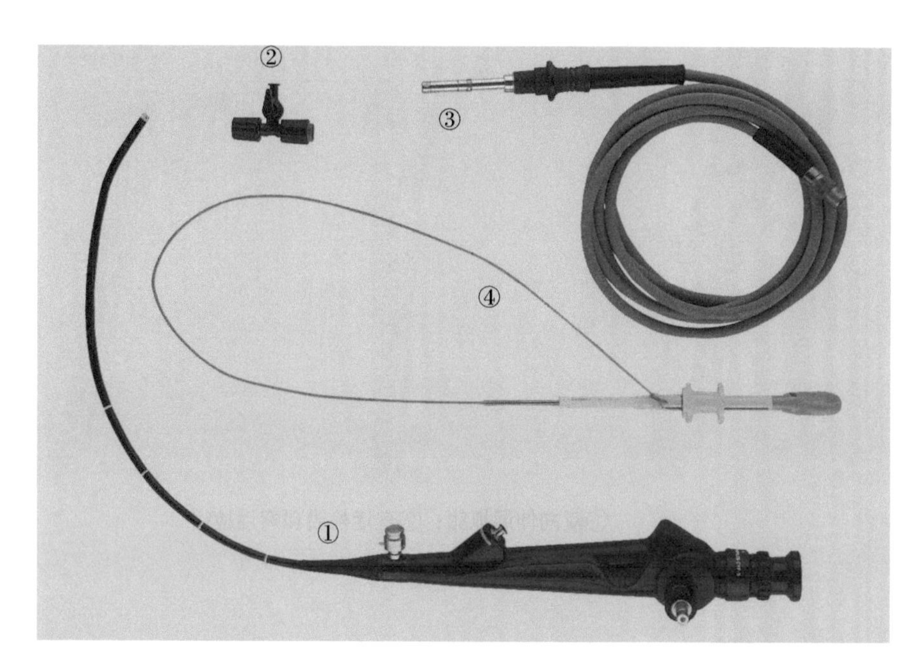

图 25-6 ①奥林巴斯可弯曲膀胱镜 1 个；②冲洗接头 1 个；③光源线 1 根；④打开的可弯曲带齿抓钳 1 个

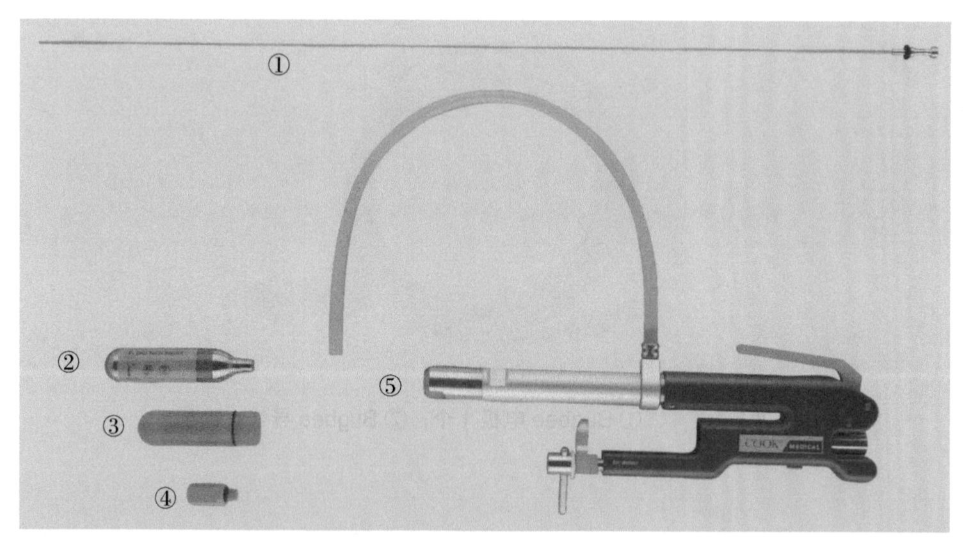

图 25-7 ①一次性使用探针 1 个；②二氧化碳套筒 1 个；③消毒帽 1 个；④排气帽 1 个；⑤带二氧化碳排气管的充气式碎石机

第 26 章

尿道镜检查

尿道镜检查通常是除膀胱镜外的检查，而且还有除膀胱镜器械外更小的器械。通常做尿道镜检查的原因是治疗尿道狭窄，可用尿道刀做尿道内切开术。

此手术器械使用过程简述如下（图 26-1）。

1. 将外鞘和闭孔器润滑后插入尿道。

2. 移出闭孔器，插入伸缩接头及伸缩镜。

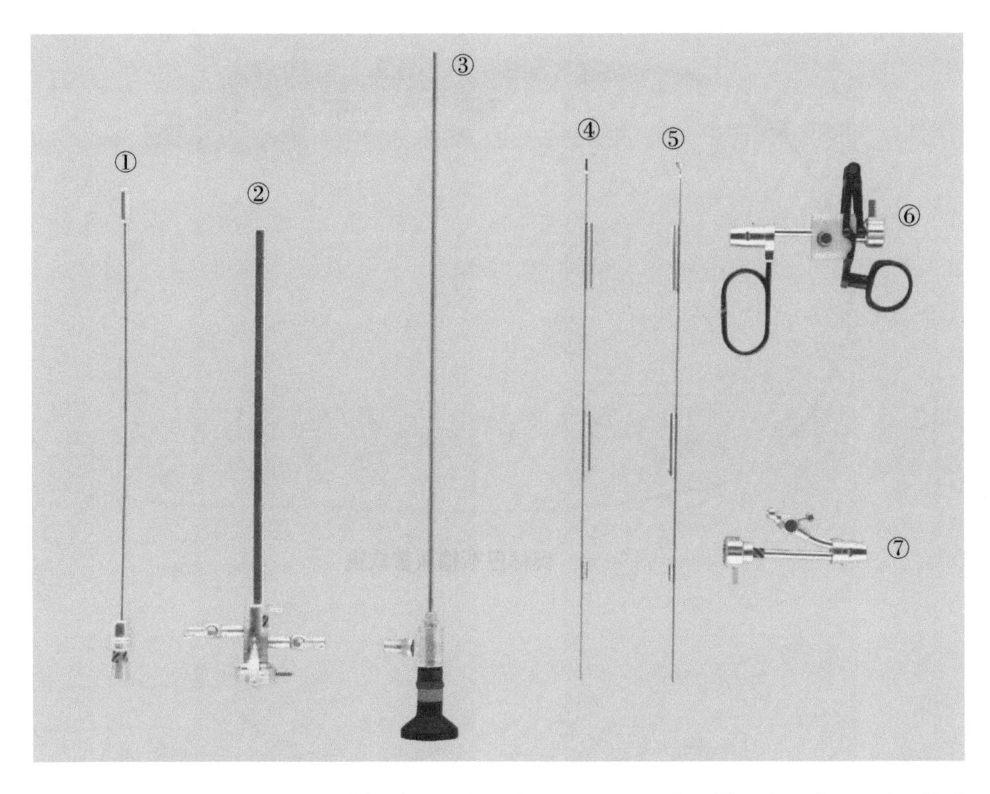

图 26-1　① 20.5Fr 中空 Wolf 可视尿道闭孔器 1 个；② Wolf 可视尿道刀鞘 1 个；③ 0° 膀胱镜头 1 个；④狭窄切开刀 1 个；⑤半月型狭窄切开刀 1 个；⑥尿道刀操作手柄 1 个；⑦单通道接头 1 个

第 27 章

输尿管镜检查

输尿管镜检查是通过伸入膀胱及尿道的小视野来诊断和治疗各种疾病的方法。通常情况下，泌尿科医师通过使用输尿管软镜找到结石的位置，然后将 1 个微小的金属网篮伸入尿道去网住结石并取出（图 27-1 至图 27-4）。有时因结石位置及大小的差异，网出结石是有困难的，因此用其他设备来处理和减小结石的尺寸是非常有必要的。通常可以在体内通过钬激光碎石，体外可通过体外冲击波碎石，通过多次体外冲击波碎石治疗后，不需要再网结石，而且结石会通过人体自身尿道排出。有时候置入输尿管支架也利于结石从尿道排出。

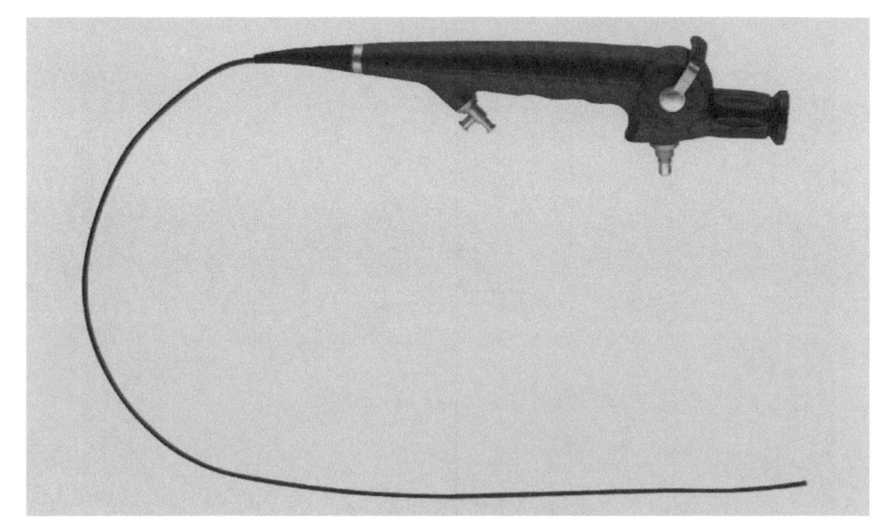

图 27-1　奥林巴斯输尿管软镜

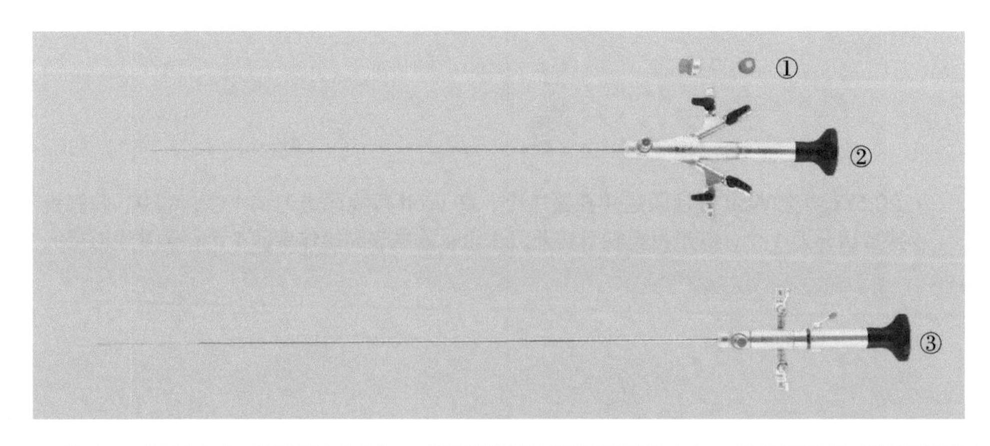

图 27-2　① 3mm 封帽 2 个（侧面观 1 个）；②双管腔硬式输尿管镜 1 个；③单管腔硬式输尿管镜 1 个

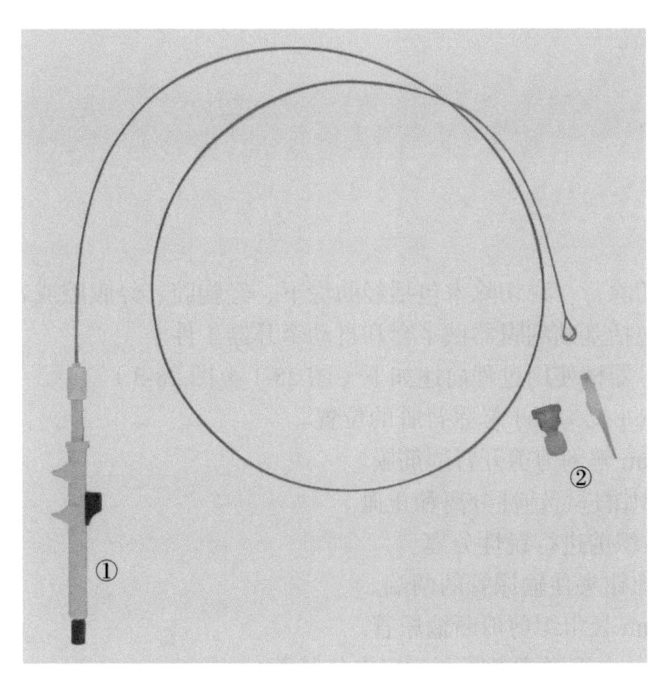

图 27-3　①半打开的结石取出器 1 个；②通道接头 2 个

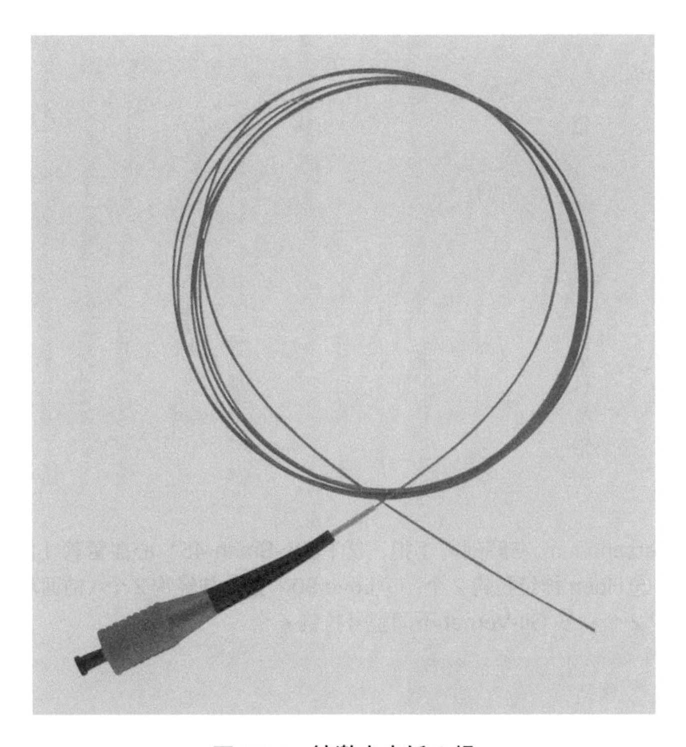

图 27-4　钬激光光纤 1 根

第 28 章

肾切除术

肾切除术是指切除肾。肾切除术包括经肋缘下、经胸腔、经腹腔或者经腹腔镜来切除肾的方法。手术器械包括基础剖腹器械 1 套和自动牵开器 1 件。

肾切除术的手术器械使用过程简述如下（图 28-1 至图 28-3）。

1. 一件 Thompson 拉钩用于暴露肾脏的位置。
2. 用 Metzenbaum 解剖剪剪开肾周筋膜。
3. 用 Adson 组织钳进行钝性分离和止血。
4. 用 Mayo 弯组织剪进行锐性分离。
5. 用 Mixter 止血钳夹住输尿管的两端。
6. 用 Metzenbaum 长组织剪剪断输尿管。
7. 用 Guyon-Pean 血管钳或者肾蒂钳来夹住肾蒂。

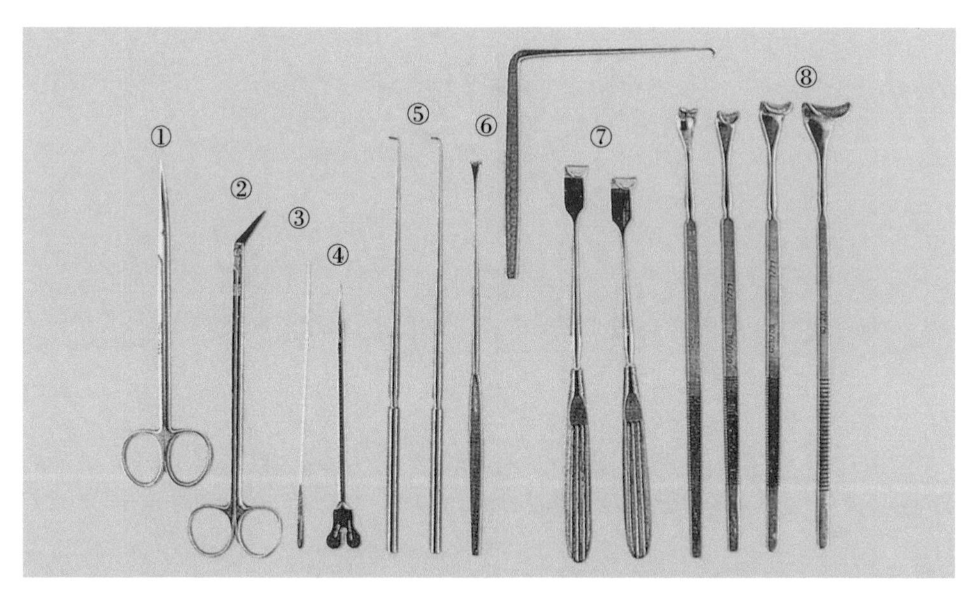

图 28-1 ① Lincoln-Metzenbaum 窄解剖剪 1 把；② Potts-Smith 45° 心血管剪 1 把；③探针 1 根；④槽型探针 1 根；⑤ Hoen 神经拉钩 2 个；⑥ Love 90° 直角神经钩 2 个（前面观 1 个、侧面观 1 个）；⑦中号小拉钩 2 个；⑧ Gil-Vernet 不同型号拉钩 4 个

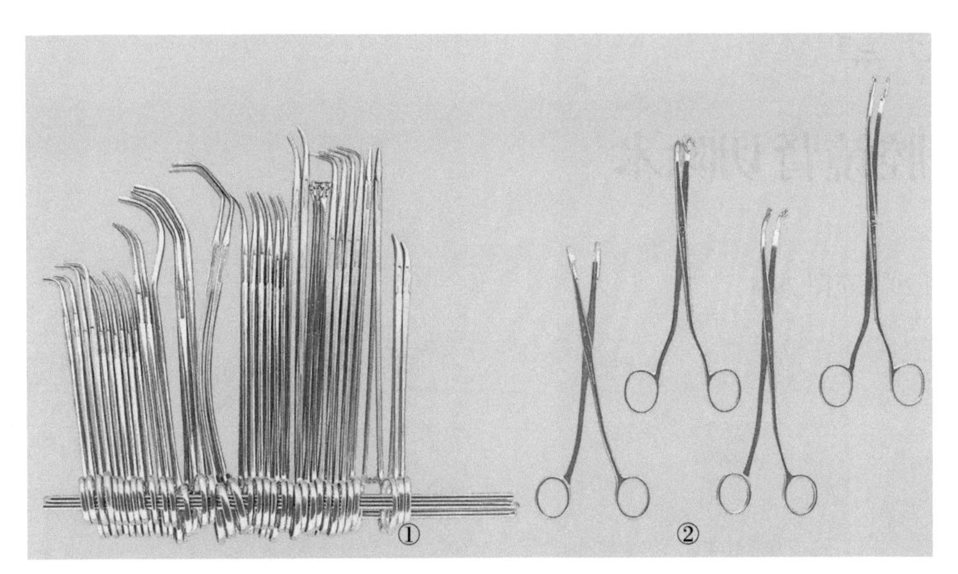

图 28-2　① Westphal 止血钳 4 把，扁桃体止血钳 6 把，Adson 精细弯止血钳 2 把，Guyon-Pean 肾血管钳 1 把，Herrick 肾钳 2 把，Satinsky 静脉钳 2 把，9½in 扁桃体止血钳 6 把，10½in 扁桃体止血钳 2 把，Babcock 超长组织钳 2 把，Mixter10in 精细止血钳 4 把，Ayers 超长持针器 2 把，Heaney 长持针器 2 把；② Randall 全弯、¾ 弯、½ 弯和 ¼ 弯取石钳各 1 把

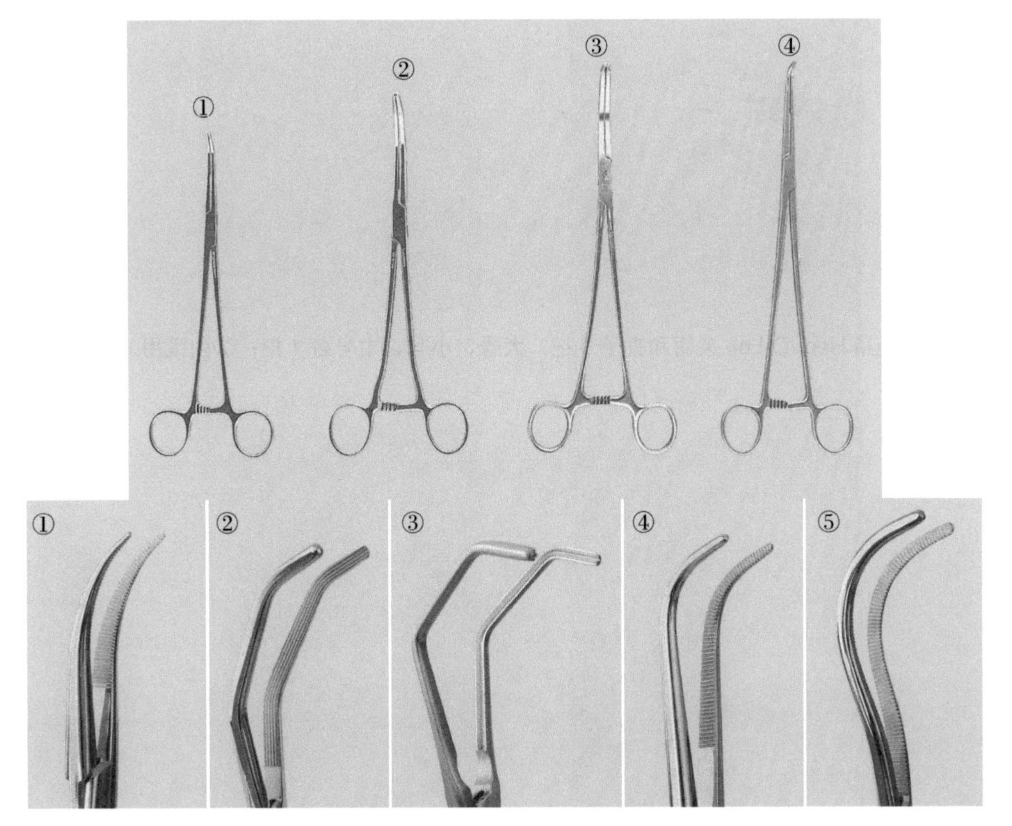

图 28-3　① Adson 精细弯止血钳及其头端；② Herrick 肾钳及其头端；③ Satinsky 9½in 4cm 中号腔静脉钳及其头端；④ Mixter 10½in 精细弯止血钳及其头端；⑤ Guyon-Pean 9½in 血管钳头端

第 29 章

经腹腔镜肾切除术

见图 29-1 至图 29-4。

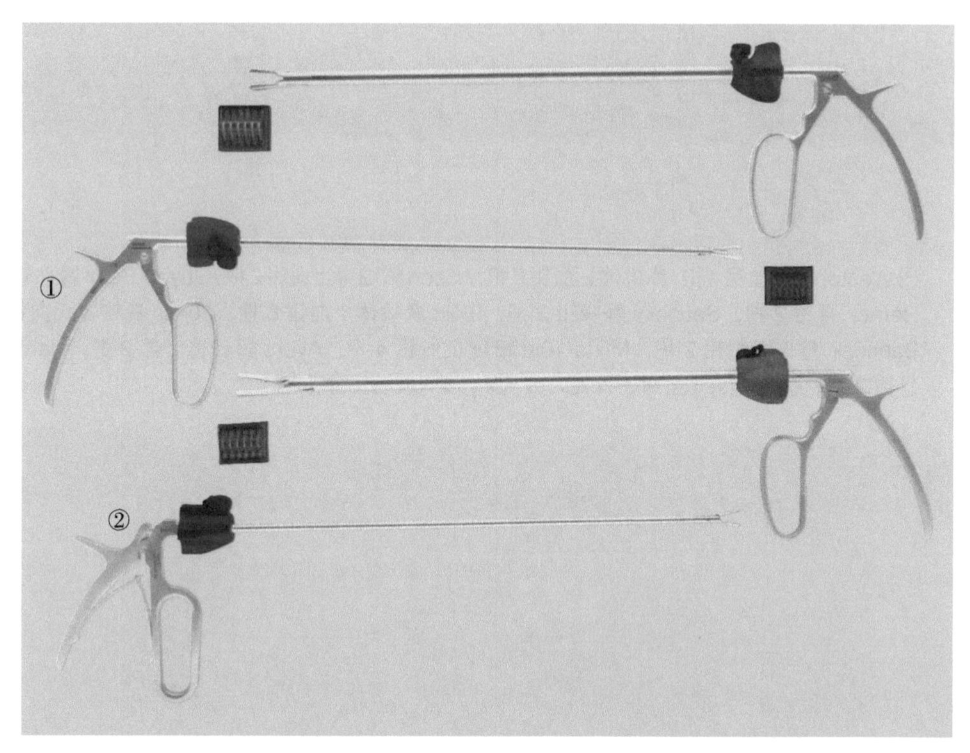

图 29-1　①内镜用 Hem-O-Lok 夹钳和夹子 3 把，大号、小号、中号各 1 把；②内镜用 Hem-O-Lok 取出钳 1 把

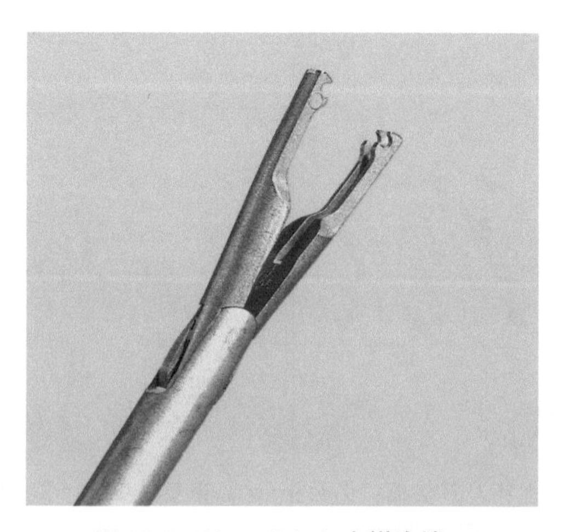

图 29-2　Hem-O-Lok 夹钳头端

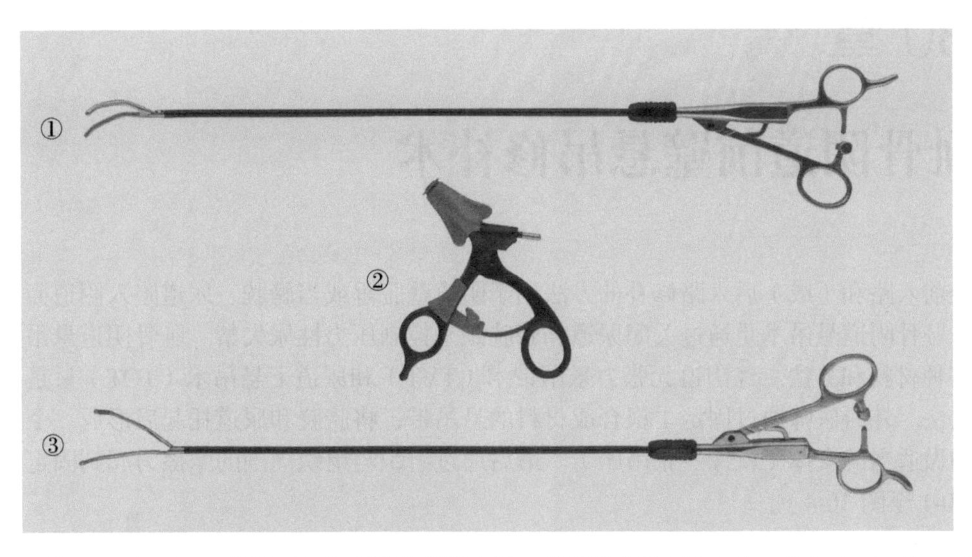

图 29-3 ① Satinsky 5mm 短无损伤腹腔镜检查钳 1 把；②带齿单极手柄 1 件；③ Satinsky 5mm 长无损伤腹腔镜检查钳 1 把

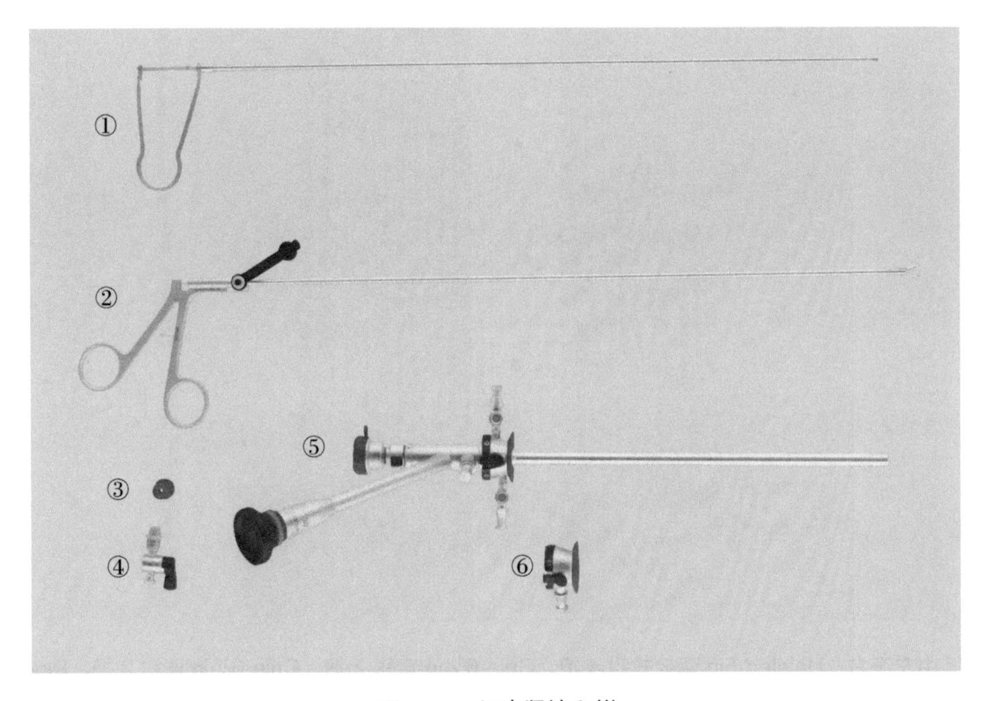

图 29-4 经皮肾镜和钳

①取石钳 1 把；② 42cm 三齿钳 1 把；③红色的手术通道密封帽 1 个；④ 1 个绿色视野盖用于安装在 4mm，30° 的内镜上；⑤ 1 个 25Fr 的外鞘（置于镜头上用于持续冲洗）；⑥带开关的附件 1 个

第 30 章

经耻骨阴道前壁悬吊修补术

经前入路和（或）后入路修补的方法用于阴道壁脱垂或当膀胱、尿道陷入阴道而出现的脱垂。耻骨阴道悬吊术是通过关闭尿道和膀胱颈来控制压力性尿失禁。耻骨阴道悬吊手术可采取多种材料和方法。经阴道无张力悬吊带术（TVT）和尿道下悬吊术（TOT）只是其中的两种方法。外科医师通过固定 1 根合成材料的悬吊带，将膀胱和尿道托起后形成一个通道至腹股沟做适当的支撑（就像一张吊床）。最后通过组织与组织周围的摩擦力起到固定的作用（图 30-1 至图 30-4）。

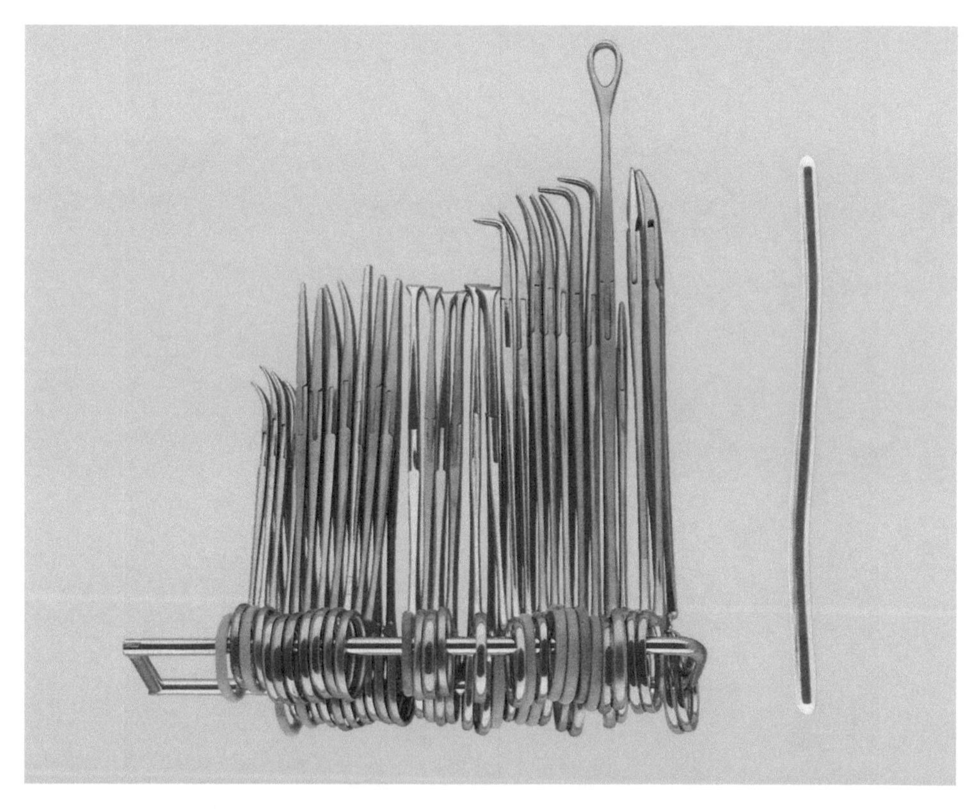

图 30-1　由左至右：Halsted 5in 弯蚊式钳 4 把，Crile $6\frac{1}{4}$in 直钳 2 把，Crile $6\frac{1}{4}$in 弯钳 2 把，Pean $6\frac{1}{2}$in 动脉钳 1 把，Ochsner-Kocher $6\frac{1}{2}$in（1×2）有齿动脉钳 2 把，Allis 6in（5×6）有齿组织钳 4 把，Adair $6\frac{1}{4}$in 组织钳 2 把，7in 直角钳 1 把，Boettcher $7\frac{1}{2}$in 弯扁桃动脉钳 4 把，Wikstroem 8in 直角解剖钳 2 把，Foerster 海绵钳 1 把，Crile-Wood $6\frac{1}{4}$in 持针器 1 把，Mayo-Hegar 8in 持针器 1 把，Heaney 8in 有齿弯持针器 1 把；2Hegar 7 ～ 8mm 子宫探条 1 根

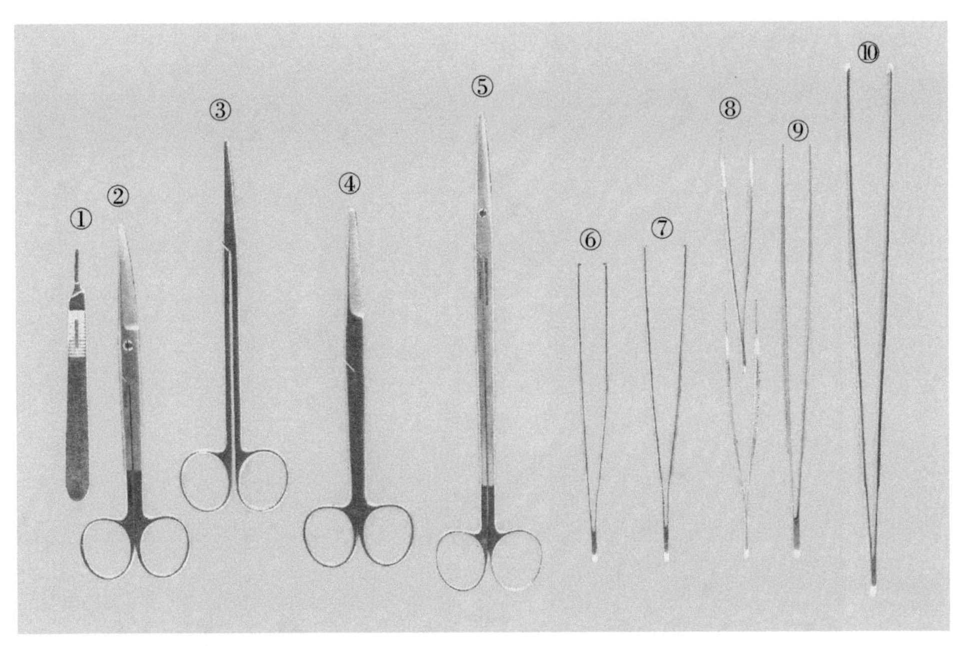

图 30-2　① 3 号刀柄 1 把；② Mayo 6¾in 弯组织剪 1 把；③ Metzenbaum 7in 钝头弯组织剪 1 把；④ Mayo 6¾in 直剪 1 把；⑤ Forester 9in 钝头精细弯剪 1 把；⑥ 6¼in（1×2）有齿组织镊 1 把；⑦ 7½in（1×2）有齿组织镊 1 把；⑧ Adson 4¾in（1×2）有齿镊 2 把；⑨ Debakey 7¾in 血管镊 1 把；⑩ Russian 10in 组织镊 1 把

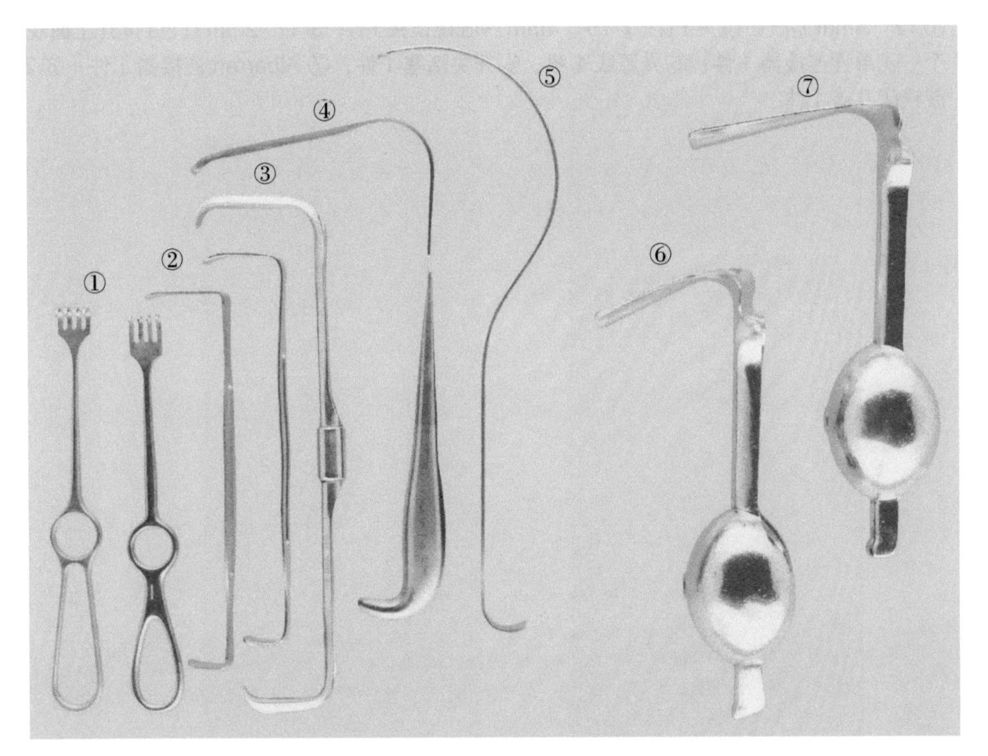

图 30-3　① Volkmann 8¾in 四爪锋利爪钩 2 把；② Army Navy 拉钩 2 把；③ Richardson-Eastman 双头拉钩 1 把；④ Deaver 1in×12⅜in 叶片拉钩 1 把；⑤ Heaney-Simon 1in×4½in 阴道拉钩 1 把；⑥ Garrigue 重型短叶片窥阴器 1 把；⑦ Garrigue 重型长叶片窥阴器 1 把

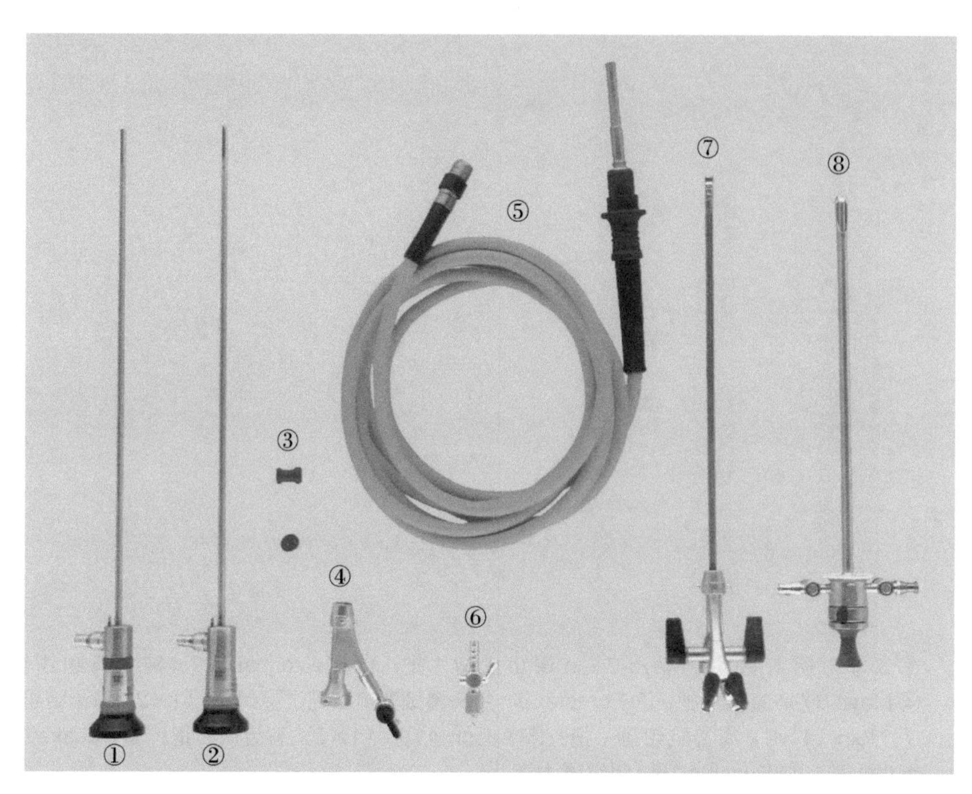

图 30-4 ①12° 4mm 膀胱镜镜头 1 件；②70° 4mm 膀胱镜镜头 1 件；③1～2mm 红色封帽(上面观 1 个)2 个；④单通连接器 1 件；⑤光源线 1 根；⑥开关活塞 1 件；⑦ Albarran 连接器 1 件；⑧ 21Fr 膀胱镜闭孔器 1 件

第 31 章

前列腺切除术

前列腺切除术是通过外科手术切除全部或者部分前列腺来治疗前列腺癌或者良性前列腺增生症的方法。前列腺全切有很多种手术方法，包括耻骨后、耻骨上入路的开腹手术或者经会阴入路和（或）腹腔镜手术或机器人手术。经尿道部分前列腺切除术通常用于良性前列腺增生症。

耻骨上入路手术所需器械包括高频电刀、牵开器和一次性皮肤缝合器。手术器械使用过程简述如下（图 31-1 至图 31-8）。

1. 打开腹腔后，用 Balfour 带叶片拉钩显露手术视野。
2. 用 Harrington 拉钩能更加有效地牵开腹部组织。
3. 用 Allis 长钳夹住膀胱。
4. 用 Bard-parker 3 号长刀柄 10 号刀片切开膀胱。
5. 用 Metzenbaum 长弯剪扩大切口。
6. 用 Richardson 小开腹拉钩牵开膀胱切口。
7. 人工摘除前列腺。
8. 用 Horizon 施夹器和夹子止血。
9. 用长精细持针器和长无创组织镊缝闭膀胱。
10. 关腹后，可以用 Adson 组织镊和皮肤缝合器关闭缝合皮肤。

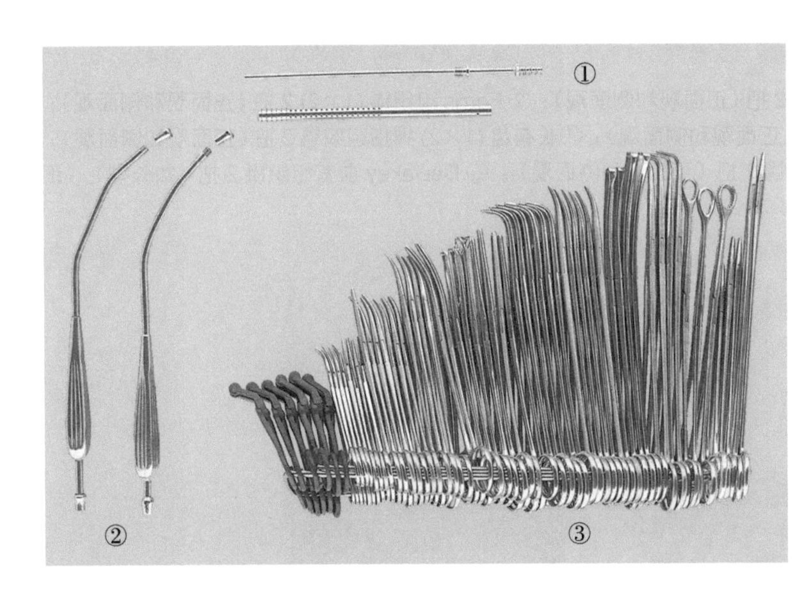

图 31-1 ① Poole 腹部吸引管和套管 1 套；② Yankauer 吸引管及旋拧接头 2 套；③（由左至右）粗巾钳 6 把，Halsted 弯蚊式止血钳 4 把，Halsted 直蚊式止血钳 4 把，Halsted 止血钳 1 把，Crile $6\frac{1}{2}$in 止血钳 6 把，扁桃体止血钳 4 把，Mayo-Pean 弯止血钳 2 把，Allis 中号组织钳 2 把，Babcock 中号组织钳 1 把，Ochsner 直长止血钳 4 把，Mixter 9in 止血钳 6 把，长扁桃体止血钳 6 把，Aliis 超长型弯组织钳 4 把，Mixter 超长型止血钳 4 把，Foerster 海绵钳 3 把，Crile-Wood 7in 持针器 2 把，Crile-Wood 8in 持针器 2 把，Mayo-Hegar 12in 持针器 2 把

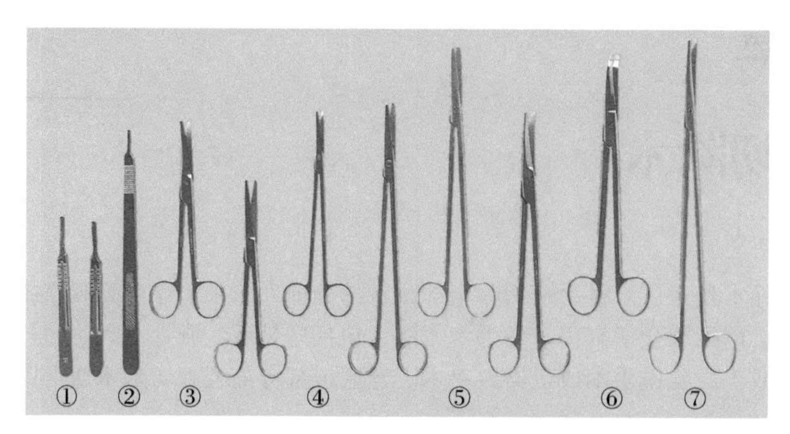

图 31-2 ① Bard-parker 4 号刀柄 2 个；② Bard-parker 3 号长刀柄 1 个；③ Mayo 解剖剪 2 把（弯式和直式各 1 把）；④ Metzenbaum 7in 组织剪 2 把（超长型）；⑤ Snowden 解剖剪 2 把（直式和弯式各 1 把）；⑥ Jorgenson 解剖剪 1 把；⑦ Mayo 长弯解剖剪 1 把

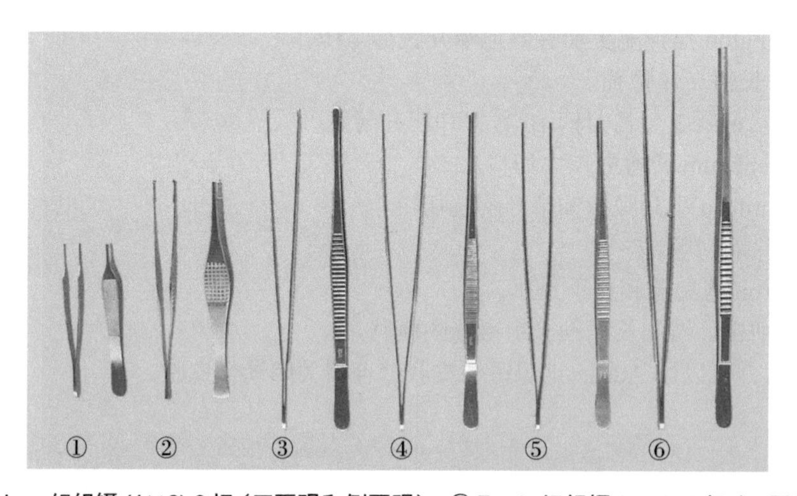

图 31-3 ① Adson 组织镊 (1×2) 2 把（正面观和侧面观）；② Ferris 组织镊 (1×2) 2 把（正面观和侧面观）；③ Russian 组织镊 2 把（正面观和侧面观）；④长有齿 (1×2) 拇指组织镊 2 把（正面观和侧面观）；⑤ DeBakey 长血管组织镊 2 把（正面观和侧面观）；⑥ DeBakey 血管组织镊 2 把（加长型）（正面观和侧面观）

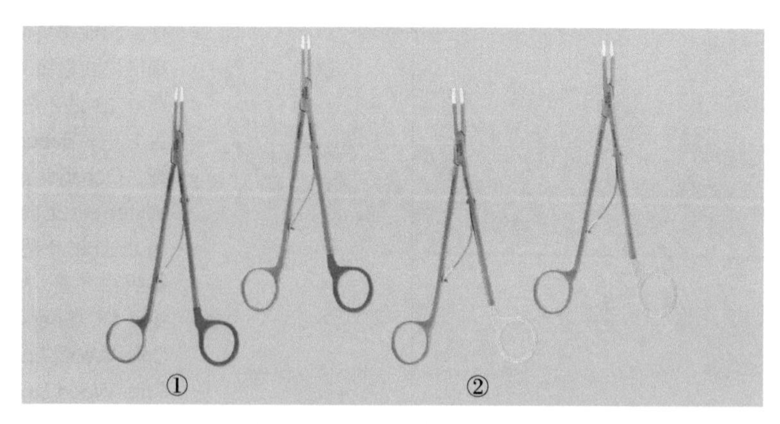

图 31-4 ①止血夹钳，中号 2 把；②大号 2 把

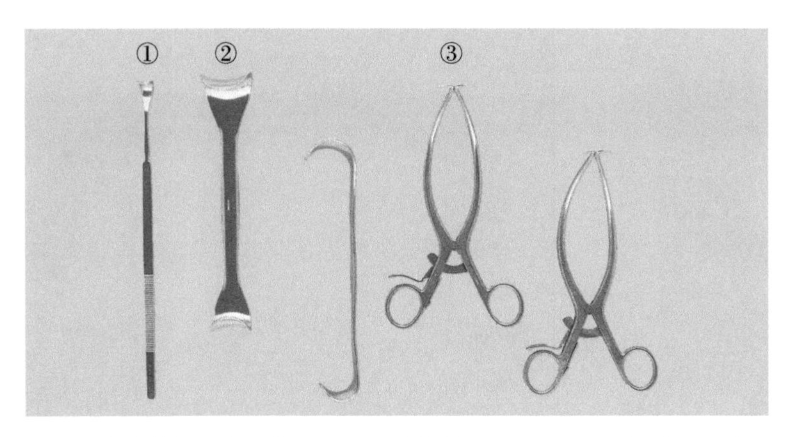

图 31-5　① Gil-Vernet 静脉拉钩 1 个；② Goelet 双头拉钩 2 个；③ Gelpi 拉钩 2 个（正面观和侧面观）

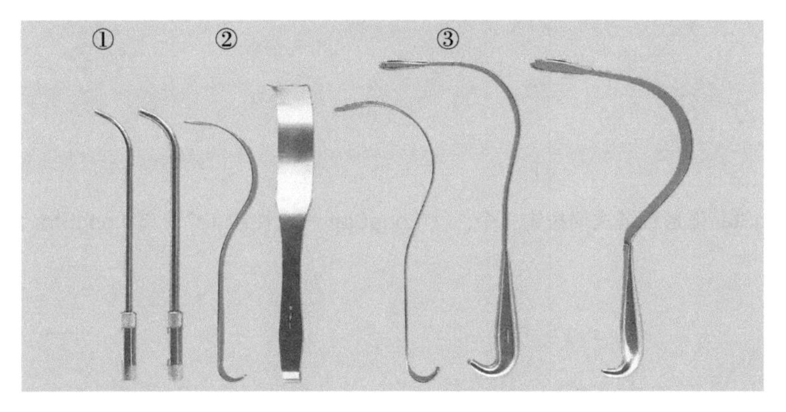

图 31-6　① Greenwald 缝线引导器 2 根（24Fr 和 28Fr）；② Deaver 形拉钩 3 个：窄型（侧面观）、中型（正面观）、宽型（侧面图）；③ Harrington 内脏拉钩 2 个（小号和大号）（侧面观）

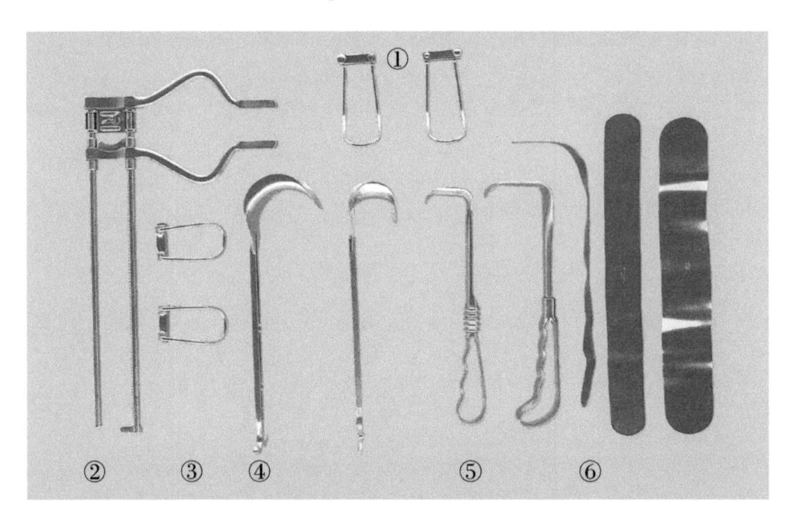

图 31-7　① Balfour 大号腹部牵开器有孔叶片 2 个；② Balfour 腹部牵开器框架 1 个；③ Balfour 小号腹部牵开器有孔叶片 2 个；④ Balfour 腹部牵开器中心叶片 2 个（大号和小号各 1 个）；⑤ Richardson 开腹拉钩 2 个（中号和大号各 1 个）；⑥ Ochsner 可塑形拉钩 3 个，窄型（侧面观）、中型、大型各 1 个

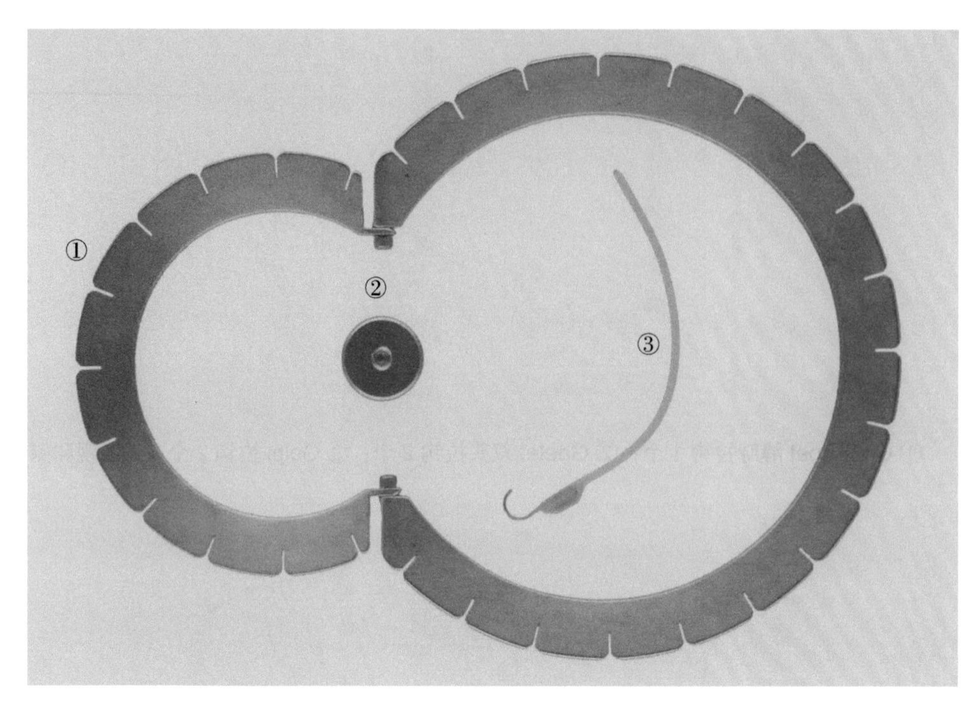

图 31-8 ① LongStar 弧形铰链式钢拉钩 1 个；② LongStar 一次性钩 1 个；③ LongStar 六角形凹边扳手 1 个

第 32 章

腹腔镜前列腺切除术

见图 32-1。

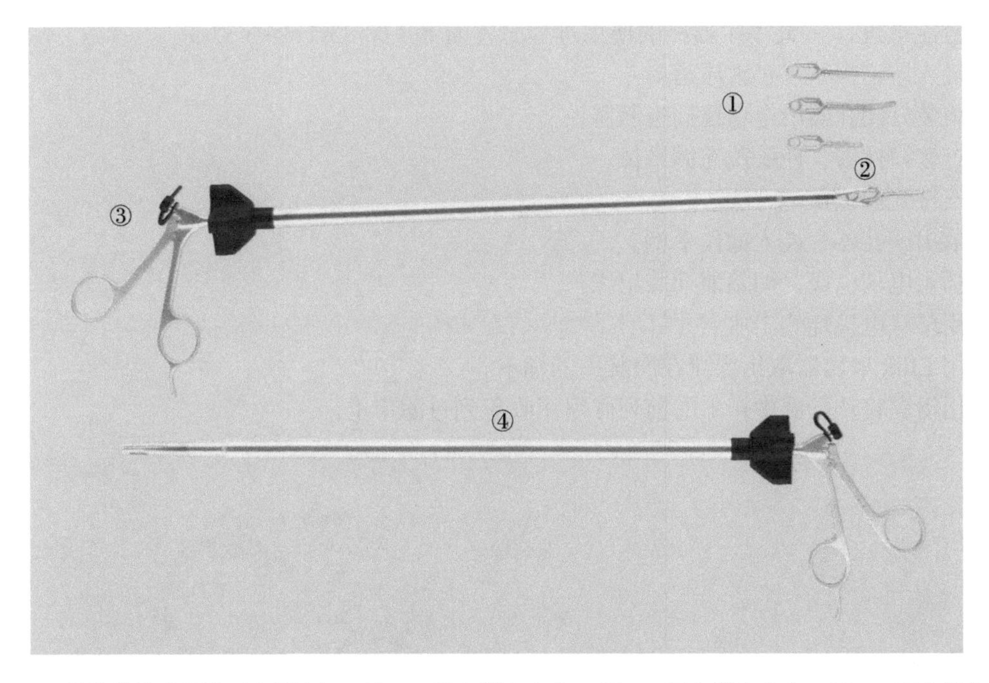

图 32-1 ①腹腔镜哈巴狗（血管夹）：45mm 直血管夹 1 个，45mm 弯血管夹 1 个，25mm 弯血管夹 1 个；② 25mm 直血管夹 1 个（放置于施夹钳上）；③ 12.5 ～ 340mm 腹腔镜角度血管夹施夹钳 / 取出钳 1 个；④ 12.5 ～ 340mm 腹腔镜血管施夹钳 / 取出钳 1 个

第 33 章

经尿道前列腺切除术

经尿道前列腺切除术（TURP）用电切镜切除前列腺增生部分。手术过程中可能需要的设备包括：电外科设备 1 套；大量冲洗液；光源 1 个；Ellik 取出器 1 个。如今大多数 TURP 采用双极能量进行。此手术器械的使用过程简述如下（图 33-1 至图 33-3）。

1. 插入尿道探子以扩大尿道。
2. 将装好闭孔器的电切镜插进膀胱。
3. 连接灌注管，使膀胱充满液体。
4. 连接光源线及电刀线。
5. 取出闭孔器，插入操作手柄。
6. 插入电切电极，切除前列腺组织。
7. 用球状电极烧灼出血点。
8. 用 Ellik 取出器取出漂浮在膀胱中的标本。
9. 用汤匙将从膀胱中排出的前列腺组织收集到过滤巾上。

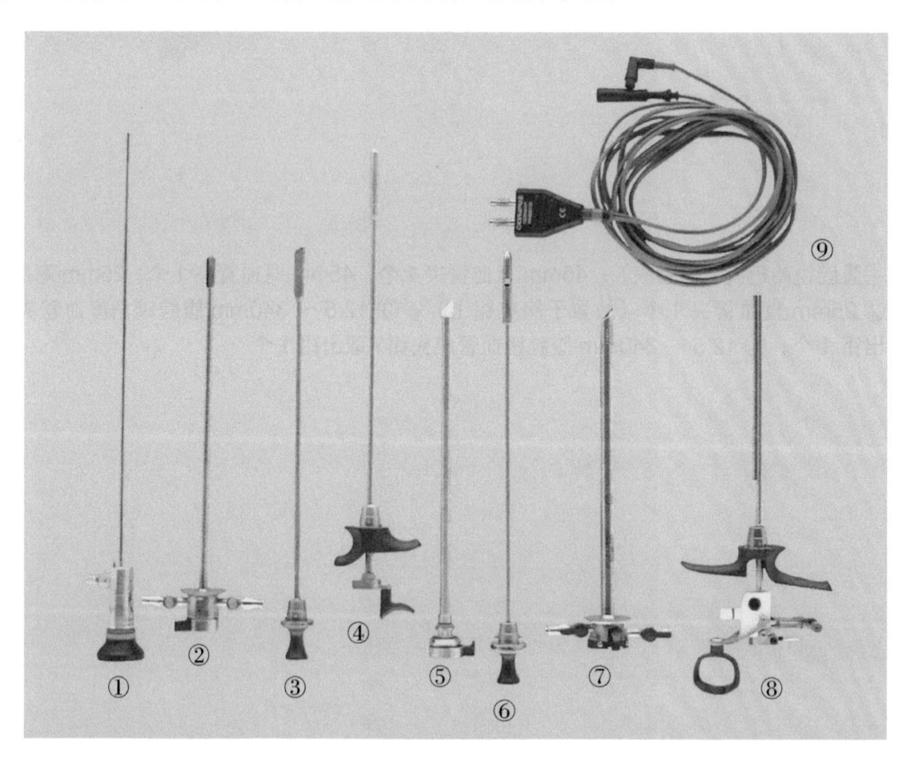

图 33-1 ① 30° 电子镜头（4mm）1 个；② 22.5Fr 双向阀套 1 个；③标准闭孔器 1 个；④可视闭孔器 1 个；⑤ 24Fr 内鞘 1 个；⑥偏转闭孔器 1 个；⑦ 27Fr 外鞘 1 个；⑧操作手柄 1 个；⑨ 4mm 高频双极线 1 根

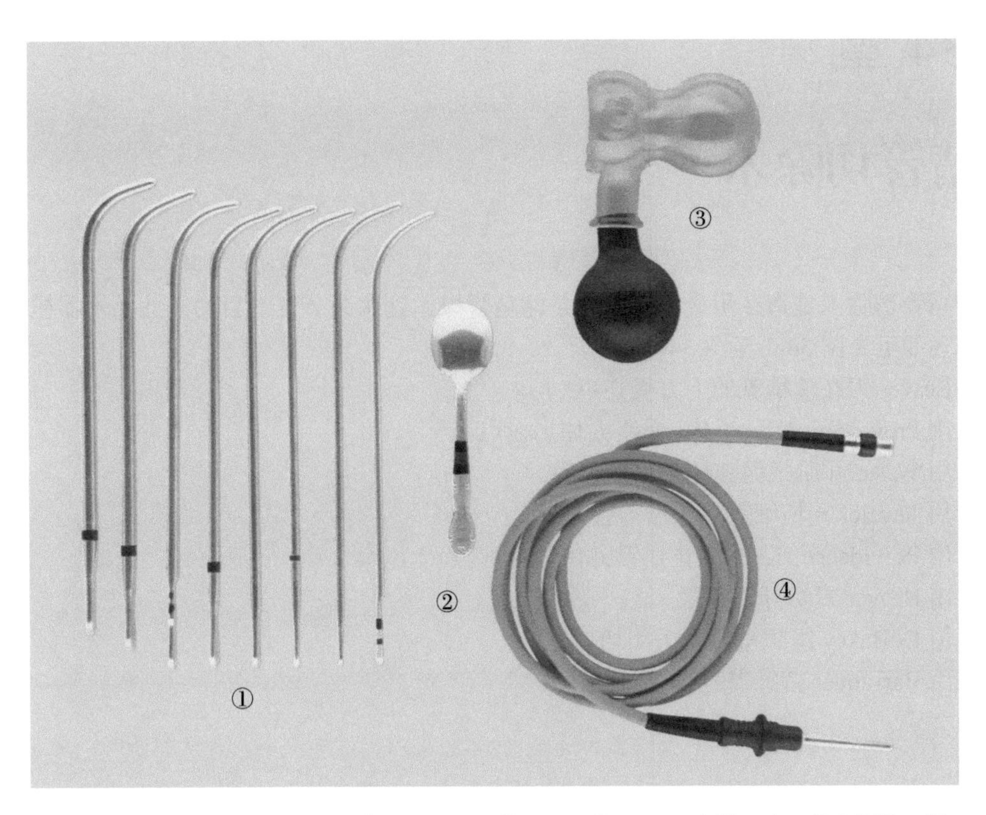

图 33-2　① Van Buren 男性尿道探子 8 根；②汤匙；③ Ellik 取出器 1 个；④光源线 1 根

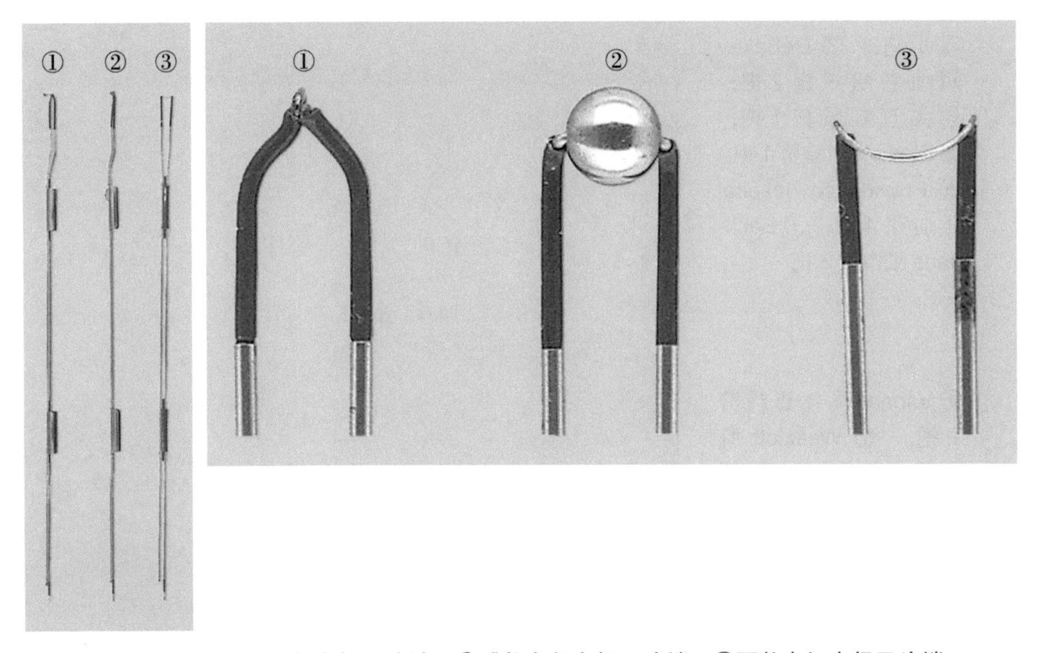

图 33-3　①针状切割电极及头端；②球状电凝电极及头端；③环状电切电极及头端

第 34 章

输精管切除术

输精管切除术是指在阴囊里切断两条输精管以达到永久节育的目的。此手术器械的使用过程简述如下（图 34-1 至图 34-4）。

1. Beaver 刀在输精管的上方做切口。
2. 用 Providence Hospital 止血钳夹住出血点。
3. 用 Westcott 肌腱剪钝性分离输精管。
4. 用 Jeweler's 精细镊夹住输精管。
5. 用 Providence Hospital 止血钳夹住输精管。
6. 用 Beaver 刀切开输精管。
7. 用 DeBakey 组织镊协助关闭切口。
8. 用 Barraquer 持针器缝合切口。

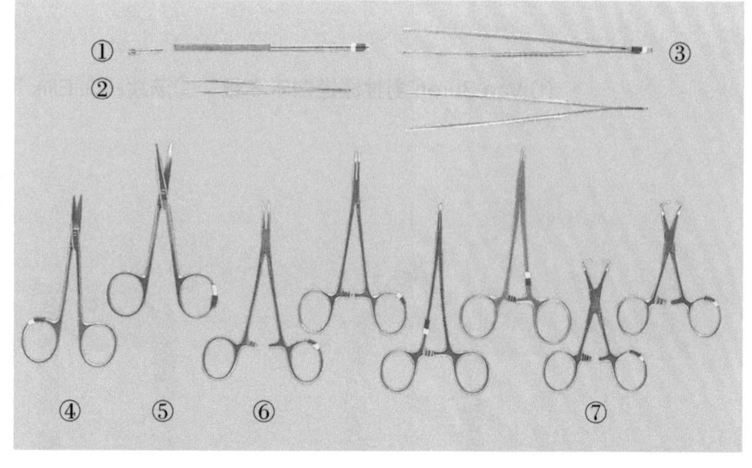

图 34-1 ① Beaver 刀头及滚花刀柄 1 套；② Jeweler's 镊 1 把；③ DeBakey 短血管组织镊 2 把；④尖直虹膜剪 1 把；⑤ Stevens 肌腱剪 1 把；⑥ Providence Hospital 止血钳 4 把；⑦ Backhaus 细巾钳 2 把

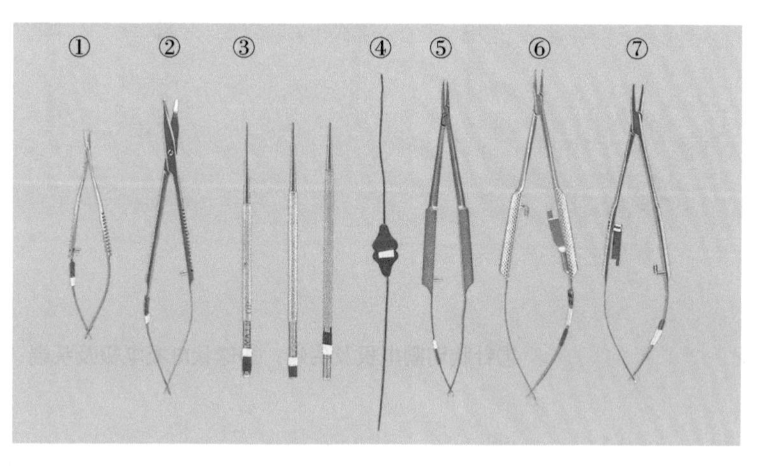

图 34-2 ① Vannas 晶体囊膜剪 1 把；② Westcott 肌腱剪 1 把；③ Henle 探针 3 根（各种尺寸）；④ 0-00 泪腺探子 1 根；⑤钛无锁显微持针器 1 把；⑥ Barraquer 极精细带锁弯锥形持针器 1 把；⑦ Troutman 带锁系结持针器 1 把

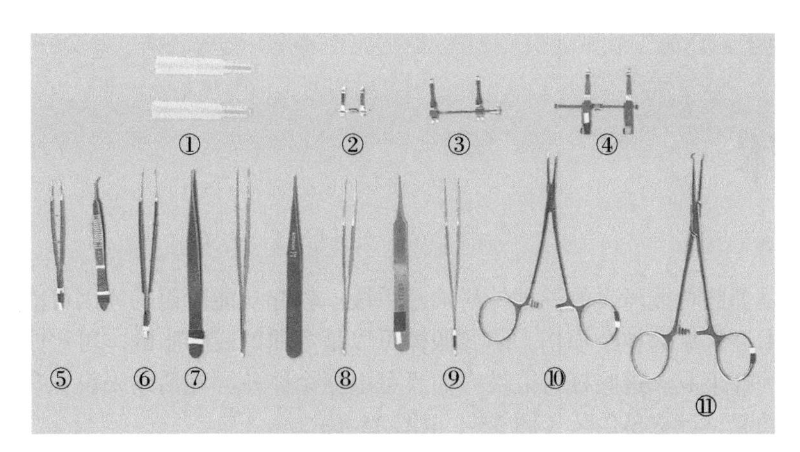

图 34-3　① 腔室维持器 2 个；② Silber 输精管吻合夹 1 个；③ Strauch 小号输精管吻合铰链合拢器 1 个；④ Strauch 大号输精管吻合铰链合拢器 1 个；⑤ McPherson 角度系结镊 2 把（正面观、侧面观）；⑥ Castroviejo 0.12mm 缝合镊 1 把（正面观）；⑦ Jeweler's 3 号精细镊 3 把（侧面观，正面观，侧面观）；⑧ Jeweler's 4 号精细镊 2 把（正面观和侧面观）；⑨ Jeweler's 5 号精细镊 1 把（正面观）；⑩ Snowden-Pencer 解剖钳 1 把；⑪ Snowden-Pencer 固定钳 1 把

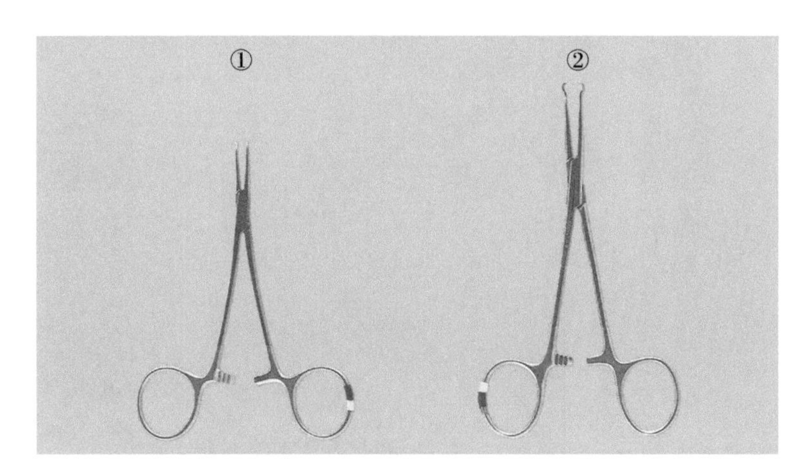

图 34-4　① Snowden-Pencer 解剖钳 1 把；② Snowden-Pencer 固定钳 1 把

第 35 章

阴茎假体

阴茎假体是勃起功能障碍的一种外科治疗手段。勃起功能障碍的原因可能是器官本身或前列腺癌根治术后常见的神经损伤。阴茎假体可以是弯曲的或膨胀的。可弯曲的假体由植入勃起的阴茎腔的杆组成。这些杆可以被弯曲且可根据个体差异和活动来设置参数。可膨胀的假体可以随时勃起，且更易伪装（图 35-1 至图 35-4）。

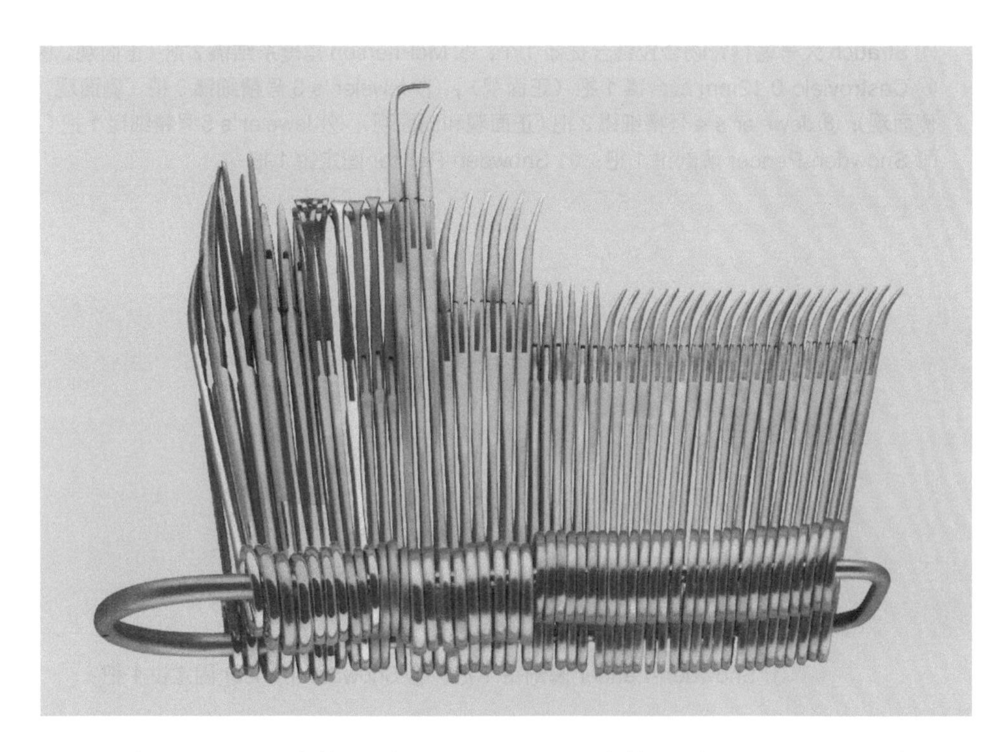

图 35-1 由左至右。5in Joseph 弯剪刀 1 把，6½in Mayo TC 弯剪刀 1 把，6¾in Mayo 直剪 1 把，6¾in Vital Mayo 斜刃直剪 1 把，6¼in Vital Mayo-Heger TC 针持 2 把，6in Crile-Wood TC 针持 1 把，Babcock 组织钳 2 把，6in Allis 有齿（5×6）组织钳 4 把，8in Kantrowitz 有齿右转角钳 1 把，7½in Schnidt 钳 2 把，6¼in 弯 Crile 钳 6 把，5in Halsted 直蚊式钳 6 把，5in Halsted 弯蚊式钳 22 把

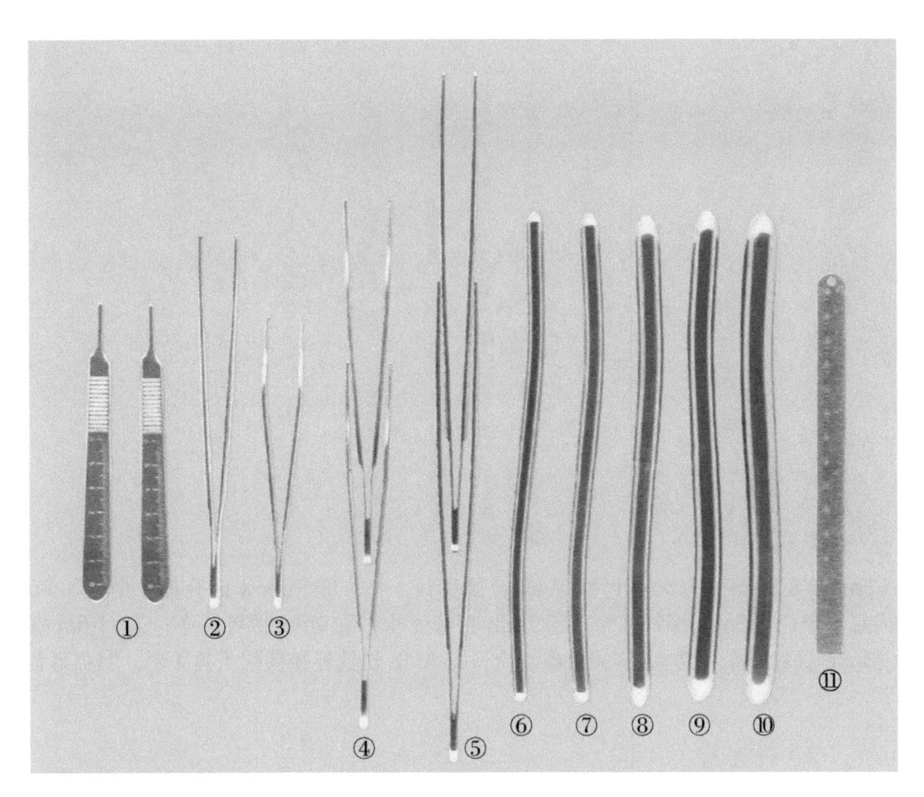

图 35-2 ① 3 号刀柄 2 把；② 6in 有齿（1×2）组织镊 1 把；③ 4¾in Adson 有齿细（1×2）组织镊 1 把；④ 6in Adson 有齿（1×2）组织镊 2 把；⑤ 7¾in DeBakey 血管镊 2 把；⑥ 8in 7 ～ 8mm Hegar 子宫扩张器 1 根；⑦ 8in 9 ～ 10mm Hegar 子宫扩张器 1 根；⑧ 8in 11 ～ 12mm Hegar 子宫扩张器 1 根；⑨ 8in 13 ～ 14mm Hegar 子宫扩张器 1 根；⑩ 8in 15 ～ 16mm Hegar 子宫扩张器 1 根；⑪ 6in 带有毫米和英寸刻度的钢尺 1 把

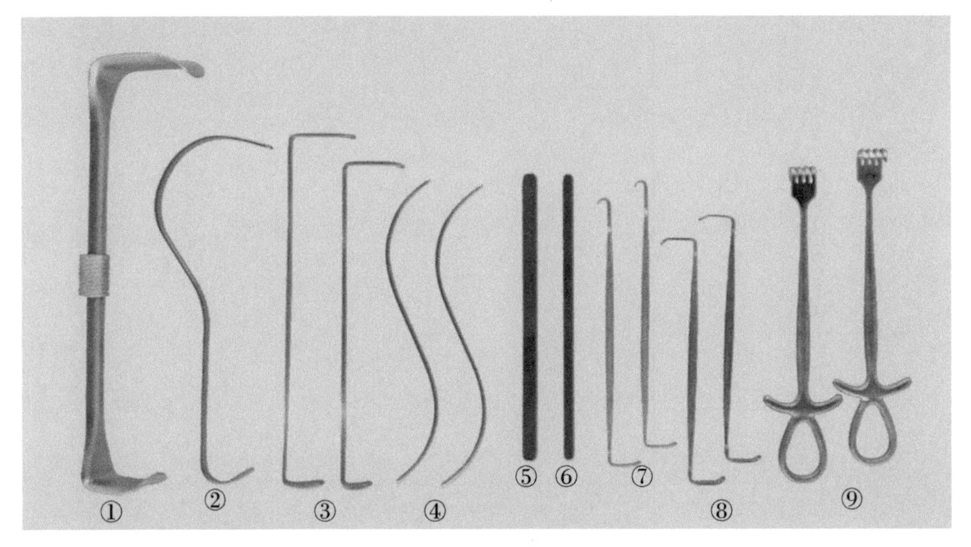

图 35-3 ① Richardson 双头大拉钩 1 把；② 8in Deaver 拉钩 1 把（⅜in 宽）；③ 8in Army Navy 拉钩 2 把；④ S 形拉钩 2 把；⑤ ⅜in Davis 脑压板 1 把；⑥ ¼in Davis 脑压板 1 把；⑦ 6¾in 尖头 Senn 拉钩 2 把；⑧ Ragnell-Davis 拉钩 2 把；⑨ Volkmann 中号带耙拉钩 2 把

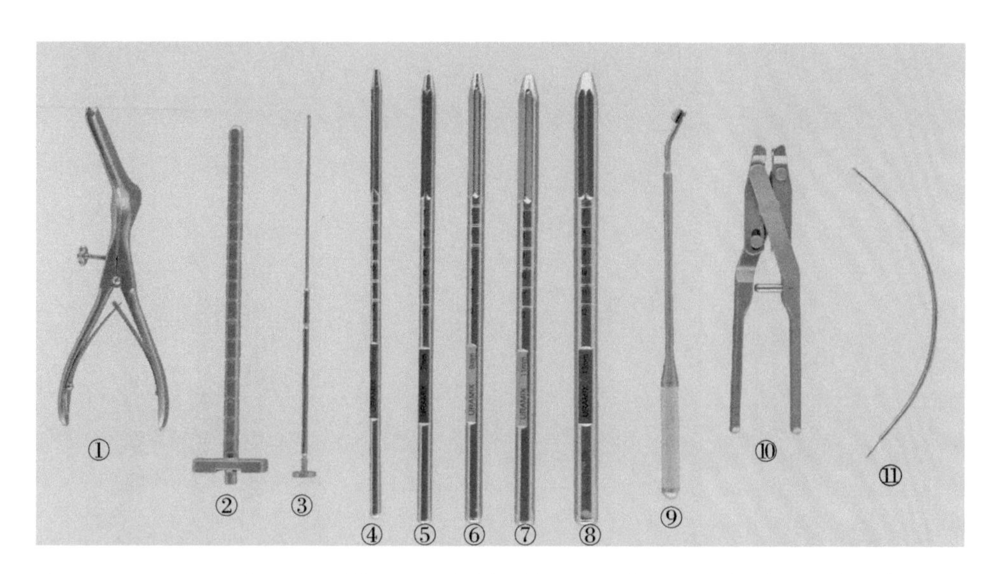

图 35-4 ① 85mm×8.5mm 宽，5in 叶片 Killian 金属鼻镜 1 把；② Furlow 闭孔器 1 个；③ Furlow 闭孔器内芯 1 个；④ 6mm 探针 1 个；⑤ 7mm 探针 1 个；⑥ 9mm 探针 1 个；⑦ 11mm 探针 1 个；⑧ 13mm 探针 1 个；⑨ AMS 闭合器 1 个；⑩ AMS 快速连接装配工具 1 个；⑪弧形管腔穿通器 1 个

第五单元　骨科手术

第 36 章

骨科的基本手术

骨科手术是对骨骼系统进行的手术。骨科手术种类十分繁多，本书只涉及其中一部分。大多数骨科手术都需要用到一套软组织解剖器械，用以暴露骨组织。现将骨科手术中的常用手术器械及其用途简述如下（图 36-1 至图 36-3）。

1. 骨凿用来为骨塑形，它有各种型号，需要配备骨锤。Hoke 和 Hibbs 两种骨凿较为常用。

2. 骨膜剥离器用来剥离骨膜。也需要配备骨锤。Key 和 Langenbeck 两种骨膜剥离器较为常用。

3. 骨刮匙用于刮骨及骨塑形。它有各种杯型，常用的有 Spratt 和 Cobb 刮匙。

4. 咬骨钳用于骨塑形，常见的有 Luer、Kerrison、Adson 和 Smith-Petersen 咬骨钳。

5. 骨刀是用于切骨。Ruskin-Liston 骨刀比较常见。

6. 持骨钳用于长骨固定术中，包括 Low-man 和 Kern 复位钳。

7. 牵开器用以暴露术野，它有时也在手术中保护软组织。常见的有 Hibbs、Taylor、Doane 和 Bennett 牵开器。

8. 骨锉可使骨表面光滑或修整打磨用于移植的长骨，包括 Putti、Aufricht、Wiener 和 Lewis 骨锉。

9. 骨圆凿用于大块骨的切除，需要配备骨锤，常见骨圆凿包括 Smith-Petersen、Hibbs 和 Cobb。

10. 骨钩用于骨的固定。

11. 骨钳，如 Joplin 骨钳，用来夹持取骨。

12. 骨锤与骨凿、骨膜剥离器、骨圆凿、取骨器和骨刀一起使用。常见的鼓锤有 Lucae、Mead、Heath 和 Kirk。

13. 骨刀用来为骨塑形，需要配备骨锤。Cottle 和 Converse 为常见骨刀。

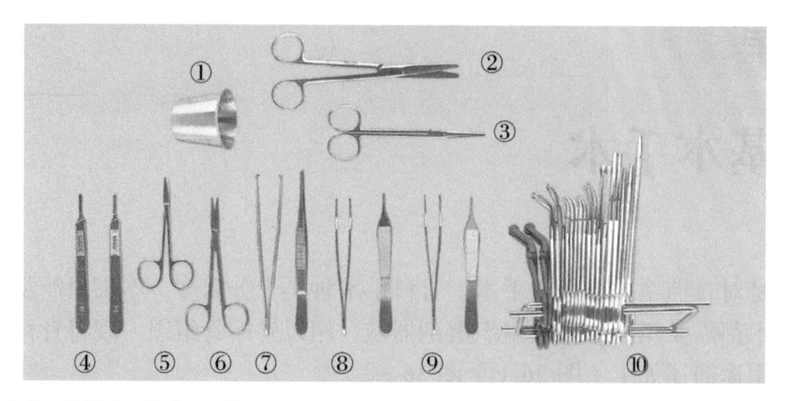

图 36-1 ① 2 盎司不锈钢药杯；② Mayo 直解剖剪 1 把；③ Metzenbaum 5in 尖剪 1 把。④ Bard-Parker 3 号刀柄 2 把；⑤ 尖直整形剪 1 把；⑥ 尖弯整形剪 1 把；⑦ 有齿（1×2）组织镊 2 把（正面观与侧面观）；⑧ Adson 有齿（1×2）镊 2 把；⑨ Brown-Adson 有齿（9×9）镊 2 把（正面观与侧面观）；⑩（由左至右）粗巾钳 2 把，Backhaus 细巾钳 2 把，Halsted 弯蚊式止血钳 6 把，Crile $5\frac{1}{2}$in 止血钳 2 把，Aills 组织钳 2 把，Ochsner 止血钳 2 把，Cril-Wood 6in 持针器 2 把，Cril-Wood 7in 持针器 1 把

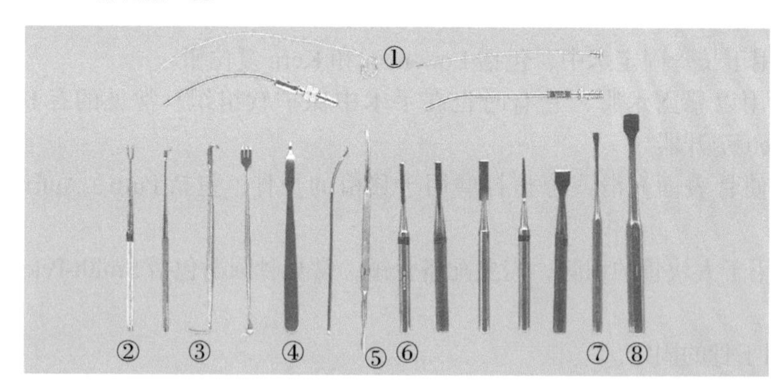

图 36-2 ① Adson 9 号和 11 号侧孔吸引管及通条 2 根。② Joseph 双爪皮肤拉钩 2 把（正面观和侧面观）；③ Miller-Senn 弧形拉钩 2 个（正面观和侧面观）；④ Hohmann 小号尖头拉钩 2 把（正面观和侧面观）；⑤ Freer 剥离器 1 把；⑥ Hore 各种型号骨刀 5 把；⑦ $\frac{1}{4}$in Key 骨膜剥离器 1 把；⑧ $\frac{1}{2}$in Key 骨膜剥离器 1 个

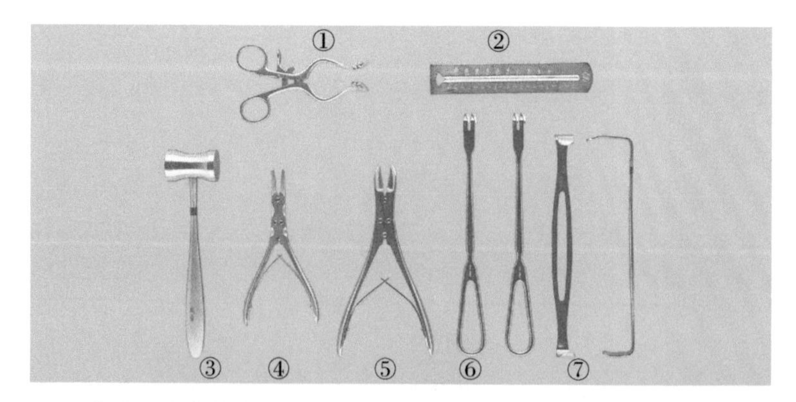

图 36-3 ① Weitlaner 弯小号乳突拉钩 1 把；② 6in 钢尺 1 把。③ Lucae 骨锤 1 把；④ Ruskin 双关节咬骨钳 1 把；⑤ Ruskin-Liston 骨剪 1 把；⑥ Volkmann 尖头双爪拉钩 2 把；⑦ 甲状腺拉钩 2 把（正面观和侧面观）

第 37 章

电锯、电钻、电池

电锯和电钻是常用的工具，电锯常用于切除或修整骨。摆锯的锯片左右、前后摆动，而往复锯的锯片是沿直线来回移动。动力来源可以是电池、压缩的氮气或者交流电。安装骨锯时，确保电源线在与电源连接之前与骨锯连接是至关重要的。

电钻用于为钢丝或螺钉的插入钻孔，或在长骨上扩孔，一些钻头需要带钥匙的夹头夹持，而另一些需要不带钥匙的夹头固定，中空的钻头可以插入导针引导钻孔。电钻马达分为：较大马达、小型马达和微型马达（图 37-1 至图 37-8）。

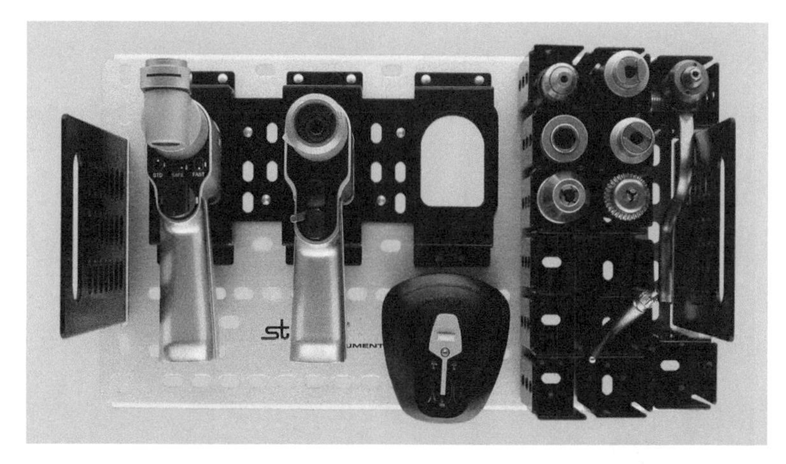

图 37-1　史赛克动力系统 5。钻头、电池和大多数附件 (右上)；钢针夹头（最右上）

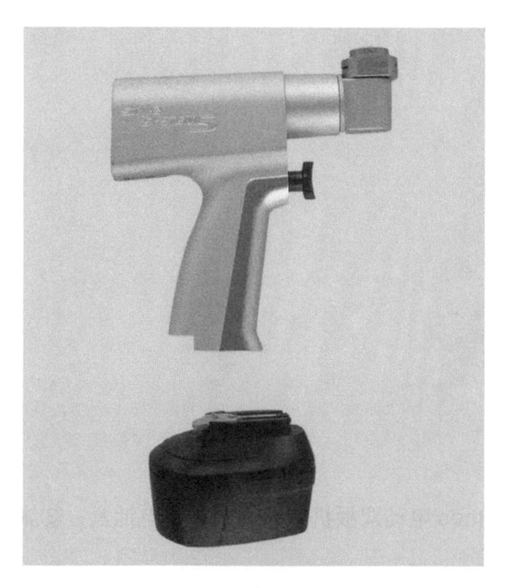

图 37-2　摆锯和电池

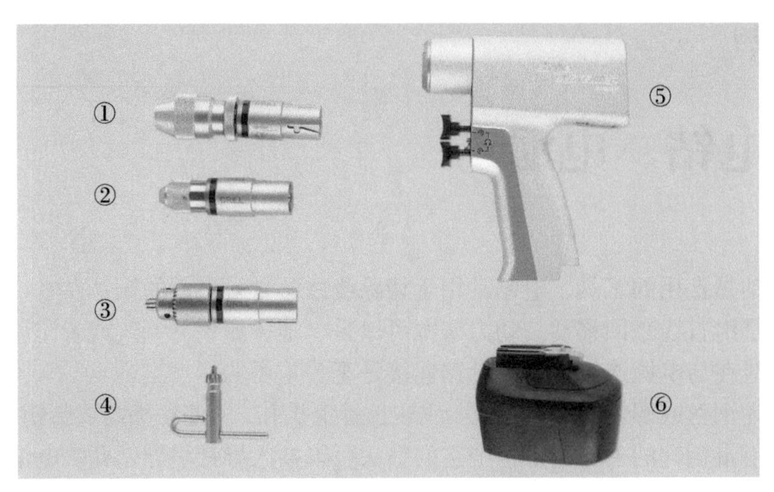

图 37-3 ① ¼in 免钥匙钻头接头 1 个；②钻头接头 1 个；③ ¼in 钻头 1 个；④夹头钥匙 1 个；⑤双扳机手柄 1 个；⑥电池 1 个

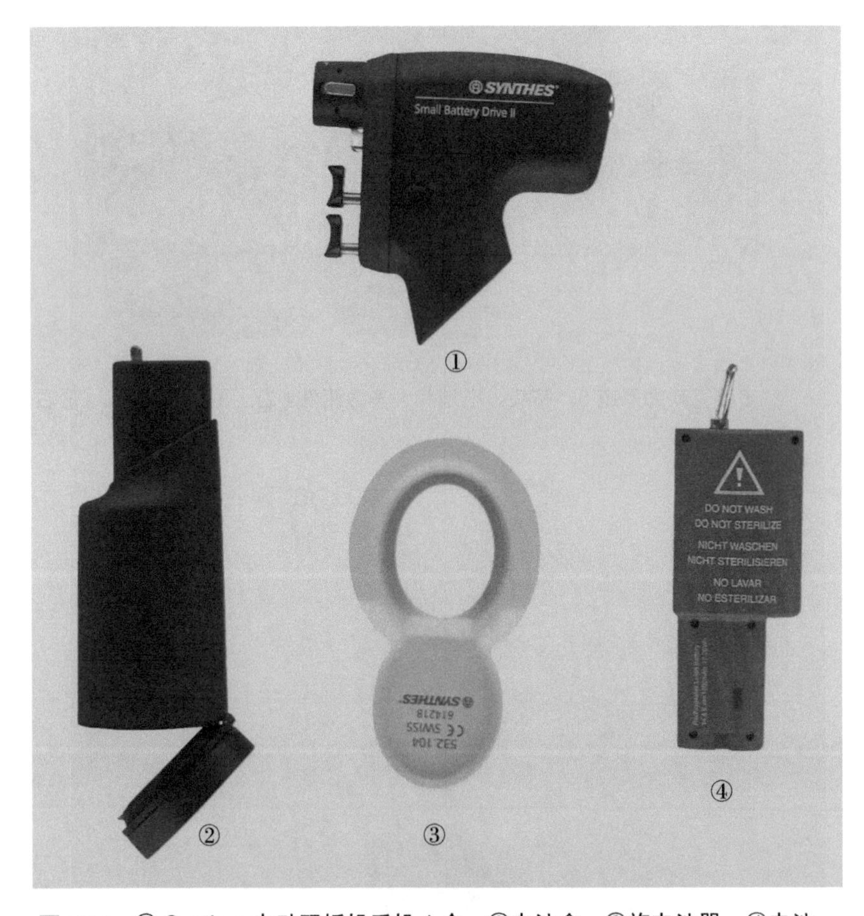

图 37-4 ① Synthes 电动双扳机手机 1 个；②电池盒；③施电池器；④电池

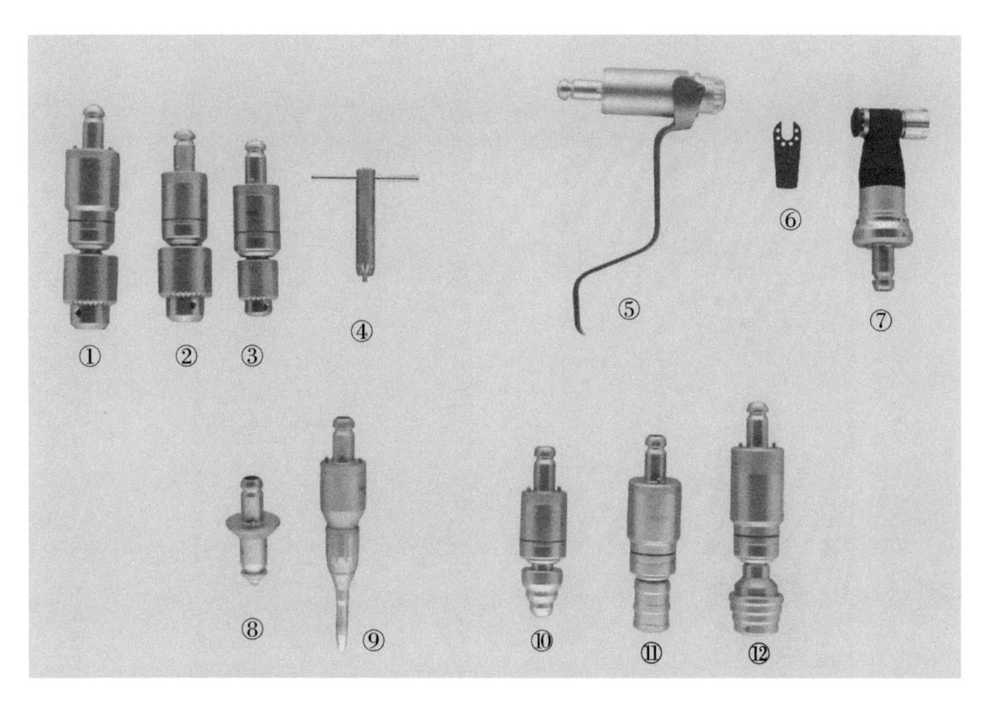

图 37-5 Synthes Small Battery 组件。① AO 7.3mm 钻头接头 1 个；② AO 7.3mm 钻头接头 1 个；③ AO 4.0 钻头接头 1 个；④夹头钥匙 1 个；⑤ Synthes 金属丝夹头 1 个；⑥摆锯锯片 1 个；⑦摆锯夹头 1 个；⑧ Synthes 快速钻头接头 1 个；⑨磨钻接头 1 个；⑩螺丝刀连接头 1 个；⑪ Hudson 髋臼锉夹头 1 个；⑫ AO 髓腔锉夹头 1 个

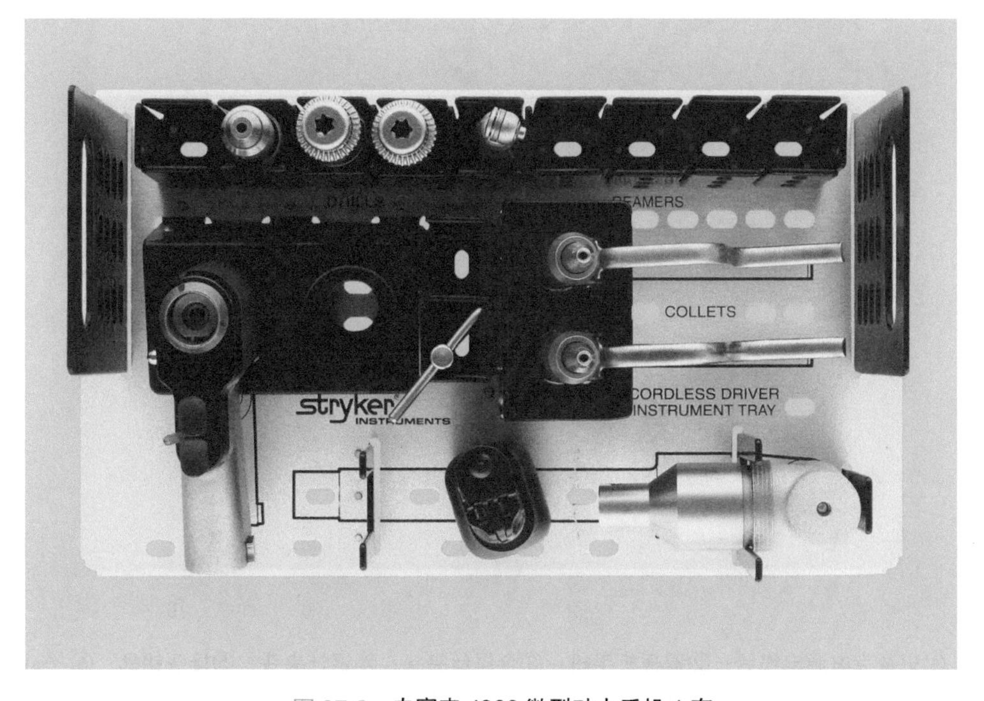

图 37-6 史赛克 4200 微型动力手机 1 套

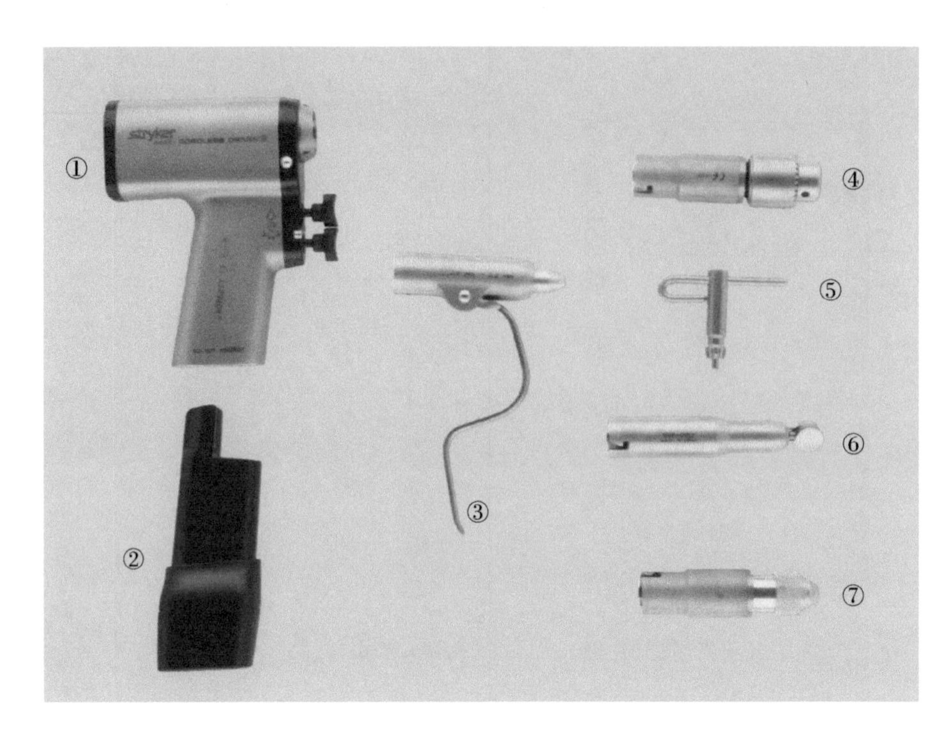

图 37-7　① Dual 双扳机手机；②电池；③刚针夹头；④ Jacobs 夹头接头；⑤夹头钥匙；⑥摆锯接头；⑦ Synthes 扩孔夹头

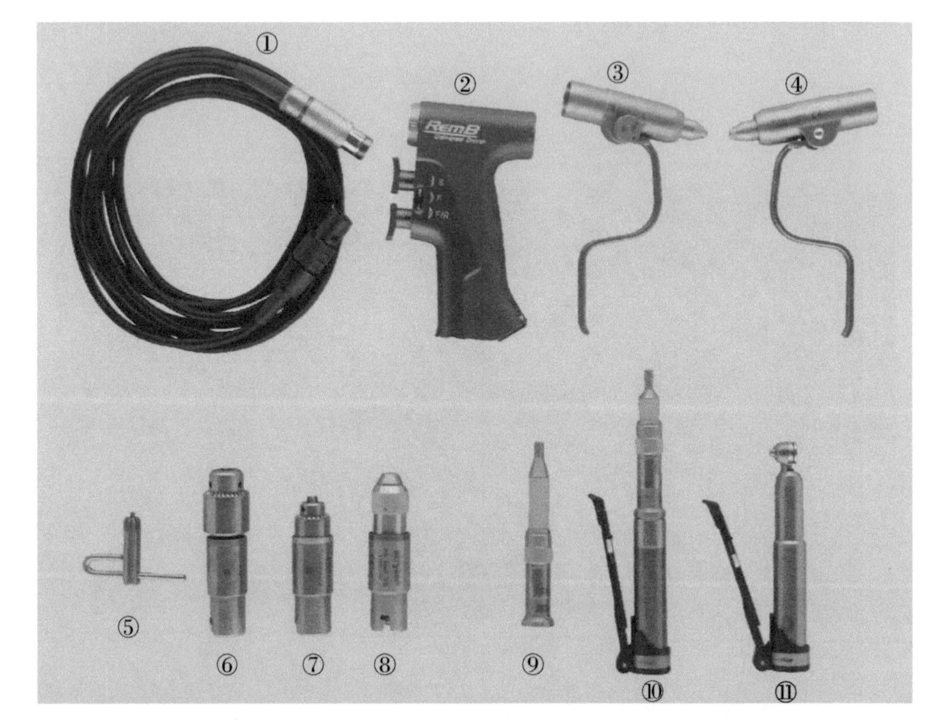

图 37-8　①史赛克电源电缆线；②双扳机手机；③金属丝夹头；④钢针夹头；⑤接头钥匙；⑥ $\frac{5}{32}$in 梅花电钻接头；⑦ $\frac{1}{4}$in 电钻接头；⑧扩孔夹头；⑨电钻手机和钻头；⑩往复锯手控接头；⑪摆锯手控接头

第 38 章

小关节关节镜手术器械套装

关节镜是通过镜头使关节腔内视野可视化。镜头的直径和长度可根据关节大小进行调节。

此手术所需的器械包括 Bard-Parker 3 号刀柄 1 把；Adson 有齿组织钳 1 把；Mayo 直解剖剪 1 把；Halsted 弯蚊式钳 1 把和 Webster 持针器 1 把（图 38-1 和图 38-2）。

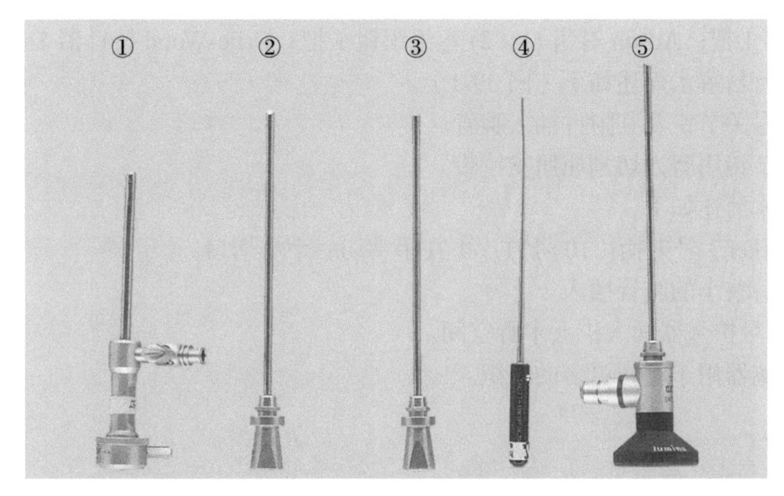

图 38-1　① 2.7mm 带阀门鞘卡；②尖鞘卡芯；③钝鞘卡芯；④探针；⑤ 25 倍电子镜头

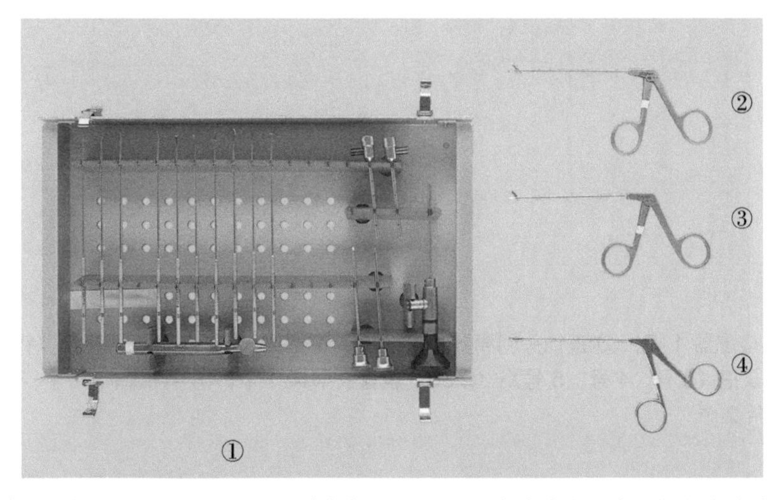

图 38-2　①器械盘。盘左：钝头探针 1 根，钩状探针 1 根，直磨钻钻头 1 个，锐角磨钻钻头 1 个，钝角磨钻钻头 1 个，侧向刀 1 把，磨刀 1 把，齿状香蕉形分离刀 1 把，右半月板切除刀 1 把，左半月板切除刀 1 把，手柄 1 把。盘右：钝头鞘卡 1 个，锥形鞘卡 1 个，鞘卡芯 2 个，30 倍镜头 1 个。②杯状髓核钳 1 把。③剪刀 1 把。④抓钳 1 把

第 39 章

关节镜腕管手术器械

腕管综合征（腱鞘炎）是指正中神经从手掌进入手腕后，在腕管内受压后引起手指麻木的症状。正中神经关节镜用于实施关节镜下腕管松解手术。乳酸林格注射液或生理盐水常用来扩大关节使其视野清晰可见。

关节镜腕管松解手术所需器械包括 1 套小型关节镜器械；Bard-Parker 3 号刀柄 1 把；Mayo 直解剖剪 1 把；Adson 有齿 (1 × 2) 弯组织钳 1 把；Crile-Wood 持针器 1 把。

关节镜腕管松解术简述如下（图 39-1）。

1. 常用小号关节镜及其附件插入腕管。
2. 借助关节镜用磨刀切割屈肌支持带。

腕管松解术简述如下。

1. Bard-Parker 3 号刀柄（10 号刀片）在手掌切一个小切口。
2. 探针沿着狭小的腕管插入。
3. Hegar 3 号扩张器插入扩大术野空间。
4. 钝头剥离器用于剥开更多的组织。

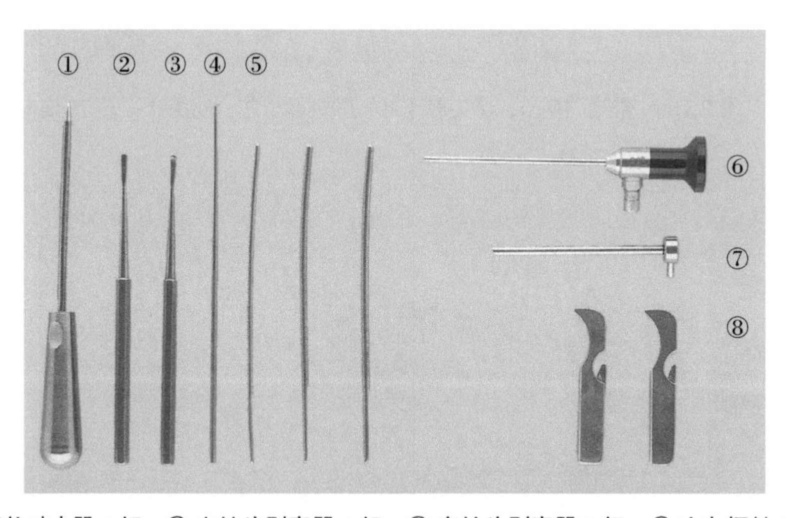

图 39-1 ① 峭状破皮器 1 把；② 直钝头剥离器 1 把；③ 弯钝头剥离器 1 把；④ 直角探针 1 个；⑤ Hegar 扩张器 3 把（3 号，4 号，5 号）；⑥ 30° 腕管关节镜 1 个；⑦ 有槽鞘卡 1 个；⑧ 一次性金色柄腕管刀片 2 个

第 40 章

小关节置换

采用硅橡胶假体实施小关节置换能够达到舒缓疼痛，改善功能的目的。

此手术所需设备包括：1 套小骨器械；假体；带钻头及附件的微型钻 1 套。

此手术器械的使用过程简述如下（图 40-1 至图 40-3）。

1. Bard-Parker3 号刀柄（15 号刀片）用于在关节背侧切口。
2. 安置 Weitlaner 乳突牵开器，暴露关节。
3. Ruskin-Liston 骨刀用于切关节骨的远端和近端。
4. Adson 尖嘴咬骨钳用于骨断端的修整。
5. 微型钻用于钻扩骨通道。
6. 测深尺用于测量骨长度以便选择大小合适的假体。
7. 置入硅橡胶假体。
8. 复原韧带和肌腱。
9. 关闭切口。

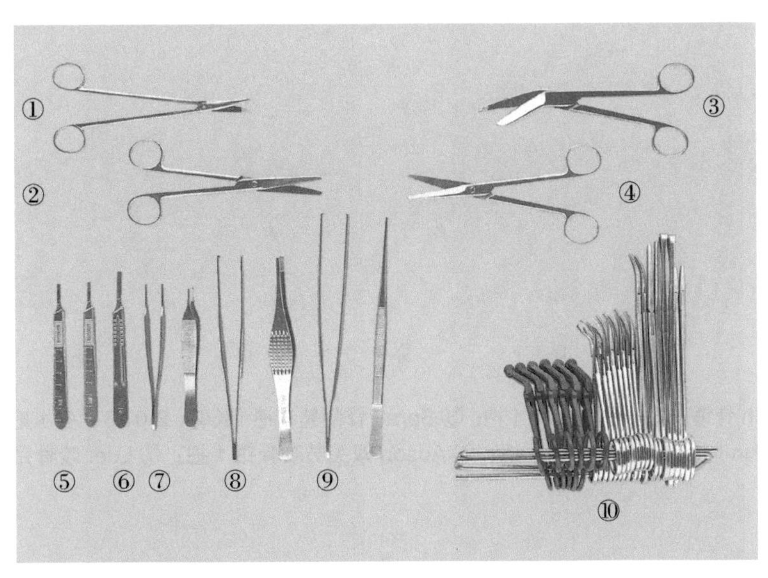

图 40-1 ①Metzenbaum 7in 解剖剪 1 把；②Mayo 直解剖剪 1 把；③8in 绷带剪 1 把；④Mayo 弯解剖剪 1 把。下（由左至右）。⑤Bard-Parker 3 号刀柄 2 把；⑥Bard-Parker 4 号刀柄 1 把；⑦Adson 有齿（1×2）组织镊 2 把；⑧Ferris Smith 组织镊 2 把（正面观与侧面观）；⑨Cushing 8in 有齿（1×2）组织镊 2 把（正面观与侧面观）；⑩（由左至右）粗巾钳 6 把，Backhaus 细巾钳 2 把，Crile 5½in 止血钳 6 把，扁桃体止血钳 2 把，Ochsner 长止血钳 2 把，Aills 长组织钳 2 把，Crile-Wood 7in 持针器 2 把

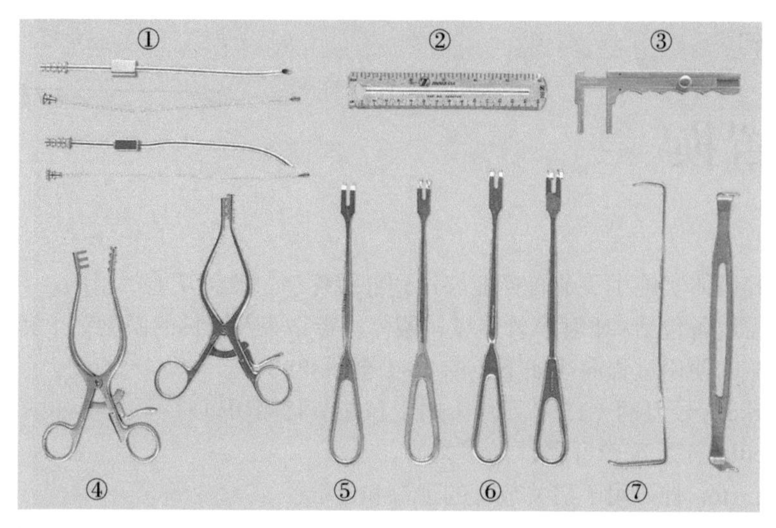

图 40-2 ①带指阀控制的 Adson 吸引头及通条 2 个（一直一弯）；② 6in 钢尺 1 把；③ 内外卡尺 1 个；④ Weitlaner 中号尖爪乳突拉钩 2 个；⑤ Volkmann 尖双爪拉钩 2 个；⑥ Volkmann 钝头双爪拉钩 2 个；⑦甲状腺拉钩 2 个（正面观和侧面观）

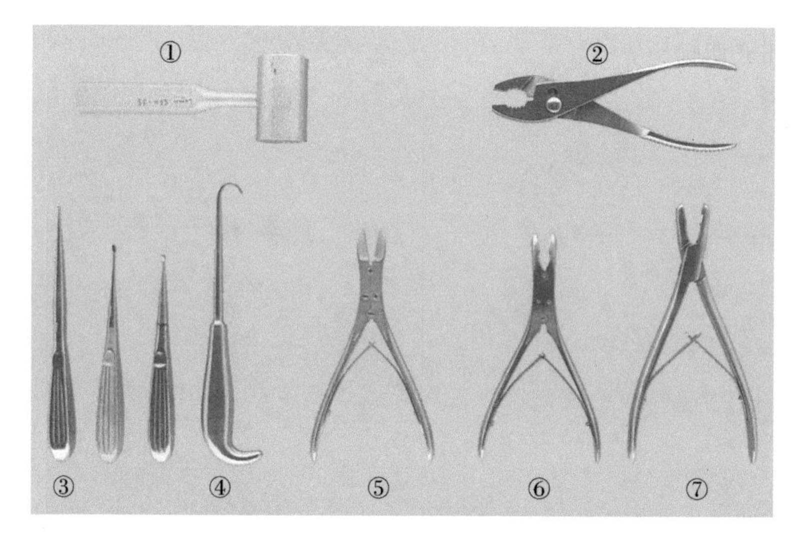

图 40-3 ① Heath 骨锤 1 把；② 老虎钳 1 把；③ Spratt 骨刮匙 3 把（长弯、2-0、3-0 各 1 把）；④ 骨钩 1 把；⑤ Ruskin-liston 双关节骨剪 1 把；⑥ Adson 双关节咬骨钳 1 把；⑦ Luer 咬骨钳 1 把

第 41 章

全踝关节假体

最易导致足踝疼痛，功能减退的因素是关节炎（图 41-1 至图 41-3）。最常见的 3 种关节炎：①骨性关节炎；②类风湿关节炎；③创伤性关节炎。

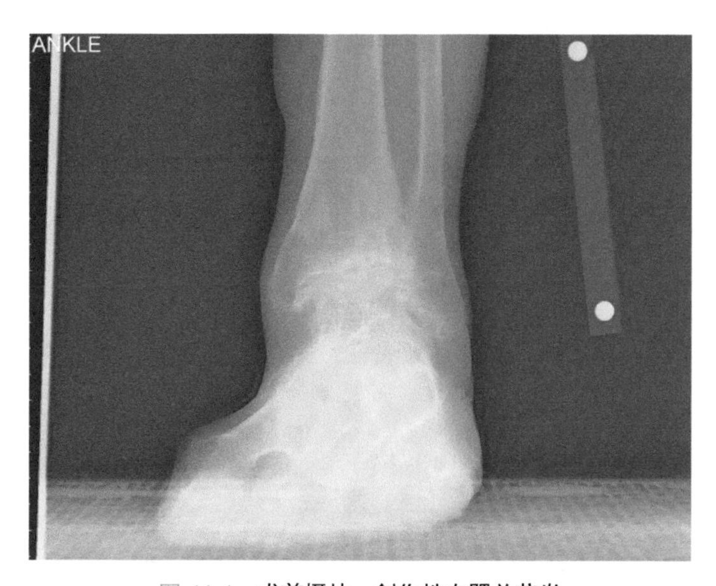

图 41-1　术前摄片。创伤性左踝关节炎

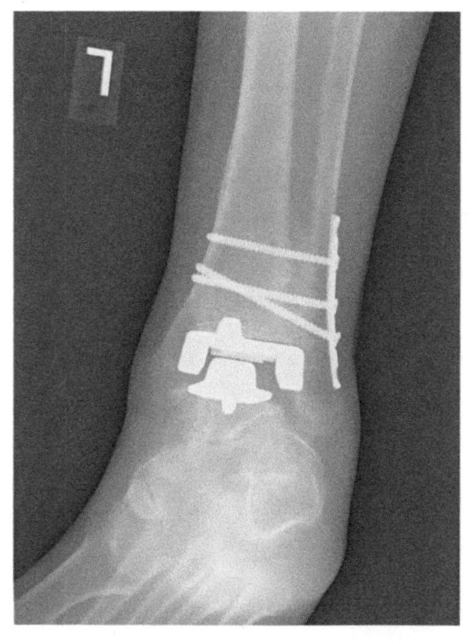

图 41-2　术后摄片。Agility LP 左踝全踝关节成形术

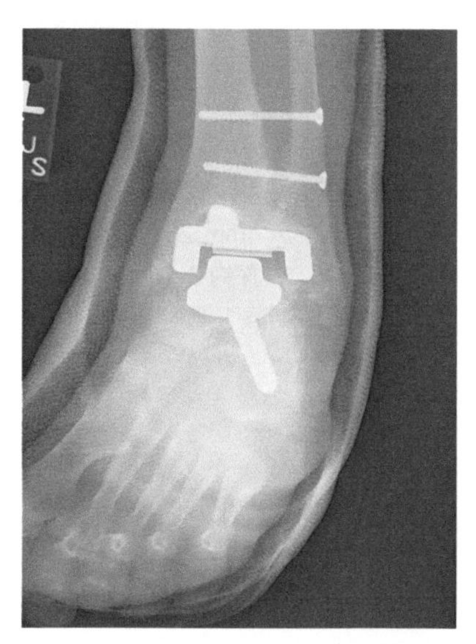

图 41-3　术后摄片。Agility 左踝全踝关节成形术及距骨和距下关节融合

第 42 章

膝 / 肩关节镜

关节镜手术可能需要的器械如下（图 42-1 至图 42-7）。

1. 关节镜器械。
2. 关节镜下咬合抓钳，用来抓持较硬的组织，如骨膜或软骨。
3. 关节镜下鸭嘴钳和篮钳用于去除组织和软骨。
4. 关节镜刨削刀和使用说明。
5. 使用专业缝线进行固定和修复。

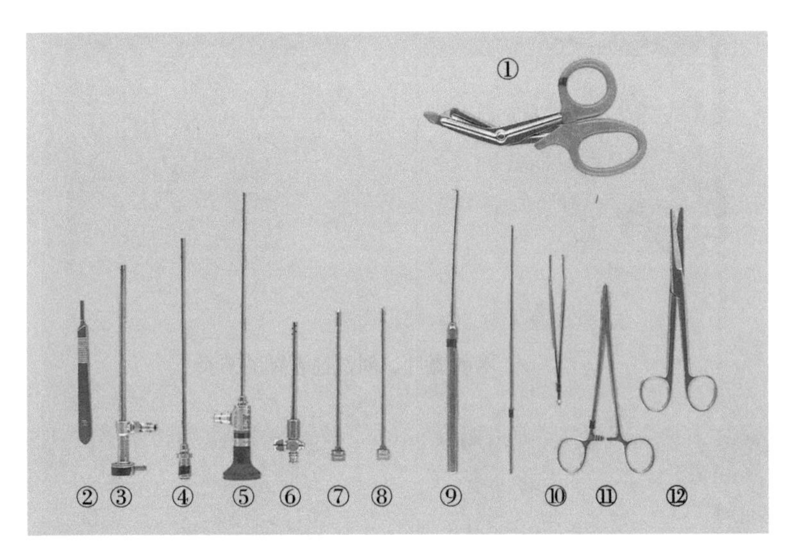

图 42-1　① 大号绷带剪一把；② Bard-parker 3 号刀柄 1 把；③ 4mm 自锁鞘卡 1 个；④ 4mm 钝鞘卡芯 1 个；⑤ LUMINA 4mm 25° 镜头 1 个；⑥ 4.5mm 鞘卡 1 个；⑦ 3.7mm 锐鞘卡 1 个；⑧ 3.7mm 锐鞘卡芯 1 个；⑨ 探钩 2 个；⑩ Adson 有齿（1×2）组织镊 1 把；⑪ Crile-Wood 6in 持针器 1 把；⑫ Mayo 直解剖剪 1 把

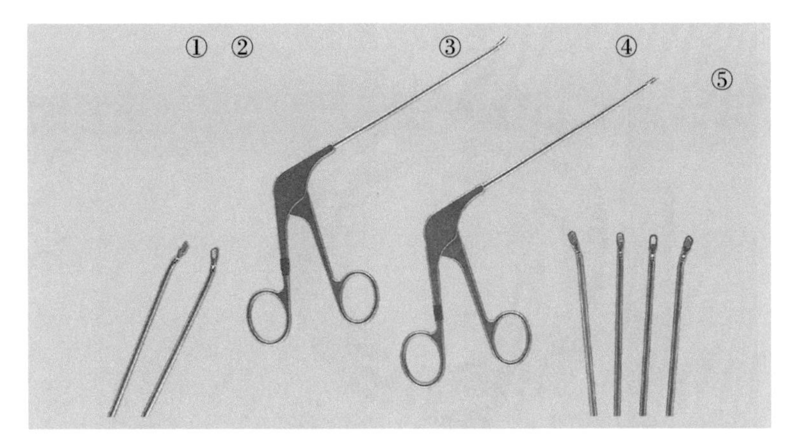

图 42-2　① Acufex 右弯鸭嘴钳 1 把；② Acufex 左弯鸭嘴钳 1 把；③ Acufex 上咬合鸭嘴钳 1 把；④ Acufex 直形鸭嘴钳 1 把。⑤尖端：Acufex 鸭嘴钳 (右、上咬合、直、左)

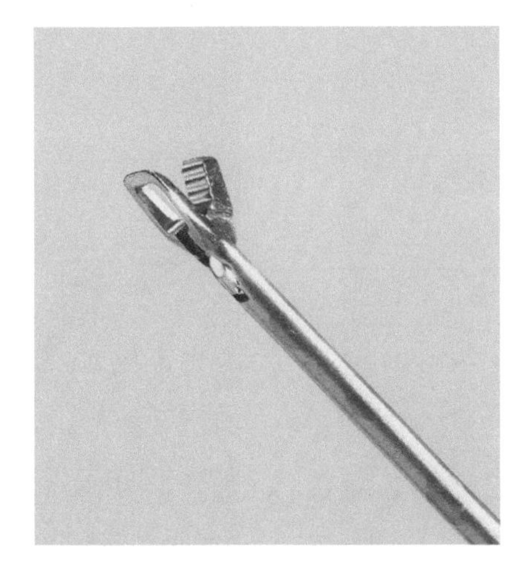

图 42-3　Acufex 鸭嘴钳头端

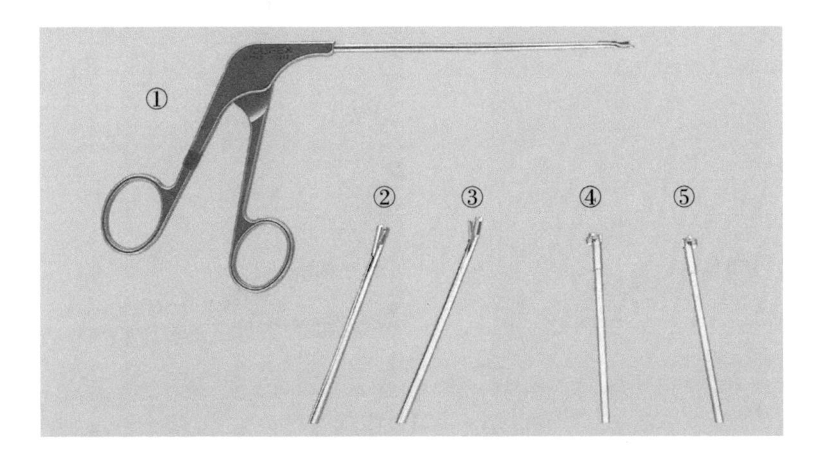

图 42-4　①抓钳 1 把；②（头端）：Acufex 上咬合直形抓钳 1 把（1.3mm）；③ Acufex 上咬合直形抓钳 1 把（1.5mm）；④ Acufex 左弯篮钳 1 把（90°，2.2mm）；⑤ Acufex 右弯篮钳 1 把（90°，2.2mm）

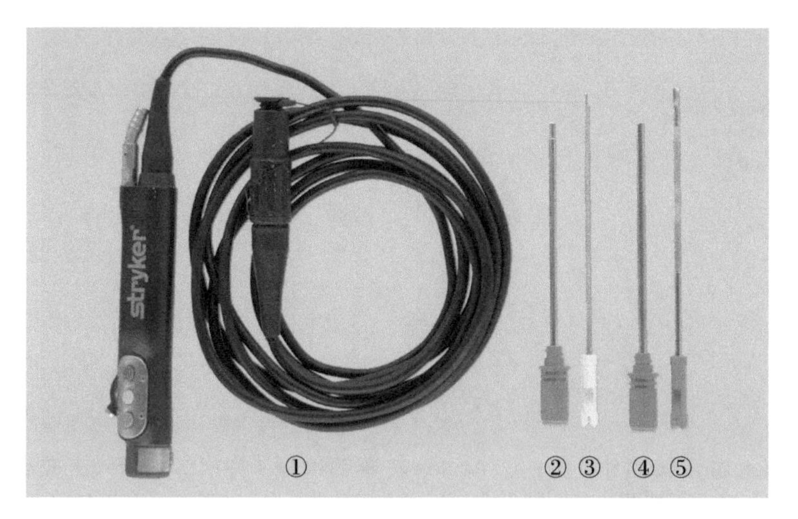

图 42-5 ①史赛克关节镜刨削刀；②刨削刀鞘 1 把；③刨削刀 1 把；④刨削刀鞘 1 把；⑤刨削刀 1 把

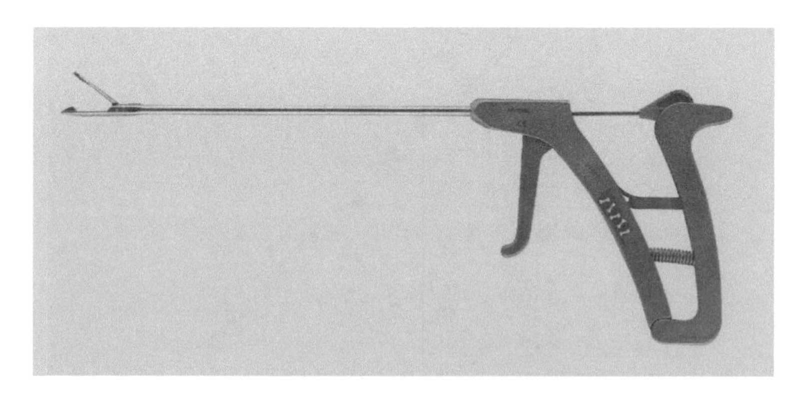

图 42-6 Arthrex 16mm 蝎形缝合器 1 把

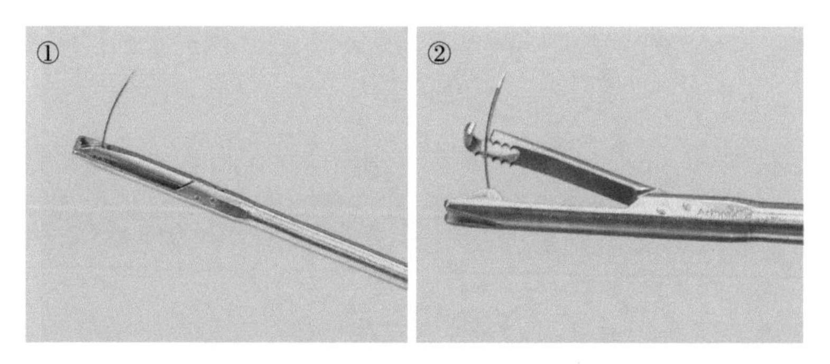

图 42-7 蝎形缝合器。①闭合；②持针张开

第 43 章

关节镜下前交叉韧带重建和髌 – 腱骨移植器械

除了关节镜器械外，所需的器械还包括如下（图 43-1 至图 43-4）。

1. Acorn 空心钻头用于股骨钻孔。

2. Acufex 空心钻头用于胫骨钻孔。

3. 骨锉用于打磨。

4. Arthrex 移植推进器头端用于移植肌腱；股骨隧道开槽器作为移植附件；股骨定位钻头用于放置引导线。

5. Lsotac 螺丝刀用于缝合固定术。

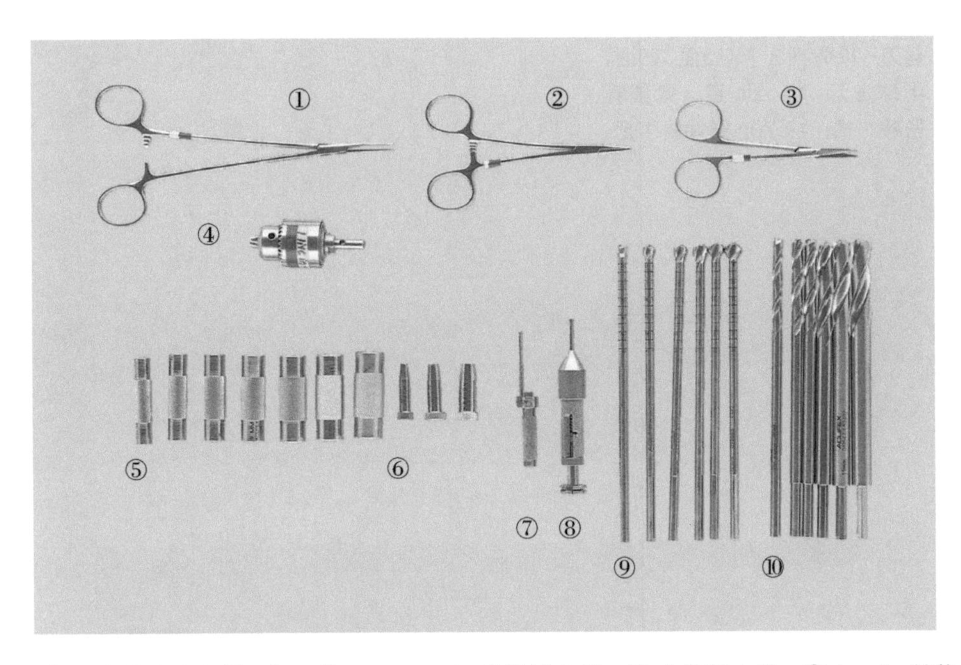

图 43-1 ① 直扁桃体止血钳 1 把；② Webster 5in 持针器 1 把；③ 小尖剪 1 把；④ Jacobs 转换接头 1 个；⑤ Acufex 6 ～ 12mm 测量筒 7 个；⑥ Acufex 中心导向器 3 个（7 ～ 8mm，9 ～ 10mm，11mm）；⑦ 5mm 平行钻孔导向器 1 个；⑧ 等距定位器 1 个；⑨ 股骨空心钻头 6 个；⑩ Acufex 胫骨空心钻头 6 个

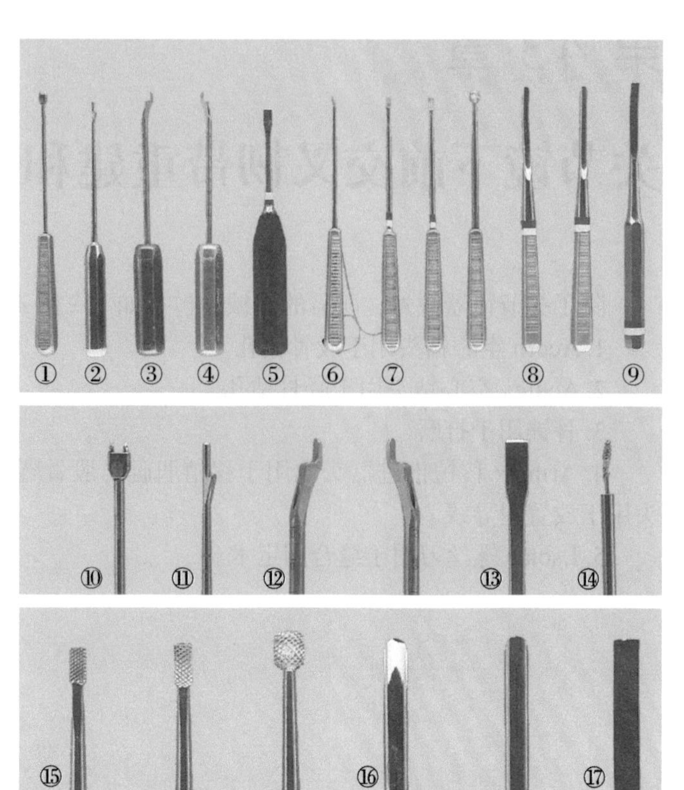

图 43-2 ① Arthrex 移植推进器 1 个；② Arthrex 股骨隧道开槽器 1 个；③ Arthrex 6mm 股骨定位钻孔向导器 1 个；④ Arthrex 7mm 股骨定位钻孔导向器 1 个；⑤ Osteotome ¼in 薄骨凿 1 个；⑥ 带缝线螺丝刀 1 个；⑦ 骨锉 3 个（凸面、凹面、半球形）；⑧ ¼in 直、弯圆骨凿各 1 个；⑨ ¼in 弯骨凿 1 个；⑩ 移植物推进器；⑪ 股骨隧道开槽器；⑫ 6mm 和 7mm 股骨定位导向器各 1 个；⑬ ¼in 长薄骨凿；⑭ 带缝线螺丝刀；⑮ 骨锉 3 个（凸面、凹面、半球形）；⑯ ¼in 直、弯圆骨凿各 1 把；⑰ ¼in 弯骨凿 1 把

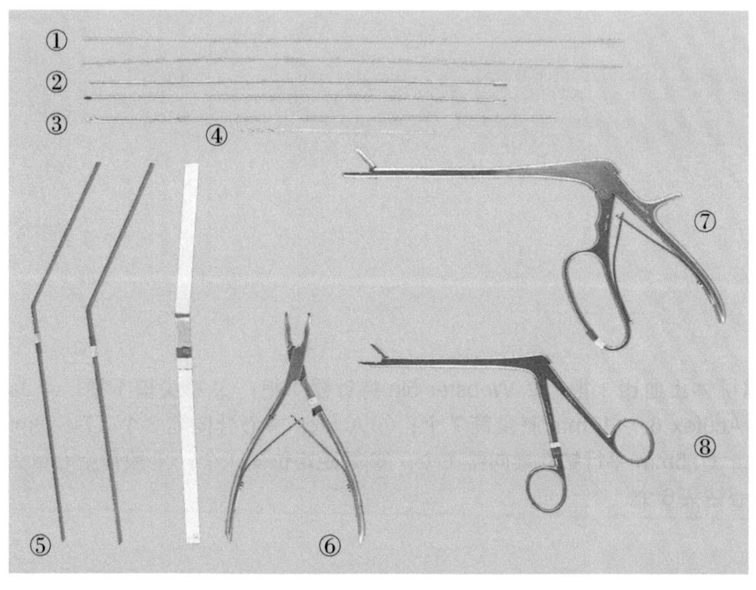

图 43-3 ① Hyperflex 导针 2 根；② Beath 导针 2 根；③克氏（K-Wire）钢针 1 根；④ 1⁄16in 长钻头 1 个；⑤ 模板 3 个（8 号、9 号：侧面观；10 号：正面观）；⑥ Beyer 弯咬骨钳 1 把；⑦ Ferris Smith 杯状咬骨钳 1 把；⑧ 脑垂体咬骨钳 1 把

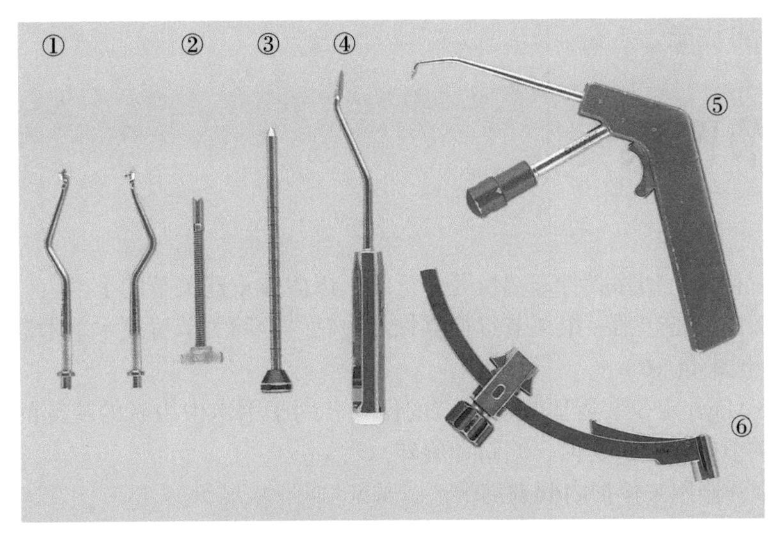

图 43-4　① 胫骨引导钩 2 个（用于胫骨瞄准）；② K-wire 套筒 1 个（用于 Concept 精确瞄准胫骨）；③ K-wire 套筒 1 个（用于 Arthrex 精确瞄准胫骨）；④ 骨凿 1 把；⑤ Concept 精准胫骨瞄准器 1 个；⑥ Arthrex 精准胫骨瞄准器 1 个

第 44 章

全膝关节置换

全膝关节置换术是切除股骨末端及胫骨近端，以假体重建关节的手术。

该手术所需的设备包括一组关节置换器械和电钻。全膝关节置换术手术器械的使用简述如下（图 44-1 至图 44-16）。

1. 使用 De Mayo 定位装置固定膝关节的位置有助于手术中患者的腿部的稳定。应用弹簧杆来控制膝关节的屈曲、延伸、倾斜和旋转。
2. Doane 牵开器用来保护内侧副韧带。
3. 定位导向放置于胫骨结节外侧。
4. 电锯用于切除胫骨近端。
5. 外翻定位器用来确定外翻的角度。
6. Ap 切割导向器用来确定切割股骨的位置。
7. 锯用来切除股骨的末端。
8. 检测胫骨和股骨末端的尺寸。
9. 试模假体被安装上去并固定。
10. 评估关节，取出试模假体。
11. 选择并安装假体，股骨和胫骨的试模是必要的，骨锤用来安装假体。

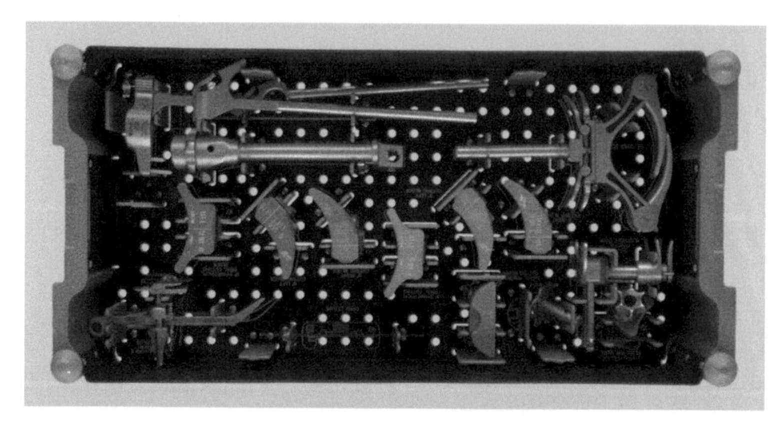

图 44-1　Sigma 全膝，基础股骨及胫骨 1 号盘

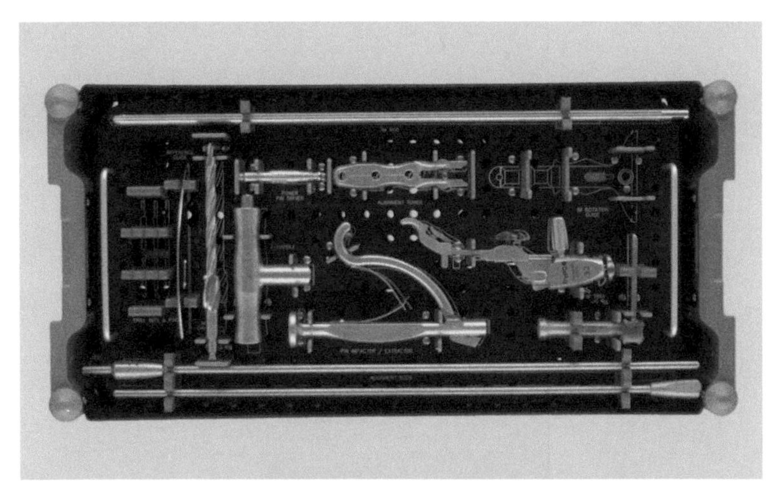

图 44-2　Sigma 全膝，基础股骨及胫骨 2 号盘

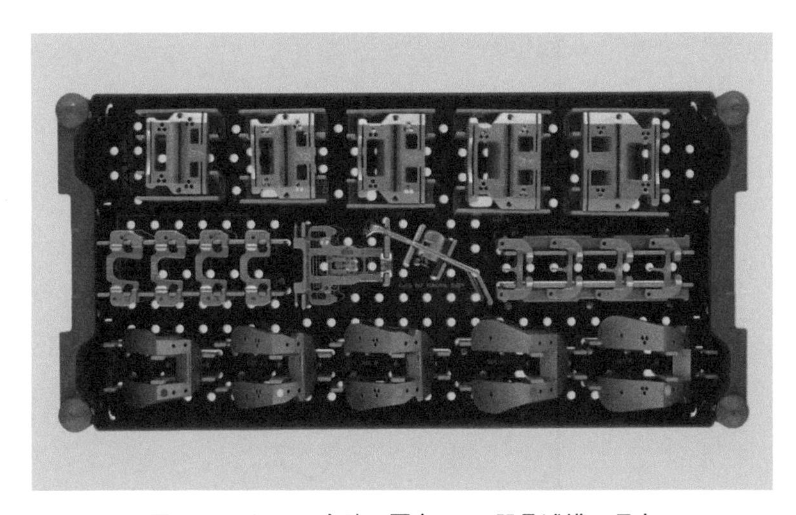

图 44-3　Sigma 全膝，固定 REF 股骨试模 1 号盘

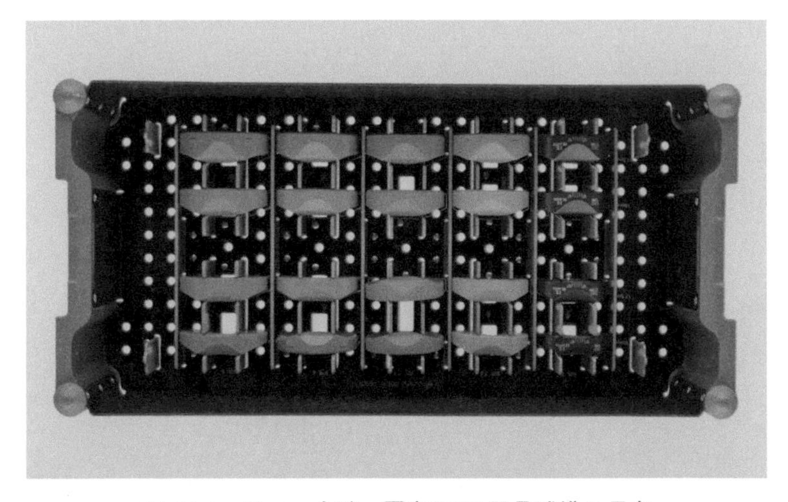

图 44-4　Sigma 全膝，固定 REF 股骨试模 2 号盘

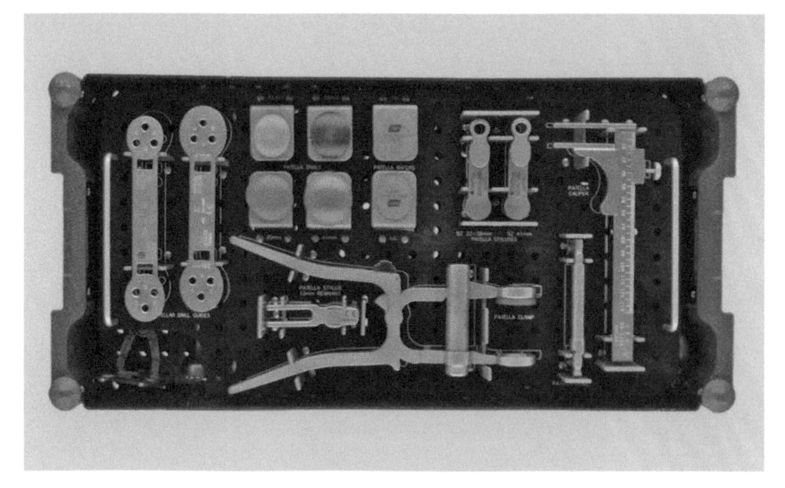

图 44-5 Sigma 全膝，髌骨植入 1 号盘

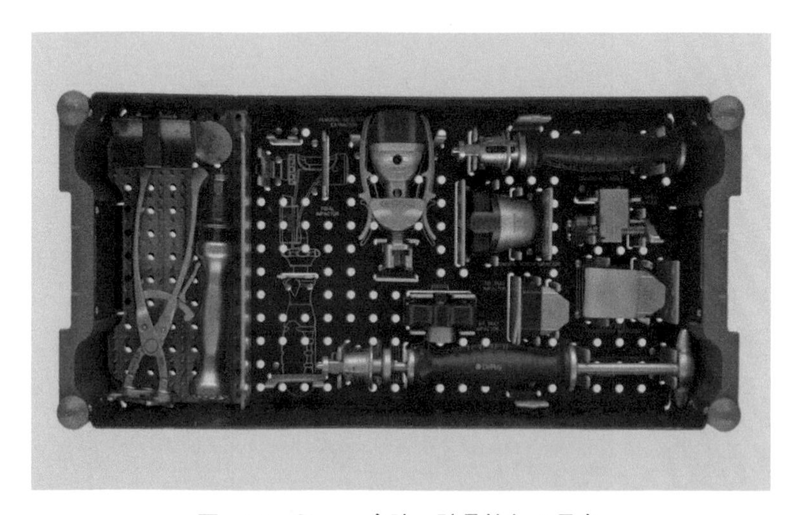

图 44-6 Sigma 全膝，髌骨植入 2 号盘

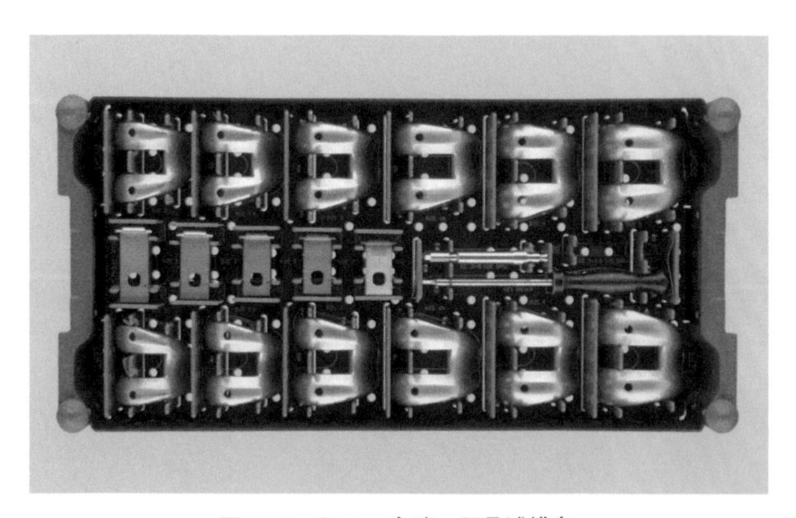

图 44-7 Sigma 全膝，股骨试模盘

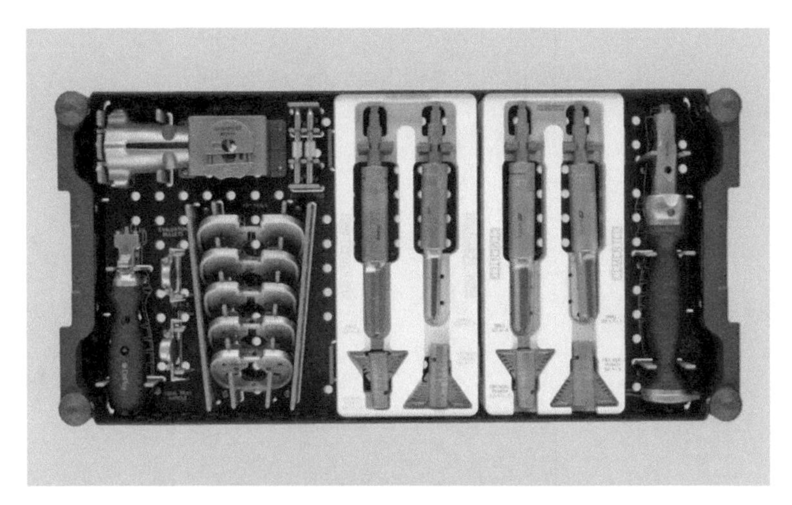

图 44-8　Sigma 全膝，FB 胫骨试模盘

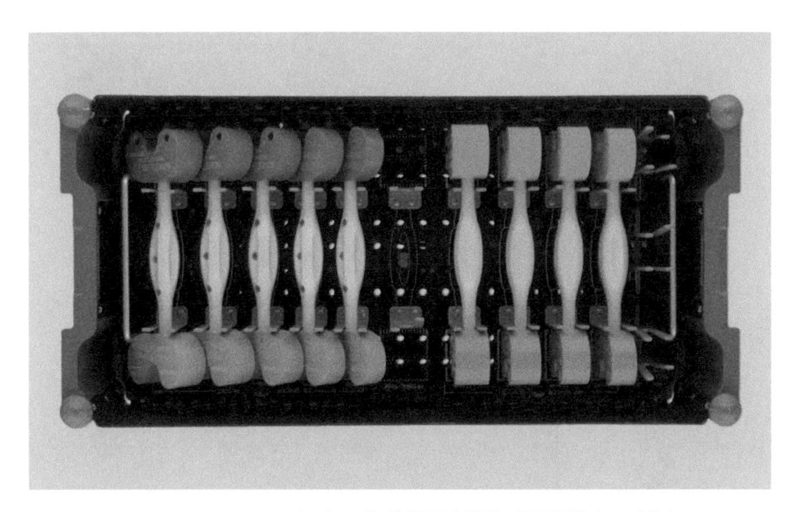

图 44-9　Sigma 全膝，关节间隙试模（间隔块）1 号盘

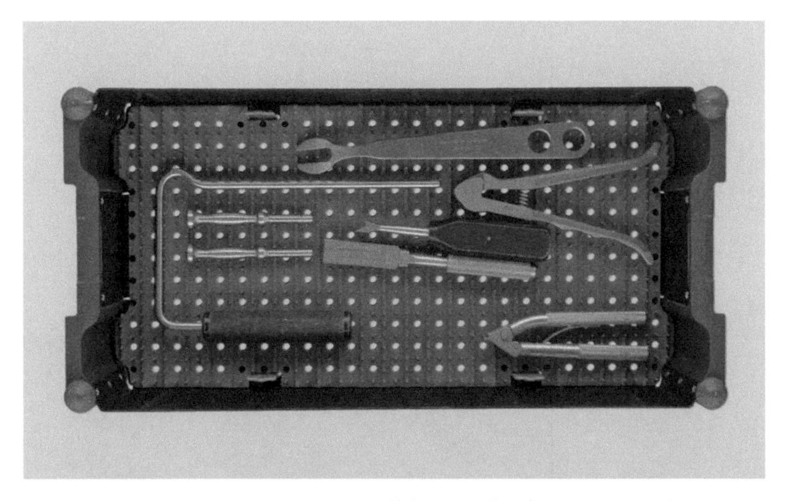

图 44-10　Sigma 全膝，关节间隙试模（间隔块）2 号盘

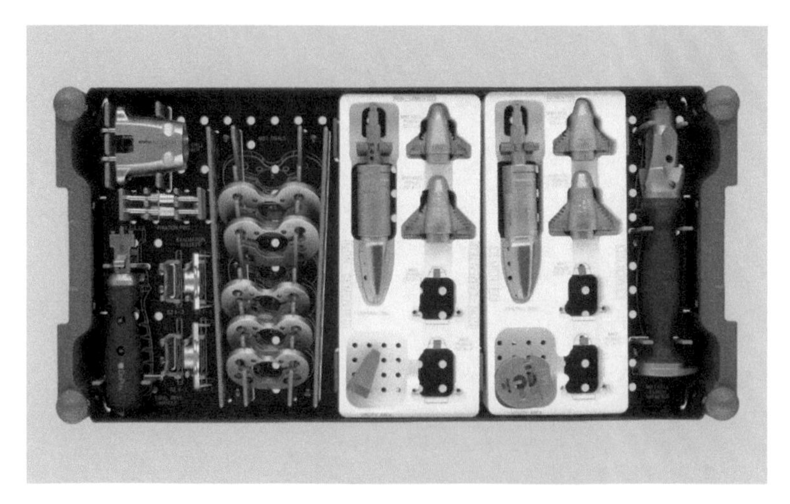

图 44-11　Sigma 全膝，MBT 关节试模盘

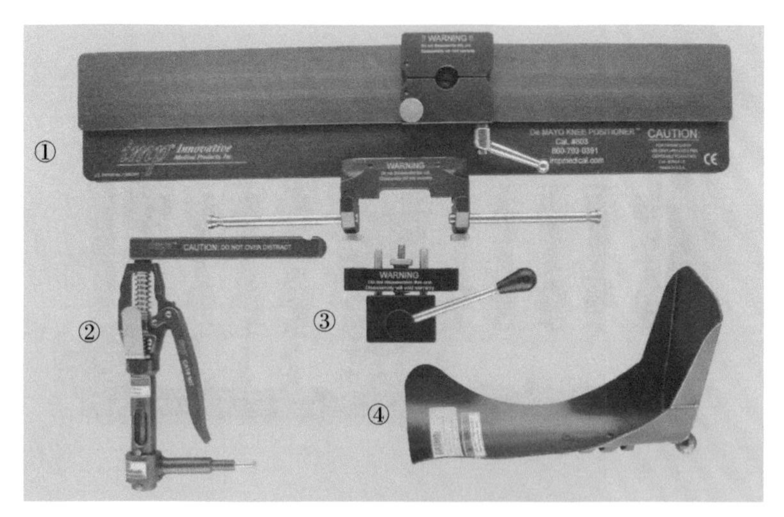

图 44-12　De Mayo 医院专用膝盖定位器

①底座；②通用牵引器；③弹簧杆；④脚托

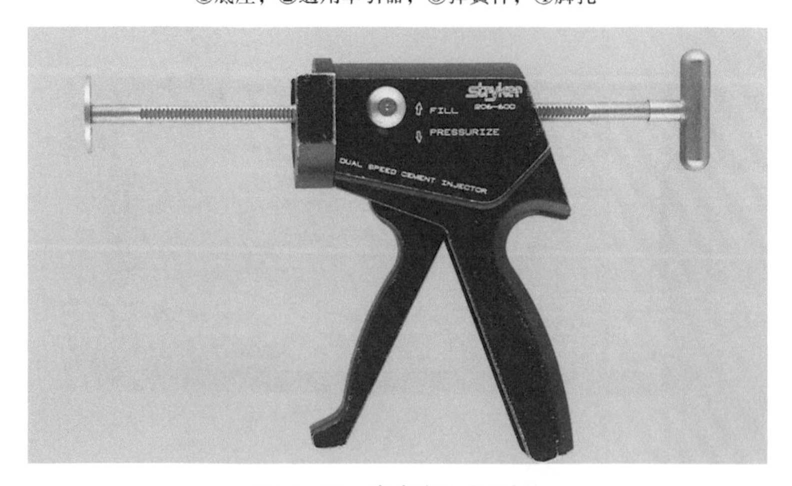

图 44-13　史赛克骨水泥枪

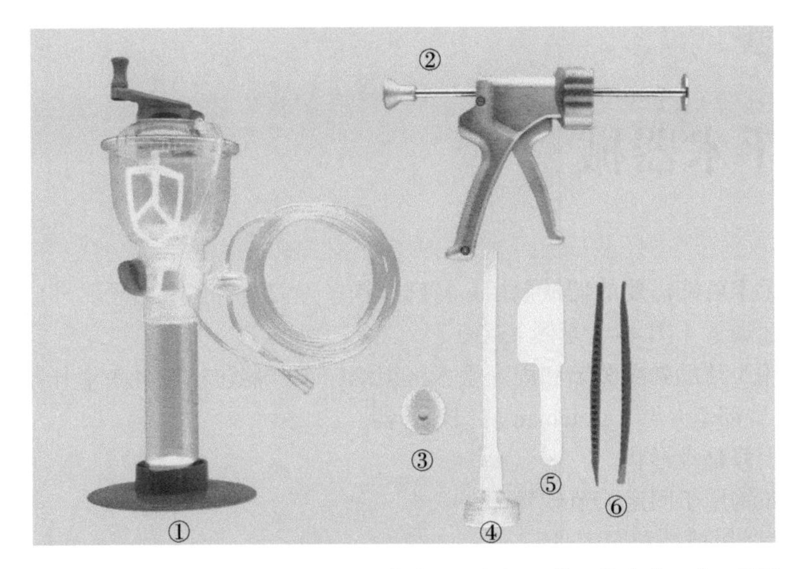

图 44-14 ① DePuy 搅拌机 1 台；②水泥枪 1 把；③水泥限制器 1 件；④喷嘴 1 个；⑤铲 1 个；⑥水泥刮刀 2 个

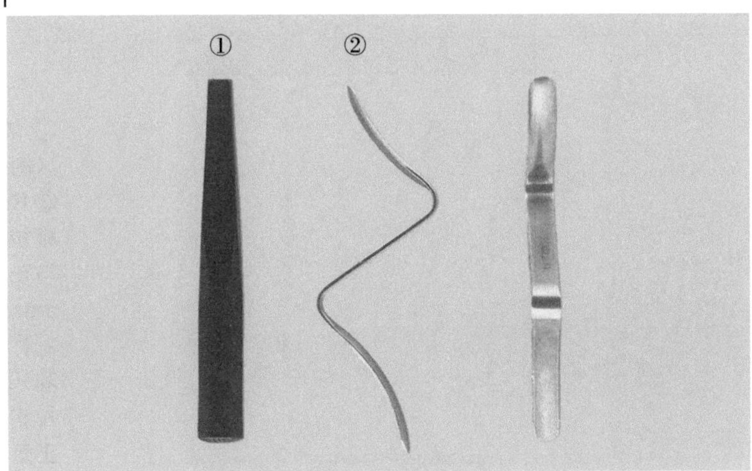

图 44-15 ①压配器 1 个；② Doane 拉钩 2 个（侧面观和正面观）

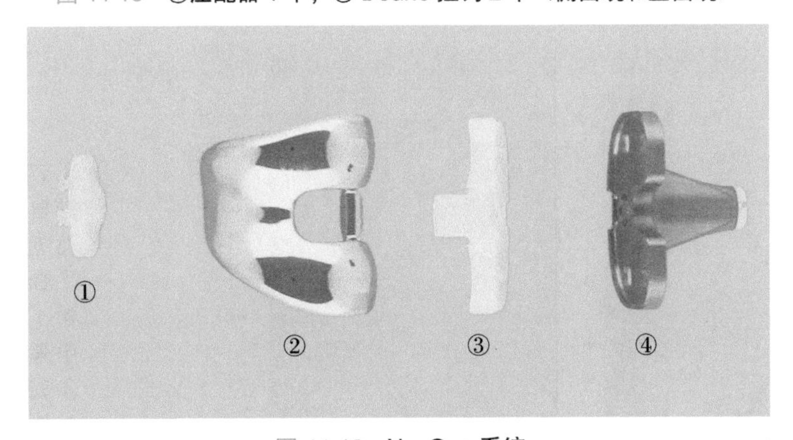

图 44-16 NexGen 系统

①髌骨盖 1 个；②股骨假体 1 个；③关节面 1 个；④胫骨底板 1 个

第 45 章

肩关节手术器械

肩关节镜手术可能需要的器械包括：特殊拉钩，锉刀，骨凿和钳子。开放式肩关节手术器械的使用简述如下（图 45-1 至图 45-3）。

1. 牵开器用于帮助暴露关节和固定手术区组织，牵开器包括肱骨头牵开器，肩臼自动牵开器，Bankart 肩部牵开器，Bateman 肩臼牵开器。

2. 骨锉用于修整骨形状。

3. 肩盂唇拉钩用于固定关节软骨。

4. Joplin 持骨钳抓持和固定骨。

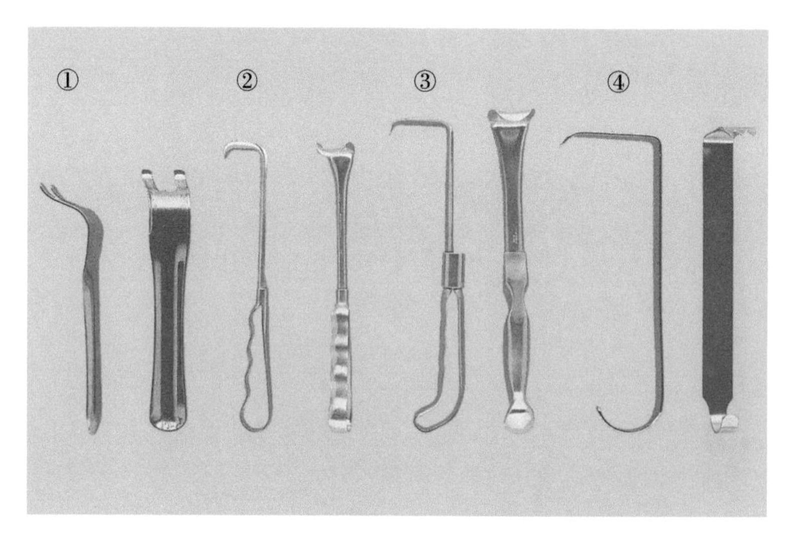

图 45-1　① 肱骨头拉钩 2 个（侧面观与正面观）；② Richardson 小号开腹拉钩 2 个（侧面观与正面观）；③ Richardson 中号开腹拉钩 2 个（侧面观与正面观）；④ Hibbs 椎板拉钩 2 个（侧面观与正面观）

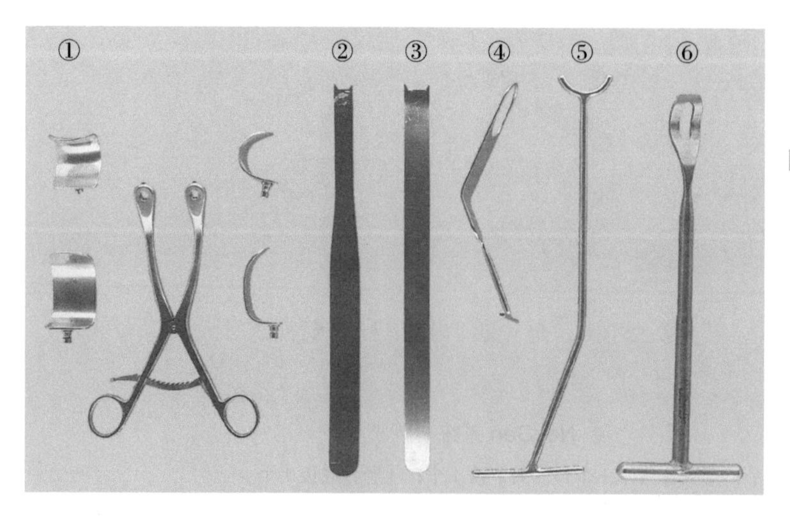

图 45-2　① 两长两短四叶片肩臼自动拉钩 1 套（侧面观与正面观）；② Bateman 窄肩臼拉钩 1 个；③ Bateman 中号肩臼拉钩 1 个；④ 短有角度肩部拉钩 1 个；⑤ Bankart 肩部拉钩 1 个；⑥ 长直角肩部拉钩 1 个

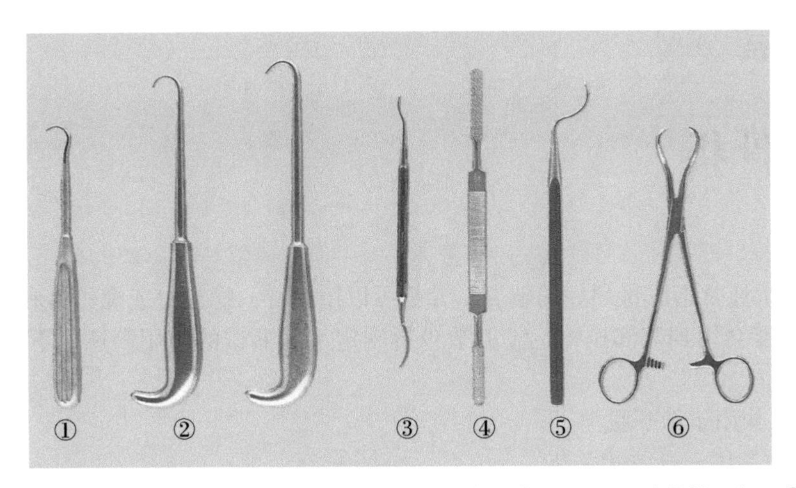

图 45-3 ① 带线钩 1 把；② 骨钩 2 把；③ 钝双头剥离器 1 个；④ Foman 双头骨锉 1 把；⑤ 肩盂钩 1 把；⑥ Joplin 持骨钳 1 把

第 46 章

髋关节骨折

髋关节骨折通常指股骨颈处的破裂。骨折可以用钢针、螺丝钉或螺丝钉和钢板固定。该手术可能会用到髋部拉钩。髋关节骨折固定手术器械的使用简述如下（图 46-1 至图 46-5）。

1. Israel 拉钩用于牵开肌肉。
2. Hibbs 拉钩用于暴露髋关节。
3. Bennett 骨膜剥离器用于将股骨骨折断端抬至合适位置。
4. Scott-McCracken 骨膜剥离器用于除去骨膜。
5. Hohmann 拉钩用于牵开软组织，暴露手术野。
6. Adson 侧孔吸引头用来使手术视野更清晰。
7. 电钻导向器用来指引钻孔的角度。
8. 钻头用来为钢针或螺丝钉钻孔。
9. 测深器用来决定动力髋螺钉（DHS）的长度。
10. 拧入螺钉。
11. 如果需要钢板，一定要选择适合股骨的。钻用来钻螺丝钉孔，测深器用来决定螺丝钉的长度；螺丝刀用来拧紧螺钉。

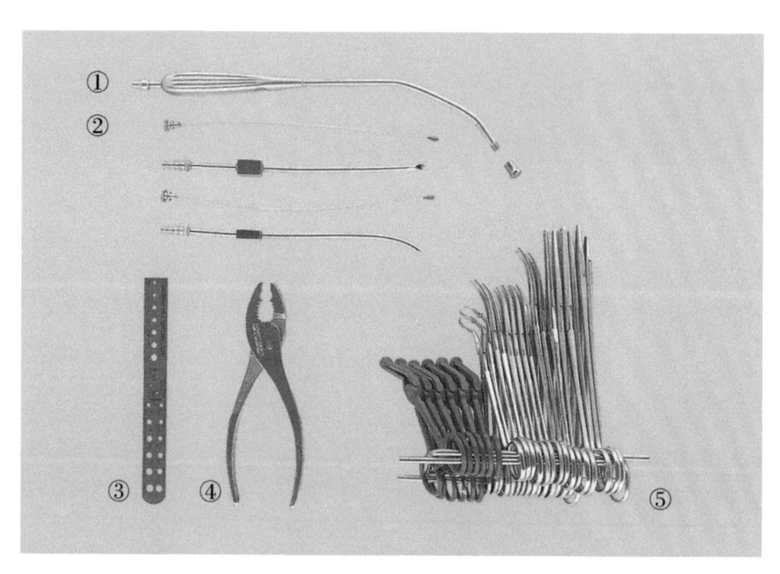

图 46-1　① Yankauer 吸引头及旋拧接头 1 套；② Adson 大号侧孔吸引管及通条 2 根；③ 6in 钢尺 1 把；④ 老虎钳 1 把；⑤（由左至右）粗巾钳 6 把，Backhaus 细巾钳 2 把，Crile 6½in 止血钳 6 把，扁桃体止血钳 2 把，Ochsner 8in 止血钳 4 把，Crile-Wood 8in 持针器 2 把

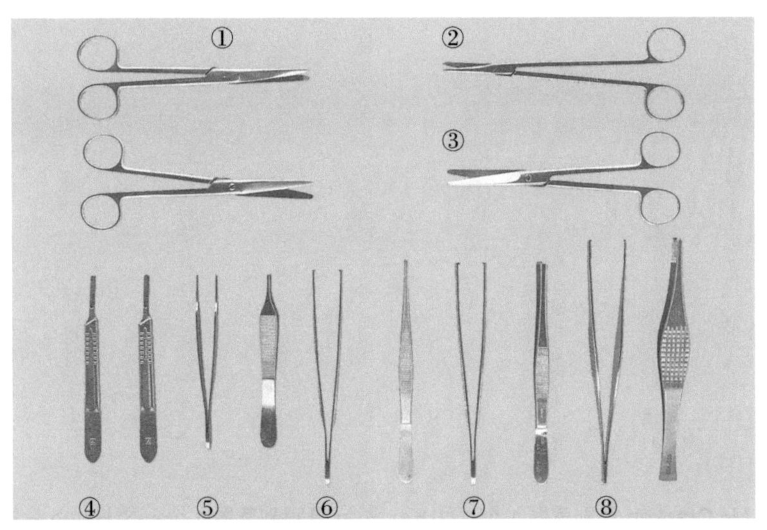

图 46-2　① Mayo 直解剖剪 2 把；② Metzenbaum 7in 解剖剪 1 把；③ Mayo 弯解剖剪 1 把；④ Brad-Parker 4 号刀柄 2 把；⑤ Adson 有齿（1×2）组织镊 2 把（正面观与侧面观）；⑥ 有齿（1×2）拇指组织镊 2 把（正面观与侧面观）；⑦ 多齿（4×5）拇指组织镊 2 把；⑧ Ferris-Smith 有齿组织镊 2 把（正面观与侧面观）

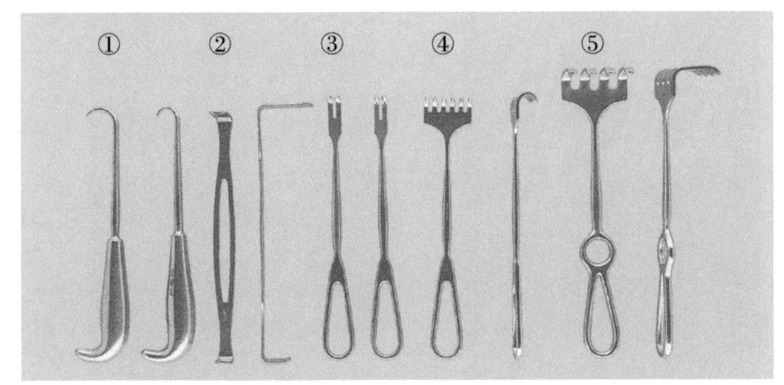

图 46-3　① 骨钩 2 把；② 甲状腺拉钩 2 把（正面观与侧面观）；③ Volkmann 尖双爪拉钩 2 个；④ Volkmann 尖六爪拉钩 2 把（正面观与侧面观）；⑤ Israel 平头四爪拉钩 2 把（正面观与侧面观）

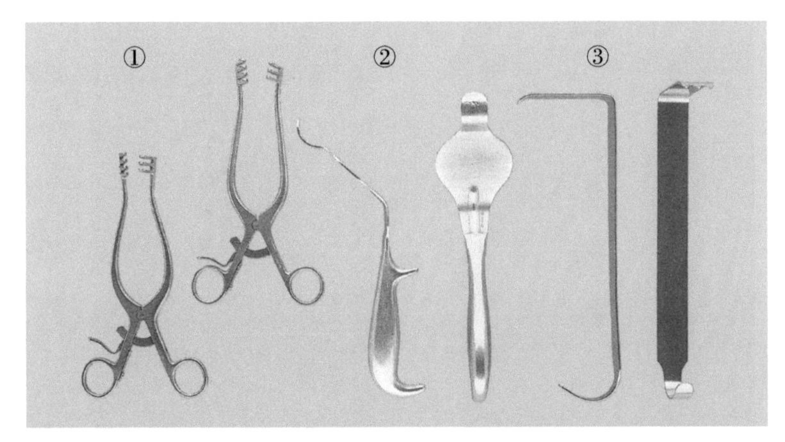

图 46-4　① Weitlaner 中号尖乳突拉钩 2 个；② Bennett 骨剥离器撬骨板 2 个；③ Hibbs 中号椎板拉钩 2 个（侧面观与正面观）

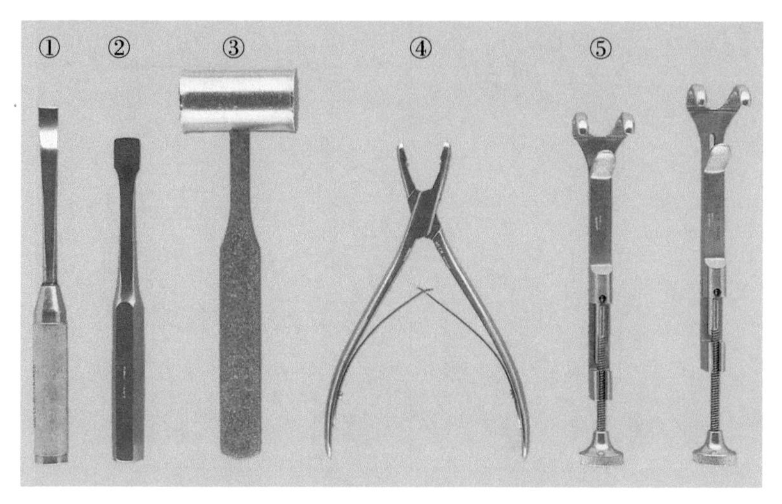

图 46-5 ① Scott-Mc Cracken 骨剥离器 1 个；② Key ¾in 骨膜剥离器 1 个；③ Heath 骨锤 1 把；④ Luer 咬骨钳 1 把；⑤ Lowman 复位固定器（持骨器）2 个（正面观）

第 47 章

髋关节拉钩

髋关节拉钩用于从不同角度暴露髋关节手术视野（图 47-1 和图 47-2）。

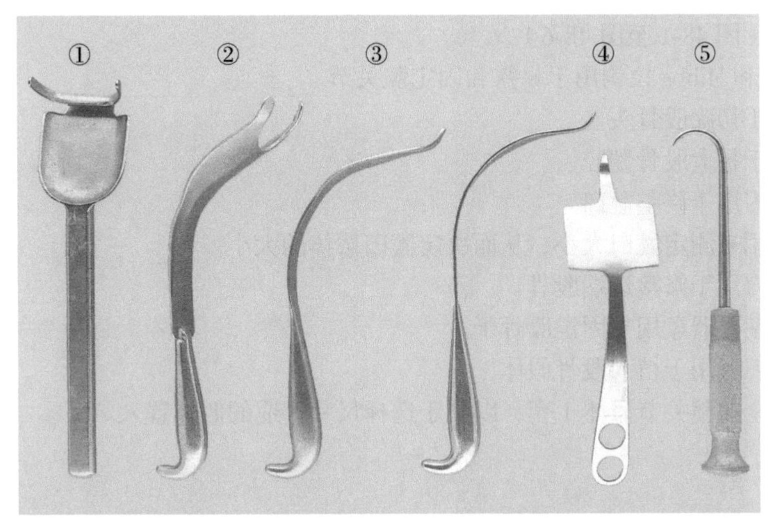

图 47-1 ① Antler 拉钩 1 把（正面观）；② Cobra 双头拉钩 1 个（侧面观）；③ Cobra 钝头弯拉钩 2 个（侧面观）；④ Hohmann 尖头宽板状拉钩 1 个（正面观）；⑤ 骨钩 1 个

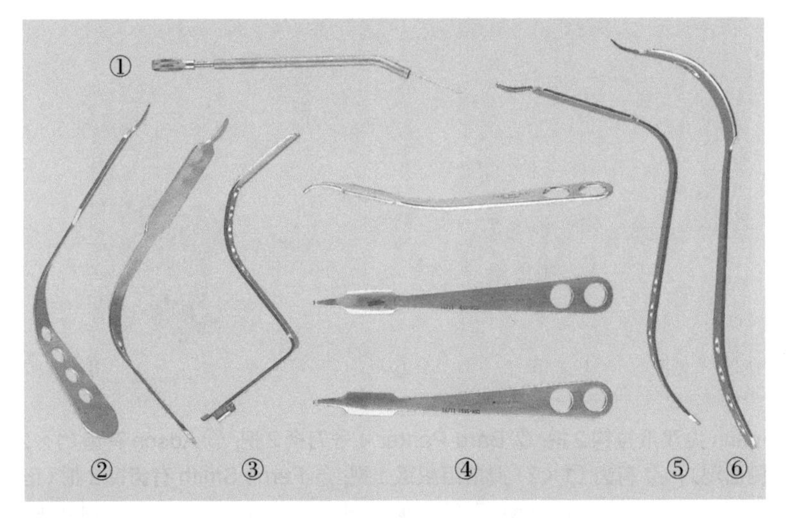

图 47-2 ① 灵活弯测深器 1 个；② 左右前路拉钩各 1 个；③ 上翘折弯拉钩 1 个；④ Hohmann 尖头窄板状拉钩 3 个（第一个侧面观，后两个正面观）；⑤ 后路拉钩 1 个；⑥ 股骨拉钩 1 个

第 48 章

全髋关节置换

全髋关节置换是用假体替换移除的髋臼和股骨头。该手术可能需要的器械包括：电锯及刀片；电钻、钻头及铰刀；髋关节假体；一套全髋关节器械和髋关节拉钩。该手术器械使用程序简述如下（图 48-1 至图 48-6）。

1. Bennett 和 Hibbs 拉钩用于暴露和固定髋关节。
2. 电锯用于切除股骨头。
3. 电钻用于扩大股骨髓腔。
4. 髋臼铰刀用于修整髋臼。
5. 测量器用来测定髋臼大小，从而决定髋臼假体的大小。
6. 转子铰刀用于修整近端股骨。
7. 带钻的钻孔器盘用于固定股骨干。
8. 骨锤锉刀盘用于植入股骨假体。
9. 型号齐全的髋关节假体 1 套，以便于选择尺寸合适的假体置入。

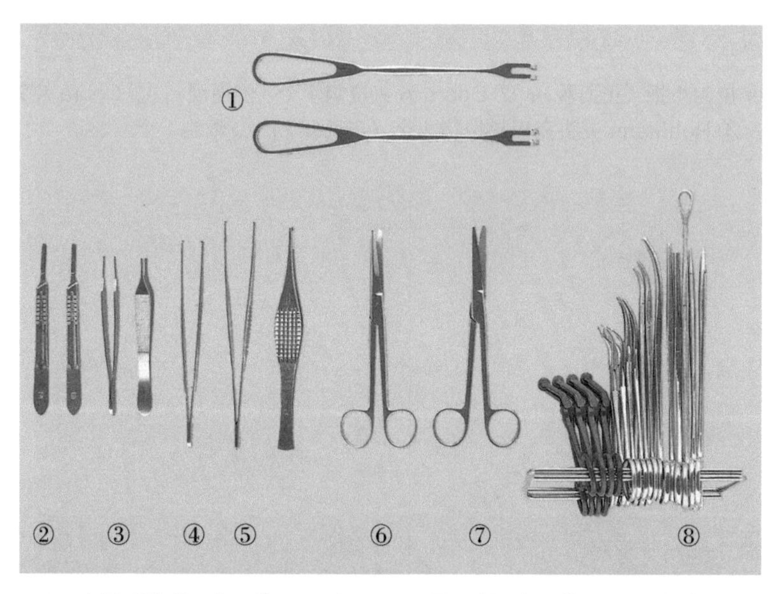

图 48-1　① Volkmann 尖双爪拉钩 2 把；② Bard-Parker 4 号刀柄 2 把；③ Adson 有齿（1×2）组织镊 2 把（正面观与侧面观）；④ 有齿（1×2）拇指组织镊 1 把；⑤ Ferris Smith 有齿镊 2 把（正面观与侧面观）；⑥ Mayo 弯解剖剪 1 把；⑦ Mayo 直解剖剪 1 把；⑧（由左至右）粗巾钳 4 把，Backhaus 细巾钳 2 把，Crile 6½in 止血钳 2 把，扁桃体止血钳 2 把，Mayo-Péan 止血钳 1 把，Ochsner 止血钳 2 把，Foerster 海绵钳 1 把，Crile-Wood 8in 持针器 2 把

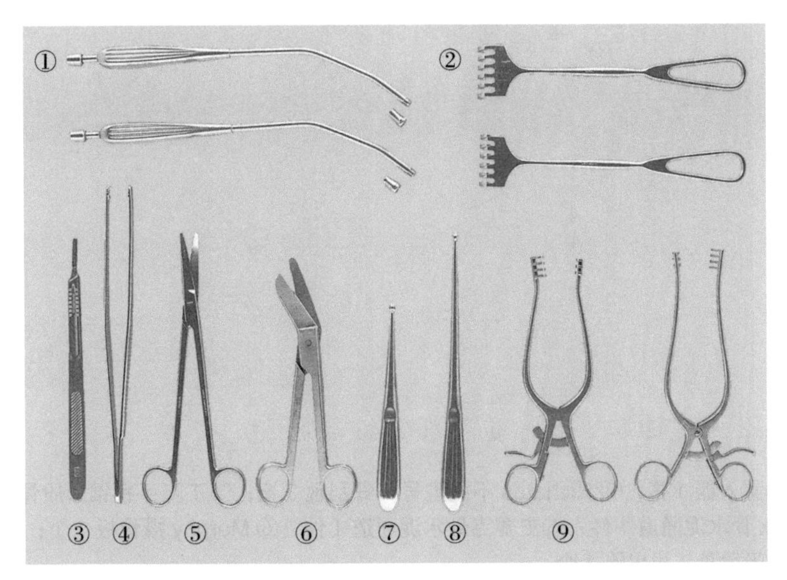

图 48-2　① Yankauer 旋拧接头及吸引管 2 把；② Volkmann 尖六爪拉钩 2 把；③ Bard-Parker 4 号长刀柄 1 把；④ Russian 长组织镊 1 把；⑤ Mayo 长弯解剖剪 1 把；⑥大号绷带剪 1 把；⑦ Spratt 短直刮匙 1 个；⑧ Spratt 长直角刮匙 1 个；⑨ Weitlaner 中号乳突拉钩 2 个

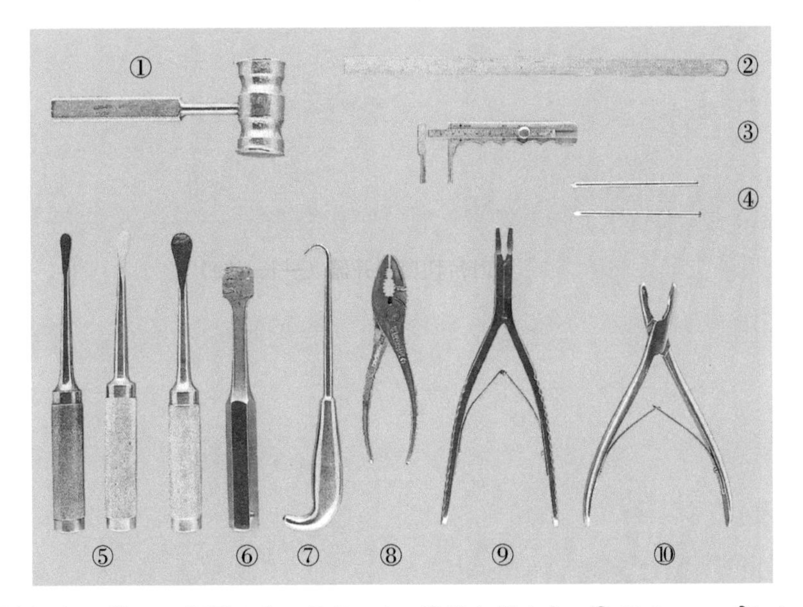

图 48-3　① 骨锤 1 把；② 12in 钢尺 1 个；③ Townley 股骨卡尺 1 个；④ Steinmann 9/64 in 骨圆针 2 根；⑤ Cobb 脊柱剥离器 3 个（大、中、小号各 1 个）；⑥ Key 1in 骨膜剥离器 1 个；⑦ 骨钩 1 个；⑧ 老虎钳 1 把；⑨ Smith-Petersen 双关节椎板咬骨钳 1 把；⑩ Luer 咬骨钳 1 把

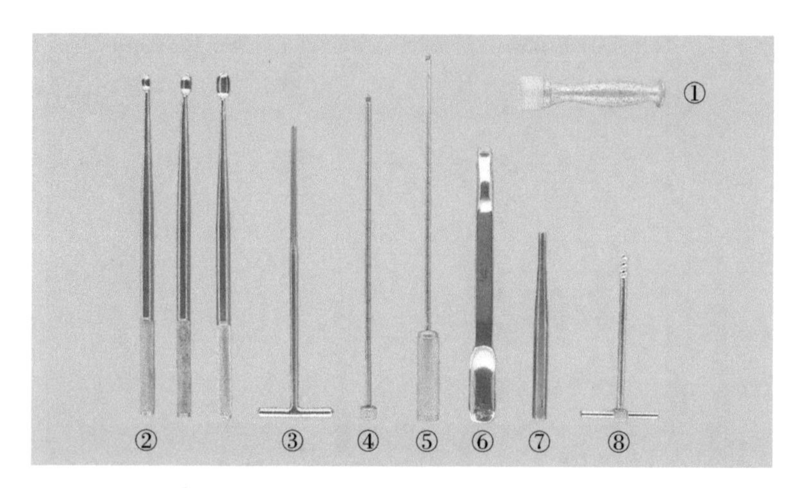

图 48-4 ① 假体置入器 1 把；② Richards 不同型号长骨刮匙 3 把；③ T 形手柄锥形股骨髓腔探棒 1 把；④ Buck 骨水泥通道 1 件；⑤史赛克骨水泥通道 1 件；⑥ Murphy 撬骨板 1 个；⑦ 打入器 1 个；⑧ 螺旋形股骨头拔出器 1 个

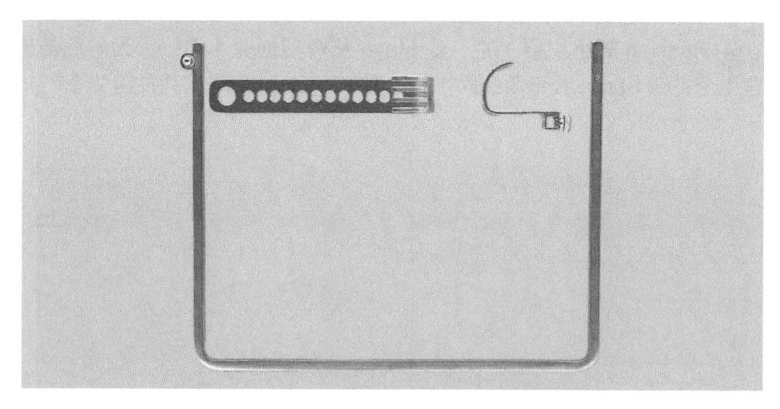

图 48-5 两叶片切口牵开器（一长一短）

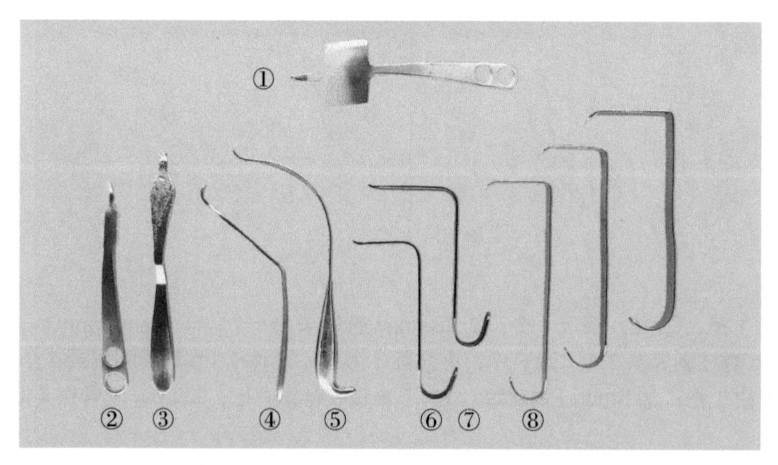

图 48-6 ① Hohmann 大号尖头宽板状拉钩 1 个；② Hohmann 小号尖头宽板状拉钩 1 个；③ Cobra 直拉钩 1 个（正面观）；④ Cobra 成角拉钩 1 个；⑤ Cobra 微弯拉钩 1 把；⑥ Taylor 短碳黑涂层脊柱神经根拉钩 1 个；⑦ Taylor 长碳黑涂层脊柱神经根拉钩 1 个；⑧ Hibbs 椎板拉钩 3 个（大、中、小号各 1 个）

第 49 章

全髋关节器械（Zimmer-VerSys）

全髋关节置换手术可能需要的器械包括：1 套基础的全髋关节器械；髋关节拉钩和全髋关节假体（图 49-1 至图 49-13）。

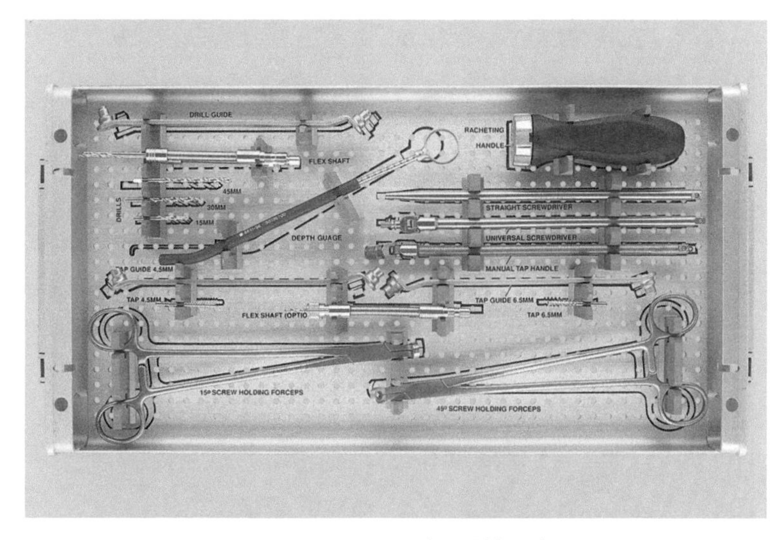

图 49-1　Trilogy 髋臼器械 1 套

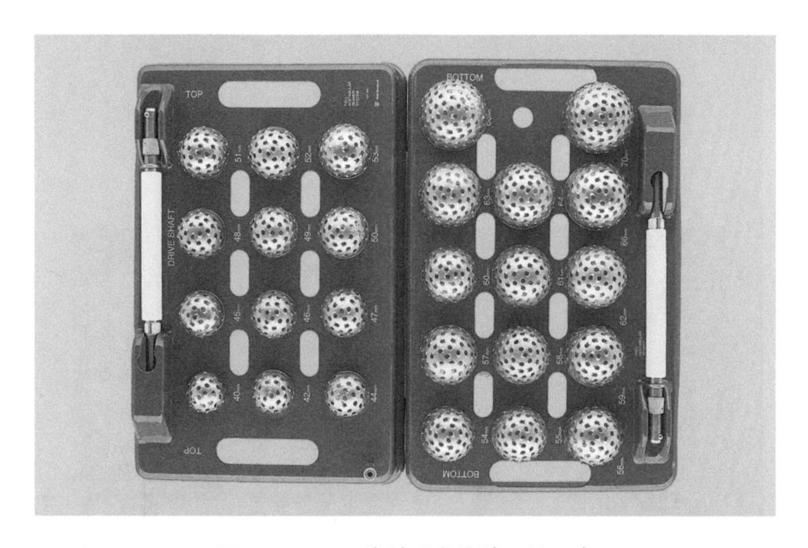

图 49-2　Hall 外科手术的髋臼锉 1 套

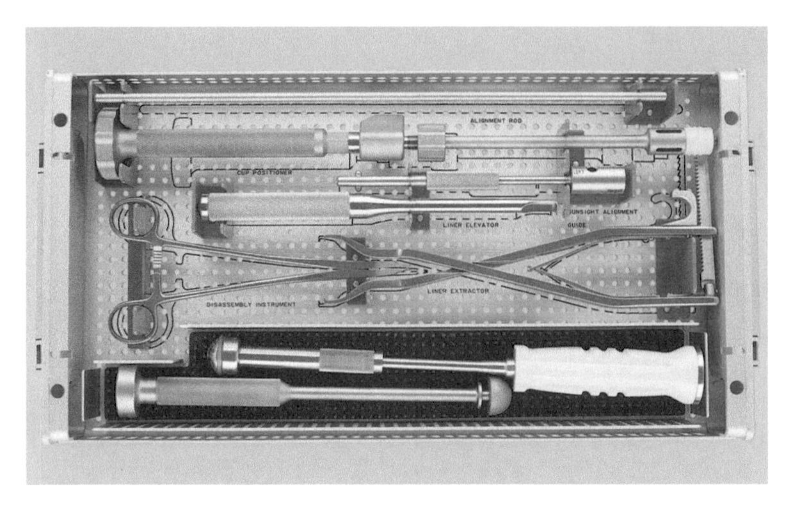

图 49-3 髋臼器械盒

图 49-4 髋臼试模盘

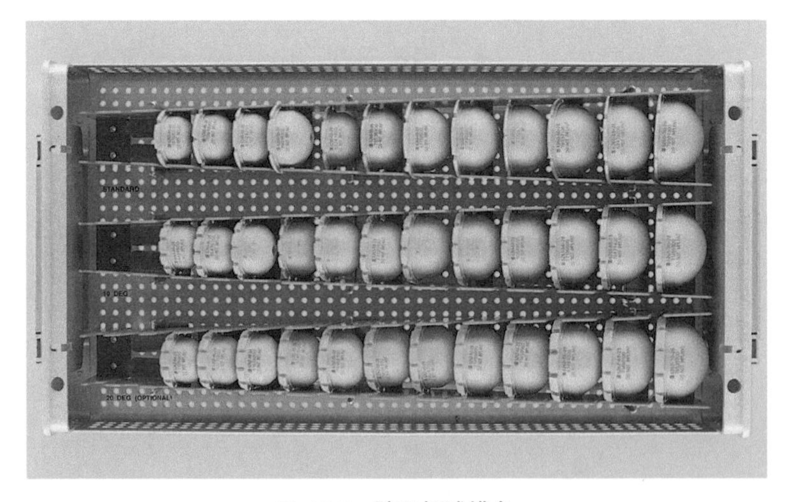

图 49-5 髋臼杯试模盘

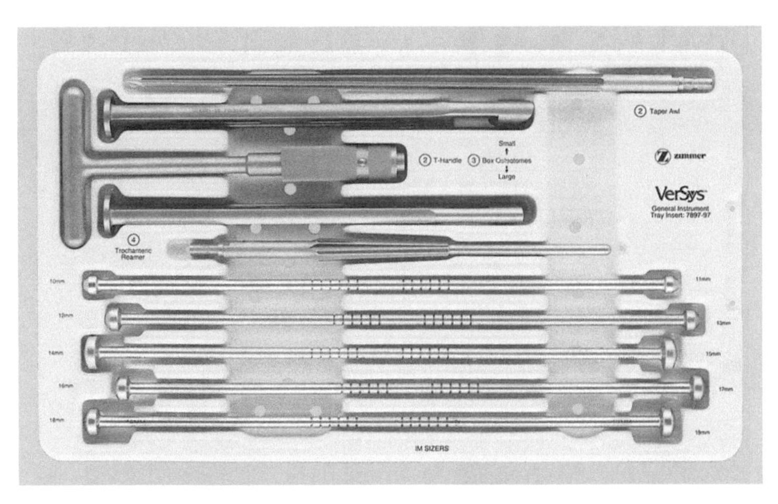

图 49-6　全骨干常规器械盘

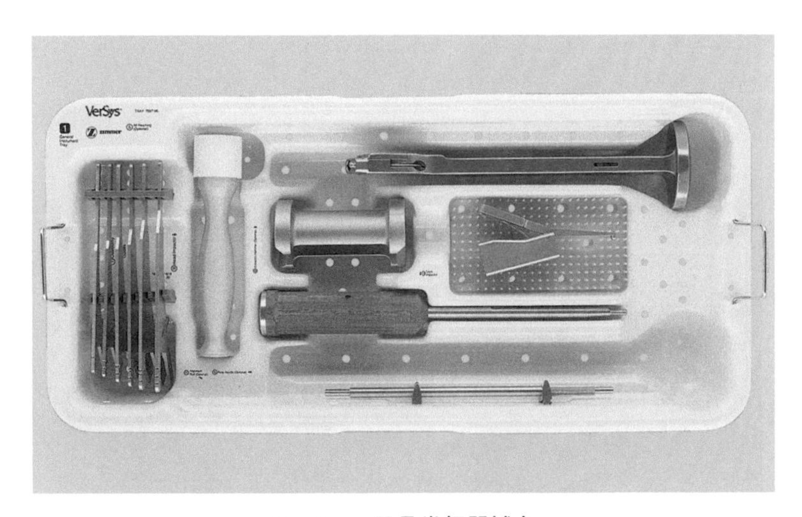

图 49-7　股骨常规器械盘

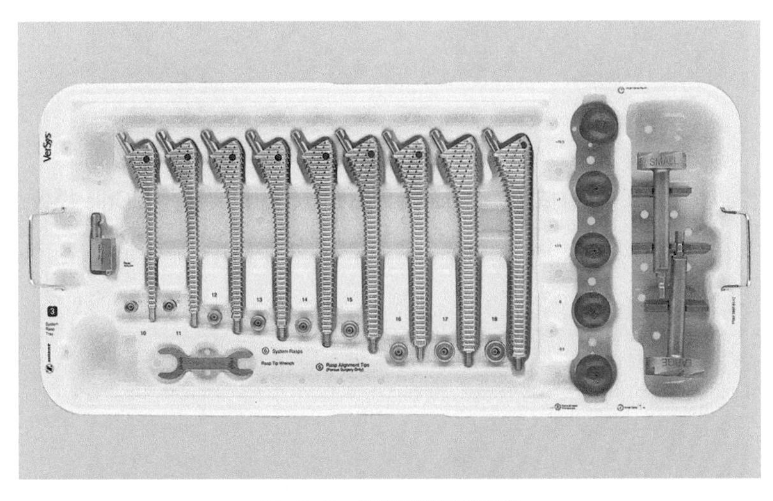

图 49-8　股骨髓腔粗锉盘

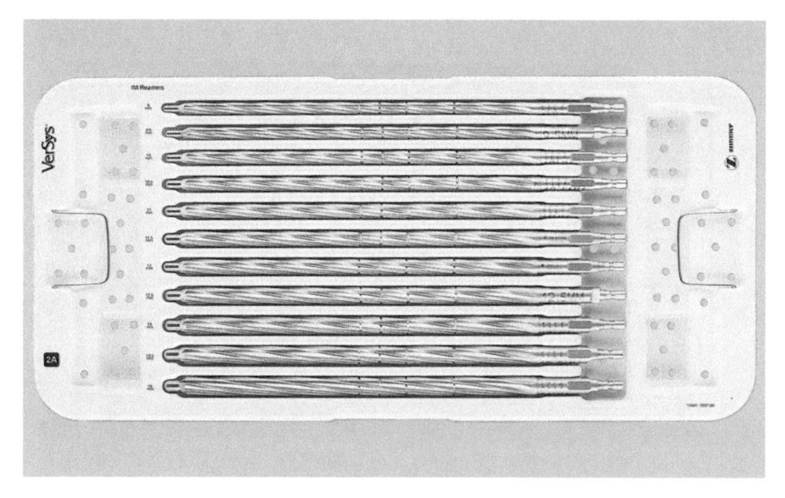

图 49-9　2A 扩股骨髓腔钻头

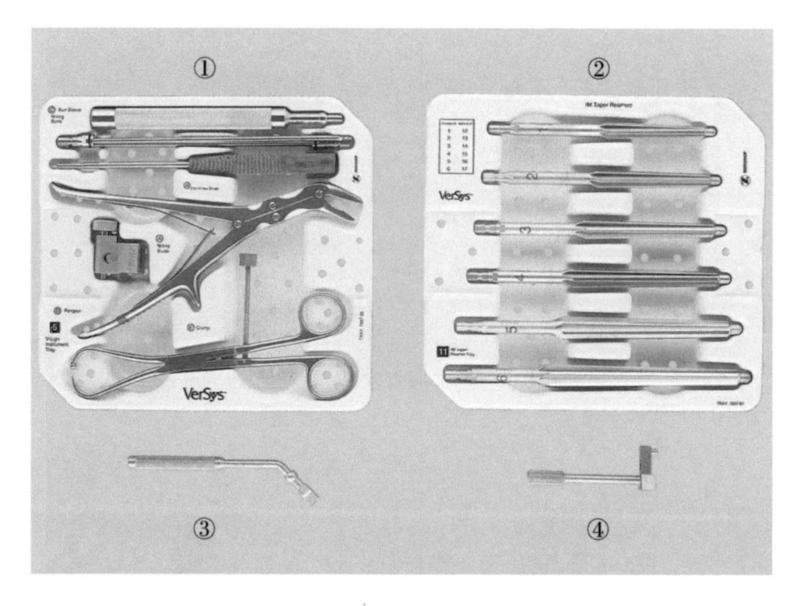

图 49-10　① V-Lign 器械盘；②锥形髓内钻孔器；③稳定器；④ Crile 模板 1 个

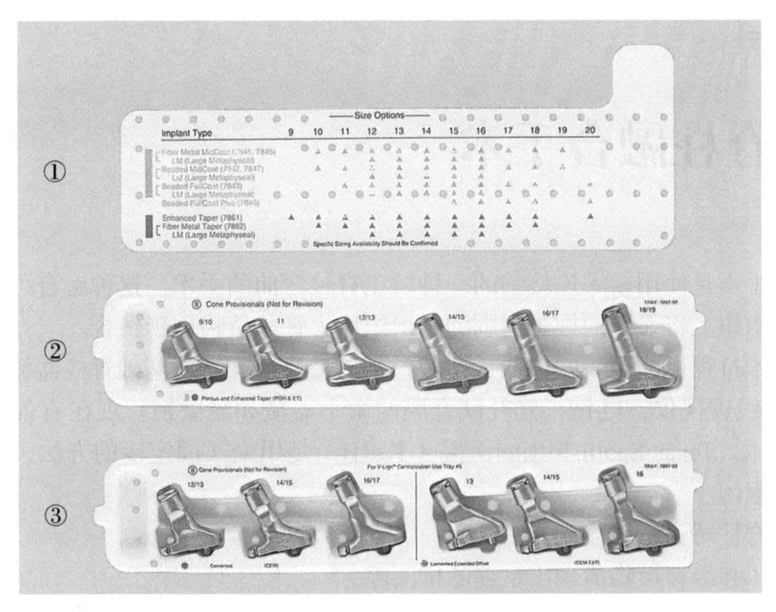

图 49-11　**各种髓腔锉试用颈**

①测量板；②多孔加大的试用颈；③（左）骨水泥型试用颈 3 个，（右）延长管骨水泥型试用颈 3 个

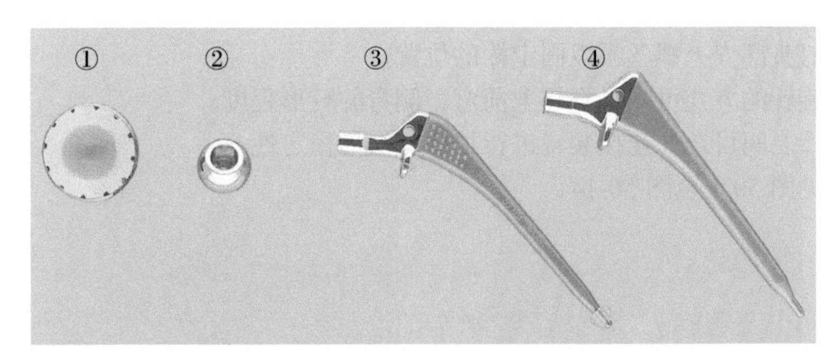

图 49-12　①髋臼假体 1 个；②股骨头假体 1 个；③髓型股骨干假体 1 个；④骨水泥型股骨干假体 1 个

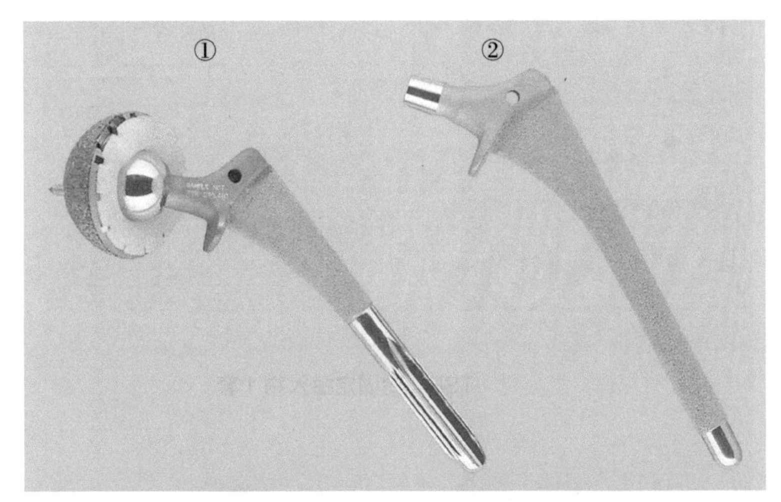

图 49-13　①股骨干中间多孔型假体；②股骨干整体多孔型假体

第 50 章

带棒的脊柱融合手术

脊柱融合手术是使用棒等连接物的一种矫正脊柱弯曲的手术。这种融合可能使用取自髂嵴或骨库的骨组织。将取下的椎骨周围的软组织作为骨移植物用于融合。

在这个手术过程可能需要的仪器、器械包括：带有牵开器的基础脊柱器械系统，确定螺丝钉位置的 X 线透视仪，电钻，修补硬脊膜的微小器械和显微镜。现在有各式各样的方法做脊柱融合手术。Texas Scottish Rite 医院（TSRH）是用交叉固定棒的方法，这也是在这个章节呈现给大家的。

如何置入脊柱矫正物简述如下。

1. 椎管减压和给移植物清理出足够的椎间隙。
2. 选择合适的椎间融合器，材质可为 PEEK 或钛。
3. 在一边或两边椎体上置钛制螺丝钉。
4. 在螺丝钉间放入合适的钛棒。
5. 在螺丝钉头部安上螺丝帽以固定棒的位置。
6. 螺旋棒旋转的方式可减少脊柱上前弯、侧弯的畸形程度。
7. 在棒与棒之间可选择连接装置进行加固，增加稳定性。

手术器械见图 50-1 至图 50-14。

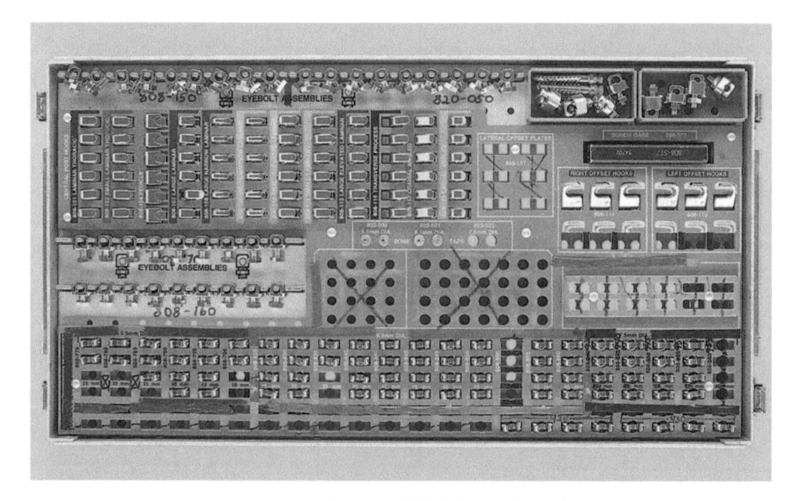

图 50-1 TSRH 内固定植入物 1 套

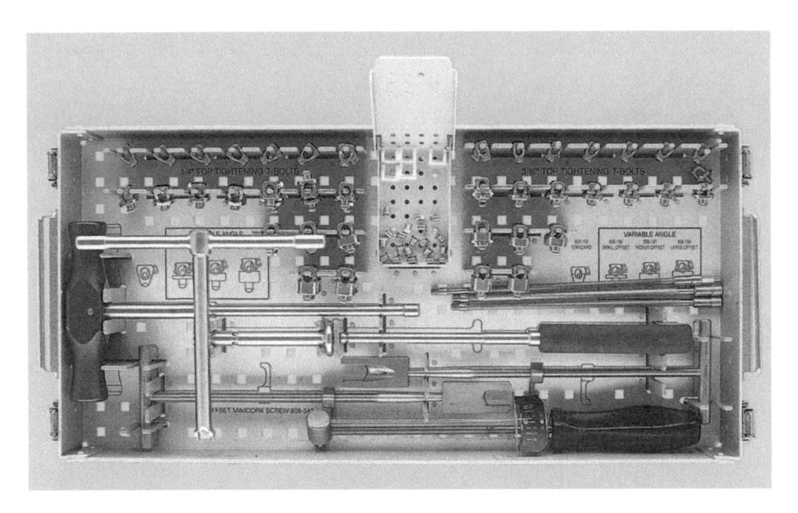

图 50-2　TSRH 锁紧内植入物 1 套

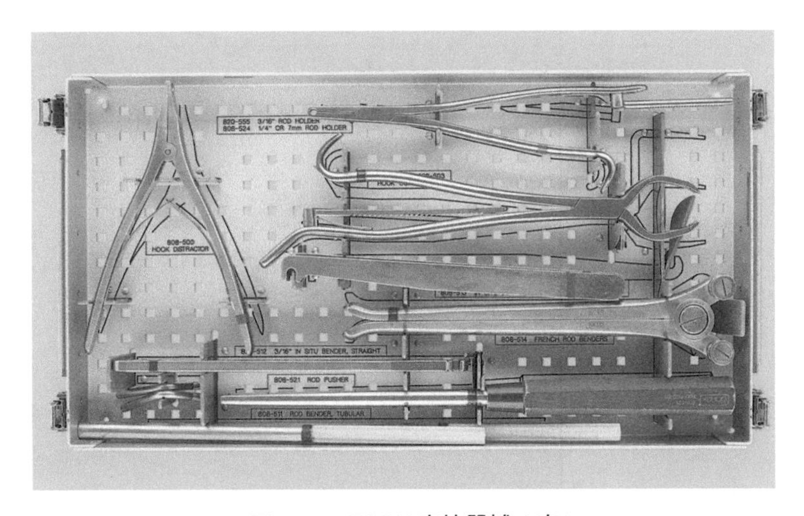

图 50-3　TSRH 弯棒器械 1 套

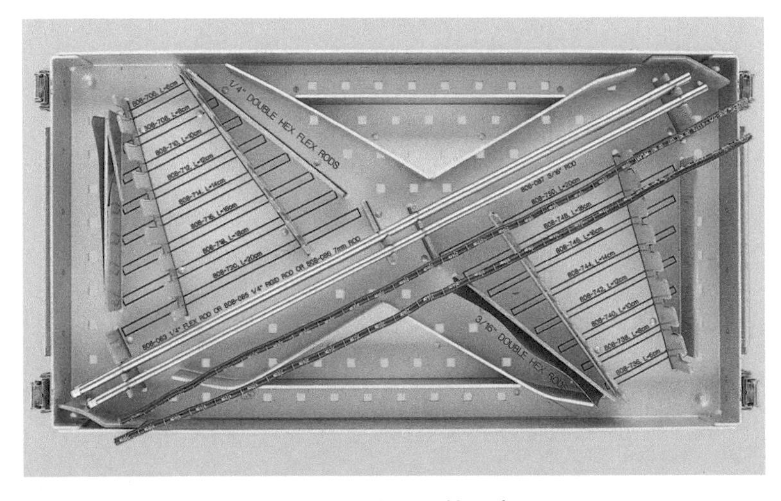

图 50-4　TSRH 棒 1 套

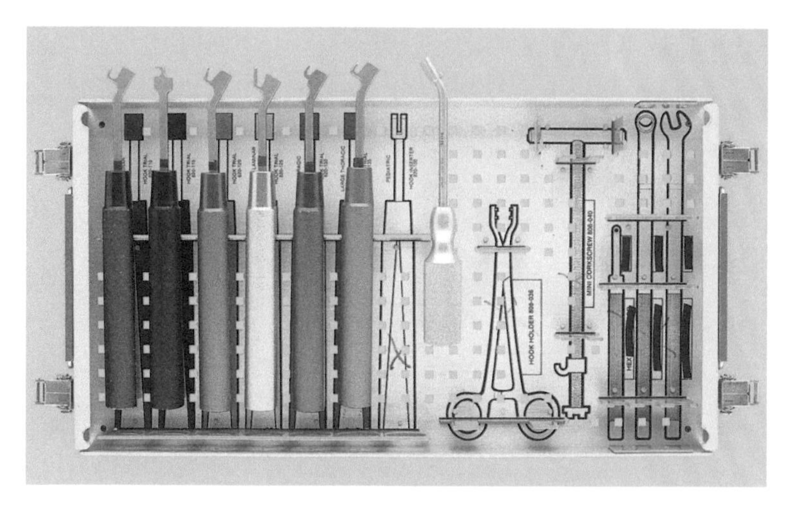

图 50-5 TSRH 小儿手术器械 1 套（下层盘）

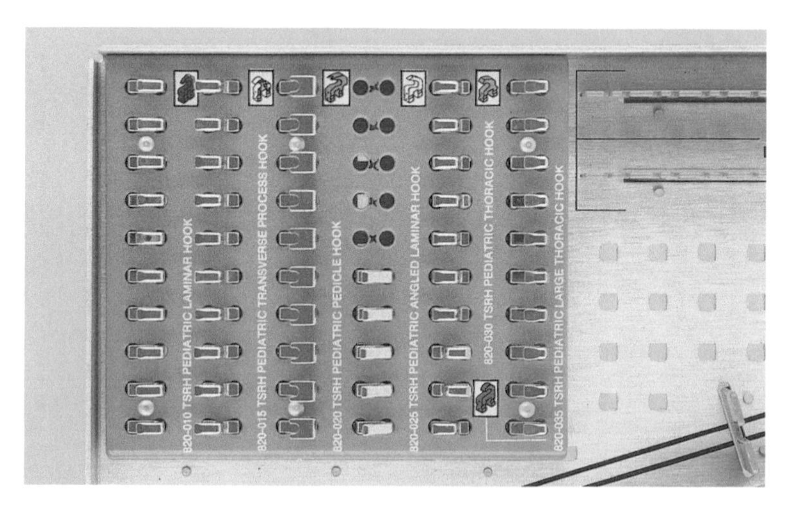

图 50-6 TSRH 小儿手术器械 1 套（上层盘）

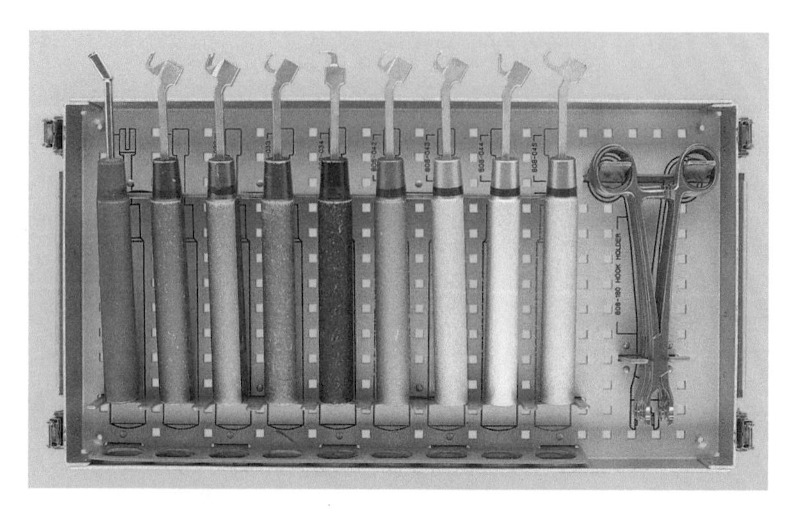

图 50-7 TSRH 钩 1 套

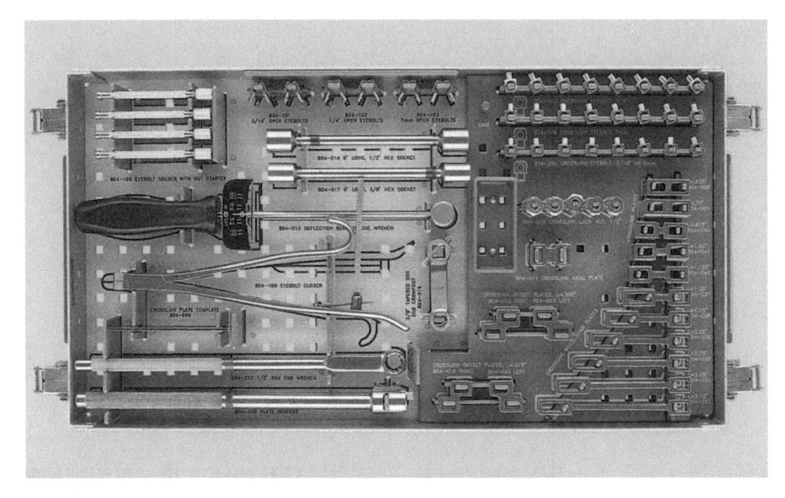

图 50-8　TSRH 横连接器械 1 套

图 50-9　TSRH 扳拧器械 1 套

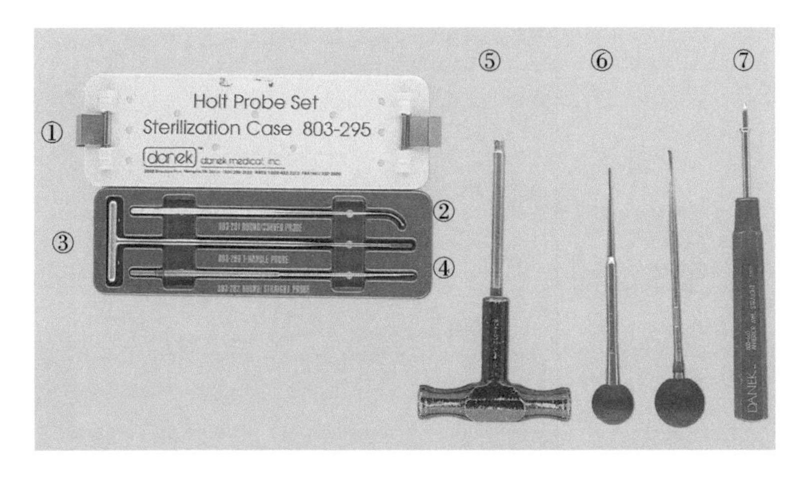

图 50-10　① Holt 探针 1 套；②弯探针；③ T 形手柄探针；④圆及直型探针；⑤ T 形扳手 1 把；⑥（DePuy AcroMed）探针 2 根；⑦直开路锥 1 把

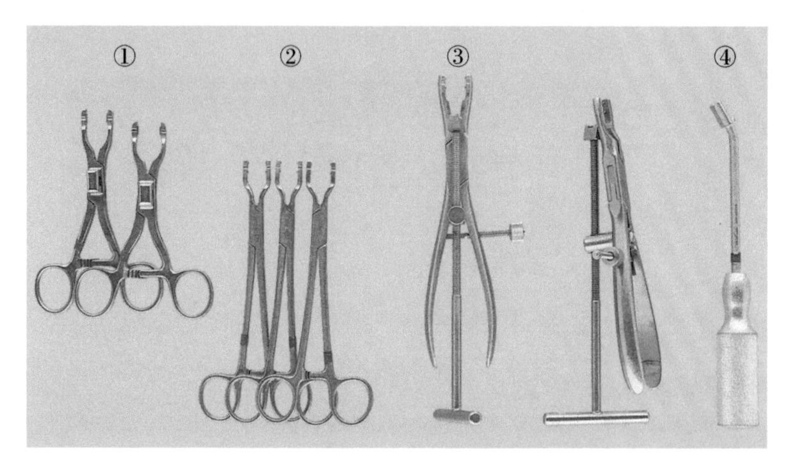

图 50-11 ①小号持钩钳 2 把；②大号持钩钳 3 把；③可移动棒持钩钳 2 把（正面观和侧面观）；④钩插入器 1 把

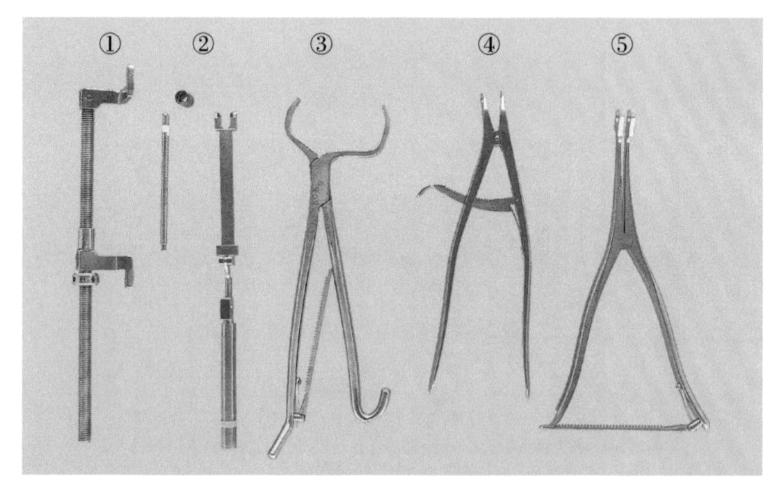

图 50-12 ① Harrington 3 件套撑开器 1 个；② Harrington 螺母、钢针、扳手各 1 个；③大力加压器 1 把；④ Sofamor 弯撑开器 1 把；⑤大号撑开器 1 把

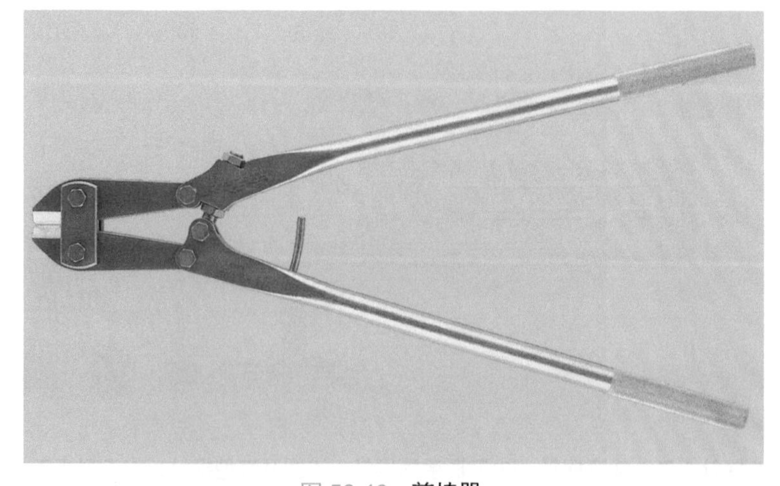

图 50-13 剪棒器

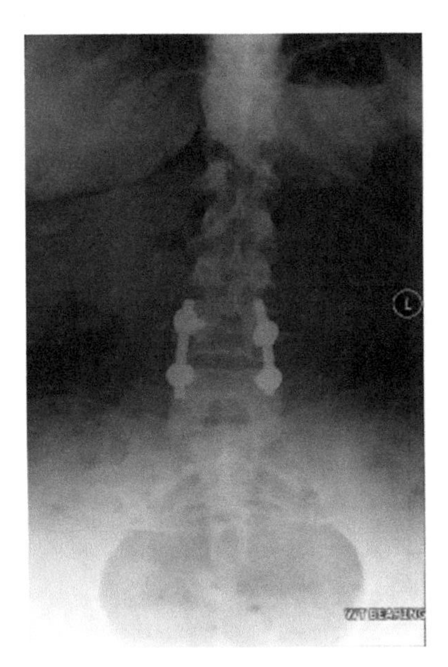

图 50-14　术后摄片。L4-L5 椎体融合成正常的直线

第 51 章

长骨骨折内固定术

此手术可能用到的器械：ASIF 的基本器械 1 套。该手术使用的器械简述如下（图 51-1 和图 51-2）。

1. 使用小套分离器械在骨折近端做一个小切口。
2. 在透视下通过套筒打空心钻。
3. 在横跨骨折部位的轴下放置校准导丝。
4. 测定棒的型号和长度。
5. 滑动锤与棒链接。
6. 滑动锤驱动杆棒，使其到达轴下方。
7. 将锁定钉拧入杆棒任意一段，使其固定。

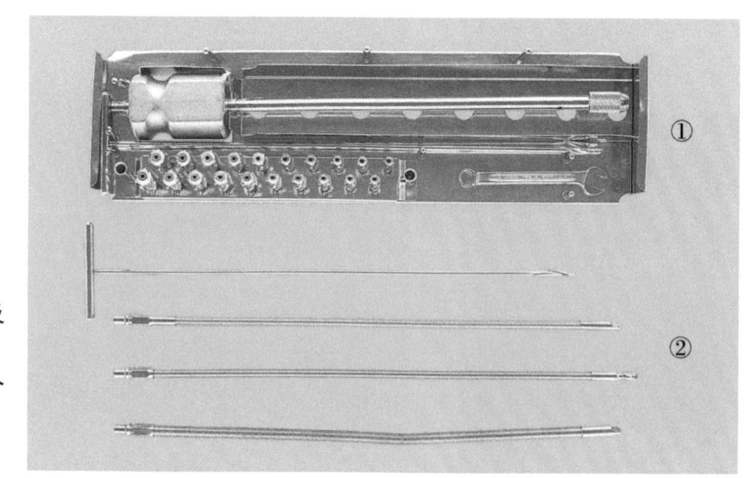

图 51-1　①盘上：打拔器，软钻及空心引导棒；盘中：扳手；②盘外：硬钻，软扩棒 3 个

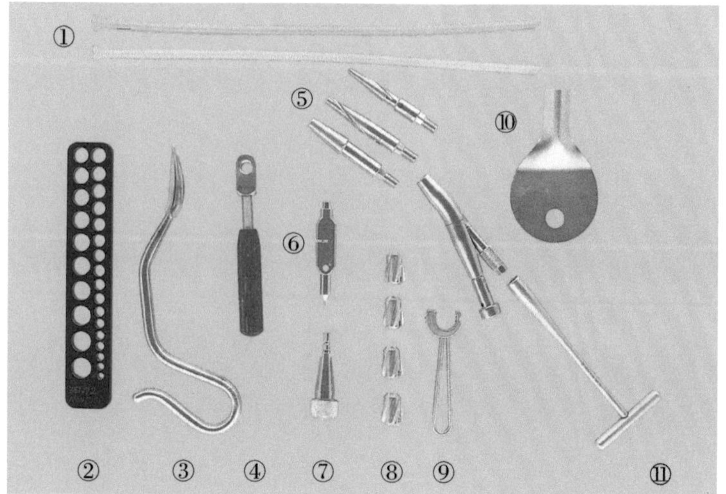

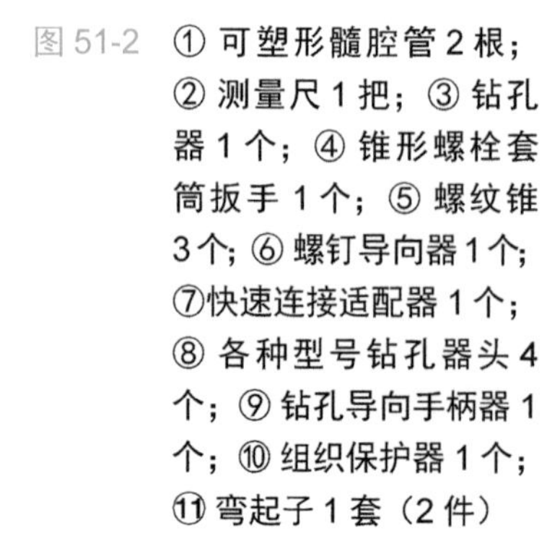

图 51-2　① 可塑形髓腔管 2 根；② 测量尺 1 把；③ 钻孔器 1 个；④ 锥形螺栓套筒扳手 1 个；⑤ 螺纹锥 3 个；⑥ 螺钉导向器 1 个；⑦快速连接适配器 1 个；⑧ 各种型号钻孔器头 4 个；⑨ 钻孔导向手柄器 1 个；⑩ 组织保护器 1 个；⑪ 弯起子 1 套（2 件）

第 52 章

ASIF 常用的骨牵引

牵引是直接用于骨折复位和协助在手术前稳定骨折部位。也可以用于胫骨平台和骨盆骨折（图 52-1）。

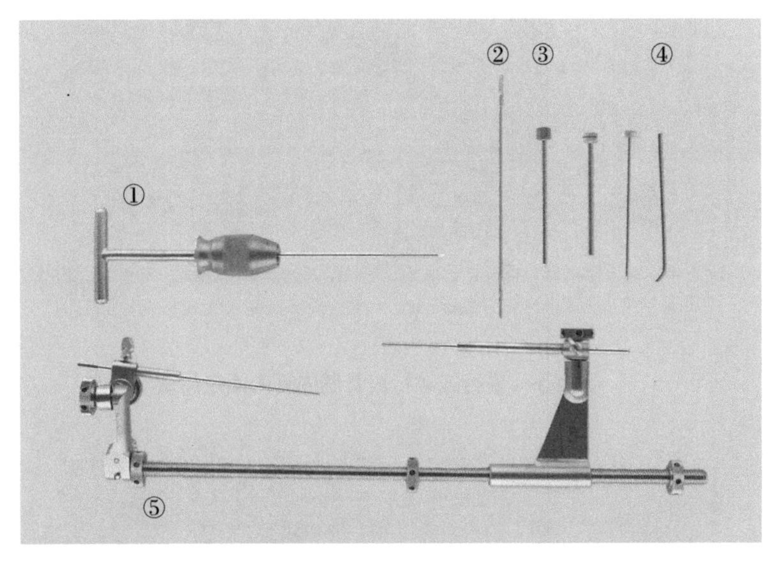

图 52-1　①通用 T 型手柄和导针；② 通用钻头 1 个；③ 导向器 3 个；④ 导针扳手 1 个；⑤ 把导针平稳地固定在左侧牵引架上，可活动的导针固定在右侧牵引架上

第 53 章

Synthes 逆行或顺行股骨髓内钉

股骨髓内钉用于对齐和稳定股骨长骨类骨折，髓内钉的类型（顺行、逆行型、扩髓及非扩髓）的选用取决于骨折类型、位置、骨折的复杂性及医师的偏好（图 53-1 至图 53-3）。

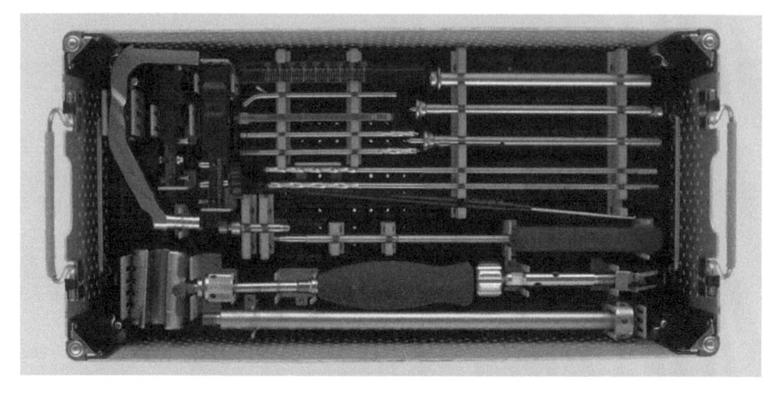

图 53-1　Synthes 逆行或顺行股骨髓内钉内固定器械 1 号盘

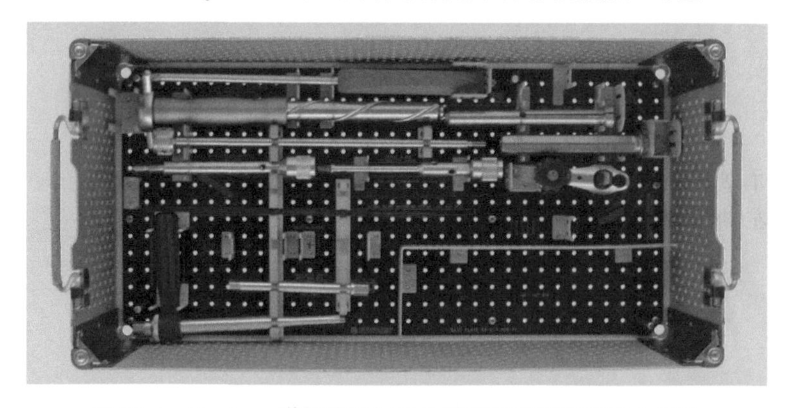

图 53-2　Synthes 逆行或顺行股骨髓内钉内固定器械 2 号盘

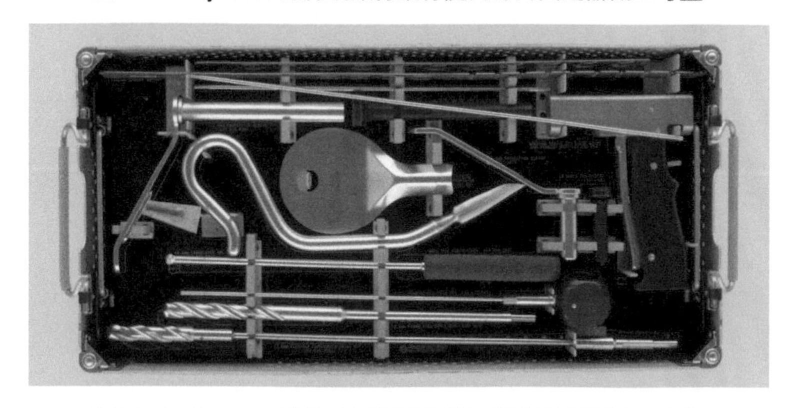

图 53-3　Synthes 逆行或顺行股骨髓内钉内固定器械 3 号盘

第 54 章

Synthes 非扩髓胫骨髓内钉的插入和锁定器械

见图 54-1 和图 54-2。

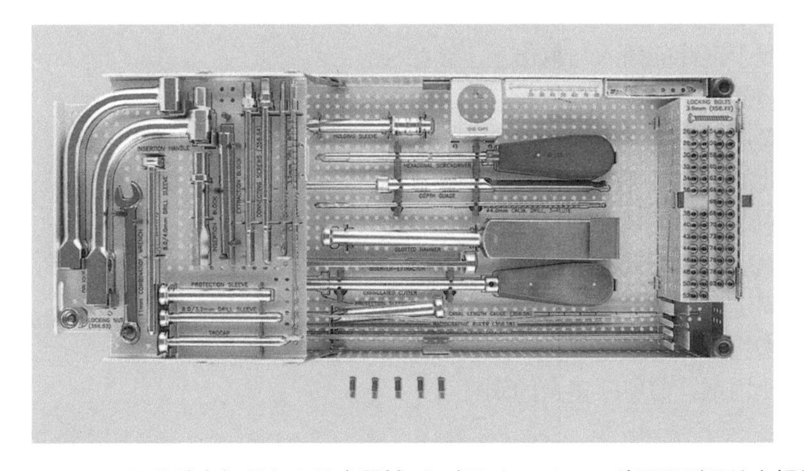

图 54-1　Synthes 胫骨髓内钉置入和锁定器械（已标记）。下：5 种不同型号锁定螺栓套筒

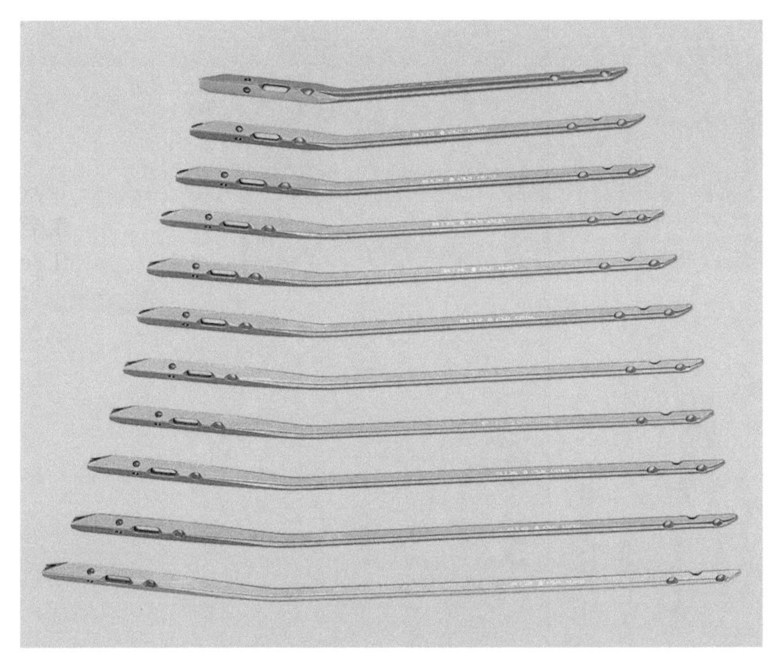

图 54-2　Synthes 各种型号非扩髓胫骨髓内钉 1 套（按型号排列）

第 55 章

骨折外固定

外固定是在身体以外利用外固定器材来固定复杂的骨折。骨折外固定手术可能需要的器械包括 ASIF 基础器械 1 套。

骨折外固定手术器械使用简述如下（图 55-1 至图 55-5）。

1. 小切口便于钢针的插入与取出。
2. 骨膜剥离器用于钝性剥离骨膜。
3. 钻头套筒用来保护软组织。
4. 在骨折线的上方或下方钻孔打入钢针。
5. 每处需固定的骨折都须进行此步骤。
6. 多向轴固定于每根钢针的两端。
7. 安置外固定器框架。
8. 扳手用来拧紧外固定框架。
9. 必要时使用钢针剪剪断多余的钢针。

图 55-1　Taylor 主体框架外固定器械（Dr.Douglas N.Beaman 准备）

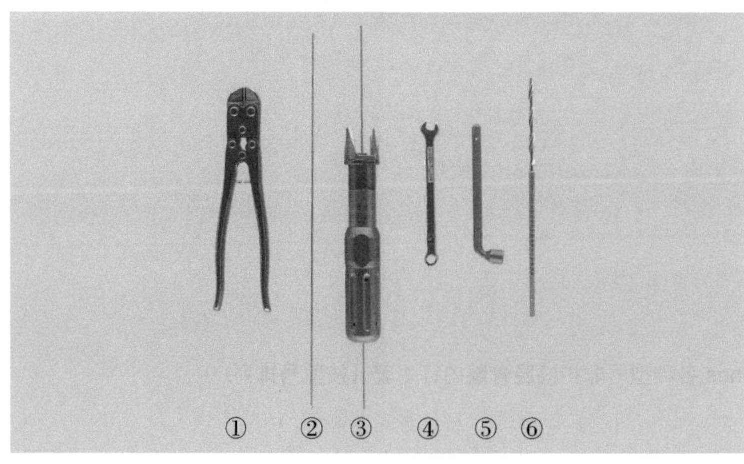

图 55-2　① 钢丝剪；② 导针；③ 旋紧器；④ 扳手；⑤ 套筒扳手；⑥ 钻头

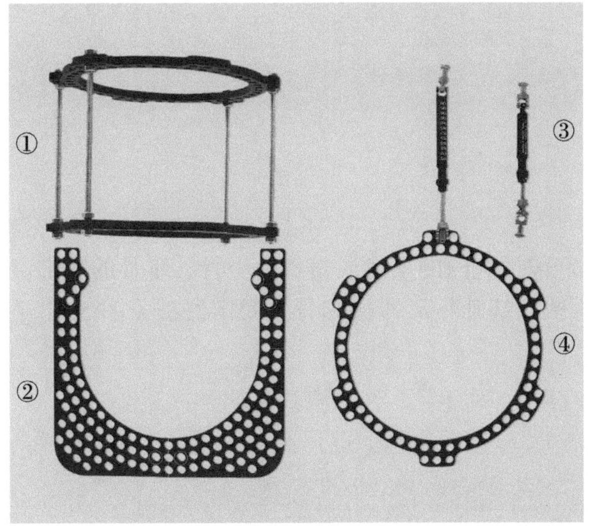

图 55-3 ① Taylor Spatial 支撑主体环；② Taylor Spatial 半环支撑脚踏板；③ 悬挂支撑针 2 根；④ Taylor Spatial 圆环 1 个

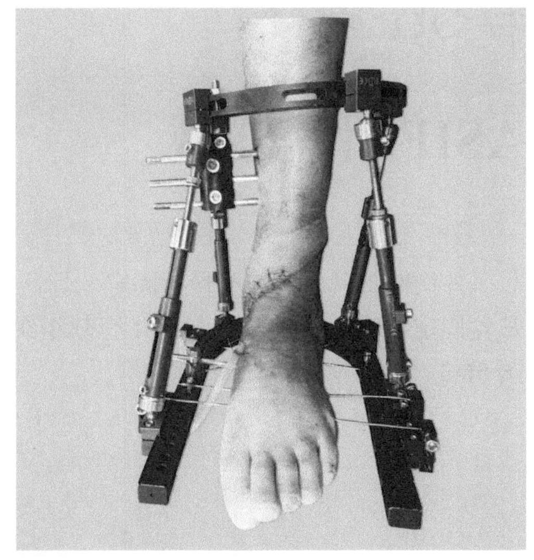

图 55-4 患者应用 Taylor Spatial 环状框架外固定器

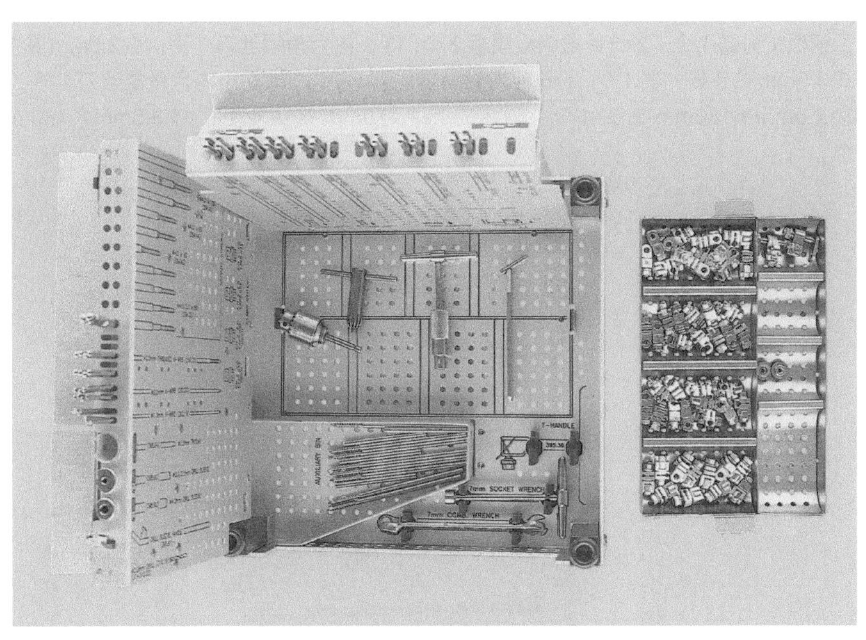

图 55-5 ASIF 外固定微型器械盒

第 56 章

ASIF 骨盆器械

外伤性骨盆骨折需要骨盆固定。骨盆固定包括髋臼的重建或髂骨、坐骨、耻骨的固定。骨盆固定可能需要的器械包括 1 套软组织器械、基础整形器械和骨盆固定器械（图 56-1 至图 56-3）。

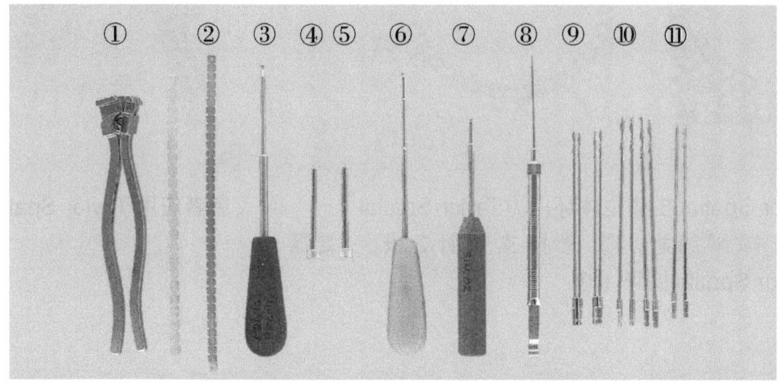

图 56-1　①钢板折弯器 1 个；②长骨盆钢板模板 2 个；③小内六角螺丝刀 1 个；④ 2.5mm 钻头导向器 1 个；⑤3.5mm 钻头导向器 1 个；⑥长柄内六角螺丝刀 1 把；⑦常规小内六角螺丝刀 1 把；⑧测深器 1 个；⑨ 2.5mm×180mm 钻头 4 个；⑩ 3.5mm×170mm 钻头 4 个；⑪ 3.5mm×180mm 空心钻头 2 个

图 56-2　ASIF 骨盆内固定器 1 套

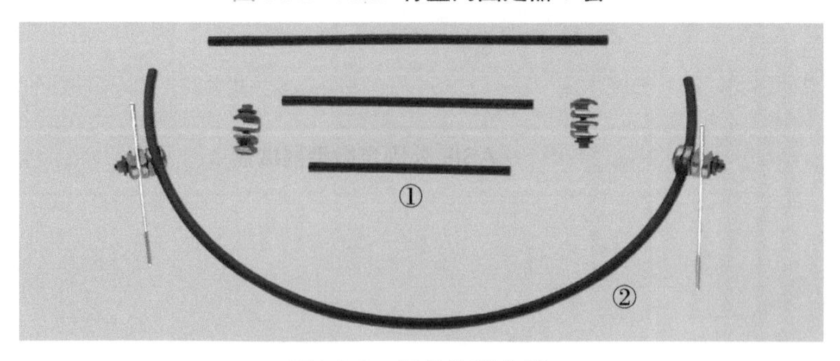

图 56-3　骨盆外固定架

①直黑碳管 3 根与夹子 2 个；②半环黑碳管 1 根（两边带有 Schanz 钢针）

第 57 章

通用螺丝刀组 / 断螺杆组

当你不知道以前植入的金属物体类型时，通用螺丝刀组可提供给你可用的许多类型和大小的螺丝刀，同时，断螺杆组可提供给你较难取出的螺丝钉或者已断的螺丝钉的器械（图 57-1 和图 57-2）。

图 57-1　Shukla 通用螺丝刀组。各种型号螺丝刀附件（包括灵活和固定的 Hex 螺丝刀、星型螺丝刀、平头螺丝刀和 Phillips-tip 头螺丝刀）的空心硅胶螺丝刀 1 套

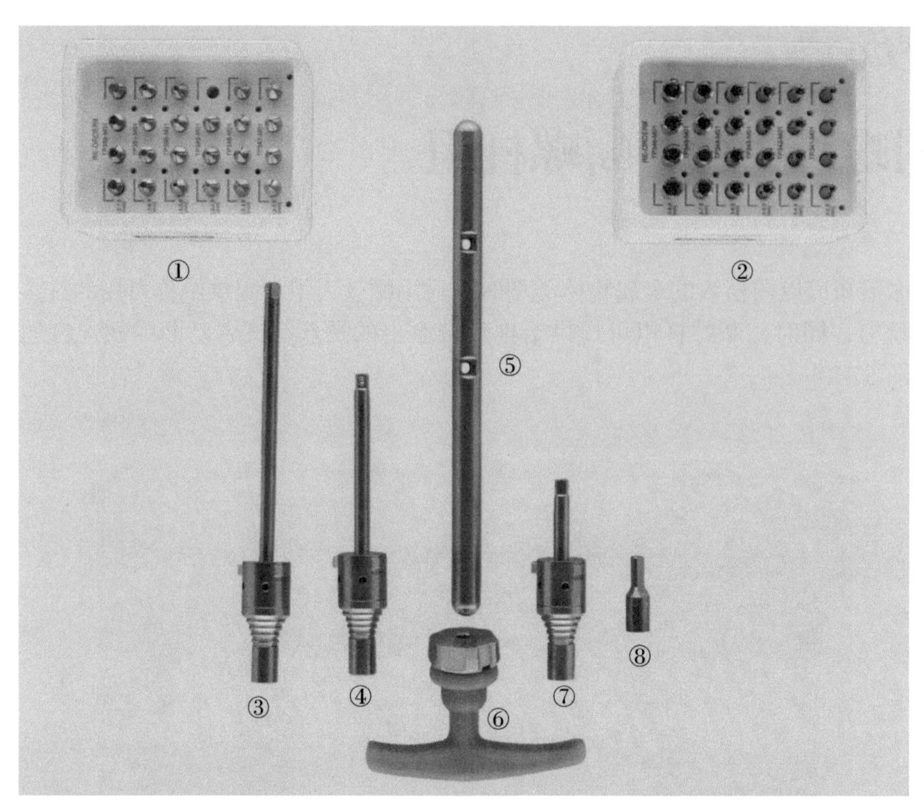

图 57-2 ①断螺钉 1 盒；②取下的螺钉 1 盒；③ 8in 扩大驱动器 1 个；④ 6in 扩大驱动器 1 个；⑤断钉提取阻断棒 1 个；⑥带空心松脱 T 型手柄 1 个；⑦ 4in 扩大驱动器 1 个；⑧电钻适配器 1 个

第六单元 眼耳鼻喉手术

第 58 章

基础眼部器械

基础眼部器械通常用在基础眼部手术。常见器械包括 Lancaster 开睑器，带刀片 Beaver 刀柄与虹膜剪。在这一章里，还包括 1 套睑板腺囊肿和翼状胬肉切除器械，它们都包括基础的眼部手术所有器械。睑板腺囊肿器械用于睑板腺囊肿切除，以及切除睑板腺或 Zeiss 腺的脂肪肉芽肿。

该手术过程器械的使用简述如下（图 58-1 至图 58-4）。

1. 一个合适的睑板腺囊肿夹用于翻转眼睑和控制出血。

2. 用 11 号刀片（配 9 号刀柄）做 2 ～ 3mm 的切口。

3. 一个合适的睑板腺囊肿刮匙用于刮除囊肿衬里的所有内容物。

4. 控制压力使几分钟内达到止血效果。

5. 偶尔，Castroviejo 持针器用于缝扎止血。

6. 直、弯 McPherson 钳用于辅助缝合。

翼状胬肉器械用于切除翼状胬肉。翼状胬肉是结膜的一种良性增长物。手术可能还需要 1 台眼科显微镜。

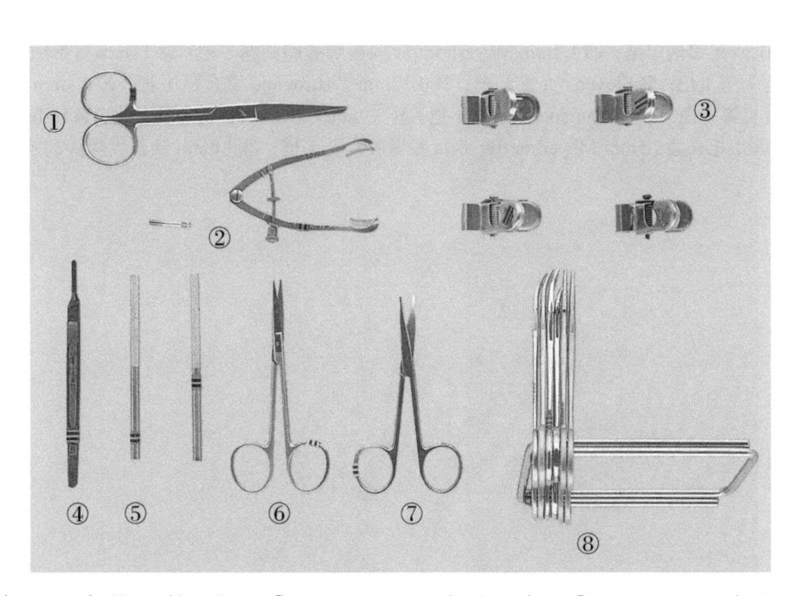

图 58-1 ① $5\frac{1}{2}$in 直尖整形剪 1 把；② Lancaster 开睑器 1 个；③ Edwards 固定夹 4 个；④ Bard-Parker 9 号刀柄 1 把；⑤ Beaver 嵌入式滚花刀柄 2 把；⑥ $4\frac{1}{2}$in 直虹膜剪 1 把；⑦ Stevens 肌腱剪 1 把；⑧ Halsted 弯蚊式止血钳 4 把，Halsted 直蚊式止血钳 2 把

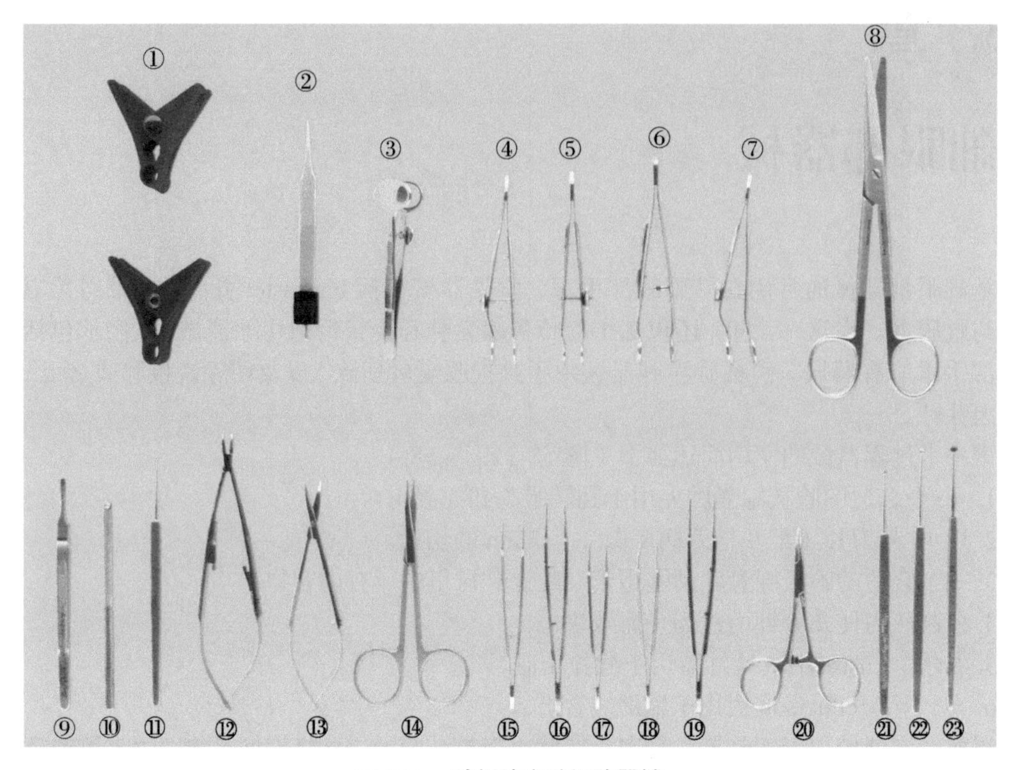

图 58-2 睑板腺囊肿切除器械

①蓝色夹子 2 个；②双极镊 1 把；③ Desmarres 睑板腺囊肿钳 1 把；④ Francis 睑板腺囊肿钳 1 把；⑤ Baird 睑板腺囊肿钳 1 把；⑥ Lambert 睑板腺囊肿钳 1 把；⑦ Hunt 睑板腺囊肿钳 1 把；⑧ Vital Mayo 解剖剪 1 把；⑨ Bard-Parker 9 号刀柄 1 把；⑩ Beaver 刀柄 1 把；⑪ 1.5mm Meyerhoeffer 睑板腺囊肿刮匙 1 把；⑫ 11mm 弯带锁的 Castroviejo 针持 1 把；⑬ Westcott 钝头剪 1 把；⑭ Stevens 直剪 1 把；⑮ 0.12mm Castroviejo 缝合镊 1 把；⑯ 0.3mm Castroviejo 缝合镊 1 把；⑰ McPherson 直镊 1 把；⑱ McPherson 角度镊 1 把；⑲ 0.9mm Castroviejo 缝合镊 1 把；⑳ Halsted 弯蚊式钳 1 把；㉑ 2.0mm Skeele 刮匙 1 把；㉒ 2.5mm Meyerhoeffer 睑板腺囊肿刮匙 1 把；㉓ 3.0mm 睑板腺囊肿刮匙 1 把

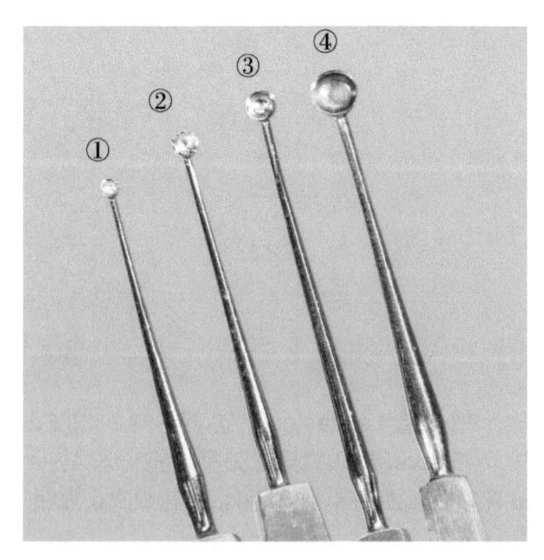

图 58-3 刮匙头端

① 1.5mm Meyerhoeffer 刮匙；② 2.0mm Skeele 刮匙；③ 2.5mm 睑板腺囊肿刮匙；④ 3.0mm 睑板腺囊肿刮匙

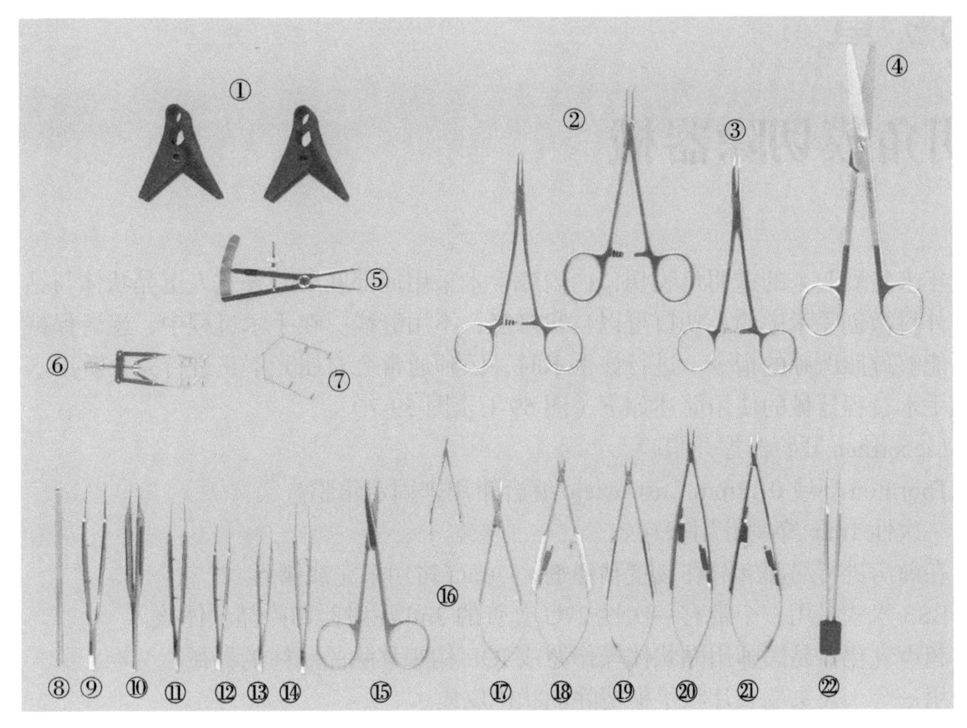

图 58-4　**翼状胬肉切除器械**

①蓝色夹子 2 个；② Halsted 直蚊式钳 2 把；③ Halsted 弯蚊式钳 1 把；④ Mayo 直解剖剪 1 把；⑤ Castroviejo 卡尺 1 把；⑥ Lieberman 眼睑撑开器 1 把；⑦ Kratz-Berraquer 眼睑撑开器 1 把；⑧ Beaver 刀柄 1 把；⑨ 0.9mm Castroviejo 缝合镊 1 把；⑩ Fechtner 环镊 1 把；⑪ Harms-Tubingen 直镊 1 把；⑫ MacPherson 直镊 1 把；⑬ MacPherson 角度镊 1 把；⑭ 0.12mm Castroviejo 缝合镊 1 把；⑮ 3½inStevens 直剪 1 把；⑯ 318inVannas 直被膜剪 1 把；⑰ Westcott 弯剪 1 把；⑱ 9mm 弯锁定 Barraquer 持针器 1 把；⑲弯无锁 Barraquer 持针器 1 把；⑳ 12mm 直锁定 Castroviejo 持针器 1 把；㉑ 11mm 弯锁定 Castroviejo 持针器 1 把；㉒ Jeweler's 双极镊 1 把

第 59 章

透明角膜切除器械

近年来发展起来的透明角膜切口白内障手术采用局部麻醉、叠式人工晶状体与钻石刀来完成。外科微创手术中的小切口可以自我修复，不用缝线。在手术过程中，患者保持清醒的状态，能够遵照医师的指令。进行该手术时，医师通常会对屈光不正进行完全矫正。

该手术过程器械的使用简述如下（图 59-1 至图 59-7）。

1. Lieberman 开睑器撑开眼睑。
2. Thornton 环或 0.12mm Castroviejo 缝合钳用来固定角膜。
3. 一次性 1mm 穿刺针用来穿刺。
4. 在前房进行局部麻醉和放置粘弹剂，Utrata 钳用来完成撕囊。
5. BSS 术式是用一个带有一次性 27G 套管的 3ml 注射器切除晶状体核。
6. 超声乳化器是医师用晶状体操作器或 IOL 钩来移除晶状体的器械。
7. 用一个 1/A 头端和片状手柄清除晶状体皮质。
8. 在填充粘弹剂后，IOL 被插入 Alcon Monarch Ⅲ IOL 注射器和一次性套管中。
9. LesterIOL 操作器用于准确放置晶状体粘弹剂。
10. 用一个 1/A 头端和片状手柄清除粘弹剂。
11. BSS 术式是用一个带有一次性 27G 套管的 3ml 注射器封闭切口。

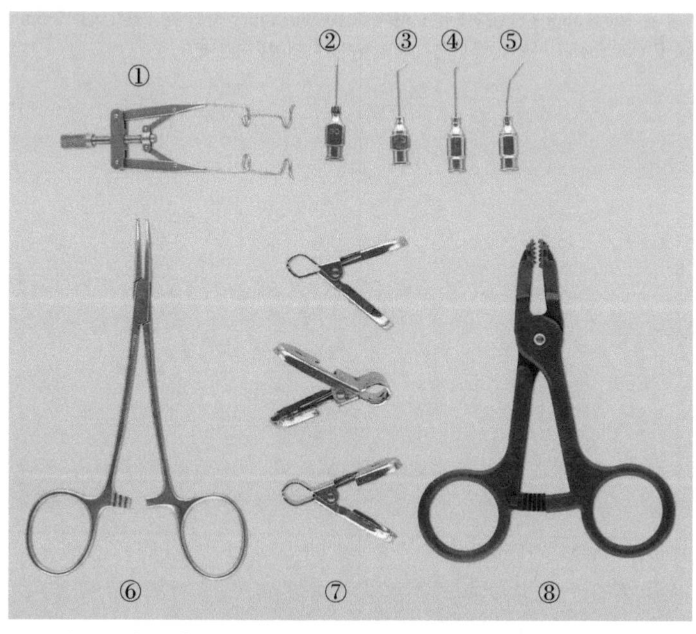

图 59-1 ① Lieberman 开睑器 1 个；② 30G 注吸针头 1 个；③ 27G 注吸针头 1 个；④ 长注吸针头 1 个；⑤ 27G 注吸针头 1 个；⑥ Halstead 精细蚊式止血钳 1 把；⑦ Edwards 控制夹 3 个；⑧ 粗巾钳 1 把

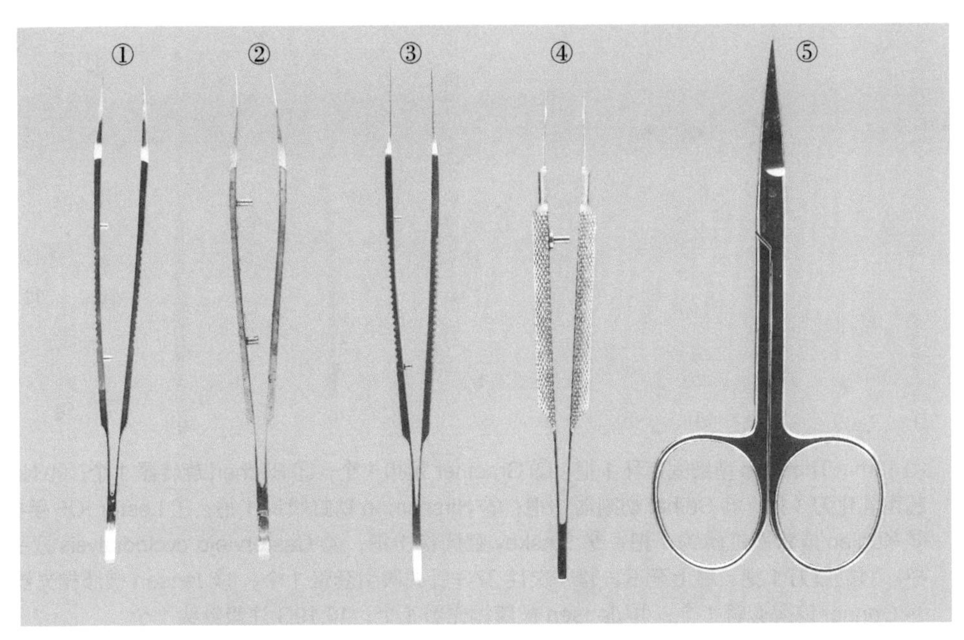

图 59-2　① Gaskin 弯分离镊 1 把；② Kelman-McPherson 弯系结镊 1 把；③ 0.12mm Castroviejo 缝合镊 1 把；④ Utrata 镊 1 把；⑤直虹膜剪 1 把

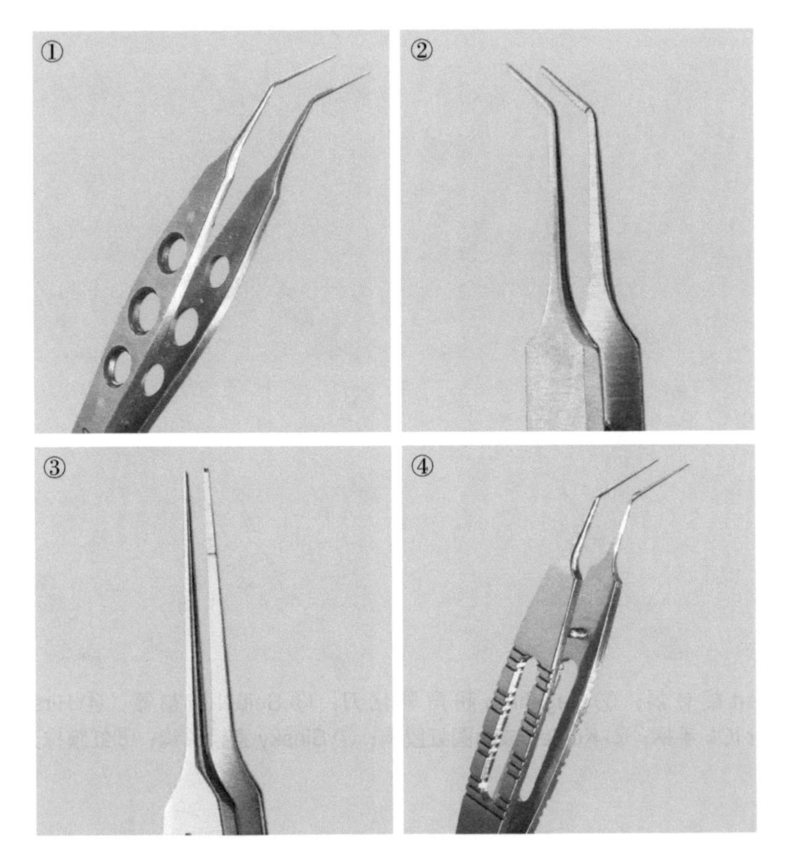

图 59-3　① Gaskin 弯分离镊；② Kelman-McPherson 弯系结镊；③ 0.12mm Castroviejo 缝合镊；④ Utrata 角度镊

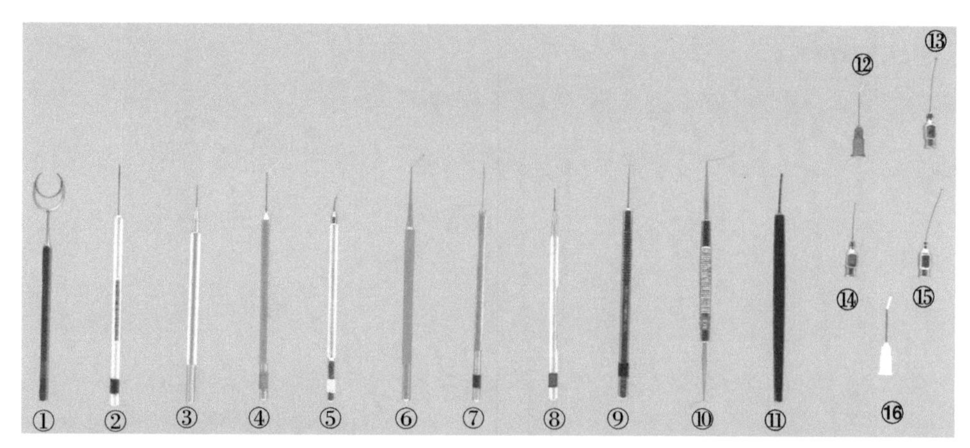

图 59-4 ① 13mm Thornton 精细固定环 1 把；② Graether 领扣 1 个；③ Bechert 旋转器 1 个；④ Nagahara 超声乳化刀 1 把；⑤ Seibel 切割器 1 把；⑥ Hirschman 钛虹膜钩 1 把；⑦ Lester IOL 手柄 1 把；⑧ Kuglen 成角圆虹膜钩 1 把；⑨ Sinskey 虹膜钩 1 把；⑩ Castorviejo cyclodialysis 双头抹刀 1 把；⑪虹膜刀 1 把。由上至下。⑫一次性 27G 针式吸引套管 1 个；⑬ Jensen 被膜抛光器 1 个；⑭ Connor 麻醉套管 1 个；⑮ Jensen 被膜抛光器 1 个；⑯ 19G 注吸针头 1 个

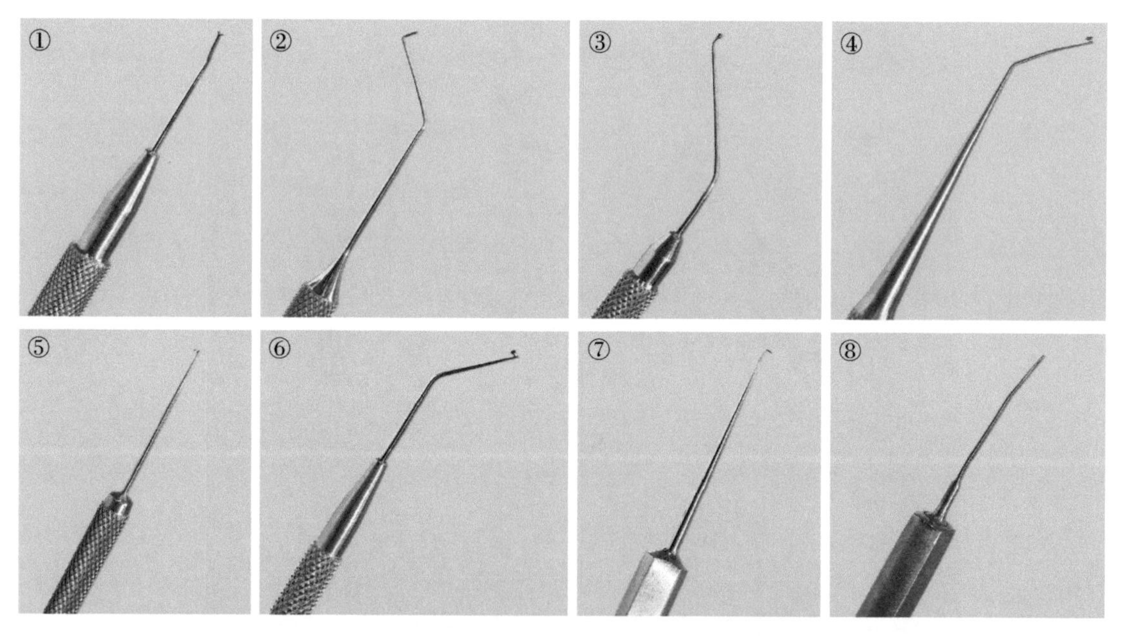

图 59-5 ① Bechert 旋转器；② Nagahara 超声乳化刀；③ Seibel 切割器；④ Hirschman 虹膜钩；⑤ Lester IOL 手柄；⑥ Kuglen 成角圆虹膜钩；⑦ Sinsky 直镜头钩；⑧虹膜抹刀

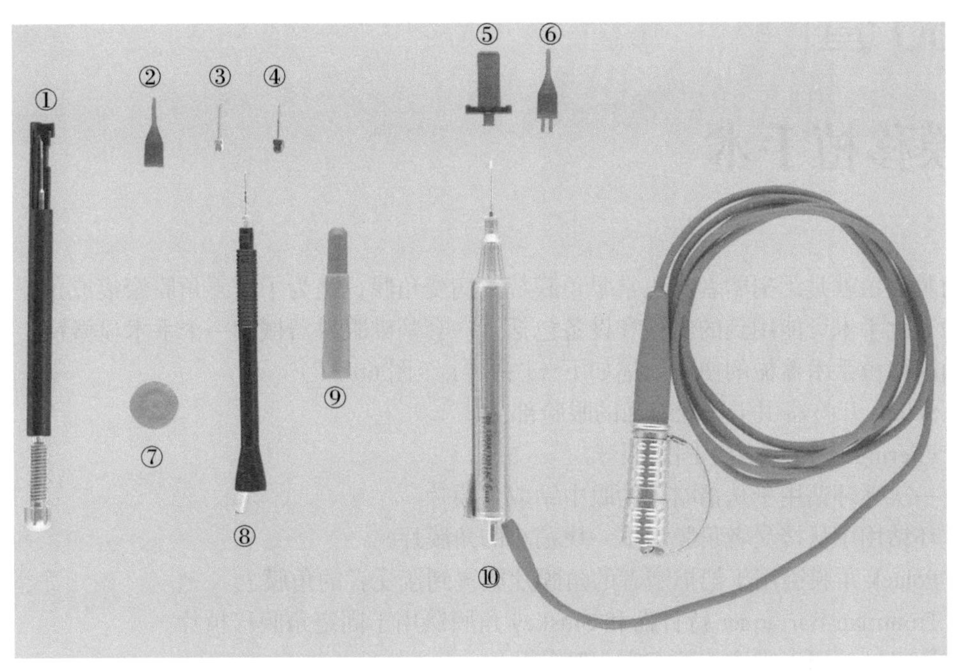

图 59-6　① Alcon Monarch Ⅲ IOL 注射器 1 个；② 0.9mm MicroSmooth 1/A 套管 1 个；③扳手 1 个；④ 0.3mm，1/A 45° 弯装置 1 个；⑤ 0.3mm 小口径 1/A（附加手柄）1 个；⑥ Alcon 1/A UltraFlow SP 螺纹手柄 1 个；⑦ 0.3mm，1/A 弯装置 1 个；⑧测试器 1 个；⑨扳手 1 个；⑩超声乳化刀头套管 1 个，Alcon Ozil 手柄 1 个，0.9mm MicroSmooth 超声乳化导线 1 根

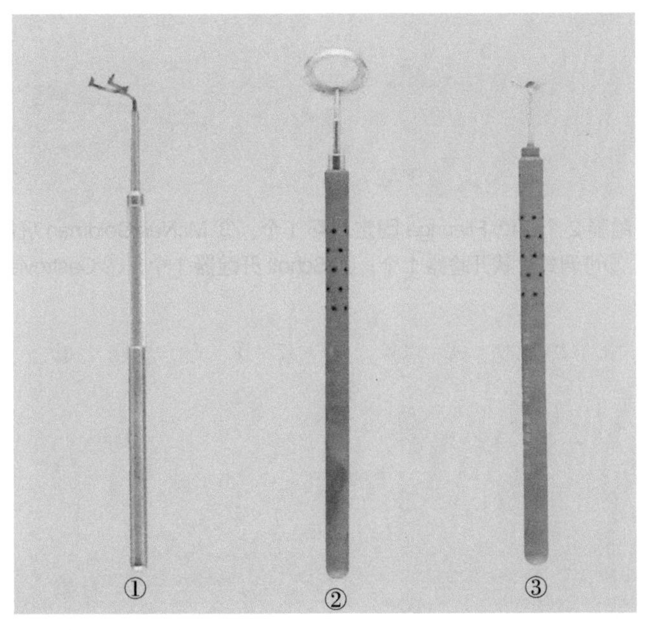

图 59-7　① Duckworth & Kent cionni 标记环 1 个；② Gimbel Mendez 固定导环 (90° 安装手柄）1 个；③双线角膜标记器 1 个

第 60 章

角膜移植手术

角膜移植就是用捐赠者的正常眼角膜替换病变角膜，是为了改善角膜瘢痕或角膜变形者的视力。此手术可能用到的器械和设备包括：一套基础眼科器械和一个手术显微镜。

角膜移植手术器械的使用简述如下（图 60-1 至图 60-11）。

1. Schott 开睑器用于撑开缩回的眼睑部。
2. Flieringa 固定环用于固定眼球。
3. 一次性环钻用于从捐赠者的眼中钻取角膜片。
4. 环钻用于从接受者角膜切下一块稍小的角膜片。
5. Polack 角膜镊用于把捐赠者的角膜片放置到接受者的角膜上。
6. Troutman-Barraquer 持针器和 Sinskey 角膜镊用于固定角膜移植片。
7. 注吸针头用于吸取溶液润滑眼睛。

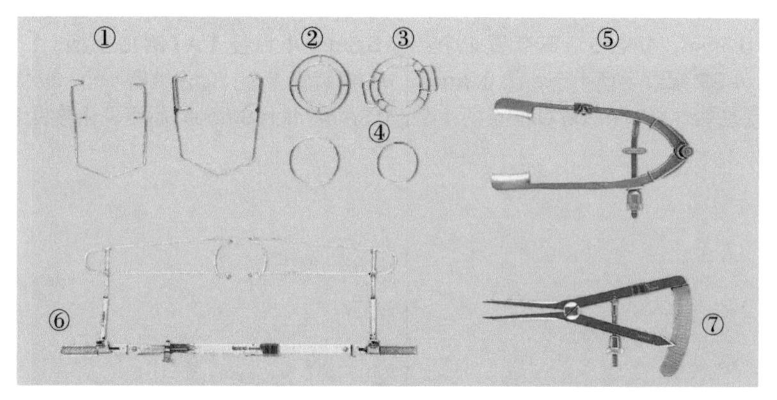

图 60-1 ① Barraquer 开睑器 2 个；② Flieringa 固定双环 1 个；③ McNeil-Goldman 巩膜环 1 个；④ Flieringa 固定单环 2 个；⑤可调式片状开睑器 1 个；⑥ Schott 开睑器 1 个；⑦ Castroviejo 卡尺 1 把

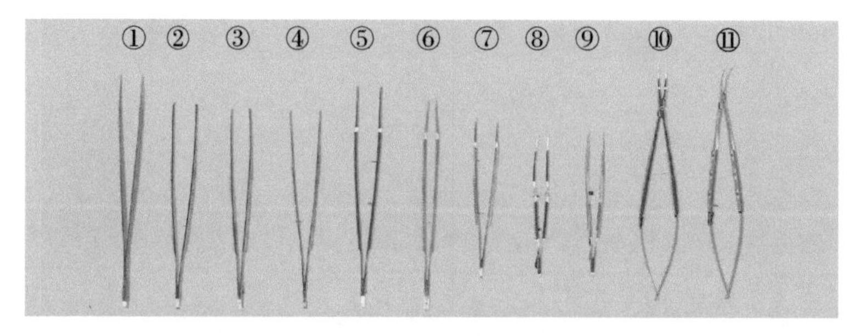

图 60-2 ① Jeweler 直镊 1 把；② Elschnig 固定镊 1 把；③ Lester 固定镊 1 把；④ 锯齿形精细镊 1 把；⑤ 0.5mm Castroviejo 缝合镊 1 把；⑥ 0.12mm Castroviejo 缝合镊 1 把；⑦ McPherson 成角系结镊 1 把；⑧ Troutman-Barraquer 镊 1 把；⑨ Polack 双叉头角膜镊（Colibri）1 把；⑩ Maumenee 角膜镊 1 把；⑪ Clayman 人工晶体植入镊 1 把

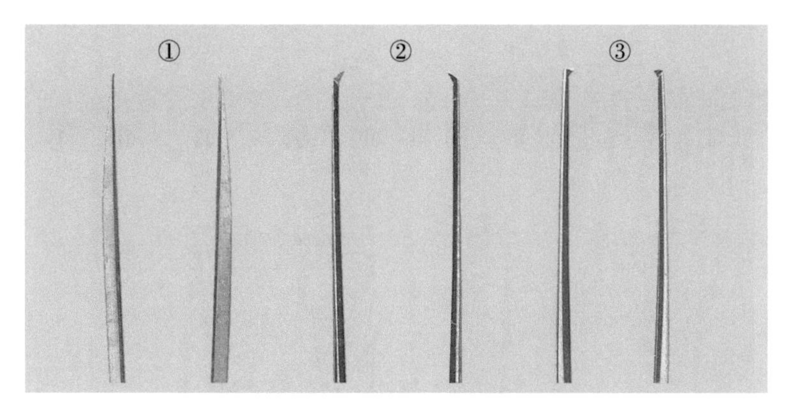

图 60-3　① Jeweler 直镊；② Elschnig 固定镊；③ Lester 固定镊

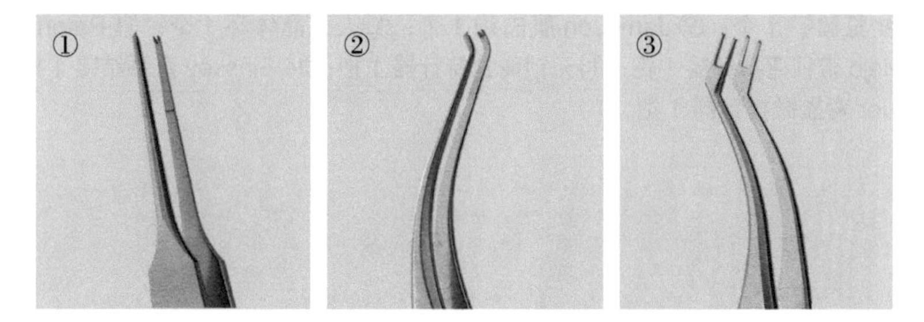

图 60-4　① 0.5 ㎜ Castroviejo 缝合镊 1 把；② Troutman-Barraquer 镊 1 把；③ Polack 双叉头角膜镊（Colibri）1 把

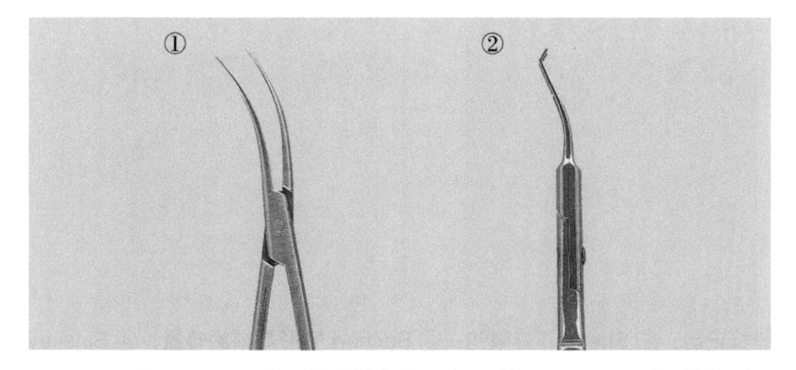

图 60-5　① Clayman 人工晶体植入镊 1 把；② Maumenee 角膜镊 1 把

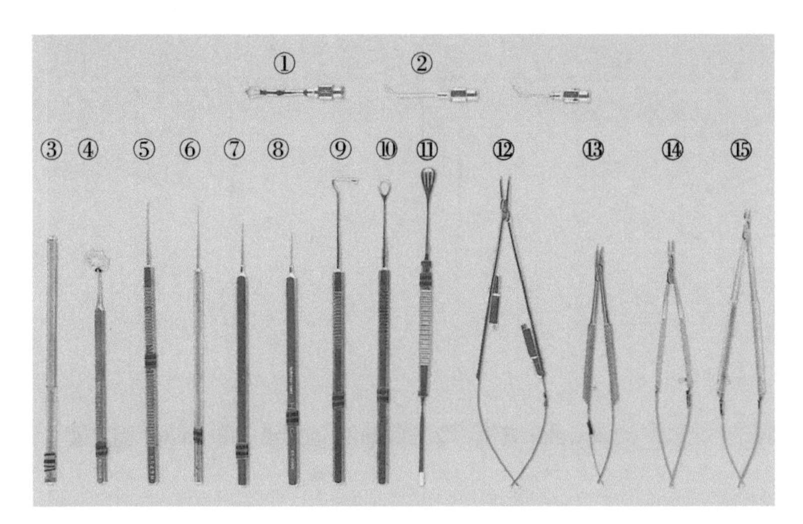

图 60-6 ① 27G 冲洗针 1 根；② 23G、27G 冲洗针 2 根；③ Baever 嵌入式滚花刀柄 1 个；④角巩膜标记器 1 个；⑤ Shepard 虹膜钩 1 个；⑥ Bechert Y 形旋转器 1 个；⑦ Sinskey 虹膜和 IOL 钩 1 个；⑧ Culler 虹膜铲 1 个；⑨ Jameson 肌肉钩 1 个；⑩人工晶体环 1 个；⑪ Paton 双头铲 1 个；⑫ Castroviejo 带锁弯持针器 1 把；⑬无锁弯钛持针器 1 把；⑭ Sinskey 直系结镊 1 把；⑮ Troutman-Barraquer 弯显微持针器 1 把

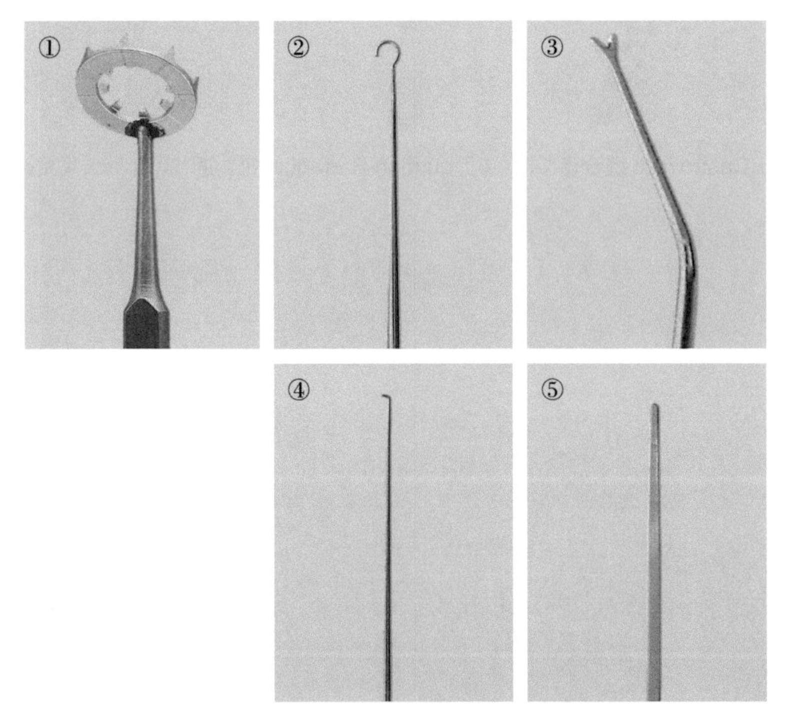

图 60-7 ①角巩膜标记器；② Shepard 虹膜钩；③ Bechert Y 形晶核旋转器；④ Sinskey 虹膜和 IOL 钩；⑤ Culler 虹膜铲

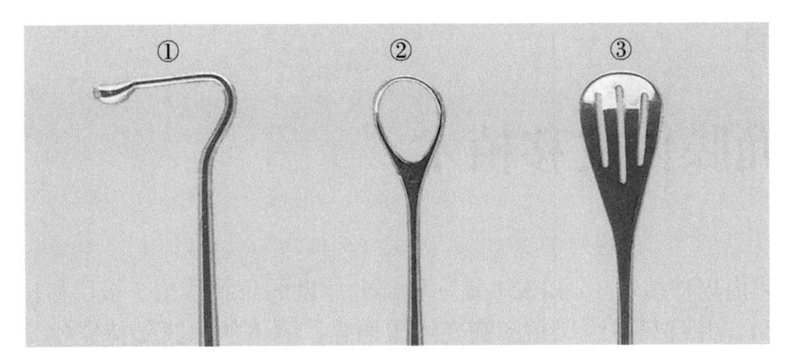

图 60-8　① Jameson 肌肉钩 1 个；②人工晶体环 1 个；③ Paton 双头铲 1 个

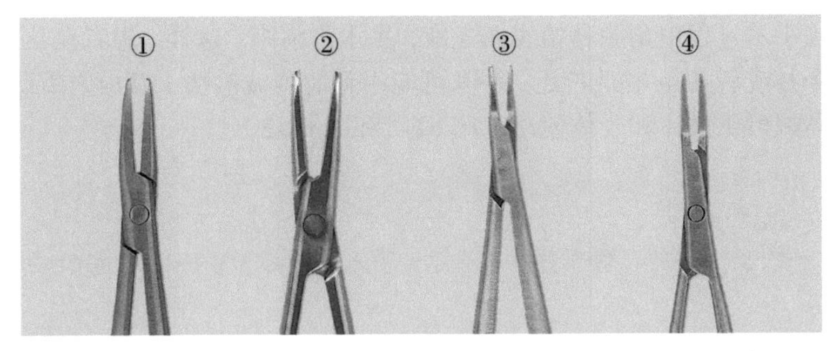

图 60-9　①无锁弯钛持针器 1 把；② Castroviejo 带锁弯持针器 1 把；③ Troutman-Barraquer 弯显微持针器 1 把；④ Sinskey 直系结镊 1 把

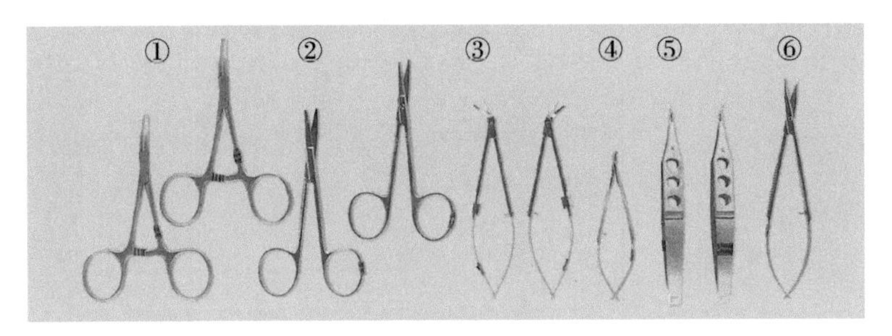

图 60-10　① Halsted 蚊式止血钳 2 把；②钝头直线剪 2 把；③ Castroviejo 角膜移植剪 2 把；④ Vannas 直囊膜剪 1 把；⑤显微移植剪 2 把（左弯和右弯）；⑥ Westcott 肌腱剪 1 把

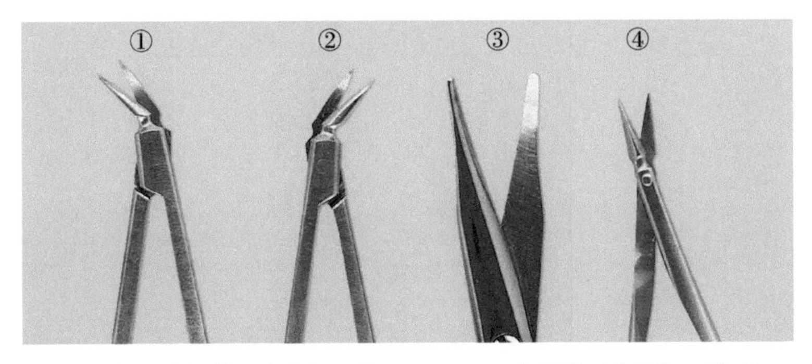

图 60-11　① Castroviejo 角膜移植剪（左弯）；② Castroviejo 角膜剪（右弯）；③ Westcott 肌腱剪 1 把；④ Vannas 直囊膜剪

第 61 章

深板层角膜内皮移植术

深板层角膜内皮移植术（DLEK）是一种部分厚度的角膜移植（板层移植）。手术时，仅需一个小切口，并且只将浅层角膜病变组织切除。剩下的角膜保持完整。手术只替换里层，而非表层角膜。手术通过切开巩膜瓣进行，不影响角膜表面。在 DLEK 手术中，用 1 ~ 3 针间断缝合固定，而非常规的 16 针间断缝合或穿透性角膜移植中使用的较长的环形缝合。在板层角膜移植手术过程中角膜移植表面光滑，手术野清晰，这样，患者在几周内就能恢复，而不再需要几个月或者几年才能恢复。手术可能用到的器械包括 1 套白内障摘除术器械。当今有一次性的器械可供供体和受体使用（图 61-1 和图 61-2）。

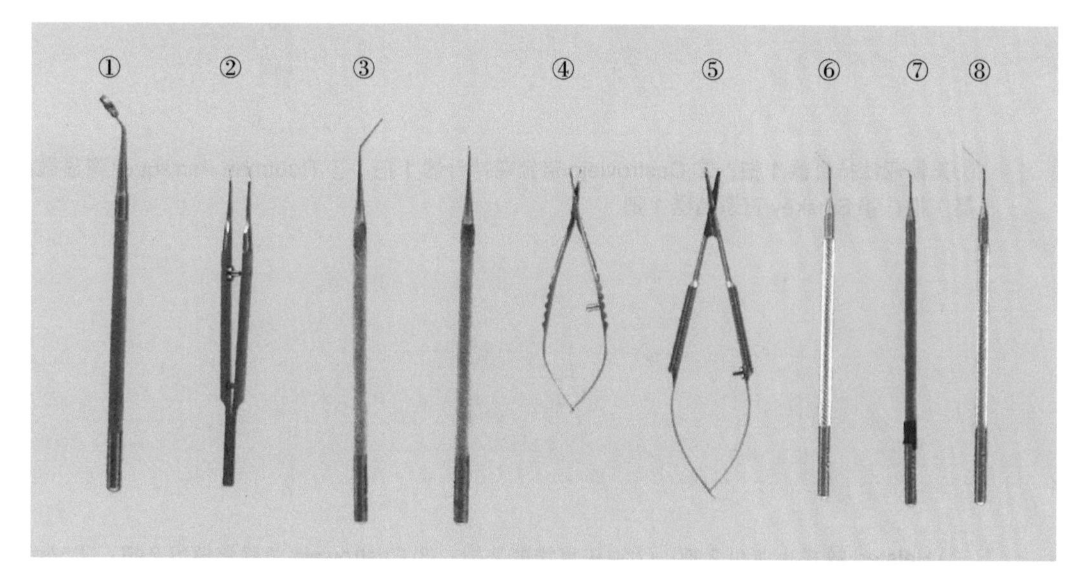

图 61-1　① 8mm 角膜标记器 1 个；② Charlie 尖镊 1 把；③ Devers 弯剥离器 2 个；④ Cindy 剪 1 把；⑤ Cindy 2 剪 1 把；⑥ Sinskey 反向钩 1 把；⑦ Nick 凿 1 把；⑧ Terry 刮刀 1 把

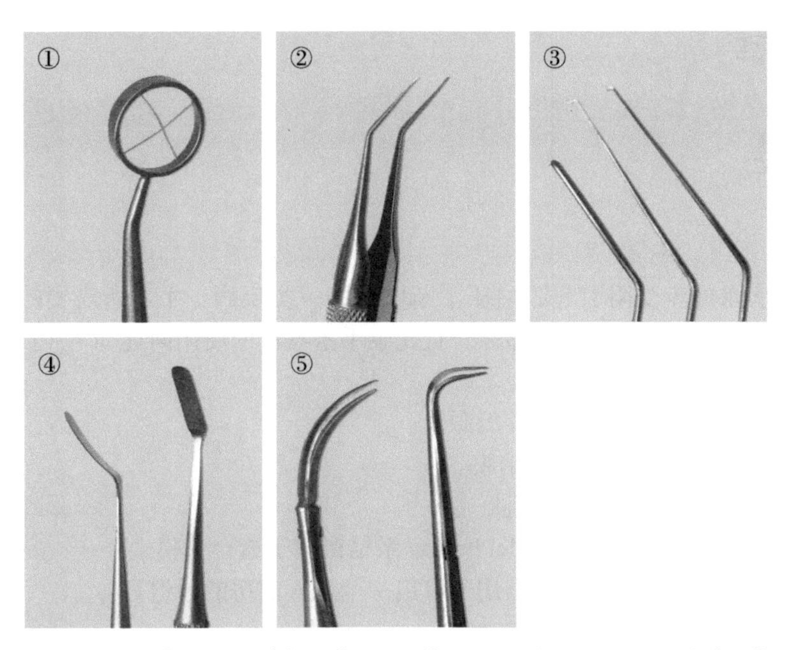

图 61-2　① 8 ㎜角膜标记器；② Charlie 尖镊；③ Terry 刮刀、Nick 凿、Sinskey 反向钩；④ Devers 剥离器；⑤ Cindy 剪和 Cindy 2 剪

第 62 章

青光眼

青光眼是房水外流受阻引起眼内压不断增高的一类疾病。手术所需要的仪器包括 1 套基础眼部器械，手术显微镜和分流器械。青光眼手术器械的使用简述如下（图 62-1 和图 62-2）。

1. Lancaster 开睑器用于撑开收缩的眼睑。
2. 带刀片 Beaver 刀柄用于切开结膜。
3. Jameson 肌肉钩用于分离眼直肌。
4. Barraquer 持针器和 Kelman-McPherson 系结镊用于缝合巩膜。
5. Kelly Descement 弹力膜打孔器用于打出一个进入前房的通道。
6. 分流管插入前房，用缝线固定。
7. 关闭结膜。

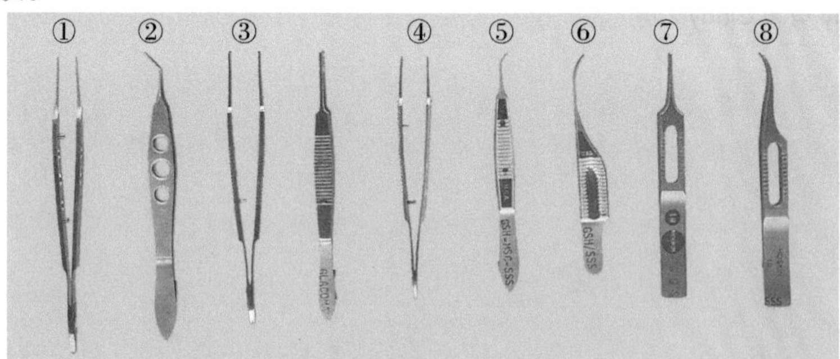

图 62-1　① Kelman-McPherson 直系结镊 1 把（正面观）；② Kelman-McPherson 角度系结镊 1 把（侧面观）；③ Mc Cullough 实用镊 2 把（正面观与侧面观）；④ McPherson 直系结镊 1 把；⑤ McPherson 弯系结镊 1 把；⑥ Chandler 腮镊 1 把；⑦ Hoskins 直镊 1 把；⑧ Hoskins 弯镊 1 把

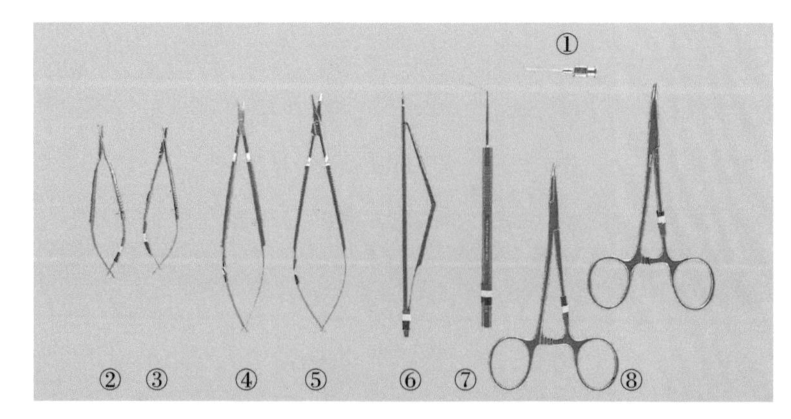

图 62-2　① 19G 灌注针 1 个；② Vannas 直剪 1 把；③ Vannas 弯剪 1 把；④ Westcott 尖角膜显微剪 1 把；⑤ Westcott 钝头肌腱剪 1 把；⑥ Kelley-Descemet 膜打孔器 1 个；⑦ Elsching 睫状体分离器 1 个；⑧ Halsted 弯蚊式止血钳 2 把

第 63 章

眼外肌手术

眼部肌肉松解术用于治疗斜视或“交叉眼”。此手术需要的器械包括 1 套基础眼部器械。松解下斜肌手术器械的使用简述如下（图 63-1 至图 63-4）。

1. Cook 开睑器用于撑开眼睑。
2. Westcott 肌腱剪用于切开眼球筋膜。
3. Jameson 肌肉钩用于分离并提起肌肉。
4. 带刀片 Beaver 刀柄用于平分肌肉。
5. Jameson 肌肉分离镊用于夹住肌肉两端。
6. 双极镊用于电凝止血。
7. Castroviejo 卡尺用于测量松解肌肉的程度。

松解上直肌手术器械的使用简述如下。

1. 1 ～ 3 步骤同上。
2. Castroviejo 卡尺用于测量松解范围。
3. Jameson 分离镊用于夹住肌肉。
4. Von Graefe 斜视钩用于钩起筋膜，使筋膜形成环形。
5. Troutman-Barraquer 持针器用于夹住环形巩膜。
6. 钛持针器用于关闭结膜。
7. Kelman-McPherson 系结镊用于为缝合线打结。

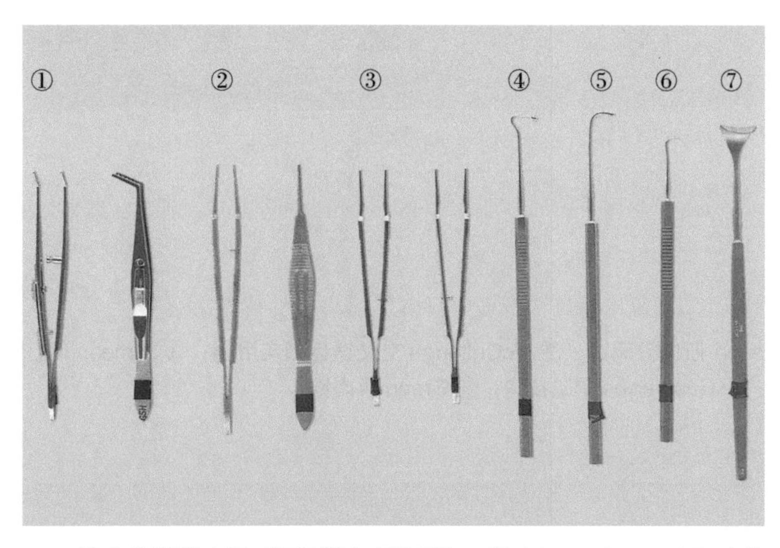

图 63-1　① Jameson 肌肉分离镊 2 把（正面观与侧面观）；② 0.5mm Castroviejo 有齿（1×2）宽柄系结镊 2 把（正面观与侧面观）；③ McCullough 交叉锯齿形实用镊 2 把；④ Jameson 肌肉钩 1 把；⑤ Von Graefe 斜视钩 1 把；⑥ Stevens 肌腱钩 1 把；⑦ Desmarres 眼睑拉钩 1 把

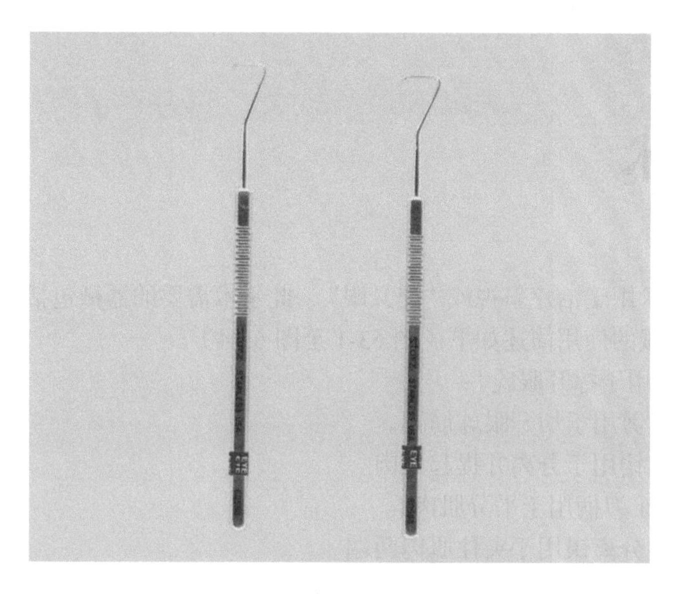

图 63-2 7mm 宽 Green 肌肉钩 2 把

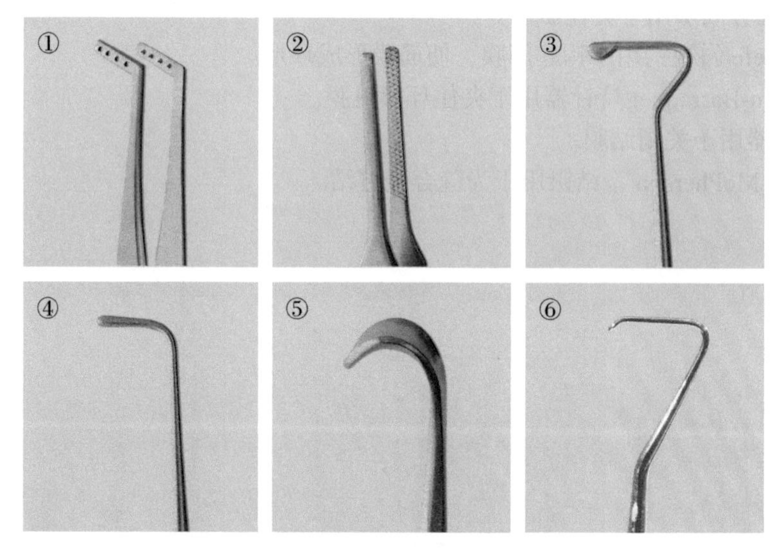

图 63-3 ① Jameson 肌肉分离镊；② McCullough 交叉锯齿形实用镊；③ Jameson 肌肉钩；④ Stevens 肌腱钩；⑤ Desmarres 眼睑拉钩；⑥ Green 肌肉钩

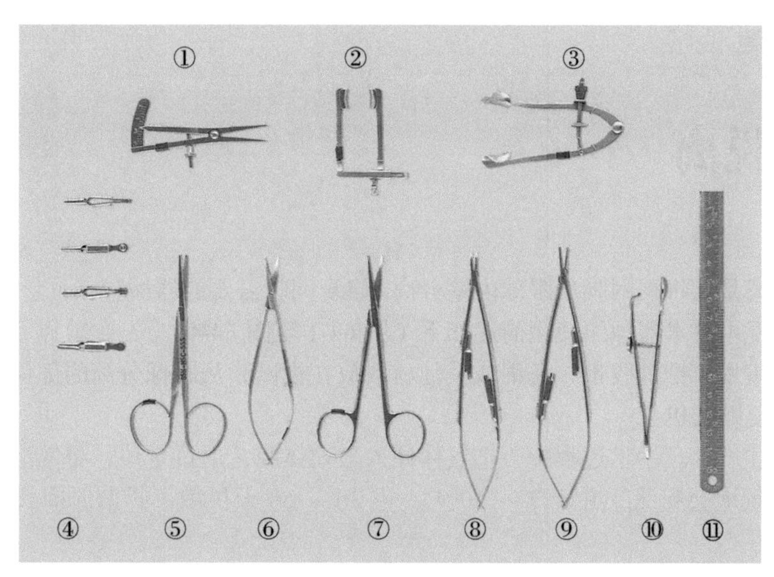

图 63-4　① Castroviejo 卡尺 1 把；② Cook 小儿开睑器 1 个；③ Lancaster 开睑器 1 把；④小弹簧血管夹 4 把；⑤直斜视剪 1 个；⑥ Westcott 弯肌腱剪 1 把；⑦ Stevens 弯肌腱剪 1 把；⑧ Castroviejo 弯带锁持针器；⑨ Castroviejo 直带锁持针器 1 把；⑩ Erhardt 睑板腺囊肿夹 1 把；⑪ 小钢尺 1 把

第 64 章

视网膜脱离

视网膜脱离是指将视网膜从眼球内壁分离。修复网膜需要的器械包括 1 套基本眼部器械。视网膜脱离修复术手术器械的使用简述如下（图 64-1 至图 64-4）。

1. 巩膜扣带术。把硅胶带、海绵或其他材料放在视网膜从眼球分离的部位，增加眼周压力，提高网膜复贴的机会。

2. 视网膜注气术。手术过程中，把气体注入玻璃体腔，通过定位，将气泡充到眼球角膜脱落处。随后气泡会膨胀，并于 7 ~ 10 天，或 30 ~ 50 天扩散。扩散时间长短取决于使用的气体种类。

3. 激光光凝，即光凝固法。用激光束处理网膜破裂口，或与巩膜扣带术或视网膜注气术合用。

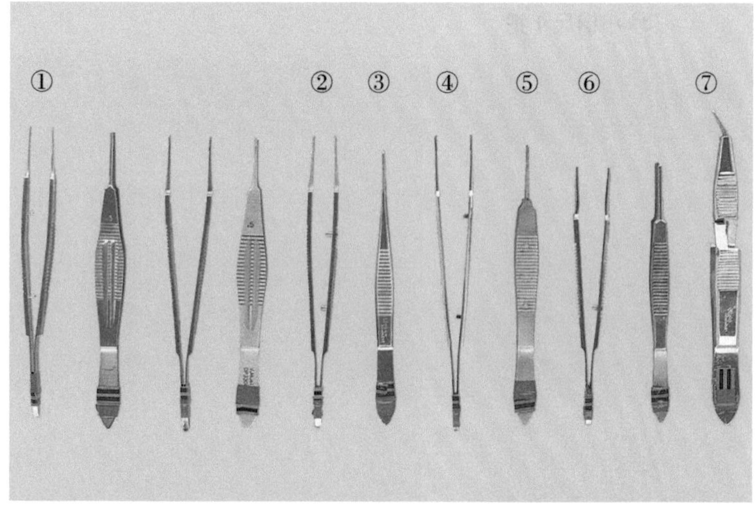

图 64-1 ① 4 把 Castroviejo 宽柄缝合镊：0.3mm（正面观），0.5mm（侧面观），0.12mm（正面观），0.12mm（侧面观）；② Bonn 缝合镊 1 把；③ Wills Hospital 直实用镊 1 把；④ Elschnig 固定镊 1 把；⑤ Harms 系结镊 1 把；⑥ Mc Cullough 实用镊 2 把；⑦ Watzke 套筒吊具镊 1 把

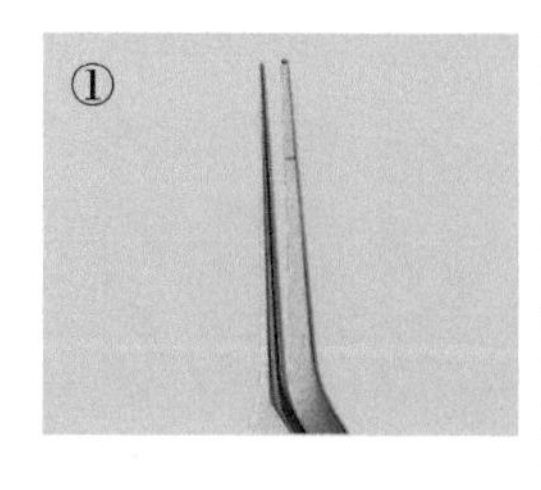

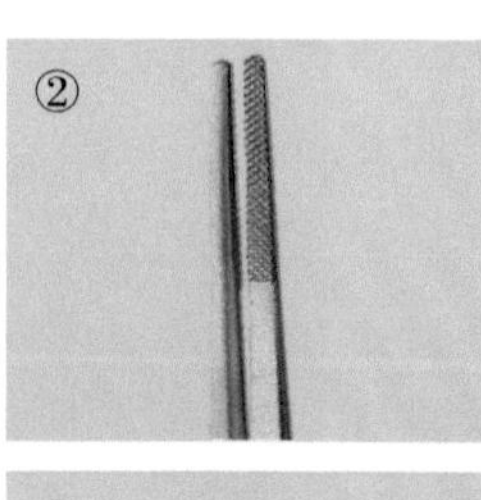

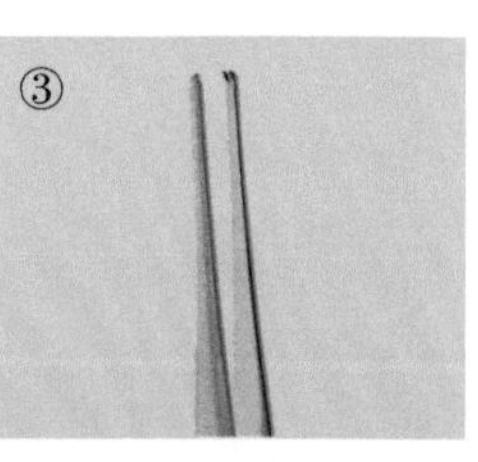

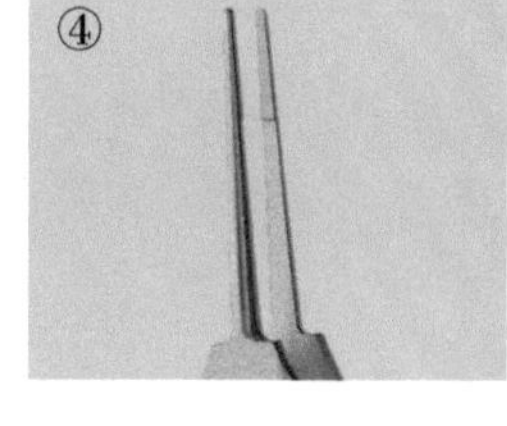

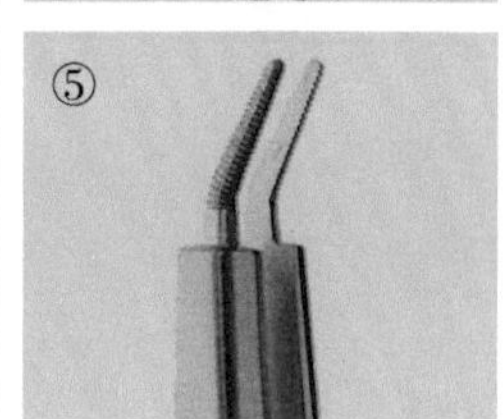

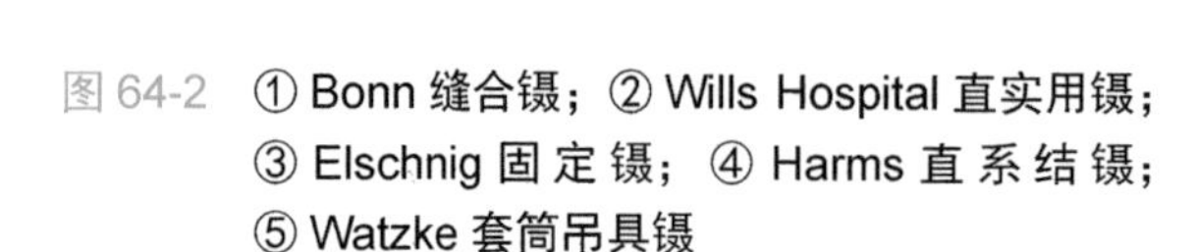

图 64-2 ① Bonn 缝合镊；② Wills Hospital 直实用镊；③ Elschnig 固定镊；④ Harms 直系结镊；⑤ Watzke 套筒吊具镊

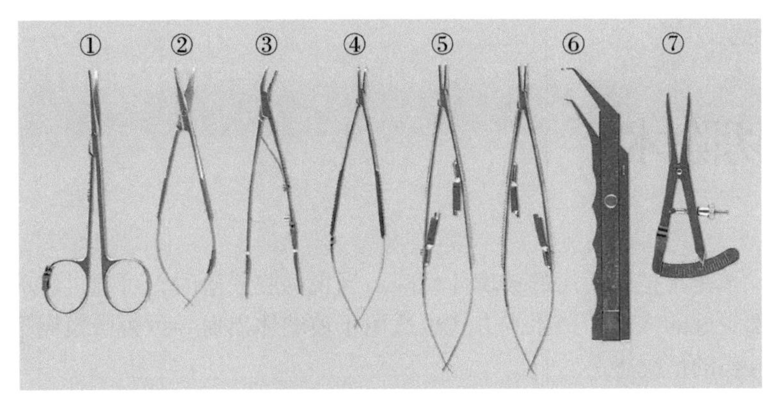

图 64-3　① Stevens 肌腱剪 1 把；② Westcott 肌腱剪 1 把；③ Green 持针镊 1 把；④ Castroviejo 无锁直持针器 1 把；⑤ Castroviejo 带锁直持针器 2 把；⑥ Thorpe 卡尺 1 把；⑦ Castroviejo 卡尺 1 把

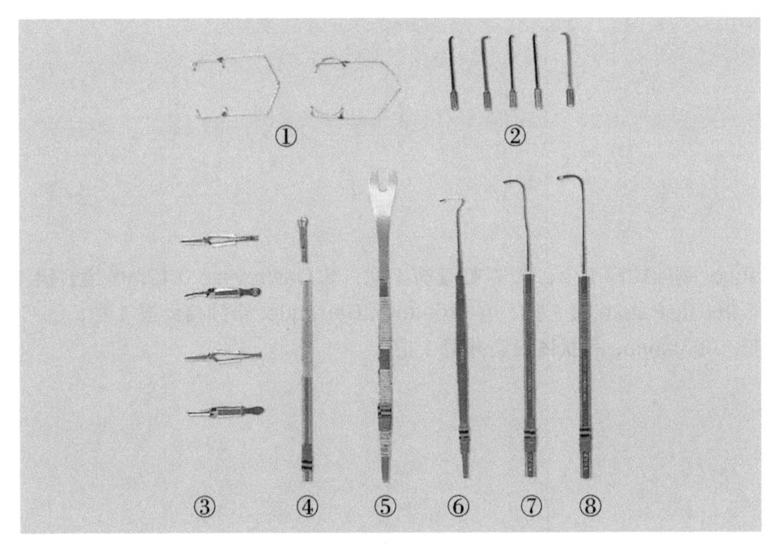

图 64-4　① Barraquer 金属丝牵开器 2 把；② Mira 电疗头 5 个；③小弹簧持夹钳（小哈巴狗夹）4 把；④ Beaver 嵌入式滚花刀柄 1 把；⑤ Schepen 眼眶拉钩 1 把；⑥ Jameson 肌肉钩 1 把；⑦ Von Graefe 斜视钩 1 把；⑧ Gass 视网膜剥离钩 1 把

第 65 章

玻璃体切除术

玻璃体切除术是指把眼后房的玻璃体切除。当视网膜脱落时，可通过玻璃体切除术以获得通向眼睛后部更好的入口。该手术方式也适用于玻璃体出血导致视野模糊不清时，这通常发生在眼睛受外伤的情况下。

手术器械见图 65-1 至图 65-4。

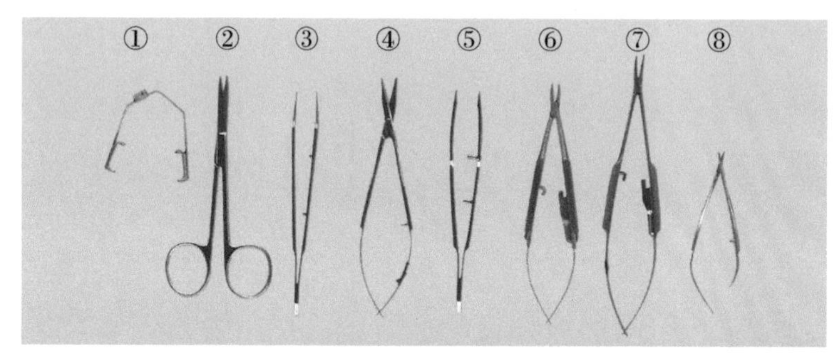

图 65-1　① Barraquer 钢丝拉钩 1 个；② 直虹膜剪 1 把；③ Castroviejo 0.12mm 缝合镊 1 把；④ Westcott 肌腱剪 1 把；⑤ Patom 镊 1 把；⑥ Troutman Barraquer 带锁持针器 1 把；⑦ Castroviejo 带锁持针器 1 把；⑧ Vannas 晶状体囊切开剪 1 把

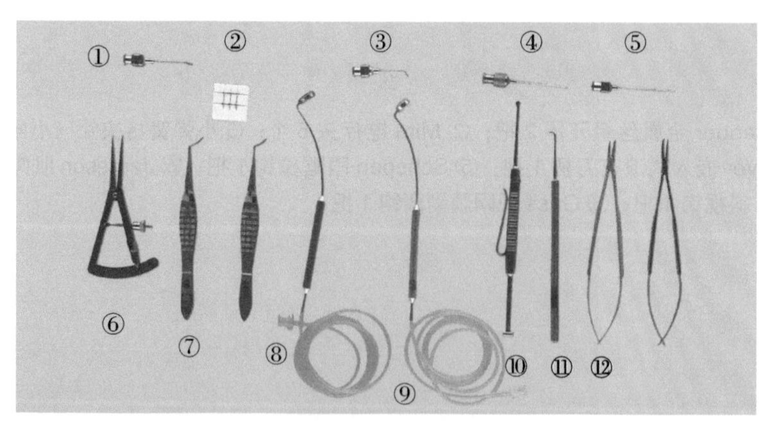

图 65-2　① 19G 灌注针 1 个；② 巩膜塞 1 个；③ Bishop-Harmon 27G 灌注针 1 个；④ 20G 灌注针 1 个；⑤ 19G 灌注针 1 个；⑥ Castroviejo 卡尺 1 把；⑦ 巩膜塞镊 2 把；⑧ Machemer 带硅胶管灌注镜 1 副；⑨ Minus 带硅胶管灌注镜 1 副；⑩ Schocket 双头巩膜加压器 1 个；⑪ Von Graefe 斜视钩 1 个；⑫ Castroviejo 直、弯持针器各 1 把

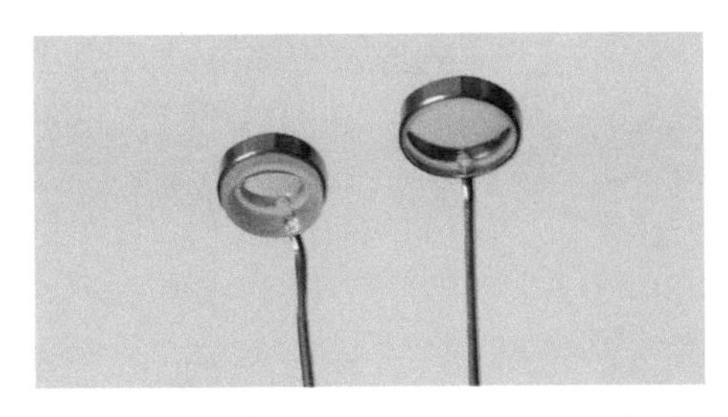

图 65-3 （头端）Minus 和 Machemer 灌注镜

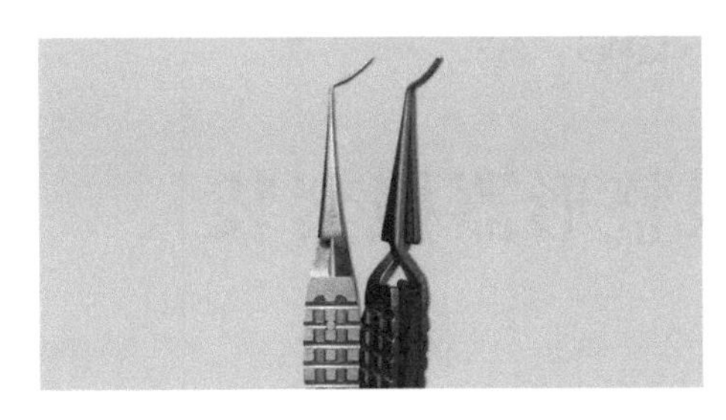

图 65-4 （头端）巩膜塞镊（侧面观和正面观）

第 66 章

眼整形器械套装

“眼整形术”是指对眼进行的整形手术及与眼有关的整形手术。

手术器械见图 66-1 至图 66-5。

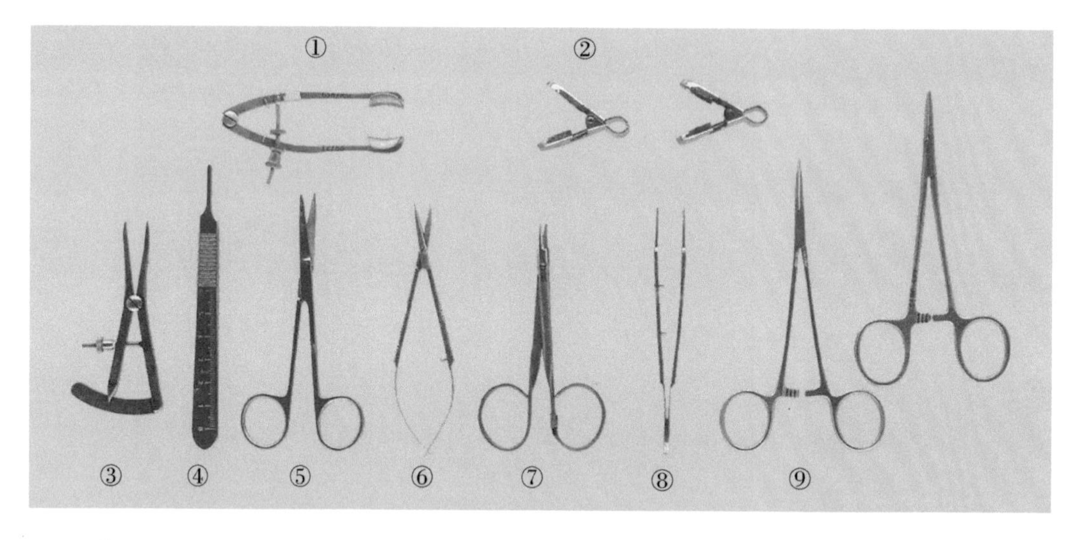

图 66-1 ① Lancaster 开睑器 1 个；② Edwards 固定夹 2 个；③ Castroviejo 卡尺 1 个；④ Bard-Parker 3 号刀柄 1 个；⑤ Mayo 6in 直解剖剪 1 把；⑥ Westcott 肌腱剪 1 把；⑦ Stevens 肌腱剪 1 把；⑧ Adson 有齿（1×2）组织镊 1 把；⑨ Halsted 直、弯蚊式止血钳各 1 把

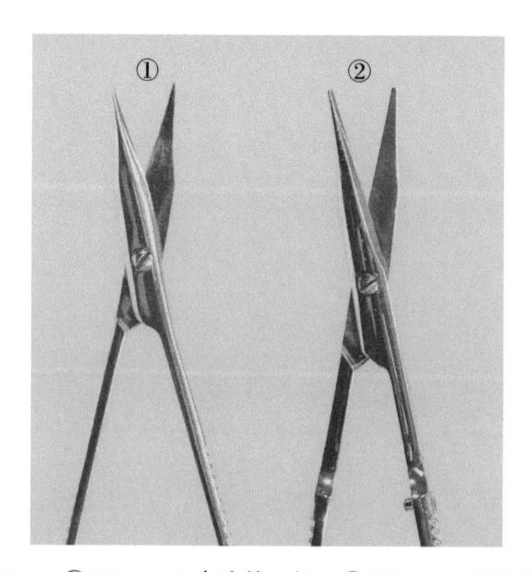

图 66-2 ① Westcott 尖头剪 1 把；② Westcott 钝头剪 1 把

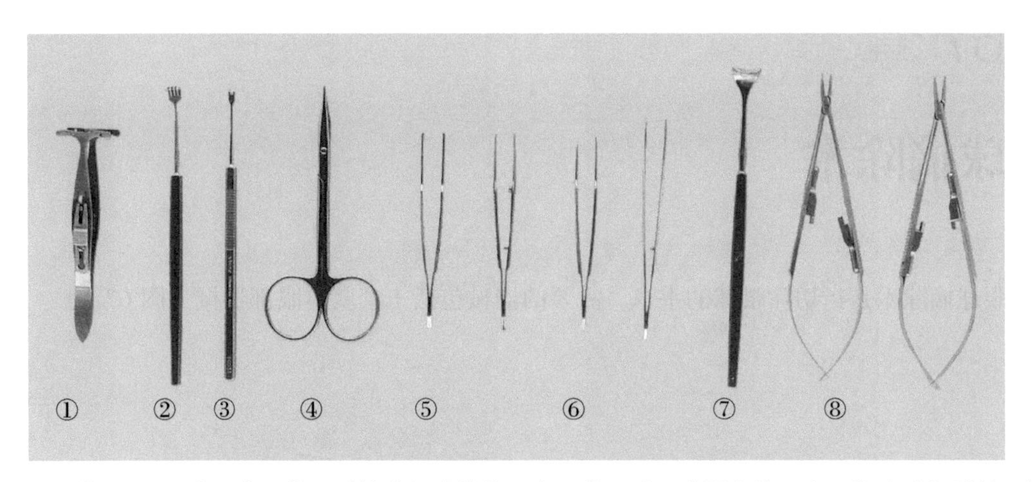

图 66-3　① Mueller 夹 1 个；② 4 爪钝头泪囊拉钩 1 个；③ 2 爪双头固定钩 1 个；④ 尖头虹膜剪 1 把；⑤ Bishop-Harmon 0.5mm 组织镊 2 把；⑥ Paufique 有齿（1×2）缝合镊 2 把；⑦ Desmarres 眼睑拉钩 1 个；⑧ Castroviejo 直、弯带锁持针器各 1 把

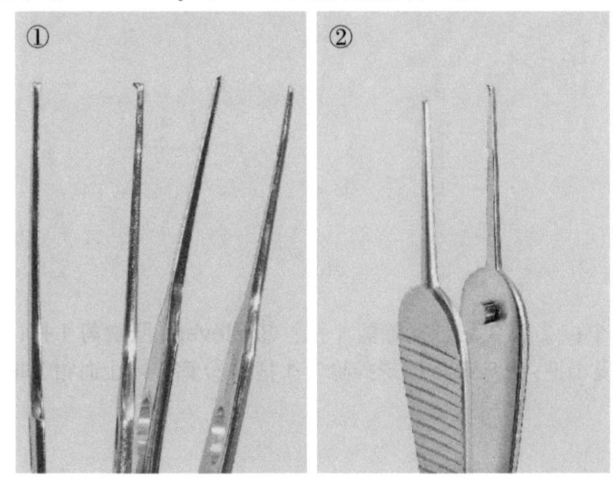

图 66-4　① Bishop-Harmon 有齿（1×2）组织镊，Bishop-Harmon 无齿组织镊；② Paufique 有齿（1×2）缝合镊 1 把

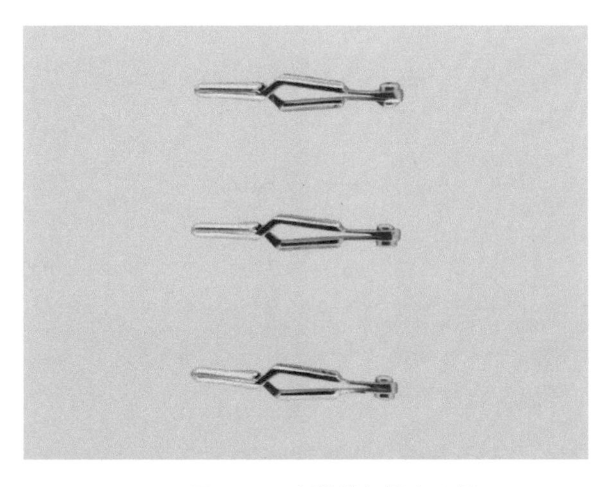

图 66-5　小弹簧血管夹 3 把

第 67 章

眼球摘除术

眼球摘除术是指切除眼球的手术。需要的器械包括 1 套基本眼部器械（图 67-1）。

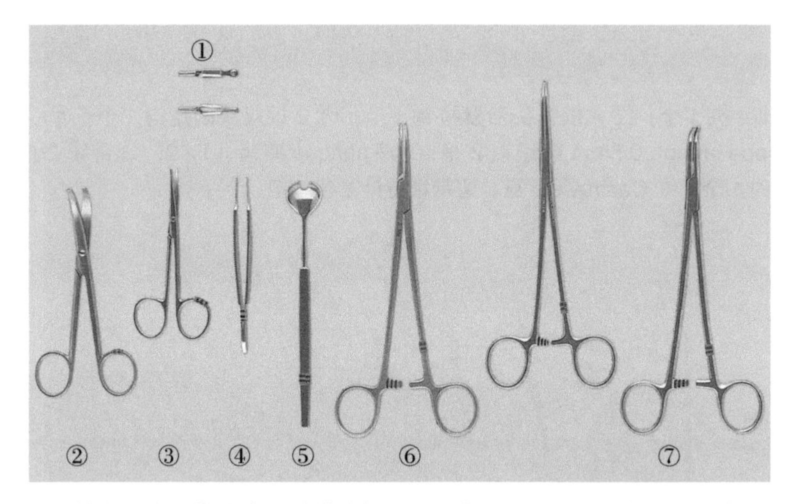

图 67-1　① 小弹簧血管夹 2 个；② 弯尖眼球摘除剪 1 把；③ Stevens 肌腱剪 1 把；④ Castroviejo 0.5mm 有齿（1×2）缝合镊 1 把；⑤ Wells 眼球摘除勺 1 把；⑥ 扁桃体止血钳 2 把；⑦ Westphal 止血钳 1 把

第 68 章

基本耳部器械

基本耳部手术器械套装用于术前的耳部准备、必要的初切及拉钩（手持或自动）的放置（图 68-1 和图 68-2）。

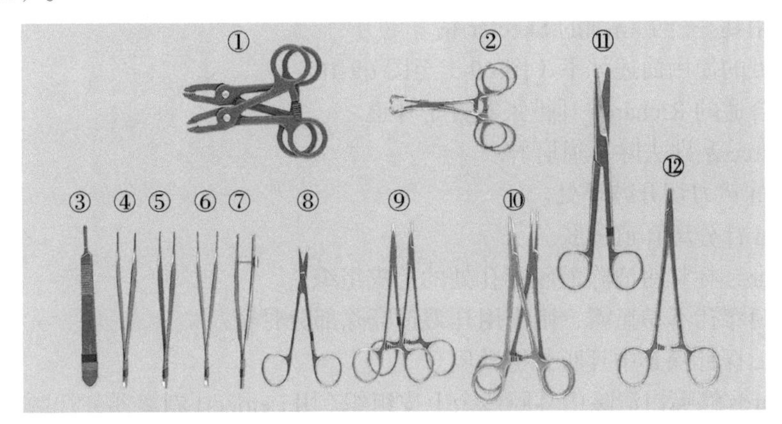

图 68-1 ① 粗巾钳 2 把；② Backhaus 小号细巾钳 2 把；③ Bard-Parker 3 号刀柄 1 把；④ Adson 无齿组织镊 1 把；⑤ Adson 有齿（1×2）组织镊 1 把；⑥ Brown-Adson 有齿（7×7）组织镊 1 把；⑦ Sheehy 小骨钳 1 把；⑧ 斜视弯剪 1 把；⑨ Halsted 弯蚊式止血钳 2 把；⑩ Crile 止血钳 2 把；⑪ Mayo 直解剖剪 1 把；⑫ Johnson 7in 持针器 1 把

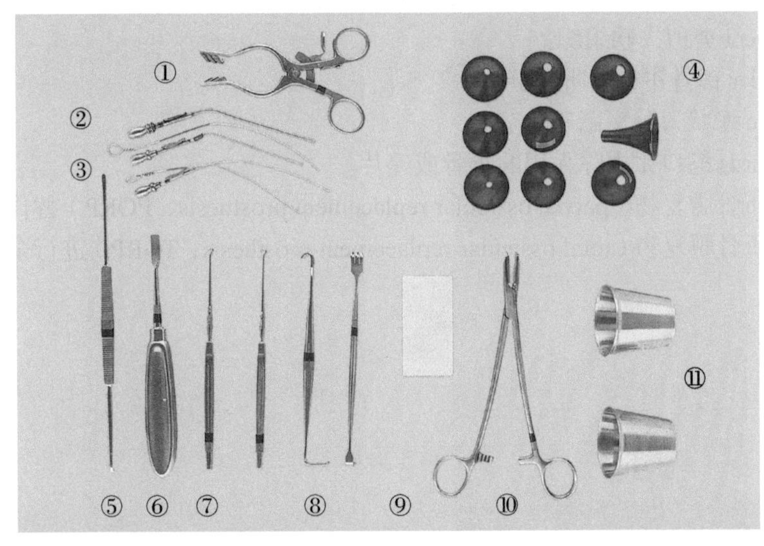

图 68-2 ① Weitlaner 乳突拉钩 1 个（倾斜钝爪）；② Baron 侧孔耳吸引管 3 根（3Fr、5Fr、7Fr 各 1 根）；③ 耳吸引头通条 2 根；④ 9 个大小不等的 Richards 耳扩张器：4 ～ 8mm，有 1 个为侧面观；⑤ Cottle 双头剥离器 1 个；⑥ Lempert 反向骨膜剥离器 1 把；⑦ Johnson 皮肤钩 2 个；⑧ Senn-Kanavel 拉钩 2 个（侧面观和正面观）；⑨ House Teflon 块 1 个；⑩ House Gelfoam 压持钳或 Sheehy 筋膜压持钳 1 把；⑪ 2 盎司金属药杯 2 个

第 69 章

鼓膜成形术

鼓膜成形术是对鼓膜（或称耳膜）的修复手术。此手术所需设备和器械包括：用于可视化的手术显微镜，微型钻头（耳刀钻），以及 1 套基本耳部器械。如果做中耳手术（如镫骨切除术）就会用到一个更精细的 Skeeter 钻。

该手术器械的使用简述如下（图 69-1 至图 69-10）。

1. 将大小合适的 Richards 耳扩张器置于耳道。
2. 用 Crabtree 刮匙去除耳道耵聍。
3. 用 Jordan 铲刀切开鼓环处。
4. 用 Rosen 针分离耳道皮肤。
5. 用 Richards 杯状钳清除鼓膜穿孔处的上皮组织。
6. 如果鼓膜穿孔不易显露，则需用耳刀钻磨除部分骨壁。
7. 用 House 探针探查中耳听骨链动度。
8. 用 Richards 鳄嘴钳清除中耳腔残余上皮组织。用 Lempert 剥离器分开颞肌筋膜和颞肌，以获取颞肌移植物。用斜视剪剪开筋膜，然后用 Sheehy 筋膜铺平器铺平筋膜备用。
9. 用 Richards 鳄口钳将筋膜铺放在穿孔处。
10. 用 Rosen 细针安全定位移植筋膜。

可施行听骨链重建，此手术器械的使用简述如下。

1. 用 Bellucci 剪剪去软组织。
2. 用 Mueller 锤骨钳松解听骨链。
3. 用 House 镰状刀分离砧镫关节。
4. 用 Richards 鳄口钳去除无用的听骨或碎片。
5. 用部分听骨赝复物（partial ossicular replacement prosthesis，PORP）替代部分听小骨。
6. 使用全听骨赝复物（total ossicular replacement prosthesis，TORP）进行全部听骨切除。

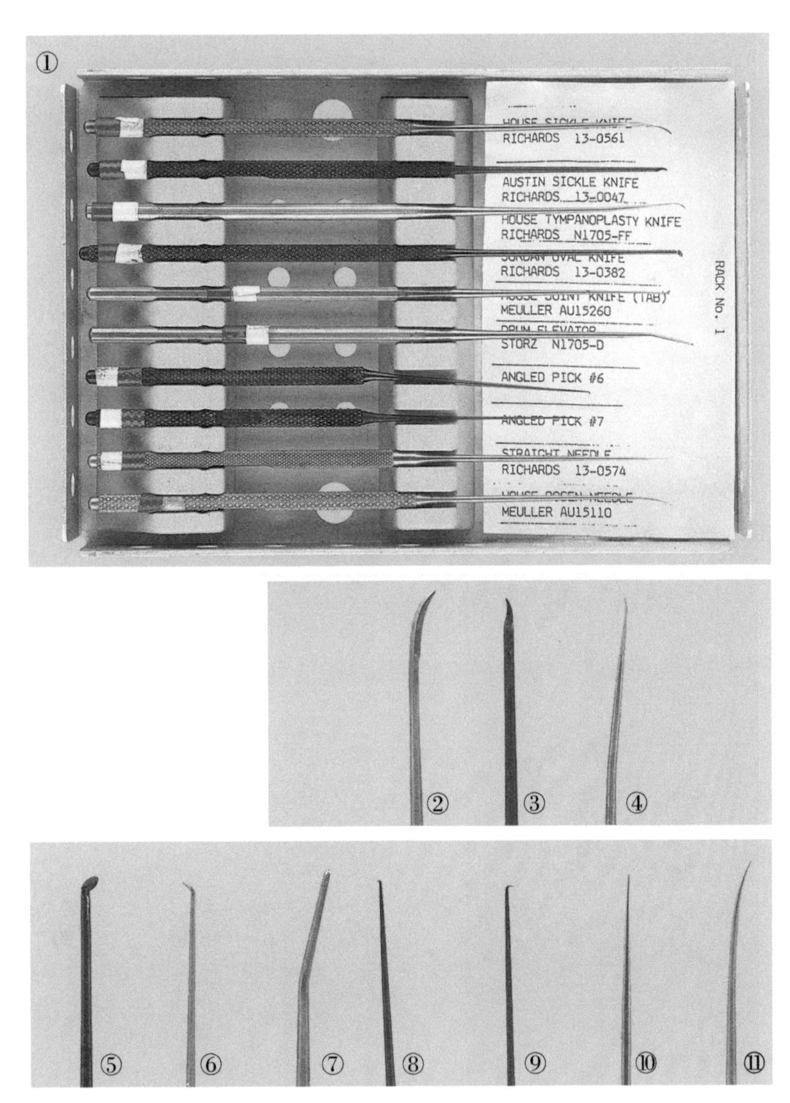

图 69-1　①头端：1 号架贴有相应标签的精密耳科器械；② House 镰状刀；③ Austin 镰状刀；④ House 鼓膜整形刀；⑤ Jordan 铲刀；⑥ House 关节刀；⑦ 鼓膜剥离器；⑧ 6 号钩针；⑨ 7 号钩针；⑩ 直针；⑪ House-Rosen 针

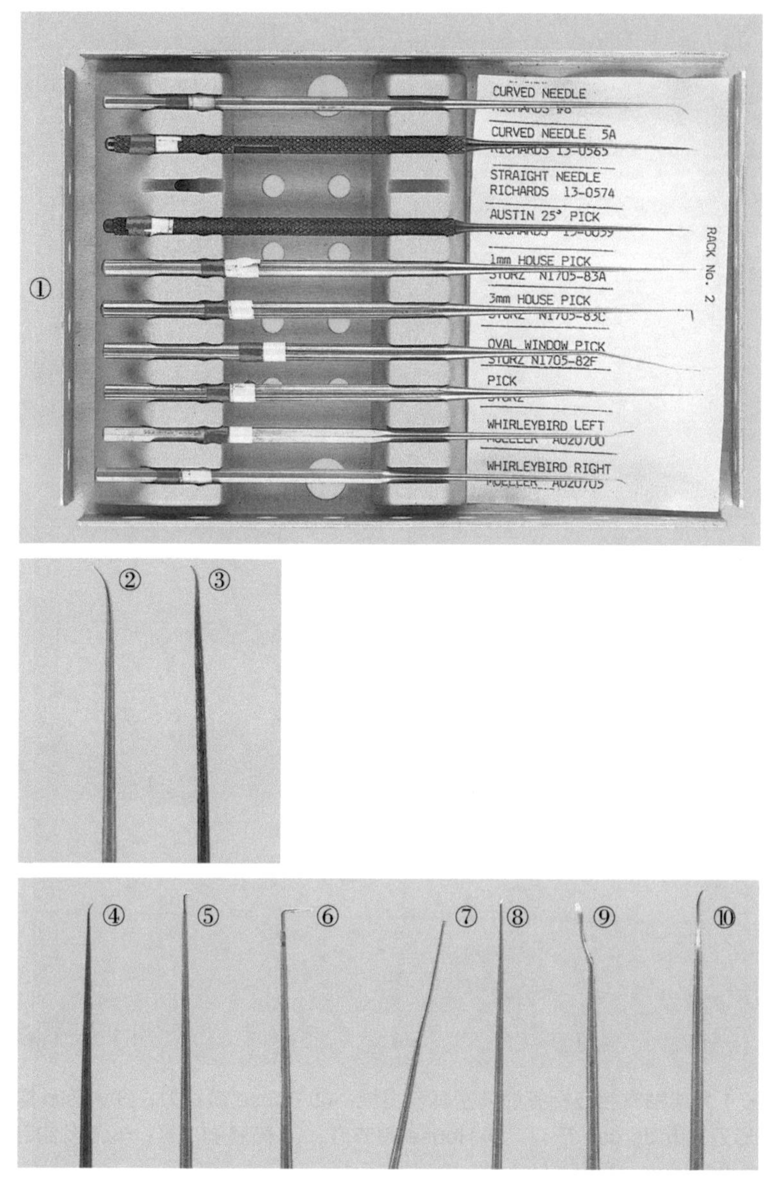

图 69-2 ① 2 号架贴有相应标签的精密耳科器械；② 大弯弯针；③ 小弯弯针；④ 直针；⑤Austin 25° 角针；⑥ House 1mm 针；⑦ House 3mm 针；⑧ 卵圆带孔钩针；⑨ 左旋转钩；⑩ 右旋转钩

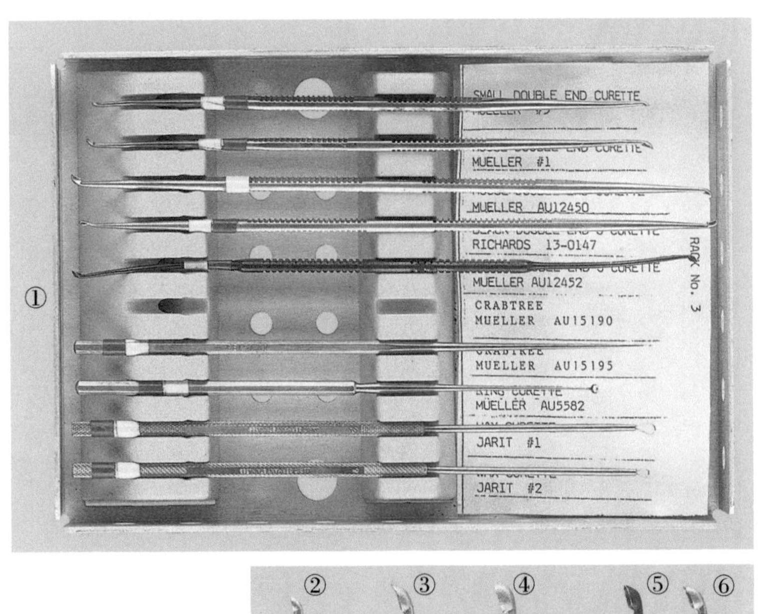

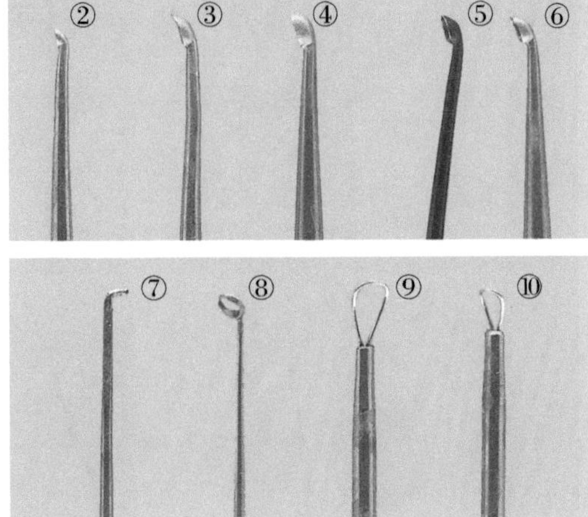

图 69-3　① 3 号架贴有相应标签的精密耳科器械；头端：② 3 号双头小型刮匙；③ House1 号双头刮匙；④ House 双头刮匙；⑤ Black 双头 J 刮匙；⑥ House 双头 J 刮匙；⑦ Crabtree 刮匙；⑧环形刮匙；⑨ 1 号蜡状刮匙；⑩ 2 号蜡状刮匙

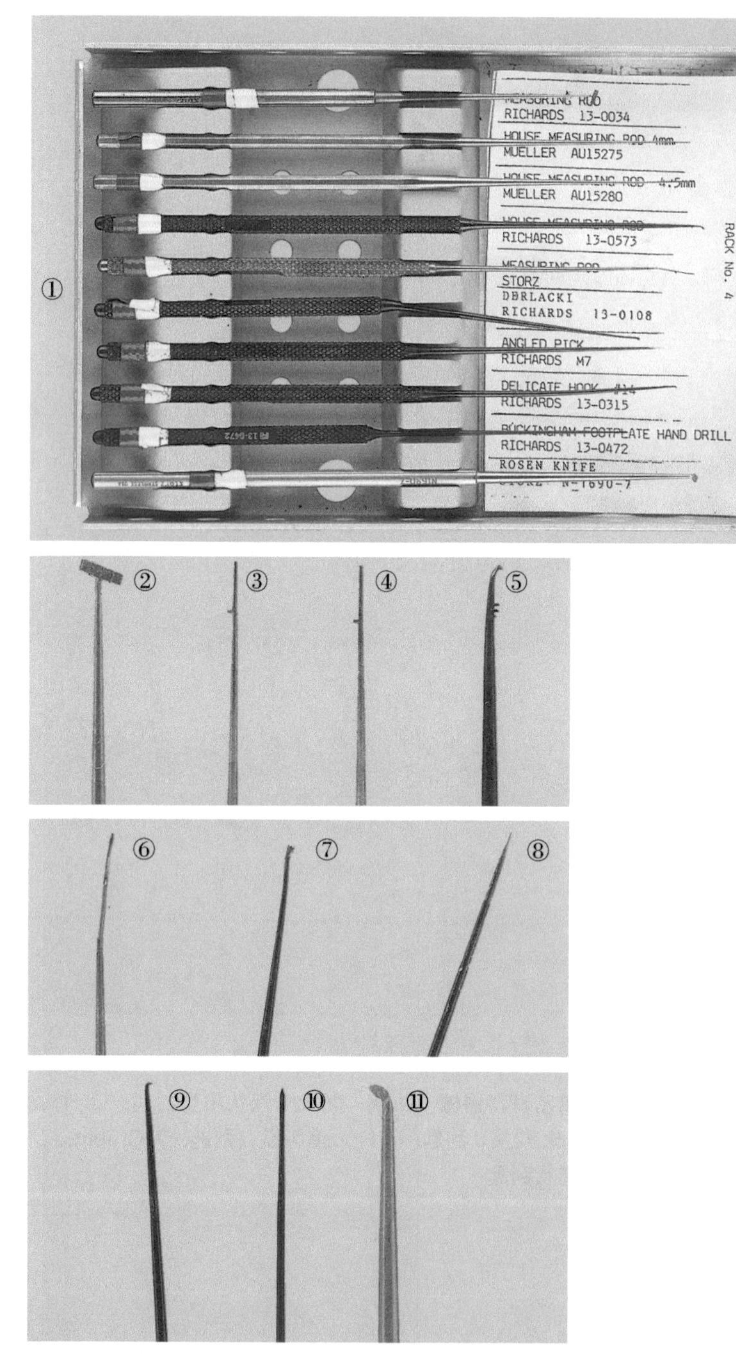

图 69-4 ① 4 号架贴有相应标签的精细耳科器械；② 测量杆；③ House 4mm 测量杆；④ House 4.5mm 测量杆；⑤ House 测量杆；⑥ 测量杆；⑦ Derlacki；⑧ 角度针；⑨ 14 号精细钩；⑩ Buckingham 脚踏手钻；⑪ Rosen 刀

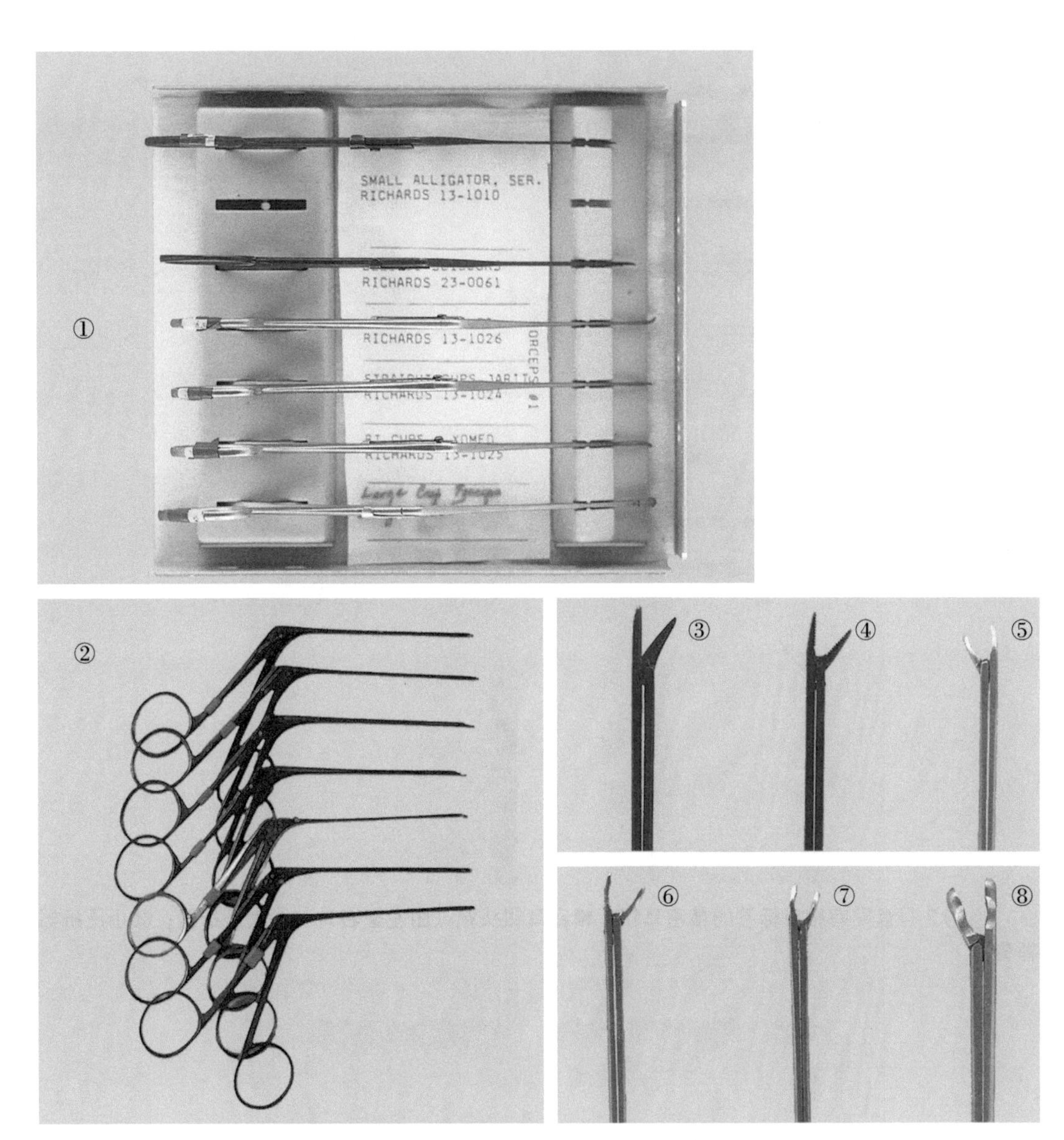

图 69-5　① 1 号盘，贴有相应标签的精密耳钳；②盘外精密耳钳；③小号鳄口锯齿状钳；④ Bellucci 剪；⑤左开口杯状钳；⑥直杯状钳；⑦右开口杯状钳；⑧大杯状钳

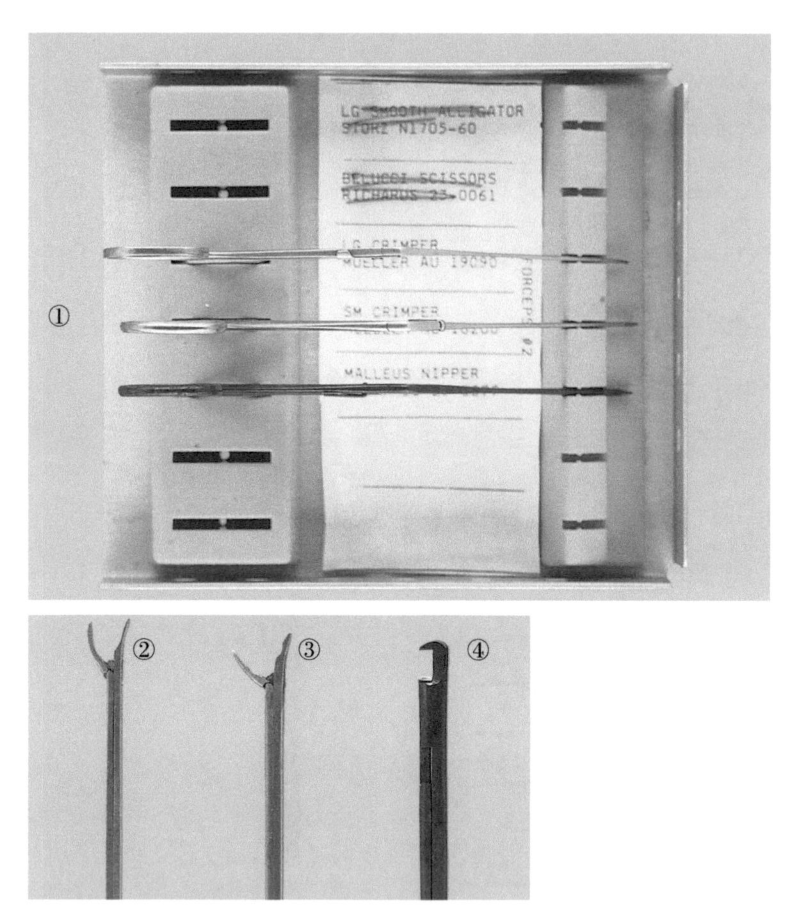

图 69-6　① 2 号盘贴有相应标签的精密耳钳；精密耳钳头端（由左至右）。②大压折器；③小压折器；④锤骨钳

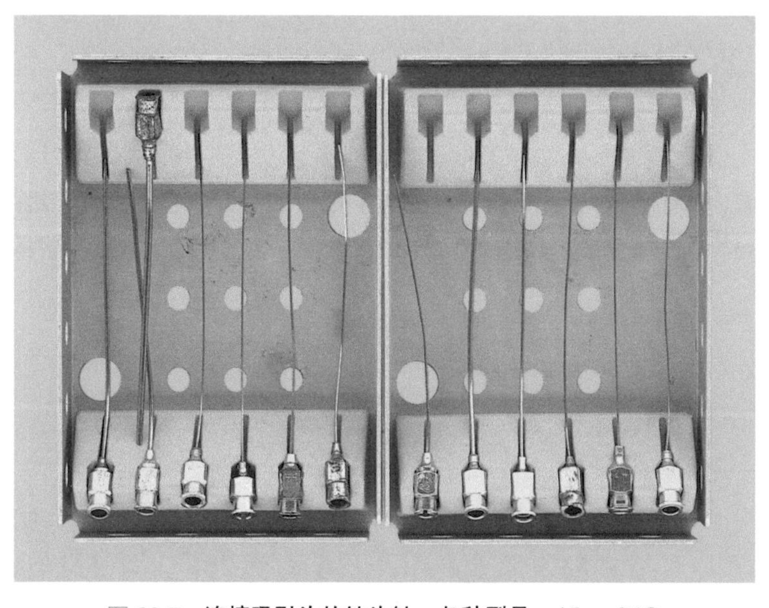

图 69-7　连接吸引头的钝头针。各种型号，15 ～ 24G

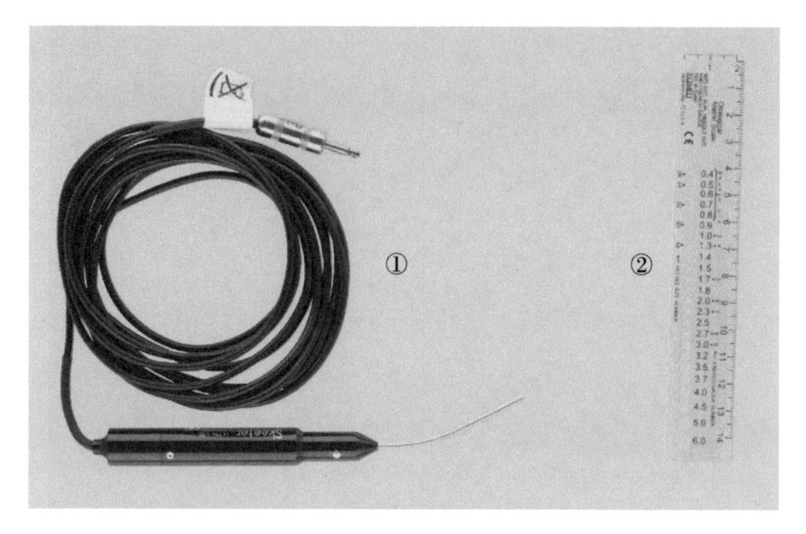

图 69-10 ① Medtronic Skeeter 超精简版自动工具 1 件；②尺子 1 把

第 70 章

扁桃体切除术和腺样体切除术

扁桃体切除术是切除口咽处腭扁桃体的手术。腺样体切除术是切除后鼻咽壁（咽扁桃体）上淋巴组织的手术。可能需要的设备和器械包括电外科装置和扁桃体圈套器。

扁桃体切除术器械的使用简述如下（图 70-1 至图 70-3）。

1. 用 McIvor 开口器撑开口腔显露口腔内部。
2. 用 Wieder 压舌板压住舌体暴露扁桃体。
3. 用 Andrews-Pynchon 吸引器吸走分泌物和血液。
4. 用 Allis 长弯组织钳钳住扁桃体。
5. 用 Bard-Parker 7 号刀柄配 11 号刀片切开扁桃体膜。
6. 可用 Fisher 刀扩大切口。
7. 用 Hurd 刮匙（扁桃剥离器）钝性分离扁桃体。
8. 用扁桃止血钳阻断主要血供。
9. 用 Metzenbaum 解剖剪剪去扁桃体。
10. 用 Ballenger 海绵钳夹持扁桃纱布压迫扁桃窝止血。
11. 可用 Hurd 扁桃剥离器和柱形牵开器检查出血情况。
12. 可用电凝器止血。

腺样体切除术器械的使用简述如下。

1. Lothrop 舌拉钩压住喉后方暴露腺样体。
2. LaForce 腺体切除刀伸入并切除腺样体。
3. 可用 Meltzer 腺体刀切除腺体旁组织。

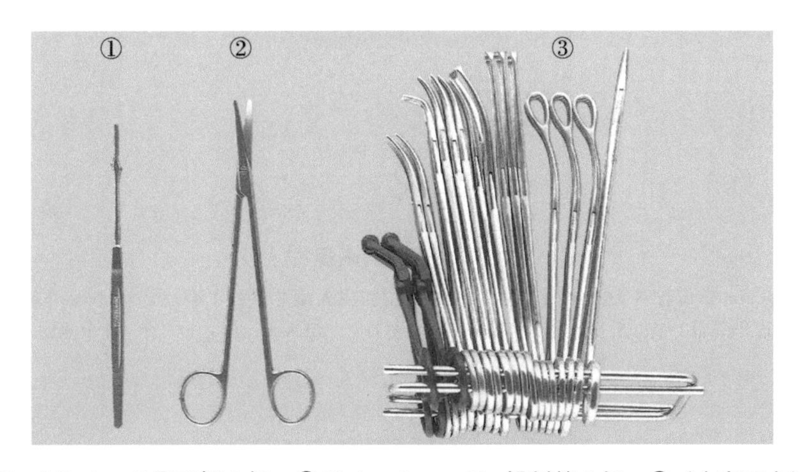

图 70-1　① Bard-Parker 7 号刀柄 1 把；② Metzenbaum 7in 解剖剪 1 把；③（由左至右）粗巾钳 2 把，Crile 6½in 止血钳 2 把，Westphal 止血钳 1 把，扁桃体止血钳 4 把，Aills 长直弯组织钳 1 把，Aills 长组织钳 3 把；Ballenger 弯海绵钳 3 把，Crile-Wood 8in 持针器 1 把

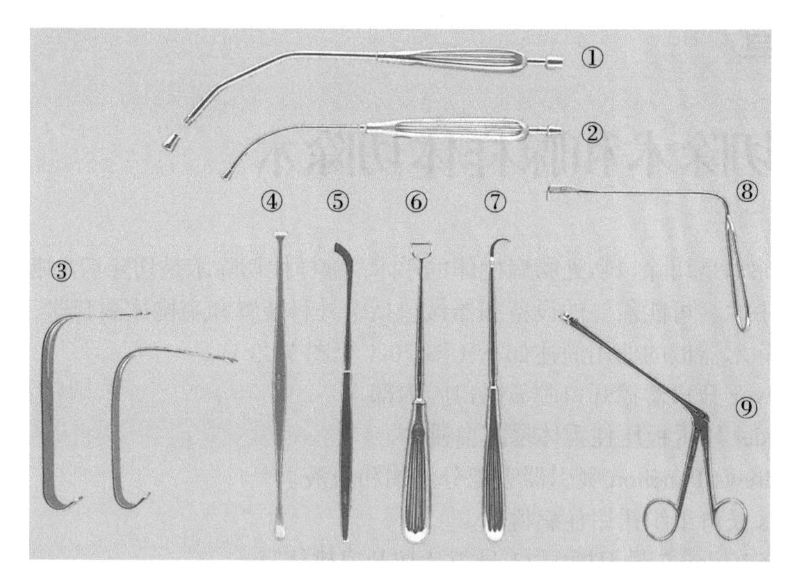

图 70-2 ① Andrews-Pynchon 旋拧接头及吸引管 1 套；② 腺体吸引管 1 根（带旋拧接头）；③ Weder 压舌板 2 个；④ Hurd 扁桃体剥离器柱形拉钩 1 个；⑤ Fisher 扁桃体解剖刀 1 把；⑥ La Force 小号腺刀 1 把（正面观）；⑦ LaForce 大号腺刀 1 把（侧面观）；⑧ Lothrop 悬雍垂牵引器 1 个；⑨ Meltzer 圆头筐形腺样体钳 1 把

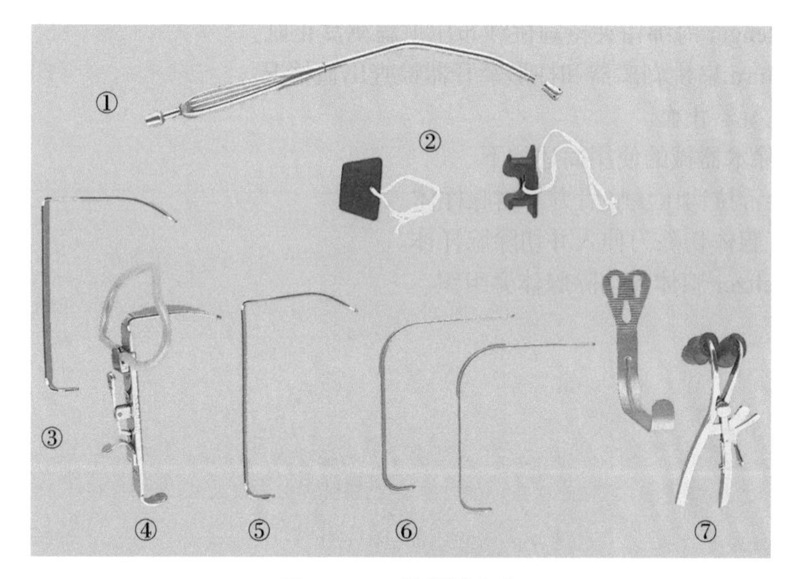

图 70-3 **口腔器械套装**

① Andrews-Pynchon 带旋拧接头及吸引管 1 套；② 儿童和成人型牙垫各 1 个；③ Mclvor 开口器长叶片 1 个；④ Mclvor 带叶片台式开口器 1 个；⑤ Mclvor 开口器中号叶片 1 个；⑥ Weder 压舌板 3 个（2 个侧面观，1 个正面观）；⑦ 开口器 1 个

第 71 章

口腔外科

FK 撑开器主要是用于机器人口腔手术（TORS）。这个撑开器主要是用于经口的手术更好地暴露咽、喉和舌根部。Bruening 注射装置用来注射声带（图 71-1 和图 71-2）。

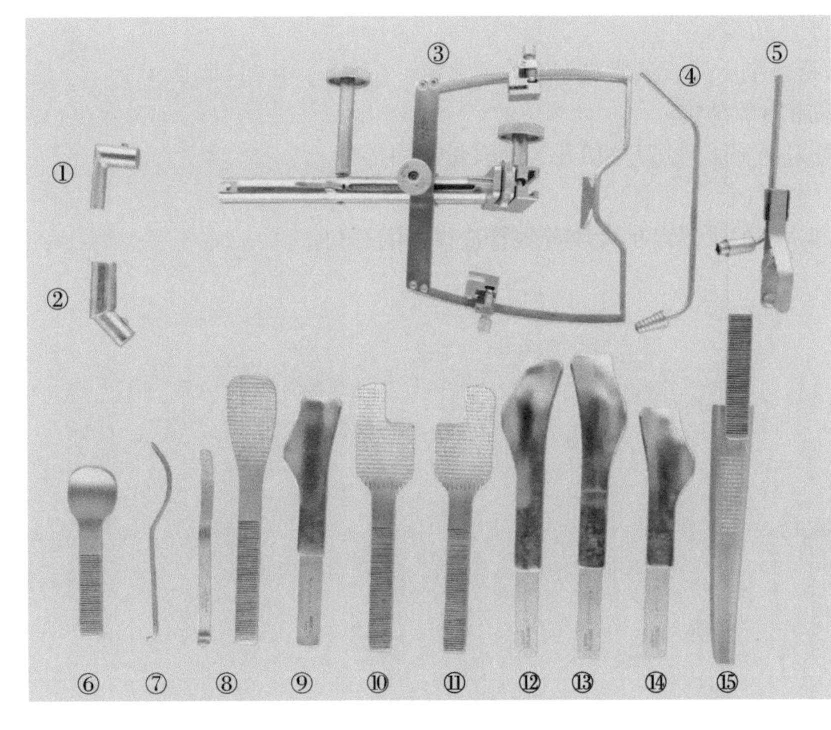

图 71-1 ①直角的 FK 撑开器 1 个；② 45° 的 FK 撑开架 1 个；③ FK-WO TORS 底架 1 个；④吸引器 1 个；⑤镜头 1 个；⑥ 11cm 的下颌骨刀 1 个；⑦弯面部撑开器 2 个；⑧弯舌刀 1 个；⑨小的向右 TORS 刀 1 个；⑩向左开口弯舌刀 1 个（后面观）；⑪向右开口弯舌刀 1 个（后面观）；⑫大向右 TORS 刀 1 个；⑬大向左 TORS 刀 1 个；⑭小向左 TORS 刀 1 个；⑮ 17cm 凹型喉刀 1 个

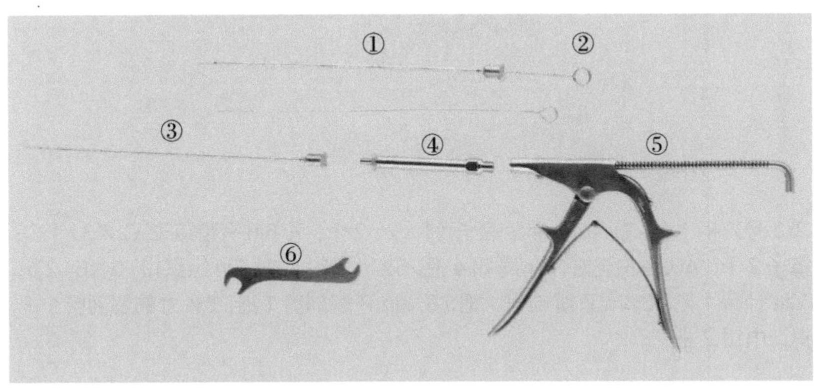

图 71-2 ① Arnold 针 1 个，20.5cm/18cm 的计量长度；②芯 1 个；③ Arnold 针 1 个，20.5cm/19m 的计量长度；④注射器 1 个；⑤注射器连接装置 1 个；⑥扳手 1 个

第 72 章

气管切开术

气管切开术是经颈前部环状软骨下方切开气管的手术。气管切开术手术器械的使用简述如下（图 72-1 至图 72-3）。

1. 用 Bard-Parker 3 号刀柄配 15 号刀片在胸骨上切迹上方做一小切口。
2. 用 Halsted 蚊式止血钳钳夹出血点。
3. 用 Senn 拉钩牵拉皮肤边缘。
4. 用 Metzenbaum 短弯解剖剪延长气管切口。
5. 乳突牵开器用于暴露内部结构。
6. 用 Bard-Parker 7 号刀柄配 11 号刀片切开气管软骨环间部分。
7. 用 Jackson 气管钩固定气管。
8. 插入 Trousseau-Jackson 扩张器以扩大放置气管造口管的开口。

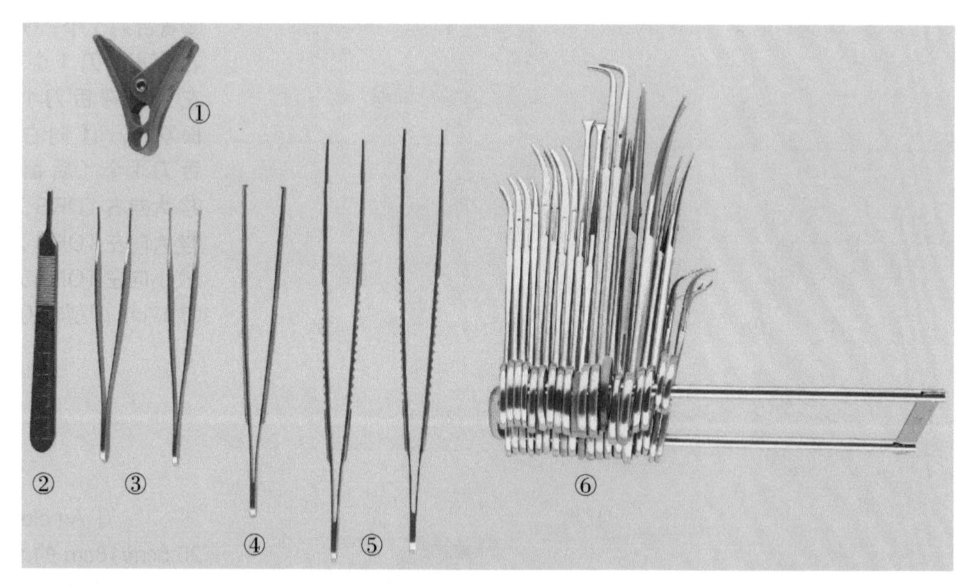

图 72-1　①蓝色夹子 1 个；② 3 号刀柄 1 个；③ 4¾in 有齿镊子（1×2）2 个；④ 6in 有齿镊子（2×3）1 个；⑤ 7¾in DeBakey 镊子 2 个；⑥（由左至右）5in 弯钳 4 把，5½in 弯钳 4 把，6in 组织钳（5×6）2 把，7in 直角钳 2 把，6¼in 针持 1 把，6¾in 直解剖剪 1 把，6¾ in 弯解剖剪 1 把，5¾ 寸的解剖剪 1 把，6¼ in 弯解剖剪 1 把，巾钳 2 把

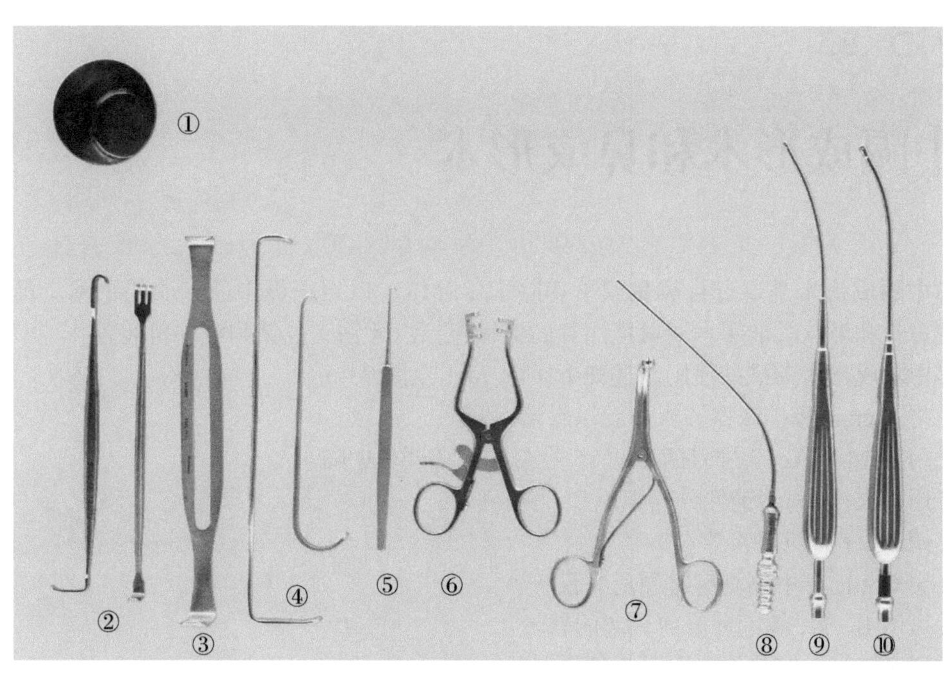

图 72-2　① 2 盎司 Medicine 杯子 1 个；② Senn 尖双头拉钩 2 个；③ Army Navy 甲状腺拉钩 2 个（正面观和侧面观）；④ Jackson5¼in 气管拉钩 1 个；⑤单头皮肤拉钩 1 个；⑥小乳突拉钩 1 个；⑦ Trousseau-Jackson 5⅜in 成人气管扩张器 1 个；⑧ Frazier 吸引头 1 个；⑨ Andrews 9½in 吸引头 1 个，3mm 头端；⑩ Andrews-Pynchon 9½in 吸引头 1 个

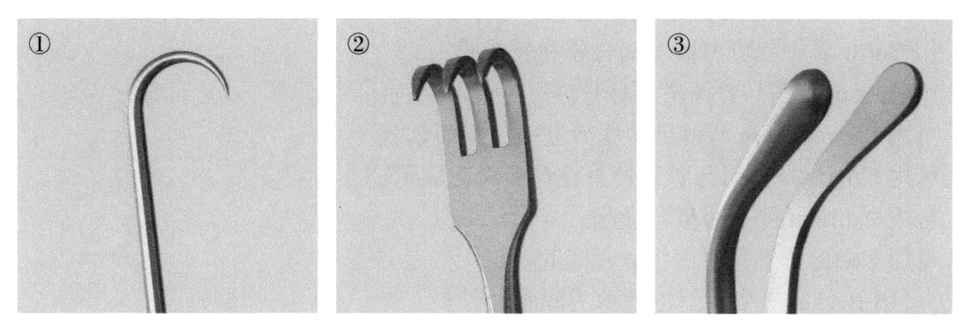

图 72-3　①气管钩拉钩；② Senn 尖双头拉钩；③ Trousseau-Jackson 成人气管扩张器

第 73 章

鼻中隔成形术和鼻成形术

鼻中隔成形术是通过行鼻黏膜下切除术（SMR）以纠正鼻中隔偏曲的手术。鼻成形术是重建鼻骨和鼻软骨的手术。可能用到的器械包括：牙钻头电钻和电外科装置。

鼻中隔成形术器械的使用简述如下（图 73-1 至图 73-6）。

1. 将 Vienna 鼻扩张器插入鼻腔以看清术野。
2. 用 Bard-Parker 7 号刀柄（配 15 号刀片）切开鼻中隔。
3. 用 Freer 剥离器钝性分离组织。
4. 用 Freer 刀切开软骨。
5. 用 Cottle 鼻中隔剥离器剥离黏膜。
6. 可用 Becker 解剖剪修剪偏离的软骨。
7. 用 Kerrison 咬骨钳去除骨性增厚结构。
8. 用 Converse 骨刀与骨锤修剪骨刺。
9. 用不同型号的 Frazier 吸引头吸除排出物以帮助术野清晰。

鼻成形术的简要手术步骤如下。

1. 可用 Bard-Parker 3 号刀柄配 15 号刀片在鼻尖造切口。
2. 用 Joseph 拉钩牵开皮肤。
3. 可用 McKenty 剥离器分离皮肤与皮下结构。
4. 用 Cottle 鼻中隔剥离器剥离骨膜和软骨膜。
5. 用 Ballenger 凿与骨锤凿开鼻骨。
6. 可用 Metzenbaum 弯解剖剪修剪上面、侧面软骨。
7. 可用 Converse 骨刀与骨锤使骨性鼻背隆起成形。
8. 可用 Aufricht 锉打磨鼻背隆起。
9. 可用 Cottle 背侧角剪剪去软骨隆起。
10. 可用 Becker 鼻中隔解剖剪剪去隔膜软骨。
11. 用 Cottle 骨刀与骨锤削磨骨刺。

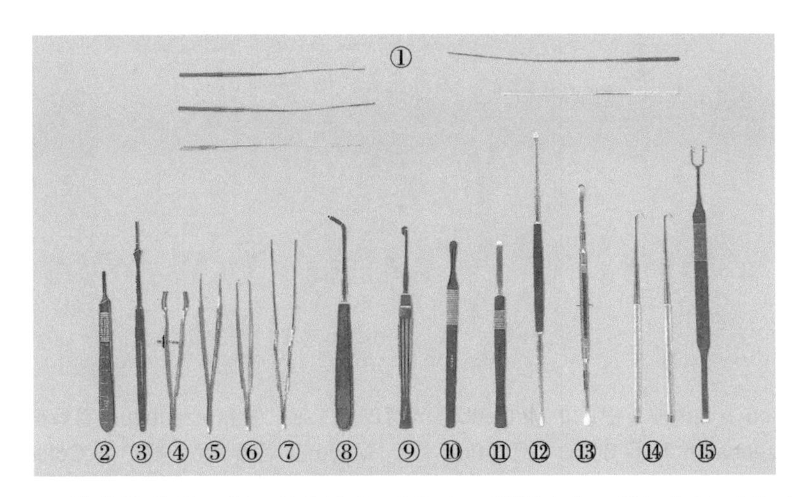

图 73-1 ① Ludwig 棒状涂药器 5 把；② 3 号 Bard-Parker 刀柄 1 个；③ 7 号 Bard-Parker 刀柄 1 个；④ Cottle 柱状镊 1 把；⑤ Brown-Adson 有齿（7×7）组织镊 1 把；⑥ Beasley-Babcock 组织镊 1 把；⑦ Jansen 腔状镊 1 把；⑧弯 Joseph 按钮刀 1 把；⑨ Freer 鼻中隔刀 1 把；⑩ Cottle 鼻刀 1 把；⑪ McKenty 鼻骨膜剥离子 1 个；⑫ Cottle 鼻中隔剥离子 1 个；⑬ Freer 鼻骨膜剥离子 1 个；⑭ Joseph 皮肤拉钩 2 个；⑮ Cottle 刮刀拉钩 1 个

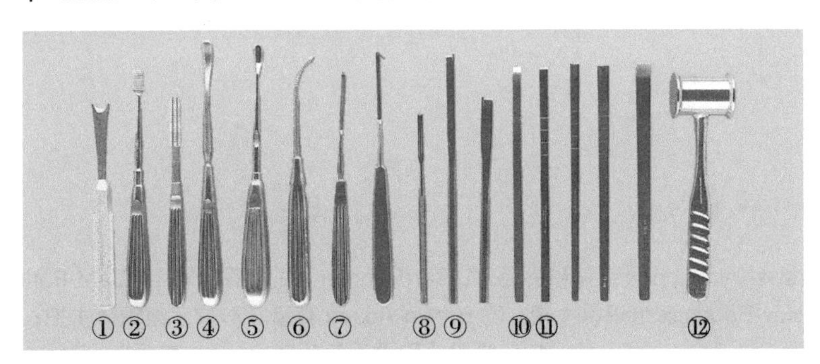

图 73-2 ① Bauer 摇摆凿 1 个；② Lewis 骨锉 1 把；③ Maltz 骨锉 1 把；④ Aufricht 大骨锉 1 把；⑤ Aufricht 小骨锉 1 把；⑥ Wiener 上颌窦锉 1 把；⑦ Ballenger 旋转刀 2 把；⑧ Ballenger 4mm 骨凿 1 把；⑨ Converse 保护性骨凿 2 把；⑩ Cottle 6mm 弯圆骨凿 1 把；⑪ Cottle 直骨凿 4 把（4mm、7mm、9mm 和 12mm）；⑫骨锤 1 把

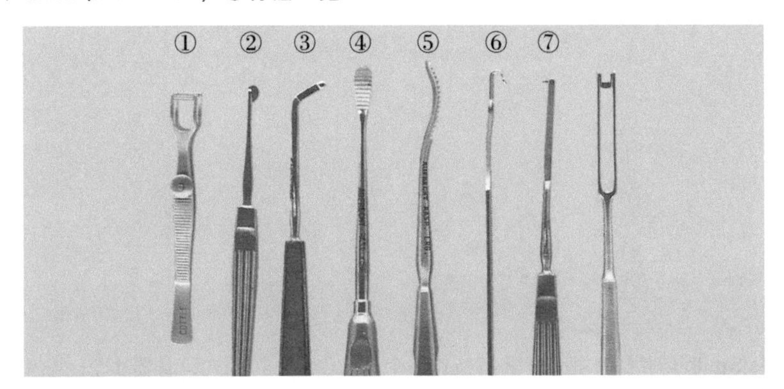

图 73-3 ① Cottle 柱状镊 1 把；② Freer 鼻中隔刀 1 把；③ Joseph 按钮刀 1 把；④ Aufricht 小骨锉 1 把（正面观）；⑤ Aufricht 大骨锉 1 把（侧面观）；⑥ Cottle 刮刀拉钩 1 个（侧面观）；⑦ Ballenger 旋转刀 2 把（侧面观和正面观）

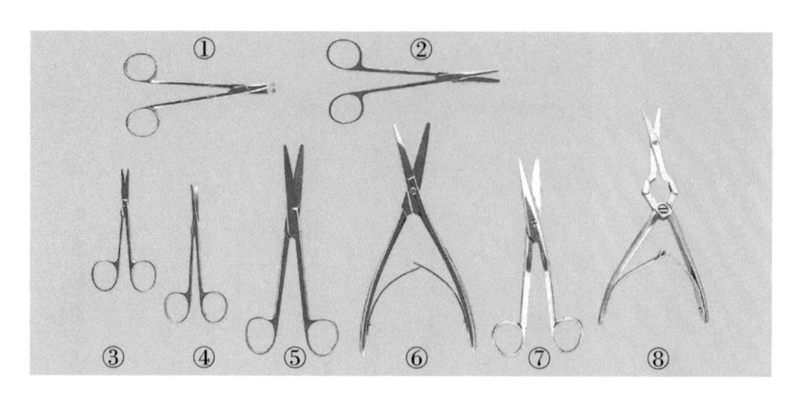

图 73-4 ① Fomon 下侧角剪 1 把；② Metzenbaum 解剖剪 1 把；③ Metzenbaum 直解剖剪 1 把（4in）；④ Metzenbaum 弯解剖剪 1 把（4in）；⑤ Mayo 直解剖剪 1 把；⑥ Cottle 弹簧剪 1 把；⑦ Cottle 背侧角剪 1 把；⑧ Becker 鼻中隔剪 1 把

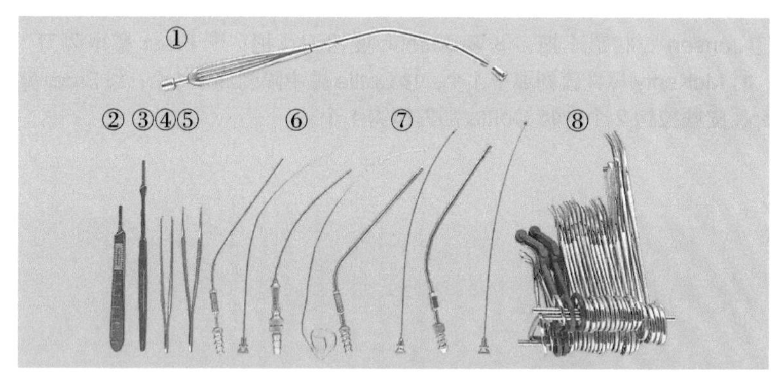

图 73-5 ① Andrews-Pynchon 吸引管和头端；② Bard-Parker 3G 刀柄 1 个；③ Bard-Parker 7G 刀柄 1 个；④ Beasley-Babcock 组织镊 1 把；⑤ Brown-Adson 有齿（7×7）组织镊 1 把；⑥ Frazier 7G 吸引头和通条各 2 个；⑦ Frazier 12G 吸引头和通条各 2 个；⑧（由左至右）Backhaus 小巾钳 2 把，粗巾钳 2 把，Halsted 弯蚊式钳 12 把，Allis 组织钳 2 把，扁桃钳 2 把，Johnson 持针器 1 把

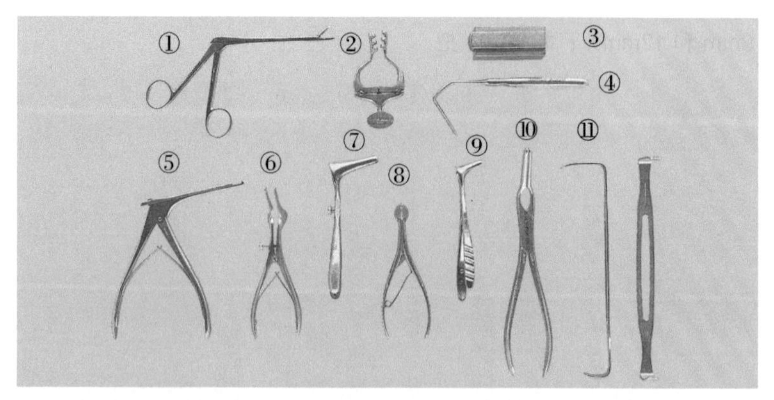

图 73-6 ① Ferris Smith 碎片钳 1 把；②乳突拉钩 1 个；③ Cottle 封闭式碎骨器 1 个；④ Aufricht 拉钩 1 个；⑤ Kerrison 咬骨钳 1 把；⑥ Killian 2in 鼻窥镜 1 个；⑦ Killian 3in 鼻窥镜 1 个；⑧ Vienna 1⅜in 鼻窥镜 1 个（正面观）；⑨ Vienna 1in 鼻窥镜 1 个（侧面观）；⑩ Asch 鼻中隔拉钩；⑪ Army Navy 拉钩 2 个（侧面观和正面观）

第 74 章

鼻息肉器械

鼻息肉是鼻黏膜表面长出的小的圆赘生物（图 74-1 和图 74-2）。

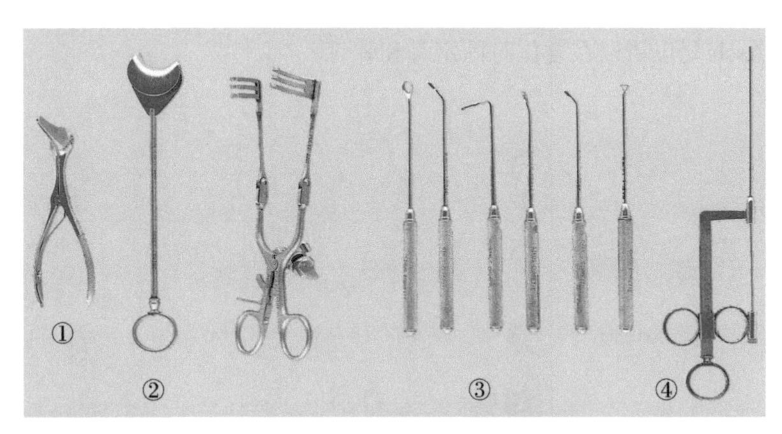

图 74-1 ① Killian 3in 鼻窥镜 1 个；② Druck-Levine 带叶片鼻窦拉钩 1 个（两个部分）；③ 各型号的 Coakley 筛窦刮匙 6 把（1 ～ 6 号）；④ Bruening 枪状鼻圈套器 1 个（一次性钢丝）

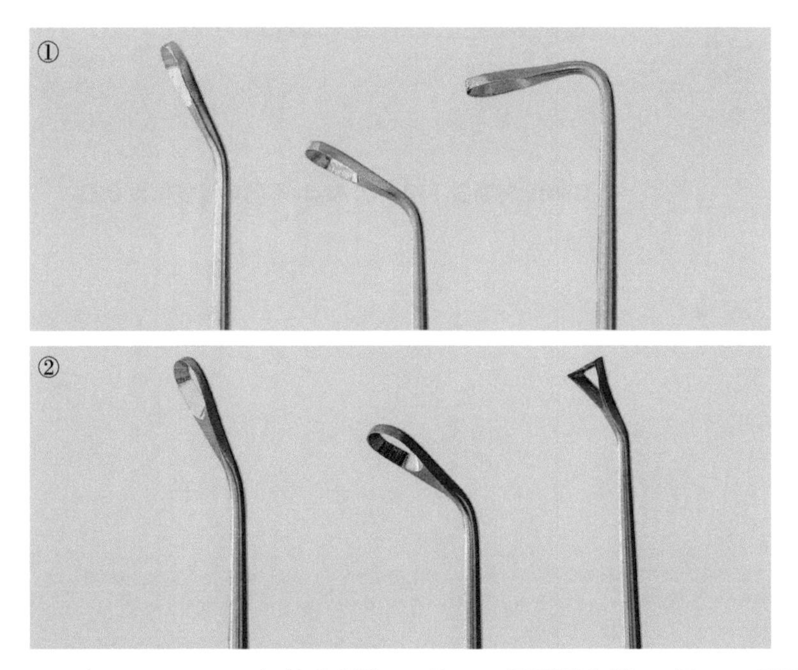

图 74-2 ① Coakley（7.5mm×9.5mm）筛窦刮匙：1 号 30° 椭圆形头端，2 号 60° 椭圆形头端，3 号 100° 椭圆形头端。② Coakley 筛窦刮匙（6mm×7.5mm）：4 号 30° 椭圆形头端；5 号 60° 椭圆形头端；Coakley 筛窦刮匙（6mm×6mm），6 号 30° 三角形头端

第 75 章

鼻骨折复位

鼻骨折复位是矫正鼻外伤性骨折的手术。此手术器械的使用简述如下（图 75-1）。

1. 插入 Gillies 剥离器以调整骨和软骨。
2. 可插入 Asch 复位钳以在复位时固定骨和软骨。

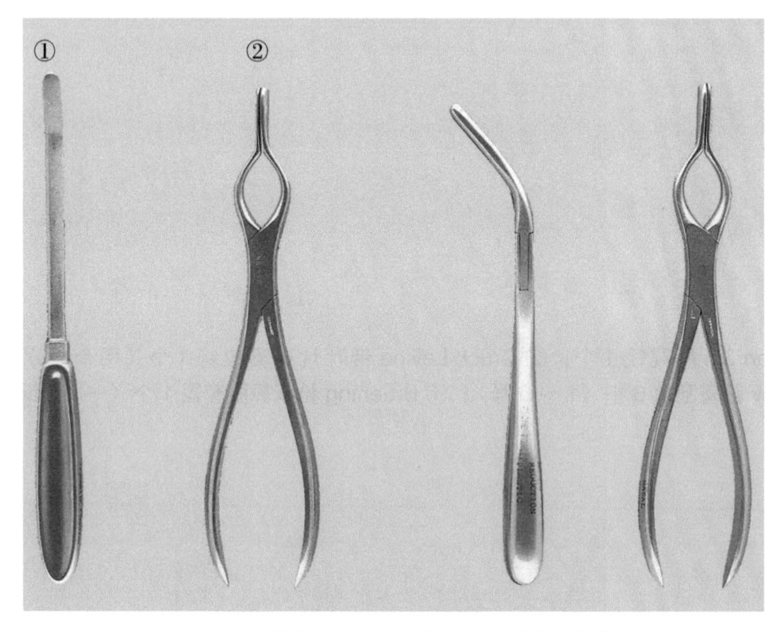

图 75-1 ① Gillies 剥离器 1 把；② Asch 不同角度复位钳 3 把

第 76 章

鼻窦手术

鼻旁窦可能需要改进排泄或切除病变膜。因此，可以在内镜下进行鼻窦手术。器械可随镜头一同插入鼻腔。此手术可能需要的设备和器械包括光源和 1 套鼻部器械。冲洗则可能需要冲洗管、生理盐水及吸引头、吸引管。此手术器械的使用简述如下（图 76-1 至图 76-9）。

1. 可用 Vienna 窥鼻器扩开鼻腔。
2. 将鼻镜插入鼻腔。
3. 用轴心吸引 / 冲洗器清除分泌物，使术野清晰。
4. 用 Blakesley-Weil 筛窦钳扩大上颌窦开口。
5. 还可用 Coakley 鼻窦刮匙扩大上颌窦开口。
6. 用 Gruenwald 鼻钳抓持息肉。
7. 用 Struycken 鼻钳切下息肉。
8. 可用 Stammberger 鼻窦咬合钳切除病变组织。

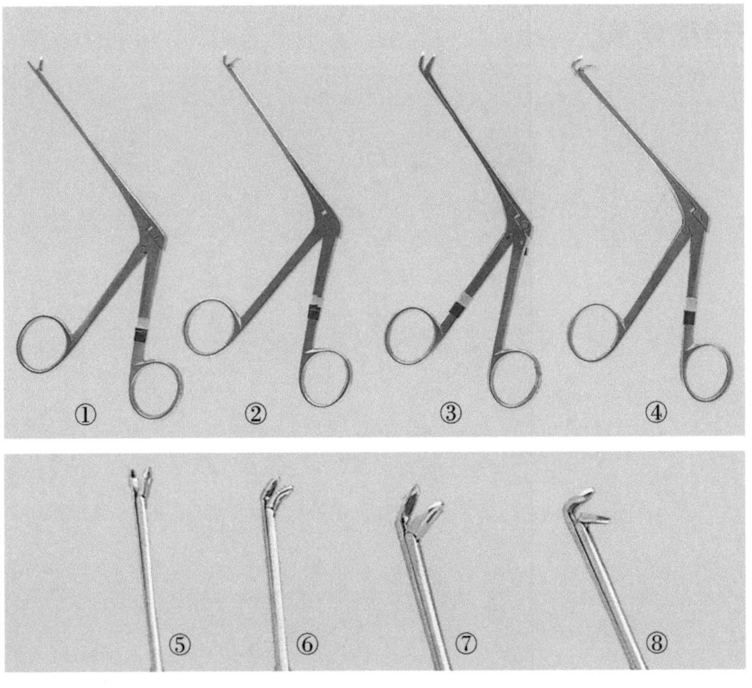

图 76-1 ① Blakesley-Weil 小号小儿直鼻钳 1 把；② 小儿 45° 鼻钳 1 把；③ 小号 45° 鼻钳 1 把；④ 小号 90° 鼻钳 1 把；⑤ Blakesley-Weill 小号小儿直鼻钳头端；⑥ 小儿 45° 鼻钳；⑦ 小号 45° 鼻钳；⑧ 小号 90° 鼻钳

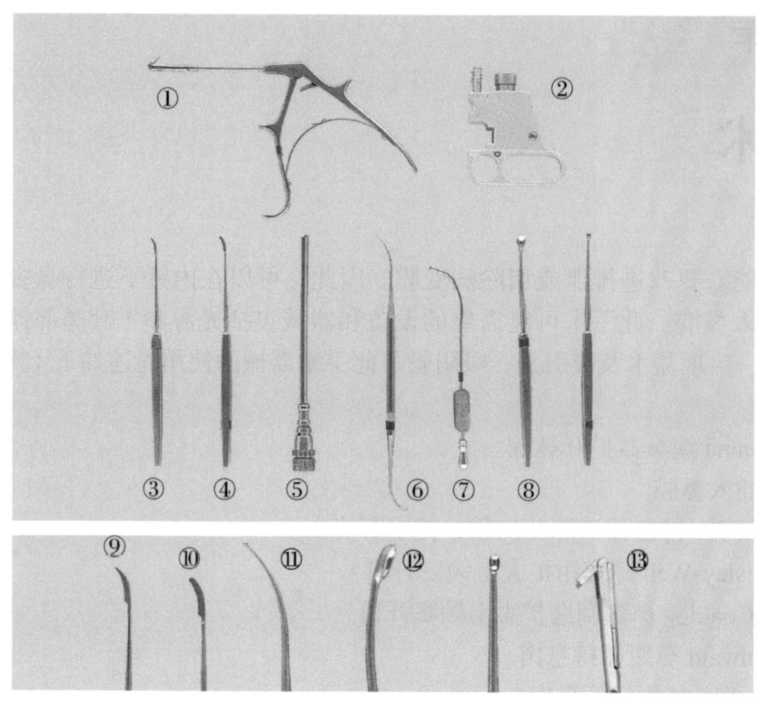

图 76-2 ① Stammberger 鼻窦后咬合钳 1 把；②轴心吸引 / 冲洗手柄 1 个；③尖头镰状刀 1 把；④钝头镰状刀 1 把；⑤适用于 0° 和 25° 、4mm 镜片的鞘 1 个；⑥上颌窦探针 1 个；⑦ Von Eicken 11Fr 鼻窦冲洗管 1 根；⑧鼻窦刮匙 2 个（2 号和 1 号各 1 个）；⑨尖头镰状刀（头端）；⑩钝头镰状刀（头端）；⑪上颌窦探针（头端）；⑫ 2 号和 1 号鼻窦刮匙（头端）；⑬ Stammberger 鼻窦后咬合钳（头端）

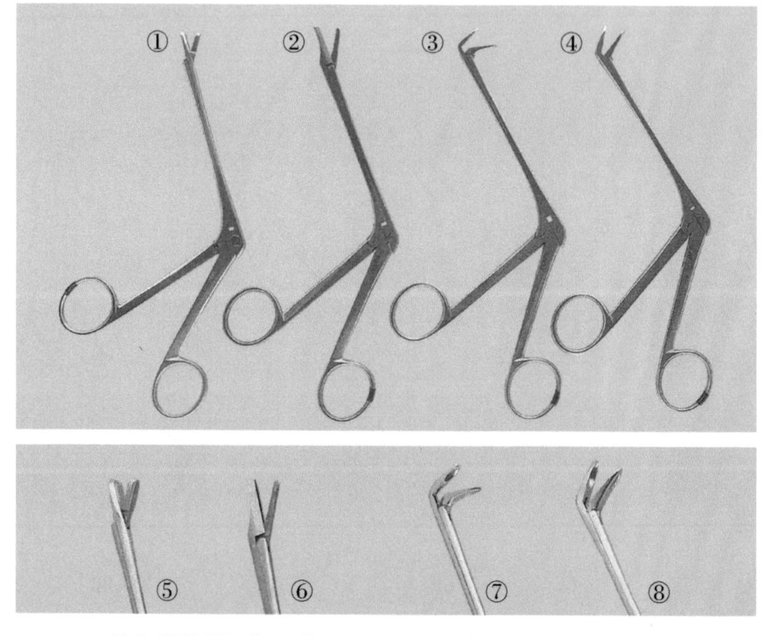

图 76-3 ① Gruenwald 2 号直鼻剪钳 1 把；② Struycken 直鼻钳 1 把；③ 90° 上弯鼻钳 1 把；④ 上弯鼻钳 1 把；⑤ Gruenwald 2 号直鼻钳（头端）；⑥ Struycken 直鼻钳（头端）；⑦ 90° 上弯鼻钳（头端）；⑧ 上弯鼻钳（头端）

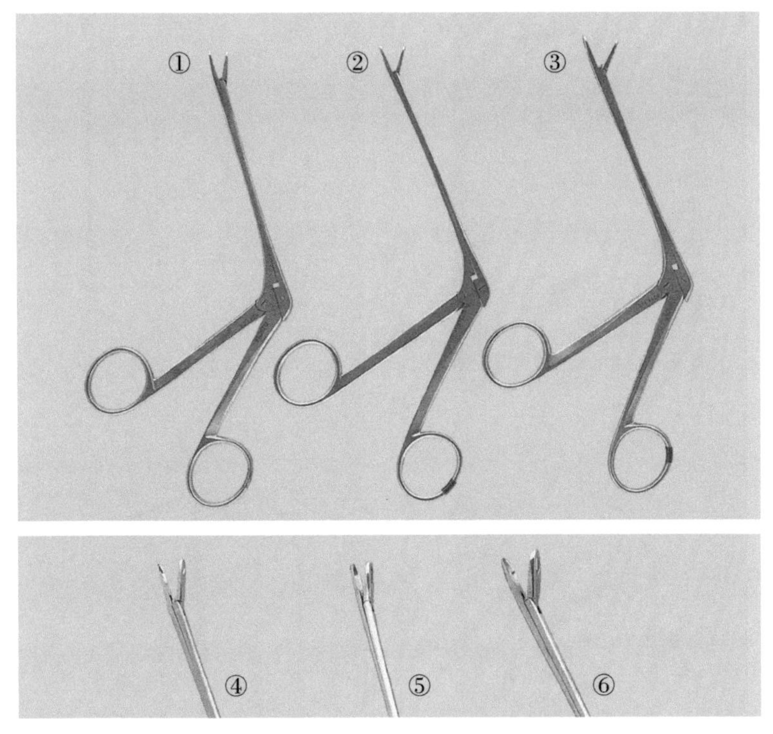

图 76-4　① Blakesley-Weil 鼻钳 0 号直钳 1 把；② 1 号直钳 1 把；③ 2 号直钳 1 把；④ Blakesley-Weil 鼻钳 0 号直钳（头端）；⑤ 1 号直钳（头端）；⑥ 2 号直钳（头端）

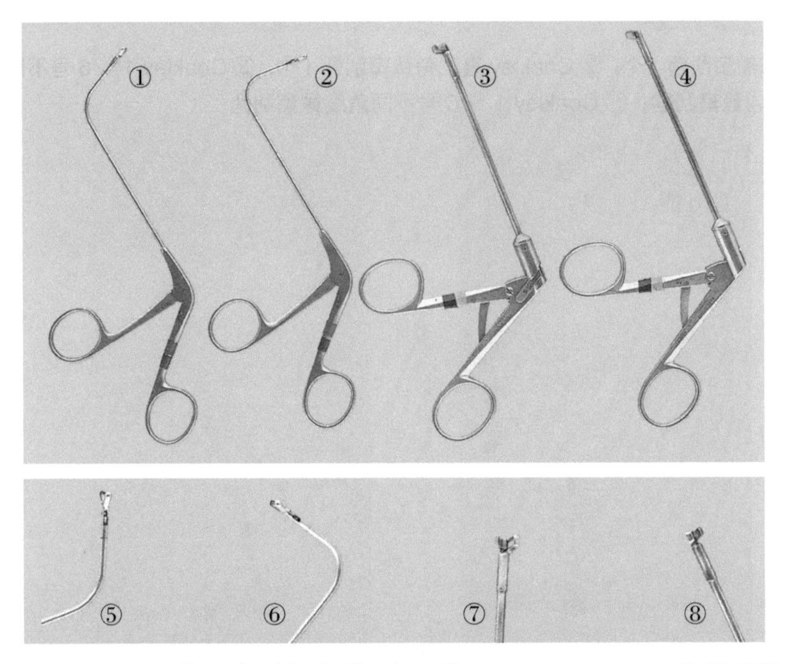

图 76-5　① Kuhn-Bolger 90° 长颈鹿形额窦钳 1 把；② Kuhn-Bolger 110° 长颈鹿形额窦钳 1 把；③ Stamm-berger 左鼻窦咬骨钳 1 把；④ Stammberger 右鼻窦咬骨钳 1 把；⑤ Kuhn-Bolger 90° 长颈鹿形额窦钳 1 把（头端）；⑥ Kuhn-Bolger 110° 长颈鹿形额窦钳 1 把（头端）；⑦ Stammberger 左鼻窦咬骨钳 1 把（头端）；⑧ Stammberger 右鼻窦咬骨钳 1 把（头端）

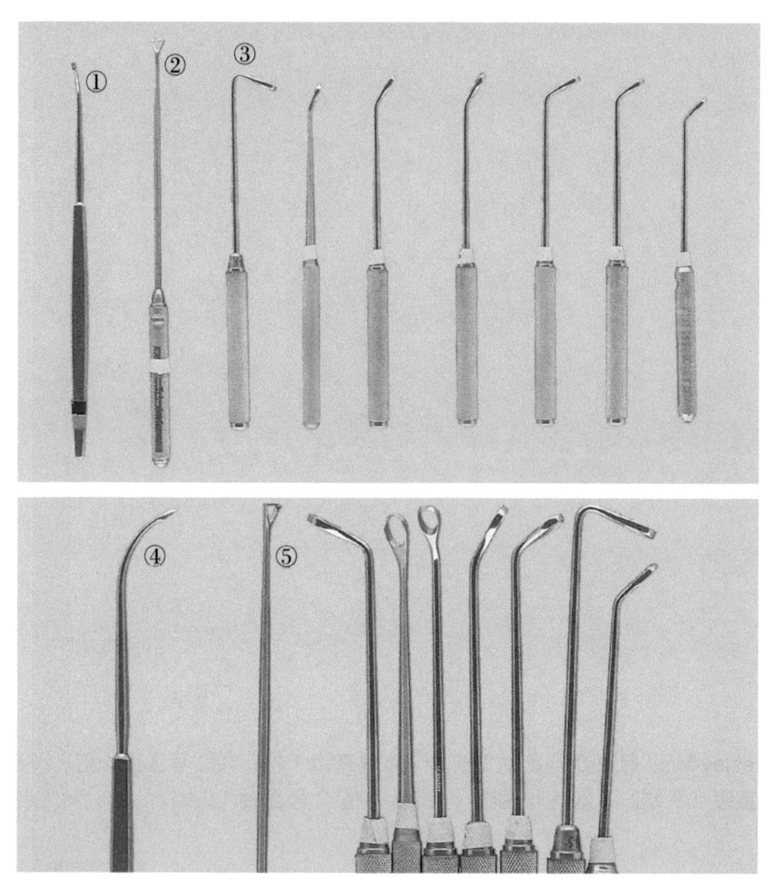

图 76-6　① 90° 额窦刮匙 1 个；② Coakley 直三角鼻窦刮匙 1 个；③ Coakley 1 ～ 6 号不同角度鼻窦刮匙；头端：④额窦刮匙；⑤ Coakley 1 ～ 6 号不同角度鼻窦刮匙

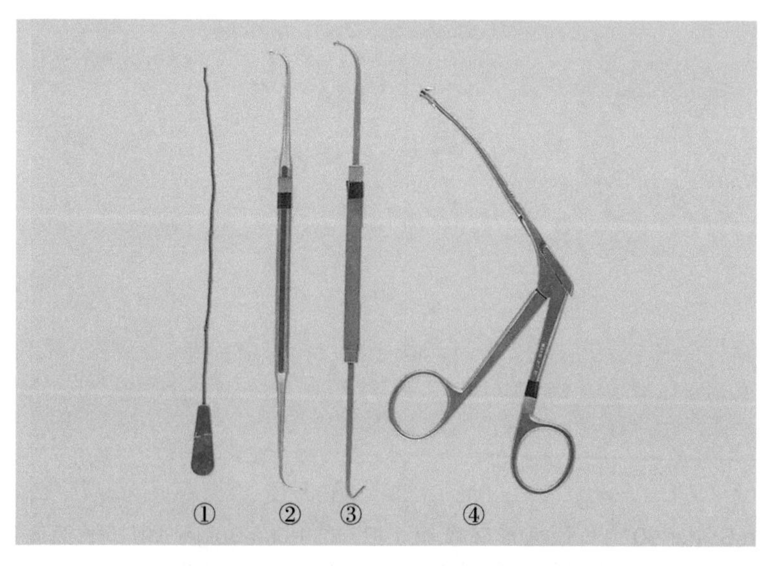

图 76-7　① 珠状探针 1 根；② 上颌窦孔探针 1 根；③ 额窦孔探针 1 根；④ Ostrom-Terrier 后开口鼻窦钳 1 把

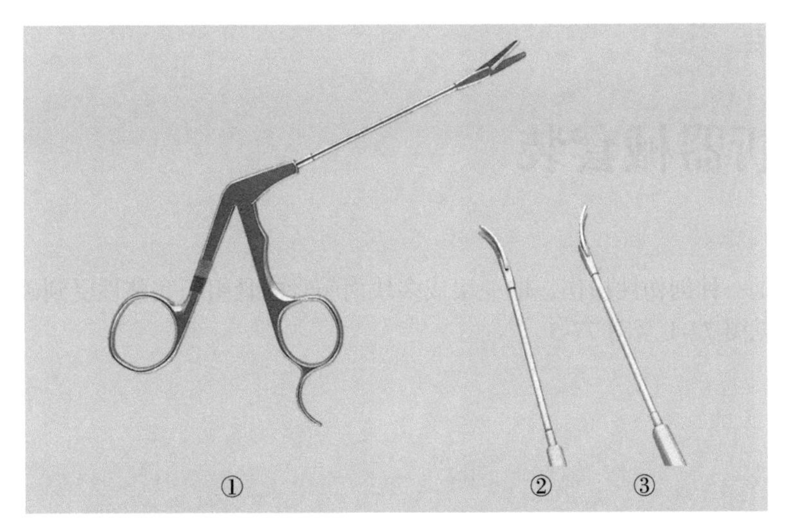

图 76-8　① 小号直鼻剪 1 把；② 1 号左弯鼻剪 1 把；③ 小号右弯鼻剪 1 把

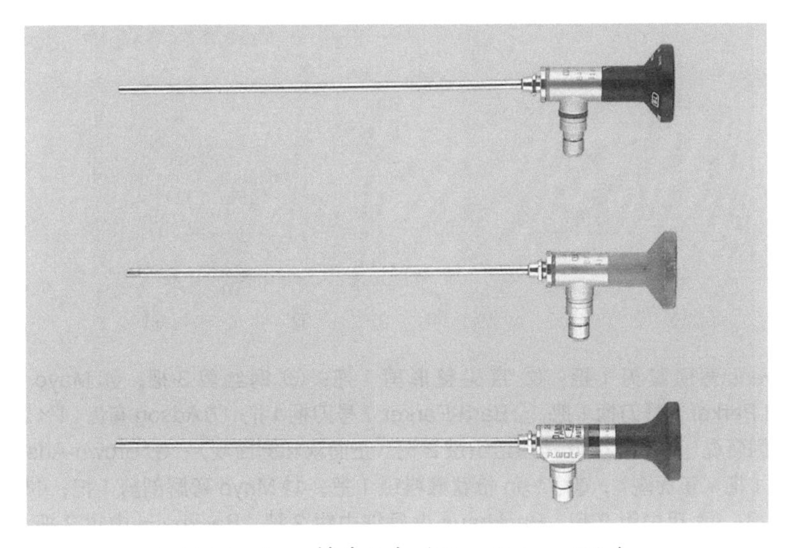

图 76-9　4mm 镜头 3 个（0°、25°、70°）

第七单元　口腔颌面手术

第 77 章

面部骨折器械套装

面部骨折是一种创伤性损伤，即一块或多块面颅骨的骨组织完整性受到破坏。手术器械见图 77-1 至图 77-5。

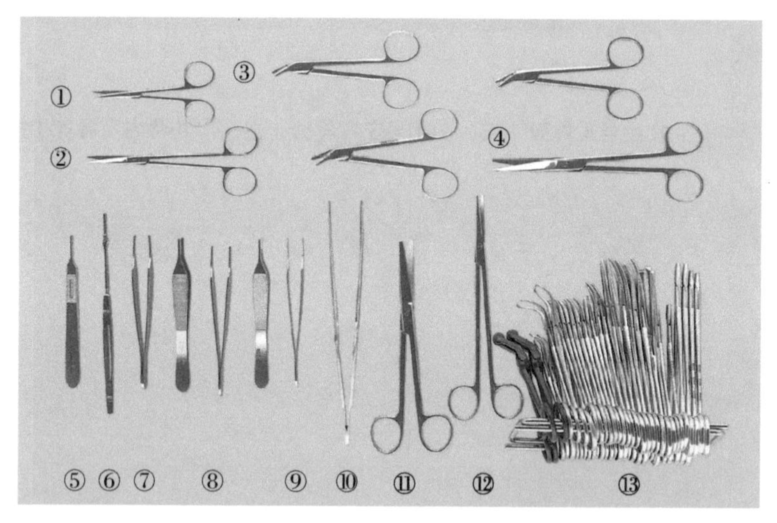

图 77-1　① Stevens 弯肌腱剪 1 把；② 直尖整形剪 1 把；③ 钢丝剪 3 把；④ Mayo 直解剖剪 1 把；⑤ Bard-Parker 3 号刀柄 1 把；⑥ Bard-Parker 7 号刀柄 1 把；⑦ Adson 有齿（1×2）组织镊 2 把（正面观和侧面观）；⑧ Adson 无齿组织镊 2 把（正面观和侧面观）；⑨ Brown-Adson 有齿（9×9）组织镊 1 把（正面观）；⑩ $7\frac{1}{2}$in 枪状敷料镊 1 把；⑪ Mayo 弯解剖剪 1 把；⑫ Metzenbaum 解剖剪 1 把；⑬ 粗巾钳 2 把，Backhaus 小号细巾钳 2 把，Backhaus 巾钳 2 把，Halsted 弯蚊式止血钳 6 把，Halsted 直蚊式止血钳 2 把，Providence Hospital 弯止血钳 2 把，Halsted 直止血钳 2 把，Crile 弯止血钳 4 把，Aills 组织钳 2 把，Webster 4in 持针器 2 把，Crile-Wood 6in 持针器 2 把，Johnson 6in 持针器 2 把

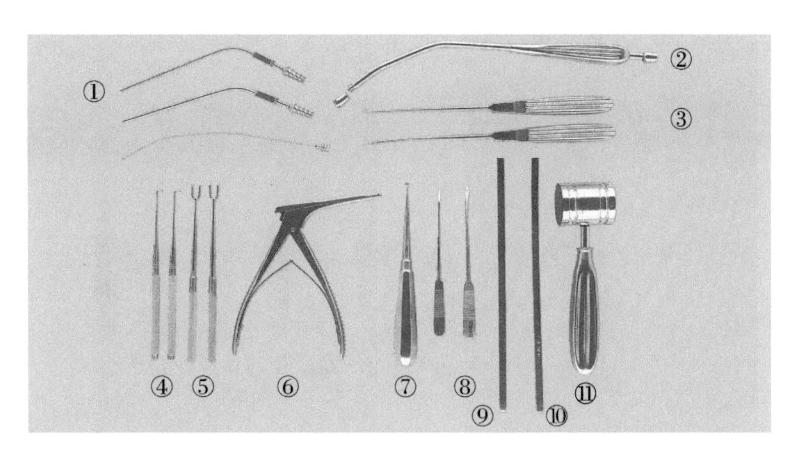

图 77-2　①带通条的Frazier吸引管2根及通条1个; ②Yankauer吸引管及旋拧接头1套; ③颧骨弓锥2把; ④ Joseph 单头皮肤拉钩 2 把；⑤ Joseph 双叉皮肤拉钩 2 把；⑥ Kerrison 咬骨钳 1 把（90° 咬合）；⑦ Lucas 0 号短刮匙 1 个；⑧ 下颌骨锥 2 把；⑨ Cottle 弯骨凿 1 把；⑩ Cottle 直骨凿 1 把；⑪ Crane 骨锤 1 把

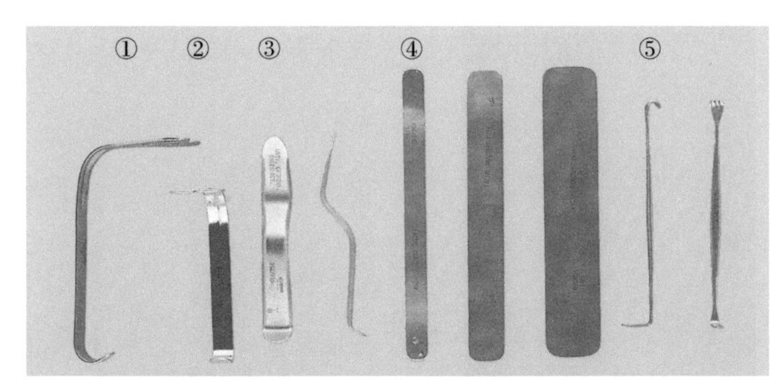

图 77-3　① Weder 大号舌拉钩 1 个（侧面观）；② Weder 小号舌拉钩 1 个（正面观）；③ （University of Minneesota）面颊拉钩 2 个（正面观和侧面观）；④ 大、中、小号可塑形（带状）拉钩 3 个；⑤ Senn-Kanavel 拉钩 2 个（侧面观和正面观）

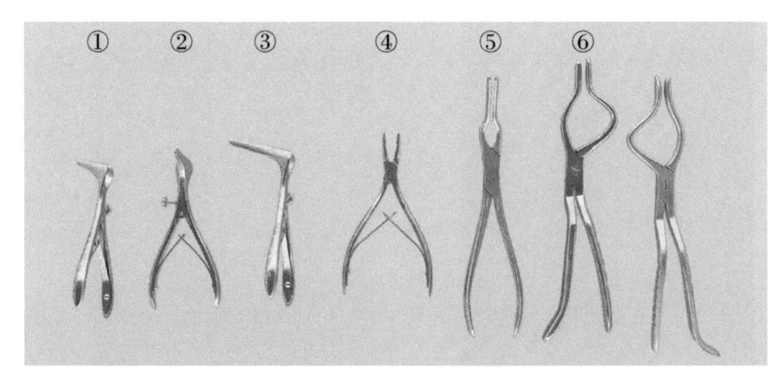

图 77-4　① Cottle 1 号鼻镜 1 个（侧面观）；② Cottle 2 号鼻镜 1 个（正面观）；③ Cottle 3 号鼻镜 1 个（侧面观）；④ Friedman 单关节咬骨钳 1 把；⑤ Asch 钳 1 把；⑥ Rowe 嵌塞物夹持钳 2 把（左弯和右弯各 1 把）

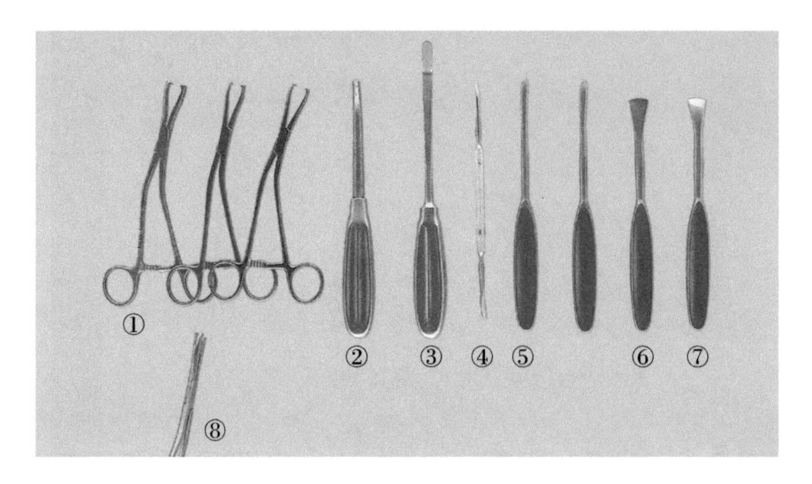

图 77-5 ① Dingman 持骨钳 3 把；② Dingman 颧骨剥离器 1 把；③ Gillies 颧骨剥离器 1 把；④ Freer 剥离器 1 把；⑤ Langenbeck 剥离器 2 把；⑥ Langenbeck 直骨膜剥离器 1 把；⑦ Langenbeck 骨膜剥离器 1 把（有角度）；⑧ Dingman 持骨钳尖端

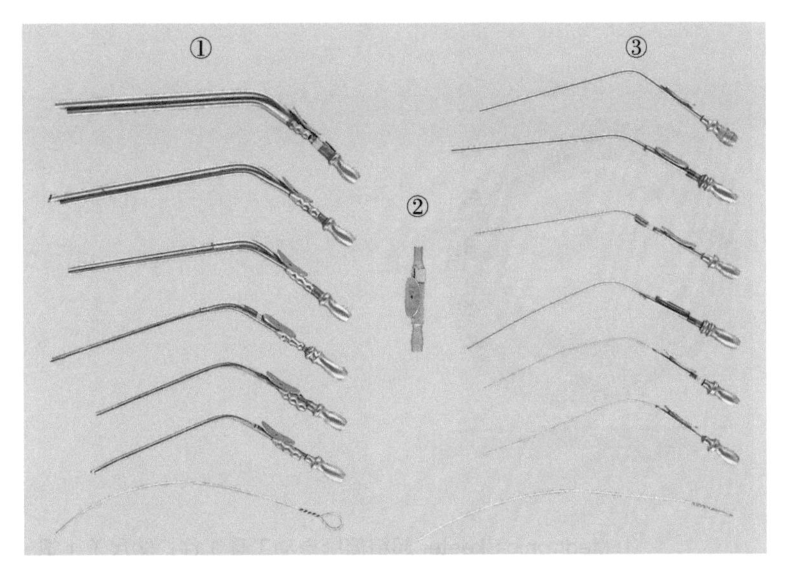

图 69-8　①侧孔吸引 / 冲洗管 6 根及通条 1 根；②金属连接头 1 个；③ Baron 侧孔耳吸引管 6 根及通条 1 根

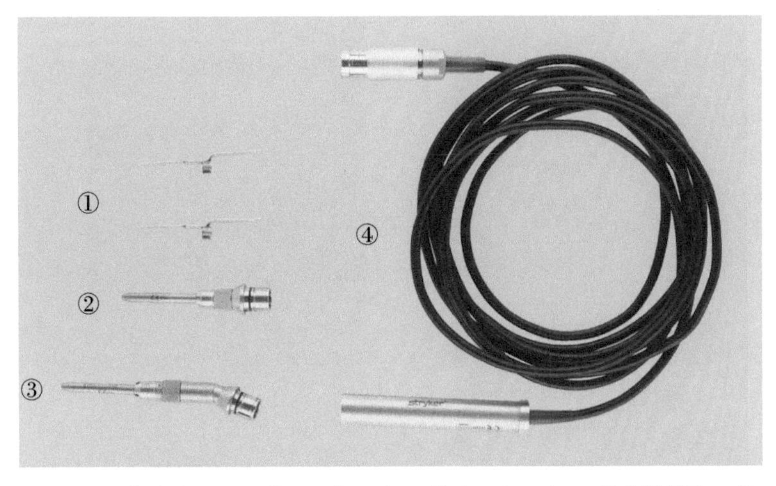

图 69-9　①钻头 2 根；②直手柄 1 根；③弯手柄 1 根；④磨钻导线 1 根

第 78 章

外科正颌学

正颌学手术是指下颌骨和（或）上颌骨骨折重建。骨折类型可分为 Le Fort Ⅰ型、Le Fort Ⅱ型和 Le Fort Ⅲ型。Le Fort Ⅰ型是上颌骨骨折；Le Fort Ⅱ型是骨折发生在颧骨的颧弓周围；Le Fort Ⅲ型是骨折发生在眼眶周围。手术可能需要的仪器设备包括小骨折器械、钻头、锯片和 1 套迷你骨折固定系统。如果用弓形杆和不锈钢钢丝，则需要 1 把钢丝剪。简述手术器械使用步骤如下（图 78-1 至图 78-6）。

1. 用一个中翼状的牵开器拉开脸颊和固定下颌。
2. 用乳突拉钩游离开下颌上的黏膜。
3. 用 Bauer 拉钩提高下颌骨。
4. 用剥离子游离开下颌骨上的软组织。
5. 用螺丝钉和金属片来固定骨头的位置。
6. 愈合期间用弓形杆和钢丝来防止下颌移动，在一段时间内，这些弓形杆将会被拆除。

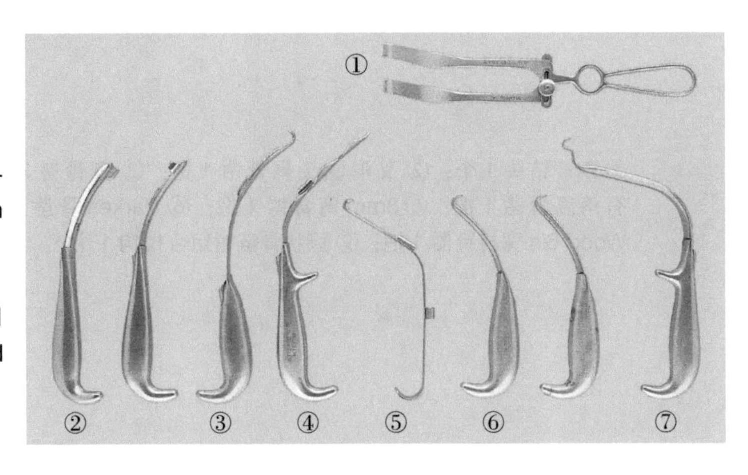

图 78-1 ① Burton 拉钩 1 个；② Bauer 拉钩 2 个；③ Joseph 冠突自动拉钩 1 个；④ Petri 翼状拉钩 1 个；⑤ 通道拉钩 1 个；⑥通用拉钩 2 个；⑦ Kent-Wood 可调拉钩 1 个

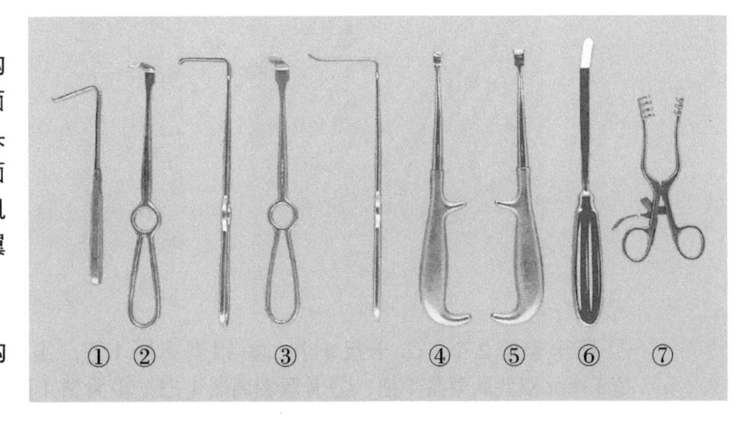

图 78-2 ① 梨状边缘拉钩 1 个；② Langenbeck 拉钩 2 个（正面观和侧面观）；③ Langenbeck 头端上弯拉钩 2 个（正面观和侧面观）；④翼咬肌小号剥离器 1 个；⑤ 翼咬肌中号剥离器 1 个；⑥ Gillies 颧骨剥离器 1 个；⑦ Weitlaner 5in 乳突拉钩 1 个

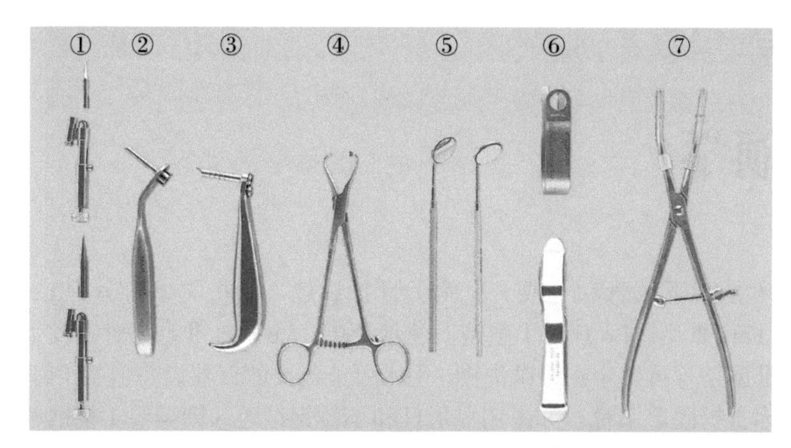

图 78-3 ① 带金属鞘卡尖压缩滚轴 2 根（小号和大号各 1 根）；② 带鞘卡套管 1 根；③ 带柄鞘卡 1 个；④ 固定钳 1 把；⑤ 5 号牙镜 2 个；⑥ 面颊拉钩 2 个；⑦ 下颌骨复位钳 1 把

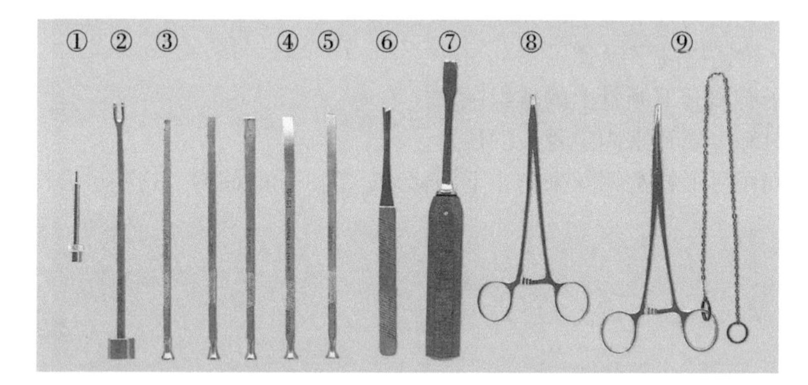

图 78-4 ① Drill 钻头 1 个；② 叉形圆头鼻骨凿 1 把；③ 直骨凿 3 把（4mm，6mm，8mm）；④ 6mm 有角度骨凿 1 把；⑤ 8mm 弯骨凿 1 把；⑥ Parkes 骨凿 1 把；⑦ 矢状裂骨凿 1 把；⑧ Crile-Wood 6in 弯持针器 1 把；⑨ 冠状骨链钳组合拉钩 1 个

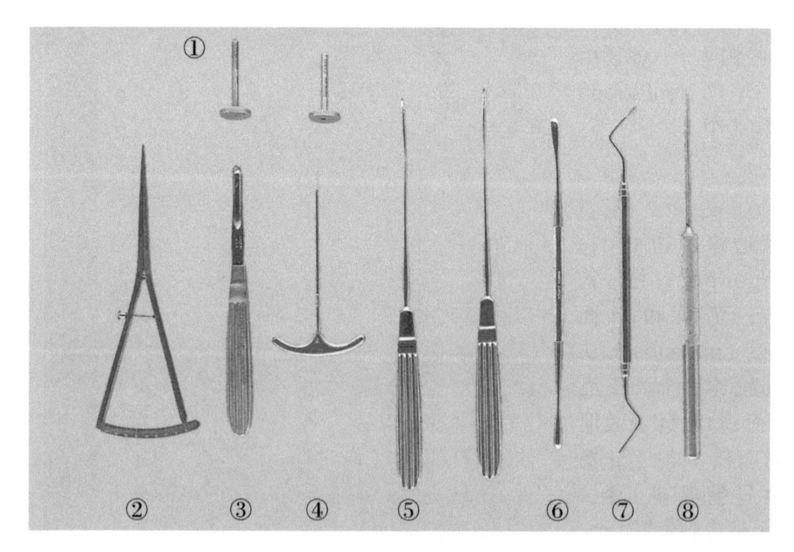

图 78-5 ① 鞘卡套管 2 个；② 卡尺 1 个；③ 踝剥离器 1 把；④ Byrd 螺丝刀 1 把；⑤ 颧弓锥 2 把；⑥ Freer 双头剥离器 1 把；⑦ 骨膜剥离器 1 把；⑧ 骨凿 1 把

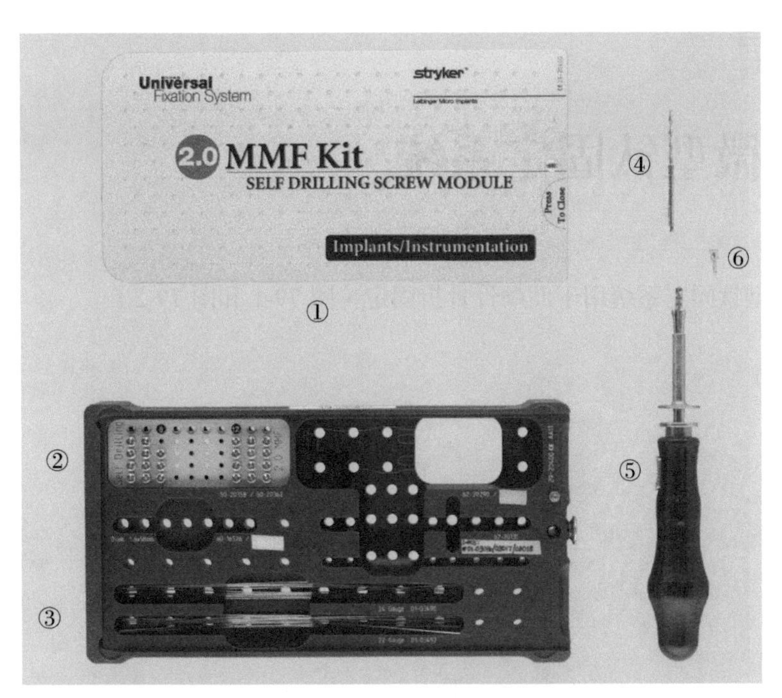

图 78-6　①MMF 工具箱盖子 1 个；②2.0mm×8mm MMF 自钻螺丝钉和 2.0mm×12mm MMF 钻螺丝钉（集中放置）；③结扎钢丝，22 号和 24 号（集中放置）；④弯钻头 1 个，1.6mm×58mm；⑤锯齿状手柄螺丝刀 1 把和锁紧 1 件；⑥ 12.0mm×8mm MMF 自钻螺丝钉

第 79 章

2.0mm 微型钛固定系统

2.0mm 微型钛固定系统用于面颅骨骨折固定（图 79-1 和图 79-2）。

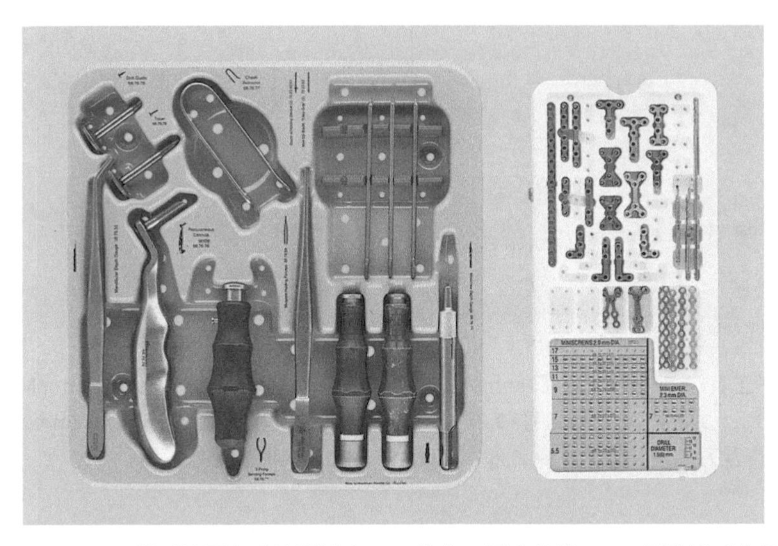

图 79-1　2.0mm 微型钛固定系统器械盘。灭菌盒 3 层中的第 1、2 层器械（有标签）

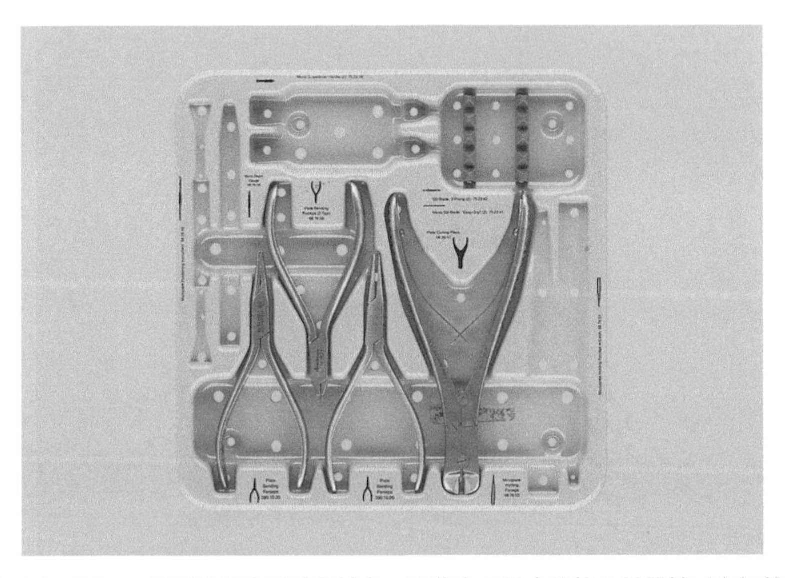

图 79-2　2.0mm 微型钛固定系统器械盘。灭菌盒 3 层中的第 3 层器械（有标签）

第八单元　整形外科手术

第 80 章

小型整形器械套装

整形手术用于对人体可见部分进行塑造、改变、取代和恢复。整容矫正是对有缺陷的组织或身体部位实施手术。

手术器械见图 80-1 至图 80-3。

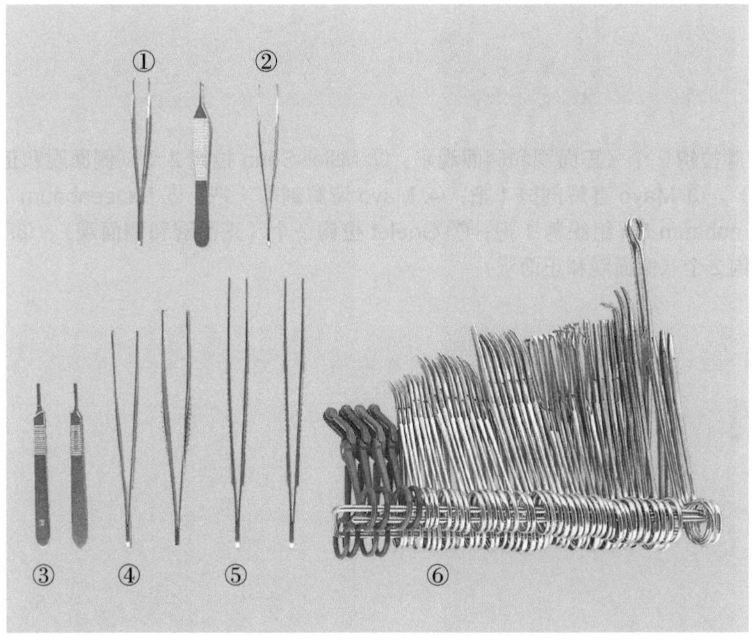

图 80-1　①Adson 有齿（1×2）镊 2 把（正面观和侧面观）；②Brown-Adson 有齿（9×9）镊 1 把（正面观）；③Bard-Parker 3 号刀柄 2 把；④DeBakey 短血管组织镊 2 把；⑤Cushing 有齿（1×2）组织镊 2 把；⑥（由左至右）粗巾钳 4 把，Halsted 弯蚊式止血钳 6 把，Halsted 直蚊式止血钳 1 把，Crile 5½in 弯止血钳 8 把，Halsted 直止血钳 1 把，Crile 6½in 弯止血钳 6 把，Allis 组织钳 4 把，Babcock 组织钳 4 把，Ochsner 直止血钳 4 把，Westphal 止血钳 1 把，扁桃体止血钳 2 把，Foerster 海绵钳 1 把，Johnson 6in 持针器 1 把，Crile-Wood 6in 持针器 2 把

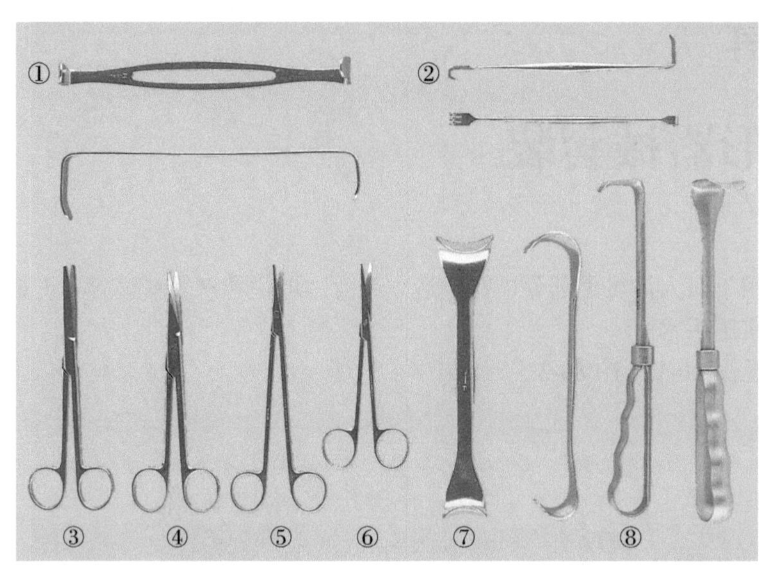

图 80-2 ① 甲状腺拉钩 2 个（正面观和侧面观）；② Miller-Senn 拉钩 2 个（侧面观和正面观）。下（由左至右）。③ Mayo 直解剖剪 1 把；④ Mayo 弯解剖剪 1 把；⑤ Metzenbaum 7in 组织剪 1 把；⑥ Metzenbaum 5in 组织剪 1 把；⑦ Goelet 拉钩 2 个（正面观和侧面观）；⑧ Richardson 小号开腹拉钩 2 个（侧面观和正面观）

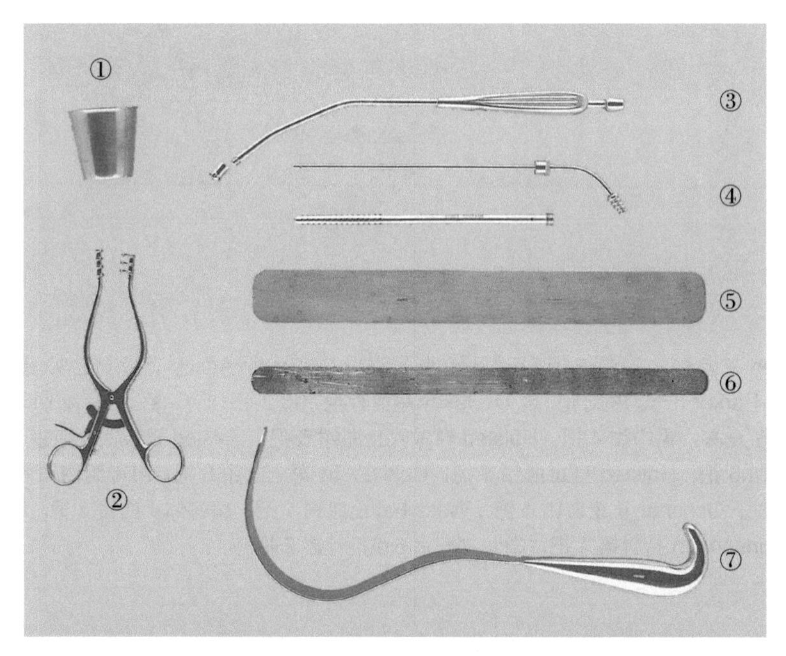

图 80-3 ① 2oz（56.826ml）不锈钢药杯 1 个；② Weitlaner 小号乳突拉钩 1 个；③ Yankauer 旋拧接头及吸引管 1 套；④ Poole 腹部吸引管及套管 1 套；⑤ Ochsner 中号可塑形拉钩 1 个；⑥ Ochsner 窄式可塑形拉钩 1 个；⑦ Deaver 中号 S 形拉钩 1 个

第 81 章

微整形器械

显微外科器械用于微血管外科。设备包括外科显微镜和显微器械（图 81-1 至图 81-4）。

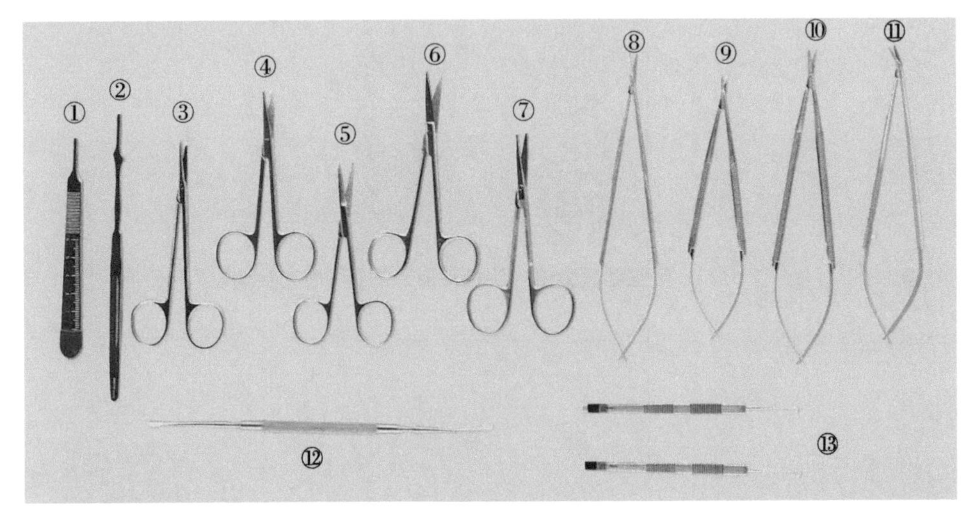

图 81-1　① 3 号刀柄 1 个；② 7 号刀柄 1 个；③ 4½in 弯斜视剪 1 把；④ 4⅛ in 弯肌腱剪 1 把；⑤ 4¾in 直精细剪 1 把；⑥剪刀 1 把；⑦直肌腱剪 1 把；⑧ 18cm 直显微剪 1 把；⑨ 15cm 弯显微剪 1 把；⑩ 18cm 弯显微剪 1 把；⑪ 25° 显微剪 1 把；⑫双头鼻中隔 1 个；⑬小号单头深部拉钩 2 个

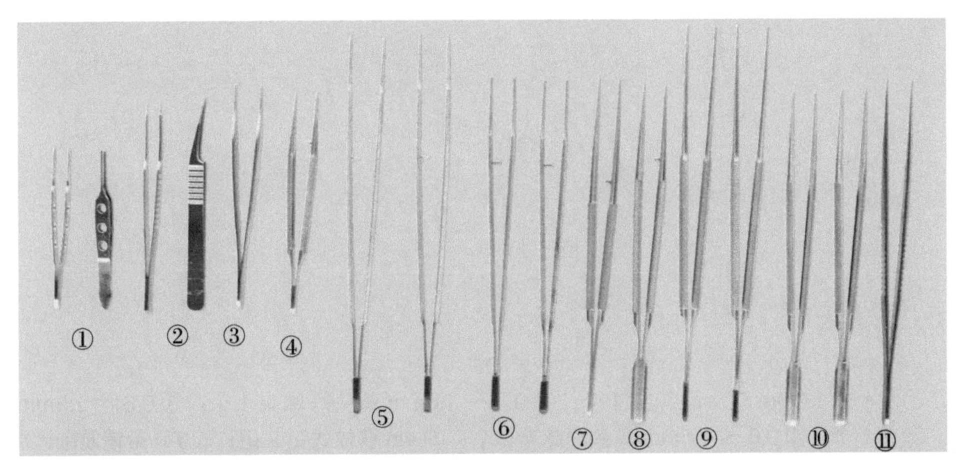

图 81-2　①有齿（1×2）直组织镊 2 个（正面观和侧面观）；② 4⅜in 10° 扩张镊 2 把（正面观和侧面观）；③ 4¾in 显微镊 1 把；④ 12cm 显微镊 1 把；⑤ 7¼in（1mm 尖端）DeBakey 组织镊 2 把；⑥ 7in 精细钛 De Bakey 组织镊 2 把；⑦ 7¼in 精细钛显微镊（1mm 尖端环形）1 把；⑧精细钛显微镊（1mm 尖端环形）1 把；⑨ 8¼in 菱形显微镊 2 把；⑩ 7⅛in 直精细镊 2 把；⑪ 7in 直平镊 1 把

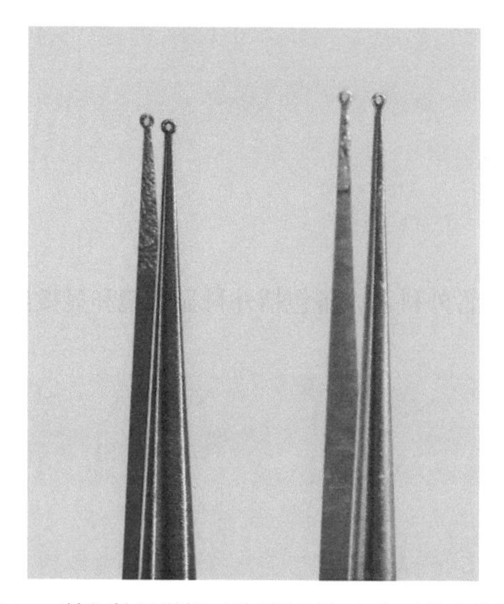

图 81-3 精细钛显微镊（头端环形）2 个（放大头端）

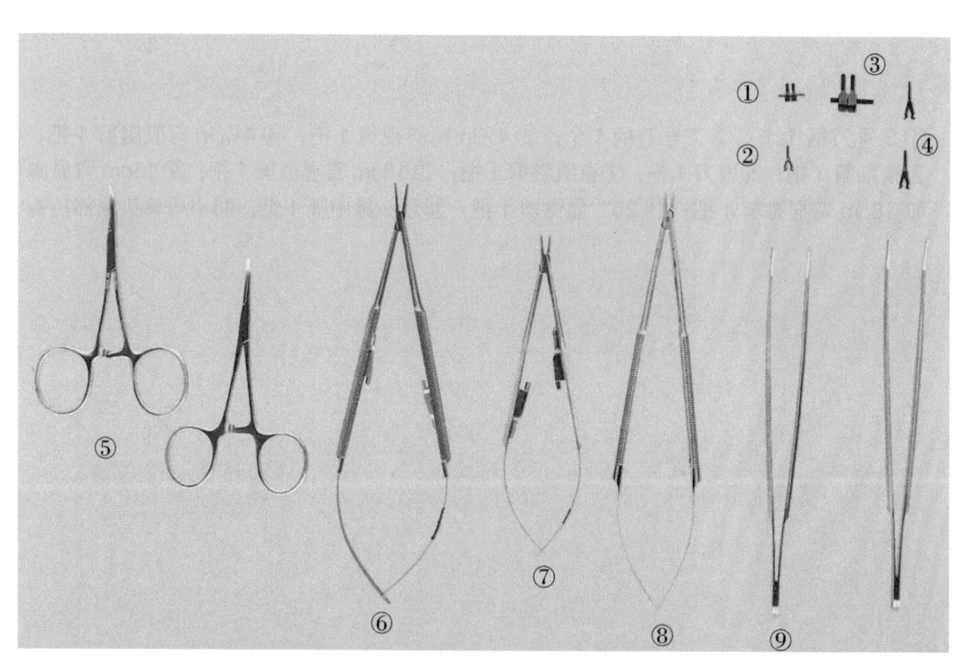

图 81-4 ① 0.4 ～ 1.0mm 双头静脉夹 1 个；② 0.4 ～ 1.0mm 单头静脉夹 1 个；③ 0.6 ～ 1.5mm 双头静脉夹 1 个；④ 0.6 ～ 1.5mm 单头静脉夹 2 个；⑤ 4in 弯蚊式钳 2 把；⑥ 7in 带锁显微针持 1 把；⑦ 5½in 带锁直眼科针持 1 把；⑧弯显微针持 1 把；⑨ Rizzutti 施夹钳 2 把

第 82 章

乳腺整形

可视乳房牵开器用于乳腺手术，比如乳房增大、乳房切除和乳房重建手术。它可以提供清晰的视野和更好地排烟。Coleman Infiltration 器械用于脂肪转移，而 Byron liposuction 器械，抽脂套管和铁制桶柄状抽吸器用于脂肪溶解。根据手术位置和手术治疗的程度，可以选择不同的抽脂套管（图 82-1 至图 82-8）。

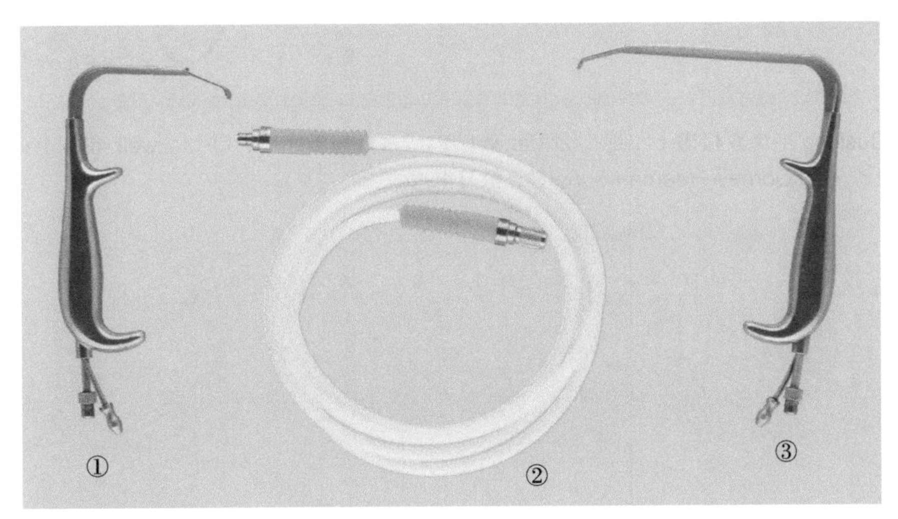

图 82-1 ①带光源的撑开器 1 个，9mm×24cm 长；②光纤 1 个；③带光源的撑开器 1 个，15mm×36cm 长

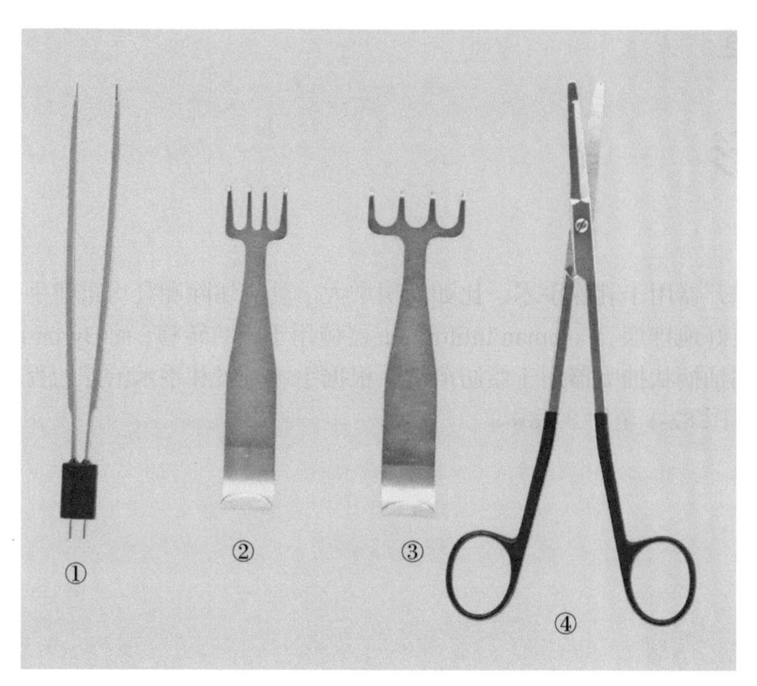

图 82-2 ① Cushing 绝缘双极镊子 1 把；② Maxwell 4⅞in 皮瓣拉钩 1 个；③ Maxwell 4in×1½in 皮瓣拉钩 1 个；④ Gorney-Freeman SuperCut 剪刀 1 把

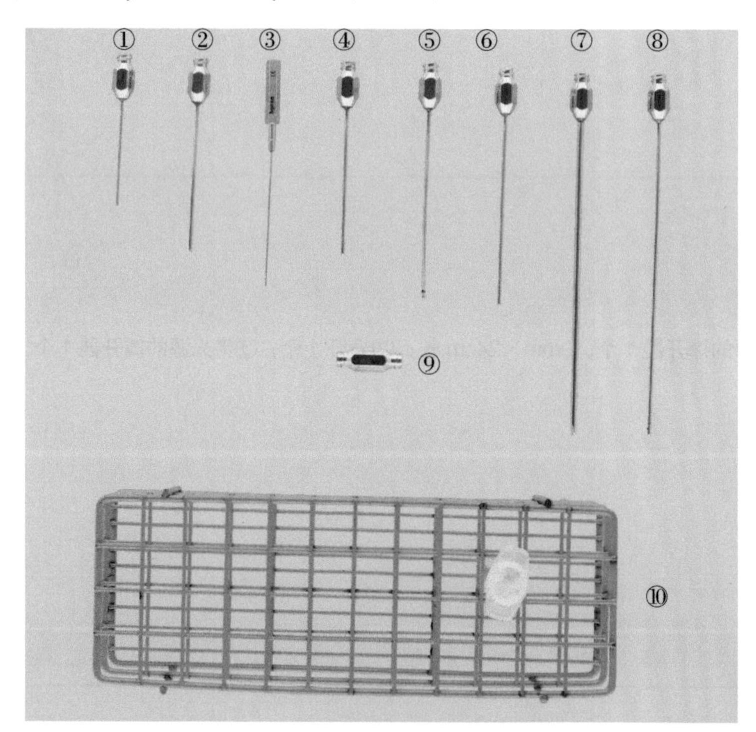

图 82-3 ① Coleman 迷你抽脂套管 1 个；② V 型解剖器 1 个；③ Coleman 19 号探针 1 个；④ Coleman 7cm 渗透管 1 个；⑤ Coleman 9cm 凹面弯渗透管 1 个；⑥ Coleman 9cm 渗透管 1 个；⑦ Coleman 1mm×15cm 吸引管 1 个；⑧ Lamis 16 号 15cm 渗透针 1 个；⑨ 12 号双头接口 1 个；⑩ Blue 连接管 1 个

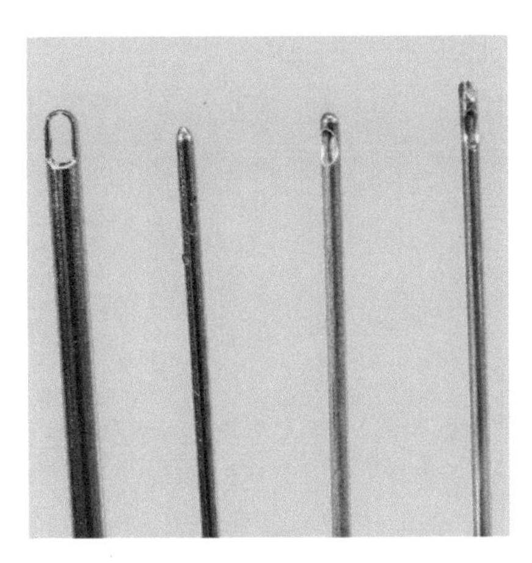

图 82-4　Coleman 渗透管放大前端：4 个型号

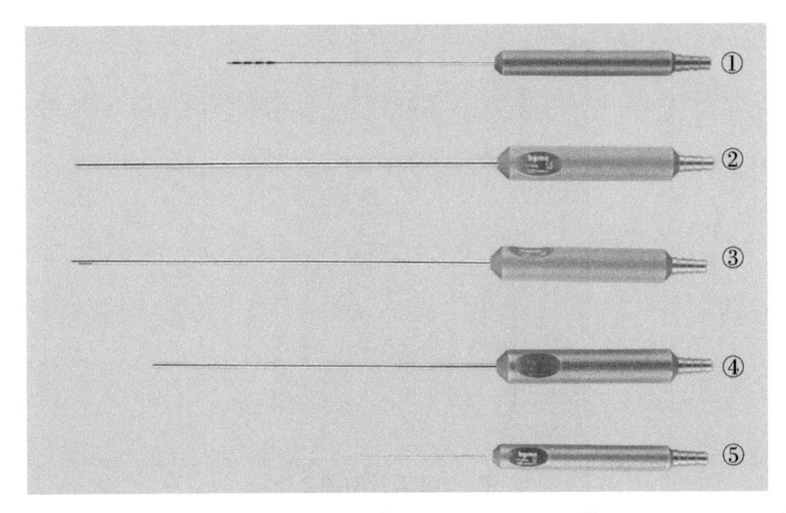

图 82-5　Byron 抽脂管，① 14mm×26cm；② 15mm×32cm；③ 14mm×32cm；④ 13mm×30cm；⑤ 12mm× 15cm

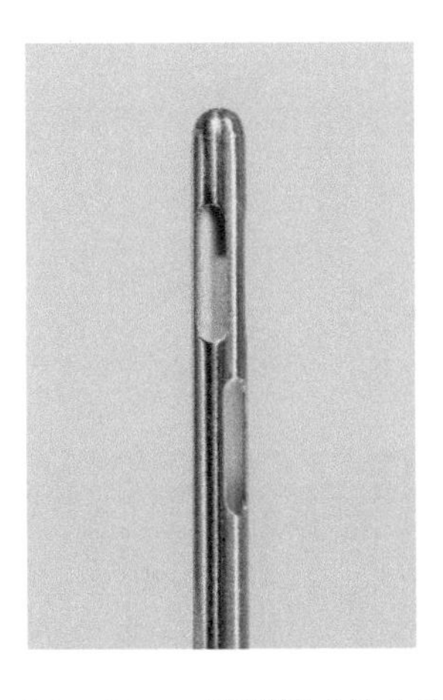

图 82-6　Byron 抽脂管（放大头端）

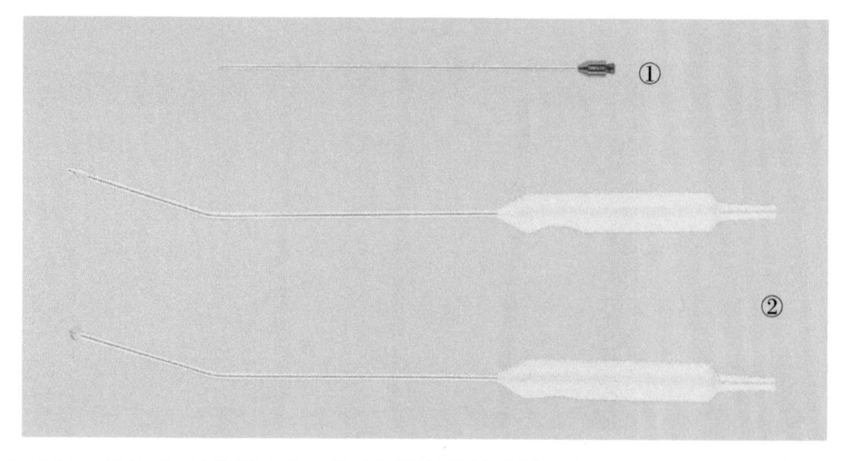

图 82-7 ① Tulip 抽脂管 1 个；②铁制桶柄状抽吸器 2 个（5mm 和 10mm 前端）

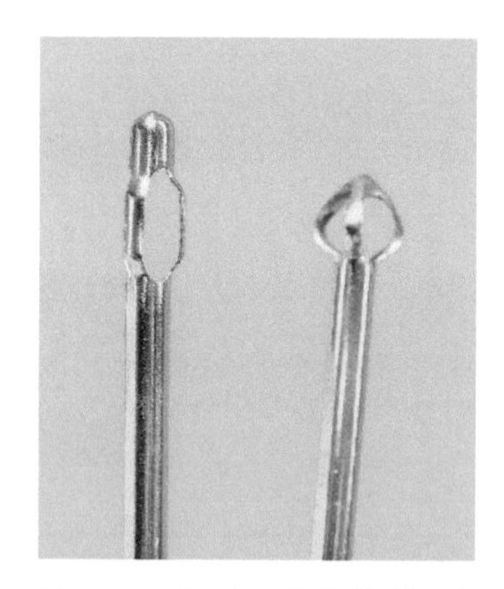

图 82-8 Bucket 套管前端 2 个

第 83 章

皮肤移植

失去全皮肤时，需要实施皮肤移植。皮肤移植术可能需要 1 套小型整形器械。此手术器械的使用简述如下（图 83-1 至图 83-4）。

1. 用电动取皮刀取皮。
2. 根据所需皮片大小使用不同宽度的一次性取皮刀片。
3. 用 Dermamesher 扩展器扩展皮片，使其覆盖更大面积。

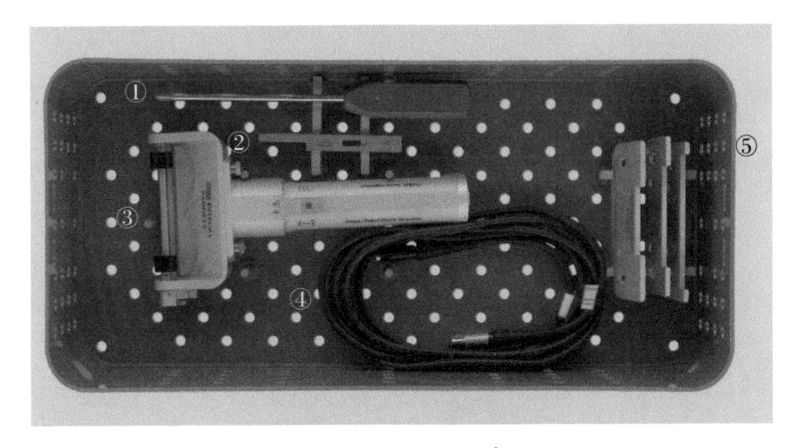

图 83-1　Padgett 取皮刀

① 旋紧螺钉的螺丝刀；② 刻度工具；③ Padgett 取皮刀手柄；④ 电源线；⑤ 取皮刀片 3 个

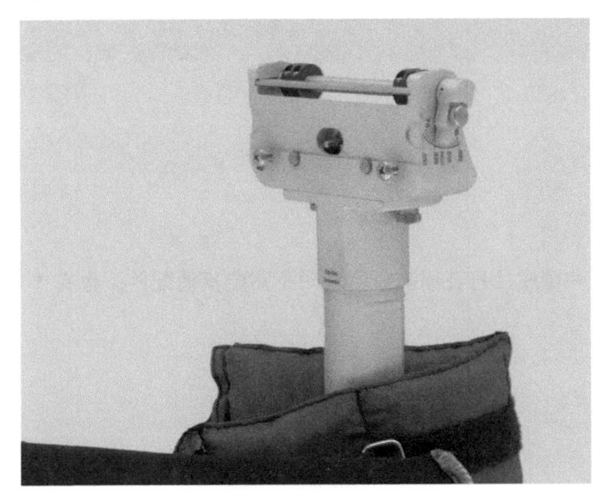

图 83-2　可调整取皮厚薄的 Padgett 取皮刀头

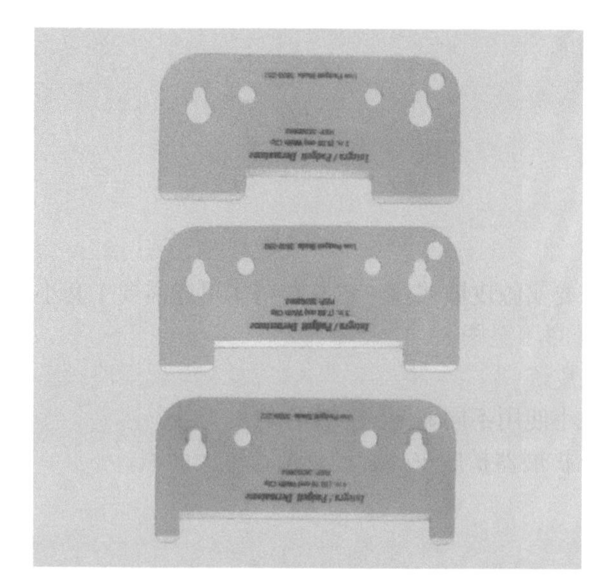

图 83-3　Padgett 取皮刀刀片（由上至下）：4in，3in，2in

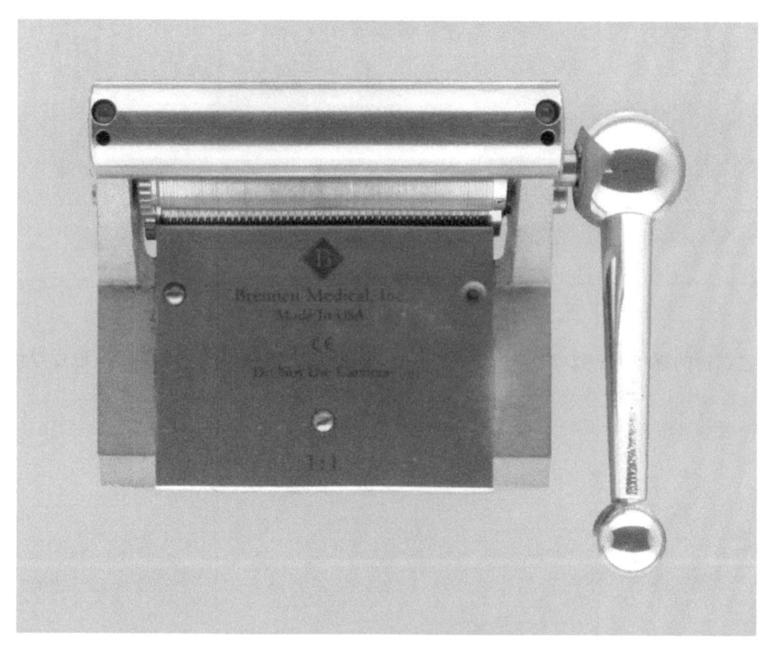

图 83-4　Bioplasty 1：1 移植皮片打孔器。打网孔时不需要其他配件，也有 1：2、1：3 和 1：4 打孔器

第九单元 周围血管与心胸外科手术

第 84 章

动脉内膜切除术

动脉内膜切除术是切除动脉内膜的外科手术。此手术用于疏通可能被累积斑块堵塞的主要动脉。最常见的接受内膜切除术的动脉是颈动脉（颈部）和股动脉（腹股沟）。

动脉内膜切除术可能需要的器械包括：股腘动脉旁路器械，DeBakey 隧道掘进器，Cooley 主动脉夹 2 个，Hollman 隧道钳 1 把及合成移植物（图 84-1 和图 84-2）。

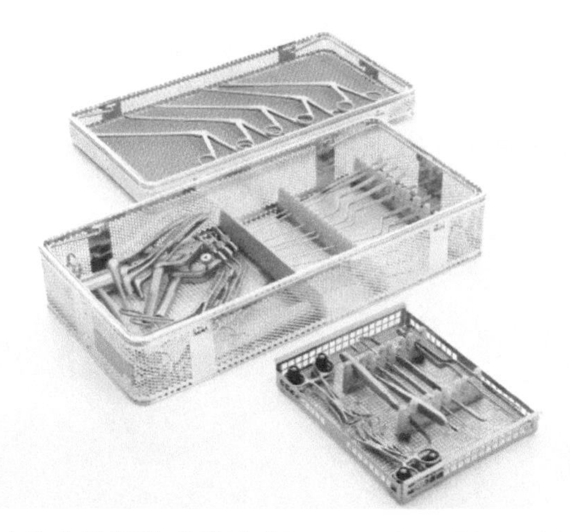

图 84-1 灭菌容器中的动脉内膜切除术器械（Courtesy Case Medical Inc., South Kackensack, New Jersey）

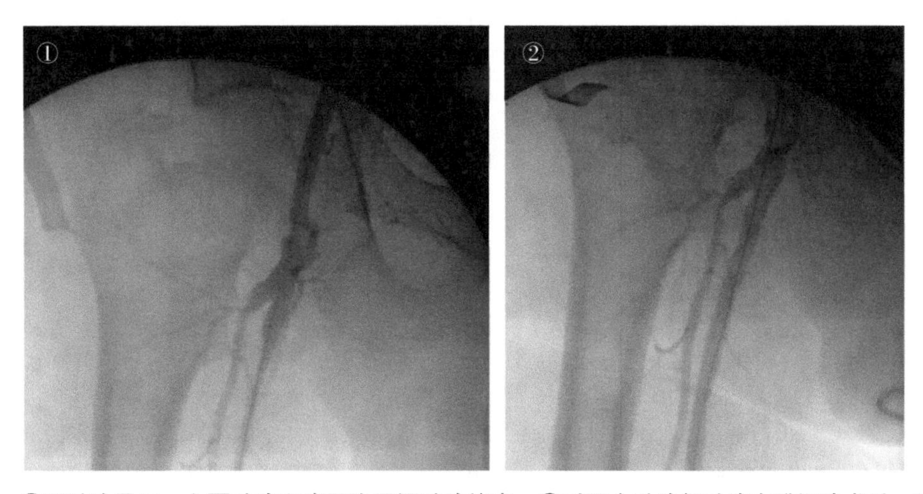

图 84-2 ①股动脉显示，主要动脉和腹股沟股深动脉堵塞；②对两个动脉行动脉内膜切除术后，对比显示动脉血供增加

第 85 章

动脉旁路移植术

动脉旁路移植术所需器械：DeBakey 隧道掘进器 1 个，Cooley 主动脉夹 2 个，Hollman 隧道钳 1 把，以及合成移植物。动脉旁路移植术步骤简述如下（图 85-1 至图 85-4）。

1. 用 Bard-Parker 3 号刀柄（配 11 号刀片）切开腘动脉。
2. 用 Potts-Smith 剪（45°）扩大动脉切口。
3. 用 DeBakey 血管钳夹紧腘动脉。
4. 用 DeBakey 隧道掘进器在缝匠肌下方造一通道，使移植物从腘动脉到股动脉。
5. 用 Bard-Parker 7 号刀柄（配 11 号刀片）在股动脉上造一小切口。
6. 用 Potts-Smith 剪扩大切口。
7. 用 Cooley 主动脉夹夹闭股动脉。
8. 用 Hollman 隧道钳使移植物就位。
9. 用 Ayers 持针器缝合移植物。
10. DeBakey 组织镊用于辅助缝合。

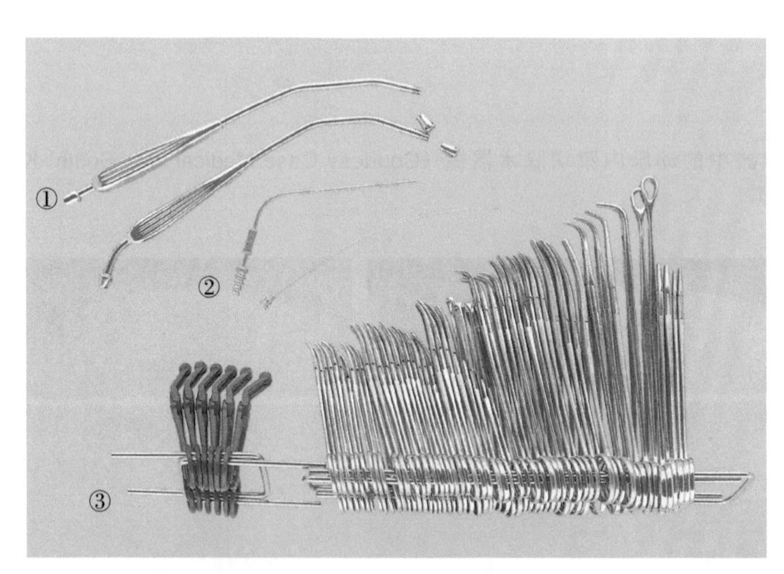

图 85-1　① Yankauer 旋拧接头及吸引管 2 套；② Frazier 吸引管及通条各 1 根；③（由左至右）粗巾钳 6 把，Halsted 弯蚊式止血钳 10 把，Crile $5\frac{1}{2}$in 弯止血钳 6 把，Providence Hospital $5\frac{1}{2}$ 精细弯止血钳 6 把，Crile $6\frac{1}{2}$in 弯止血钳 4 把，Allis 组织钳 4 把，Westphal 止血钳 4 把，扁桃体止血钳 6 把，Mayo-Pean 长弯止血钳 2 把，Carmalt 长止血钳 2 把，Adson 长止血钳 2 把，Mixter 长止血钳 2 把（精细粗头），Foerster 海绵钳 2 把，Crile-Wood 7in 持针器 2 把，Ayers 7in 持针器 2 把（精细尖端）

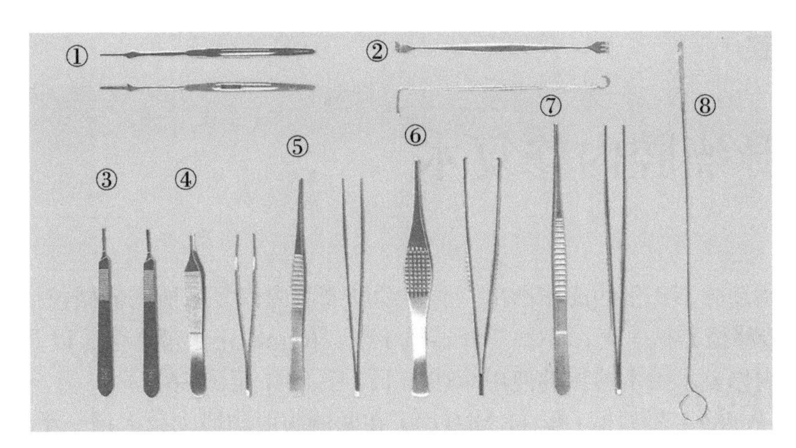

图 85-2　① Bard-Parker 7 号刀柄 2 个；② Miller-Senn 拉钩 2 个；③ Bard-Parker 3 号刀柄 2 个；④ Adson 有齿（1×2）组织镊 2 把（侧面观和正面观）；⑤ DeBakey 短血管组织镊 2 把（侧面观和正面观）；⑥ Ferris Smith 组织镊 2 把（侧面观和正面观）；⑦ DeBakey 中号血管组织镊 2 把（侧面观和正面观）；⑧ Rumel 带线钩 1 个

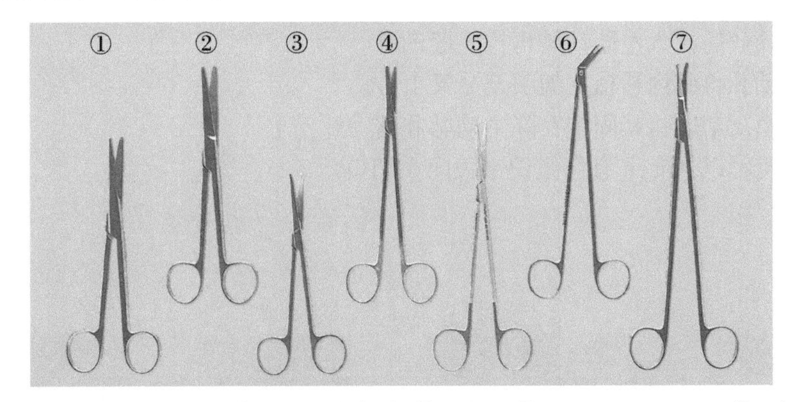

图 85-3　① Mayo 直解剖剪 1 把；② Mayo 弯解剖剪 1 把；③ Metzenbaum 5in 剪 1 把；④ Metzenbaum 7in 剪 1 把；⑤ Lincoln-Metzenbaum 剪 1 把；⑥ Potts-Smith 45° 心血管剪 1 把；⑦ Strully 探头剪 1 把

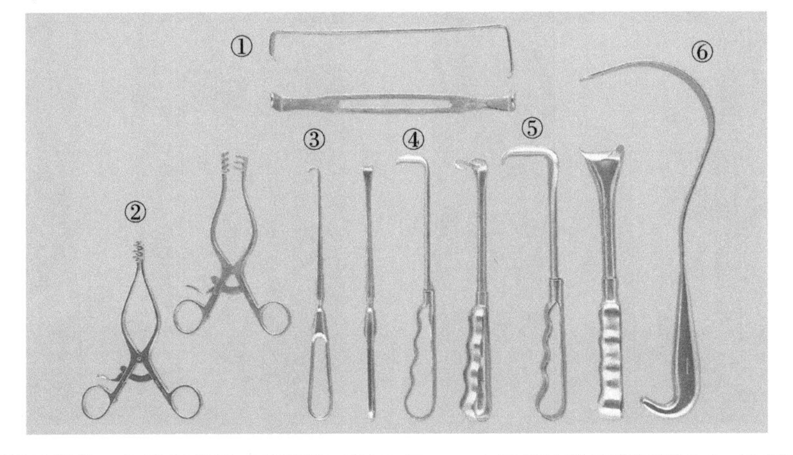

图 85-4　① 甲状腺拉钩 2 个（侧面观和正面观）；② Weitlaner 中号锐头乳突牵开器 2 个；③ 静脉拉钩 2 个（侧面观和正面观）；④ Richardson 小号开腹拉钩 2 个（侧面观和正面观）；⑤ Richardson 中号开腹拉钩 2 个（侧面观和正面观）；⑥ Deaver 小号拉钩 1 个（侧面观）

第 86 章

腹主动脉瘤腔内修复术

动脉瘤是指动脉不正常的膨胀凸出。腹主动脉瘤腔内修复术所需器械包括：动脉穿刺针 1 根，腔内人造移植器械 1 套，小型切开器械 1 套，Rumel 止血带 2 个，以及订皮机 1 个。腹主动脉瘤腔内修复术手术器械的使用简述如下（图 86-1 至图 86-5）。

1. 用 Bard-Parker 7 号刀柄 (配 11 号刀片) 在两侧腹股沟股动脉上切一小切口。
2. 为了暴露手术野，大腿切口用撑开器撑开。
3. 用 Halsted 蚊式止血钳止血和钝性分离。
4. 经左股动脉，再上行经降主动脉将圈套器引至动脉瘤上。
5. 经右股动脉和右髂动脉将拉线引入降主动脉。
6. 拉线被释放后拉入左髂动脉再拉入股动脉。
7. 经右股动脉将腔内移植支架引至分叉上方。
8. 膨大移植支架以将其固定在降主动脉和髂动脉壁上。
9. 用订皮机辅以 Adson 有齿组织镊关闭小切口。

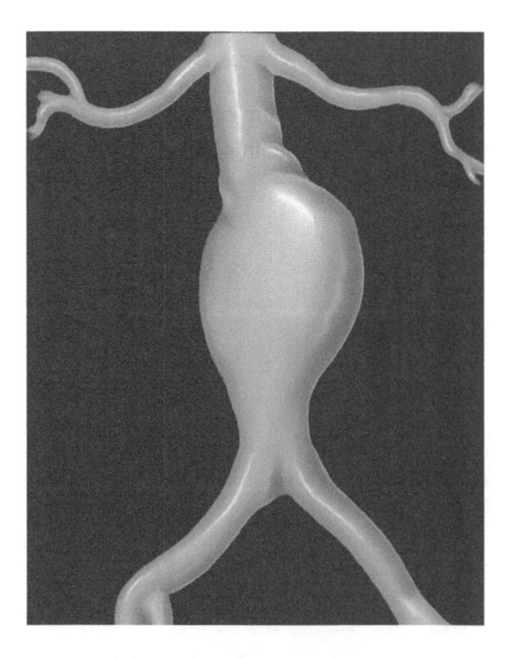

图 86-1　降主动脉瘤（Courtesy VAS Communications, Phoenix, Arizona）

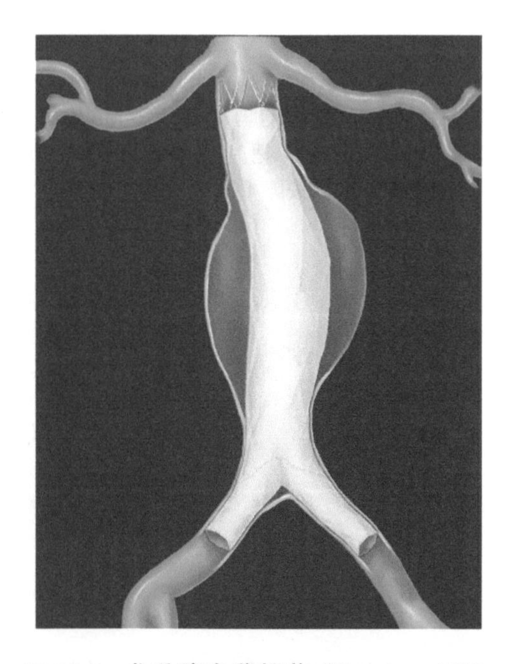

图 86-2　术后腔内移植物（Courtesy VAS Communication, Phoenix, Arizona）

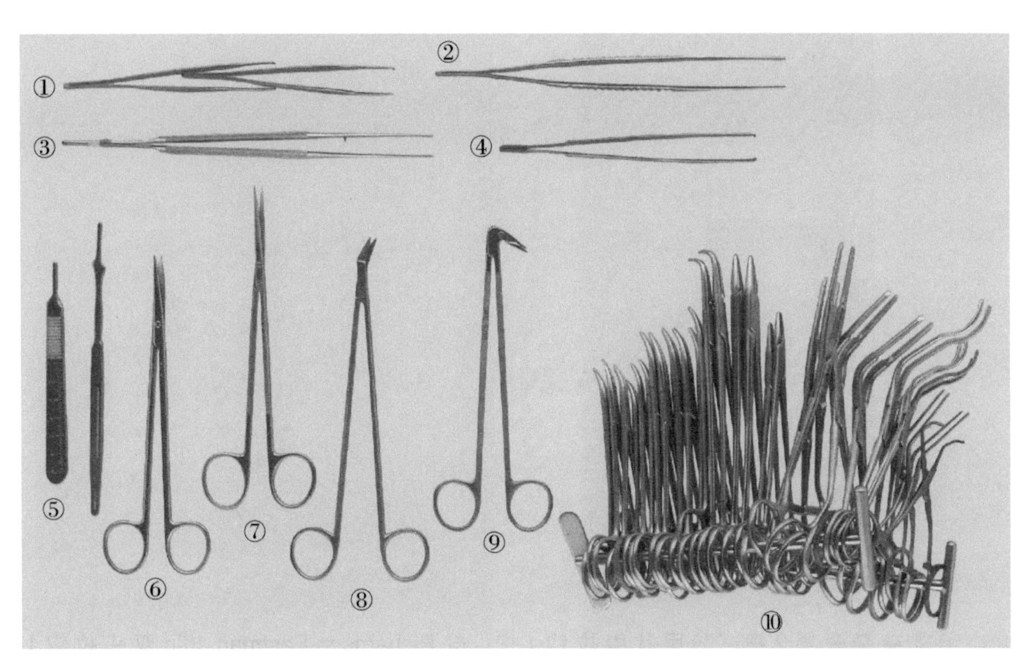

图 86-3　① Adson 4¾in 双齿镊 2 把；② Dennis 8½in 镊子 1 把；③ DeBakey 7¾in 尖端 2mm 组织镊 1 把；④ 6¾in 双齿组织镊 1 把；⑤ Bard-Parker 3 号刀柄 1 把，7 号刀柄 1 把；⑥ Metzenbaum 7in 弯解剖剪 1 把；⑦ Metzenbaum 7in 弯锋利解剖剪 1 把；⑧ Diethrich 25° 角度剪 1 把；⑨ Potts 反向弯剪 1 把；⑩ Halsted 5in 弯蚊式钳 6 把，Crile 5.5in 弯钳 6 把，7in 右直角钳 2 把，Mayo-Hegar 7¼in 持针器 2 把，Crile-Wood 6in 持针器 2 把，Fogarty 6½in 侧壁钳 2 把，Fogarty 6in 角度侧壁钳 2 把，Gregory 中等血管钳 1 把，Gregory 小血管钳 2 把，DeBakey 40° 短钳 2 把，4⅛in 微型钛钳 1 把（蓝色）

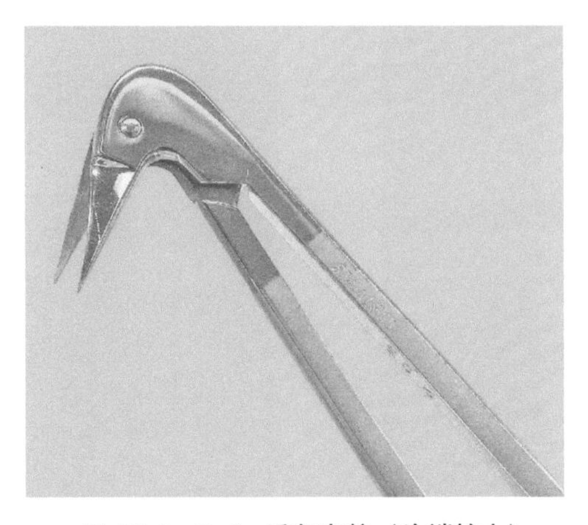

图 86-4　Potts 反向弯剪（头端放大）

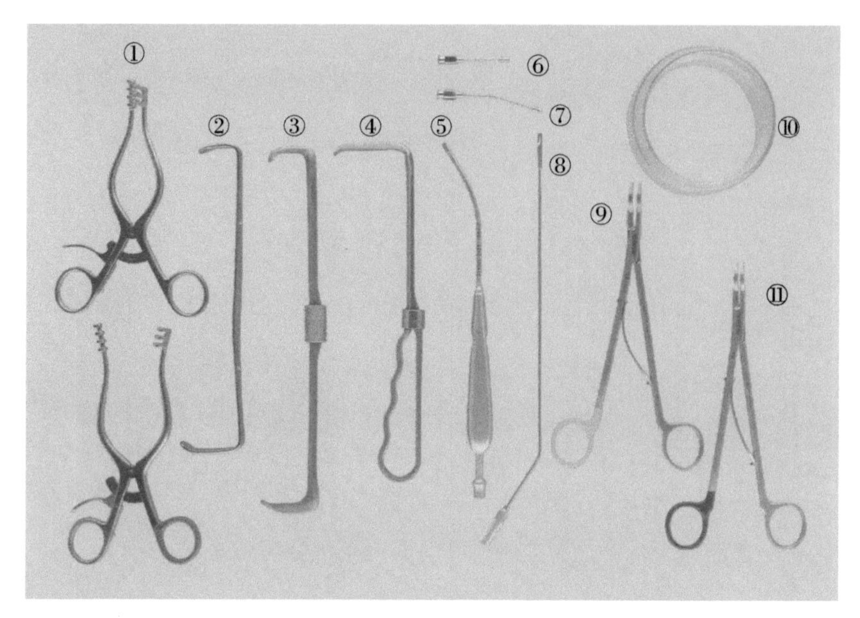

图 86-5 ①乳突牵开器 2 把；②甲状腺拉钩 1 把；③ Richardson-Eastman 10in 双头拉钩 1 把；④ Richardson 9½in 窄拉钩 1 把；⑤ Andrews 吸引管 1 根；⑥短肝素头 1 个；⑦中等有角度肝素头 1 个；⑧ 11⅛in 有眼封堵器 1 个；⑨中号血管夹钳 1 个；⑩培养皿 1 个；⑪小号血管夹钳 1 个

第 87 章

腹部血管器械套装（开放手术）

见图 87-1 至图 87-6。

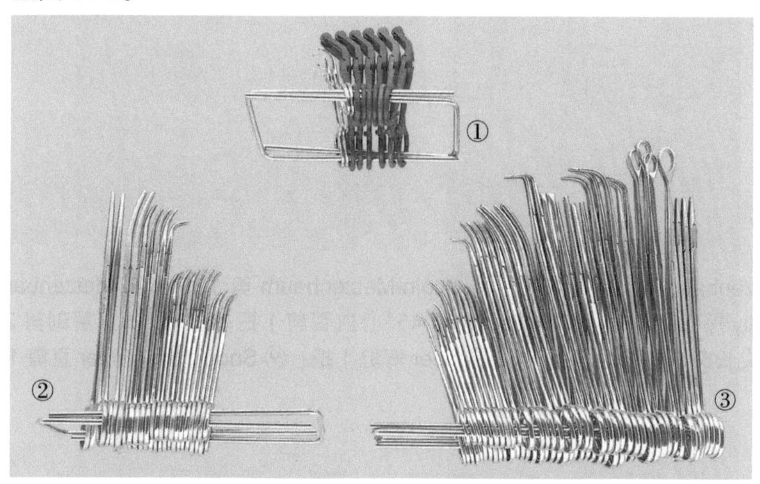

图 87-1　① Backhaus 细巾钳 2 把，粗巾钳 6 把；② Ochsner 长直止血钳 2 把，Mayo-Pean 长止血钳 2 把，扁桃体止血钳 4 把，Westphal 止血钳 1 把，Providence Hospital 5½in，精细尖端弯止血钳 4 把，Crile 5½in 弯止血钳 4 把，Halsted 弯蚊式止血钳 4 把；③ Halsted 弯蚊式止血钳 4 把，Crile 5½in 弯止血钳 6 把，Westphal 止血钳 1 把，扁桃体止血钳 4 把，Carmalt 长止血钳 4 把，Adson 长止血钳 2 把，Allis 长组织钳 2 把，Ochsner 长直止血钳 4 把，Mixter 粗头长止血钳 3 把，Mixter 细头长止血钳 2 把，Foerster 海绵钳 4 把，Ayers 8in 持针器 2 把，Crile-Wood 8in 持针器 2 把

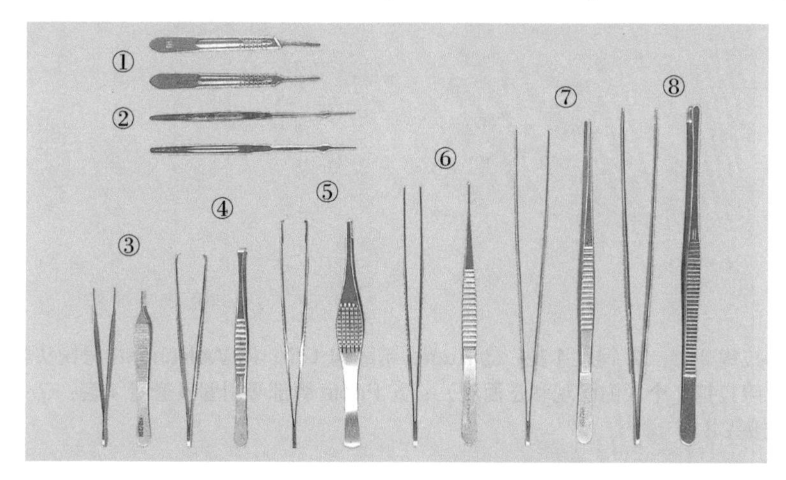

图 87-2　① Bard-Parker 4 号刀柄 2 把；② Bard-Parker 7 号刀柄 2 把；③ Adson 有齿（1×2）组织镊 2 把（正面观和侧面观）；④ HayesMartin 多齿短组织镊 2 把（正面观和侧面观）；⑤ FerrisSmith 组织镊 2 把（正面观和侧面观）；⑥ DeBakey 血管中号组织镊 2 把（正面观和侧面观）；⑦ DeBakey 血管长组织镊 2 把（正面观和侧面观）；⑧ Russian 长组织镊 2 把（正面观和侧面观）

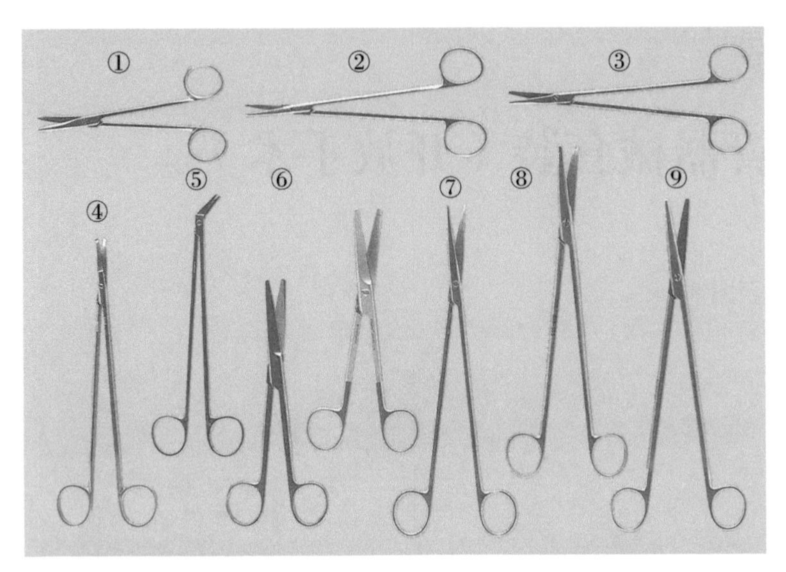

图 87-3 ① Metzenbaum 5in 剪 1 把；② Lincoln-Metzenbaum 剪 1 把；③ Metzenbaum 7in 剪 1 把；④ Strully 探头剪 1 把；⑤ Potts-Smith 45° 心血管剪 1 把；⑥ Mayo 直解剖剪 2 把；⑦ Metzenbaum 尖长剪 1 把；⑧ Snowden-Pencer 弯剪 1 把；⑨ Snowden-Pencer 直剪 1 把

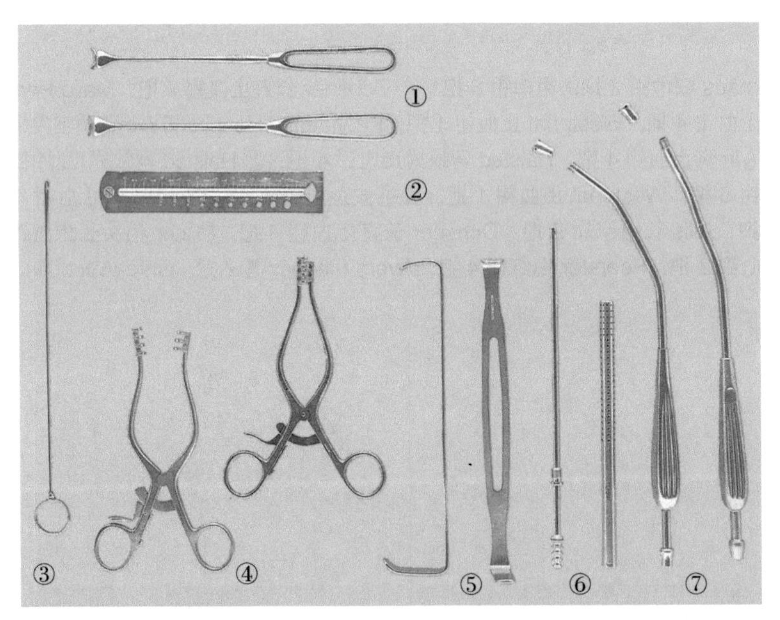

图 87-4 ① 静脉拉钩 2 个；② 钢尺 1 把；③ Rumel 带线钩 1 个；④ Weitlaner 中号锐头乳突牵开器 2 个；⑤ 甲状腺拉钩 2 个（侧面观和正面观）；⑥ Poole 腹部吸引管及套管 1 套；⑦ Yankauer 吸引管及旋拧接头 2 套

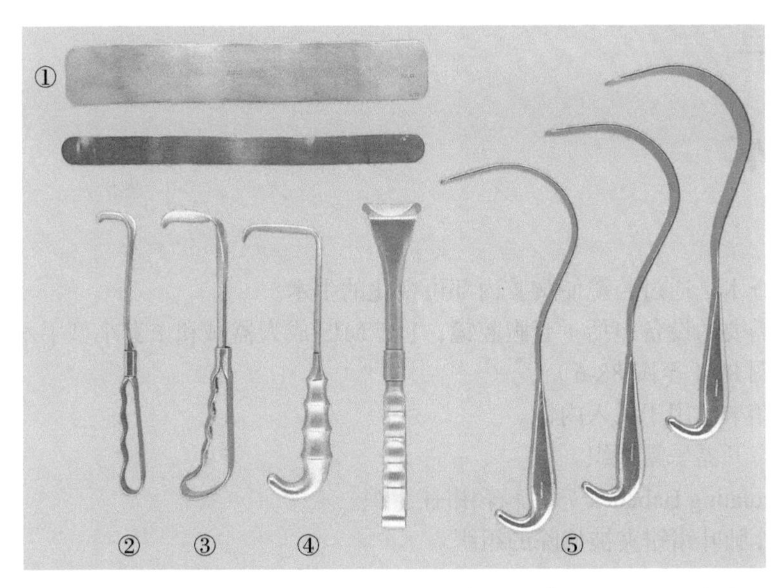

图 87-5 ① Ochsner 可塑形拉钩 2 个（大、小号各 1 个）；② Richardson 小号开腹拉钩 1 个；③ Richardson 中号开腹拉钩 1 个；④ Richardson 大号开腹拉钩 2 个（侧面观和正面观）；⑤ Deaver 拉钩 3 个（小、中、大号各 1 个）

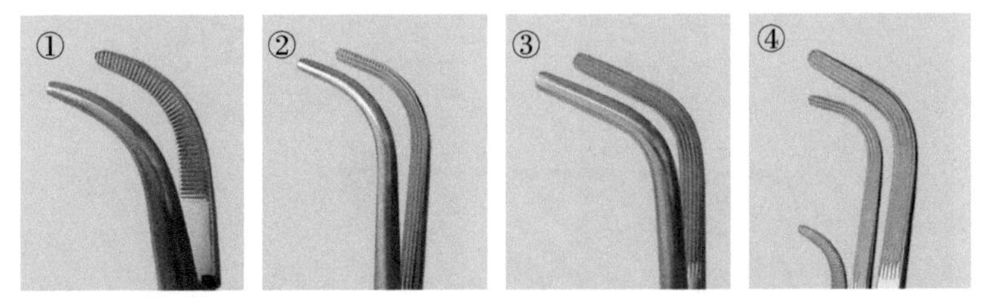

图 87-6 ① Adson 8½in 弯止血钳（头端）；② Mixter 10¾in 精细纵向锯齿钳（头端）；③ Mixter 10½in 全弯粗头钳（头端）；④上述 3 把钳尖比较

第 88 章

胸腔镜术

胸腔镜检查术是通过腔镜使胸腔内部可视化的手术。

手术可能需要的设备包括 1 套腹腔镜，1 套 MIS 成人器械和 1 套小型手术器械。器械使用简述如下（图 88-1 至图 88-6）。

1. 鞘卡和鞘卡芯用于插入内镜。
2. 用扇形牵开器暴露组织。
3. 用 Roticulating Babcock 弯钳轻轻钳住组织。
4. 用 Duval 肺叶钳钳夹被切除的组织。
5. 用 Roticulating Metzenbaum 解剖剪分离组织。

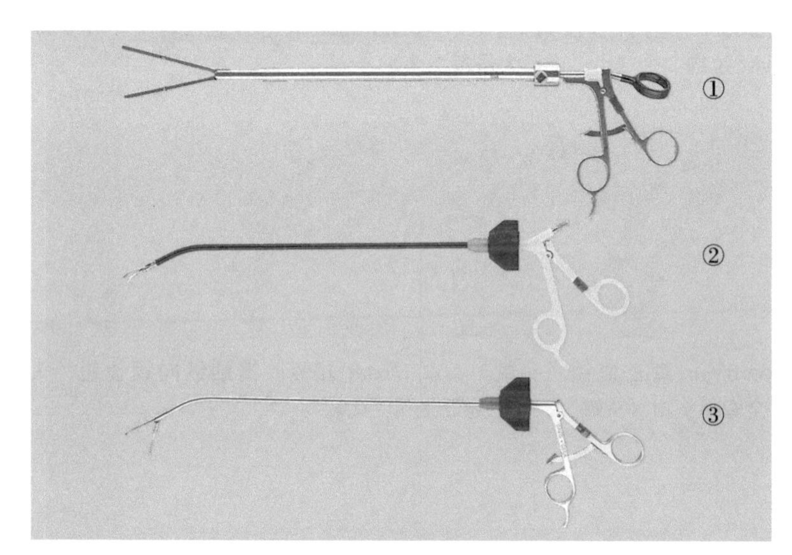

图 88-1　① 10mm 肺叶抓钳 1 把；② Roticulating Metzenbaum（5mm×33cm）角度轴弯剪 1 把；③ Roticula-ting Babcock（5mm×33cm）角度轴弯钳 1 把

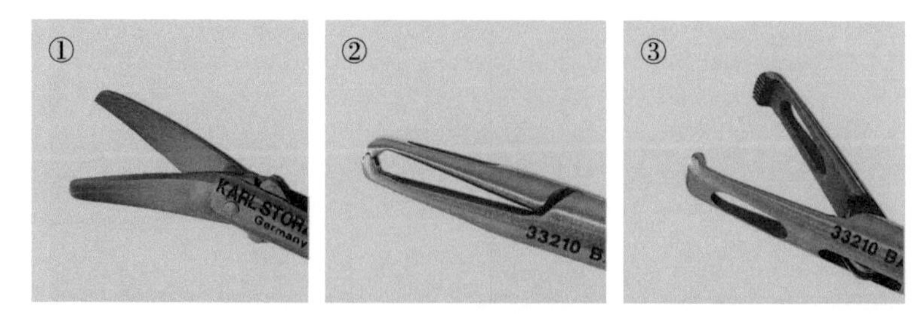

图 88-2　① Roticulating Metzenbaum（5mm×33cm）角度轴弯剪（头端）；② Roticulating Babcock（5mm×33cm）角度轴弯钳（闭合）；③ Roticulating Babcock（5mm×33cm）角度轴弯钳（张开）

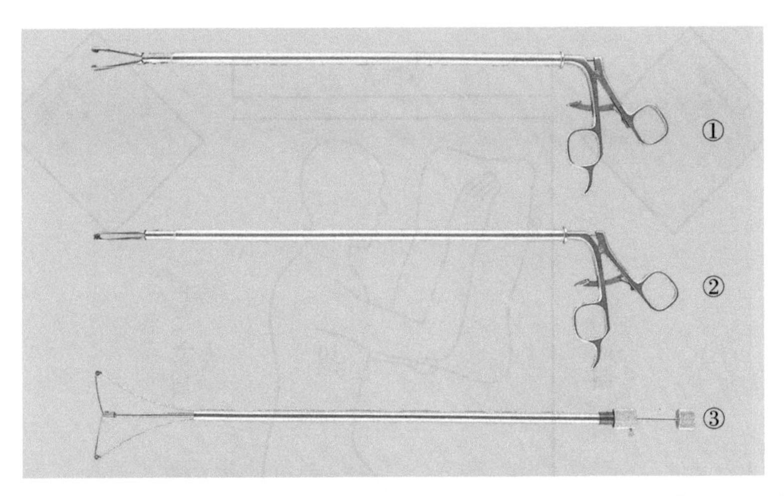

图 88-3　① Duval 10mm 钳（钳端张开）；② Duval 10mm 钳（钳端闭合）；③ 10mm 扇形拉钩（两个扇叶连在一起）

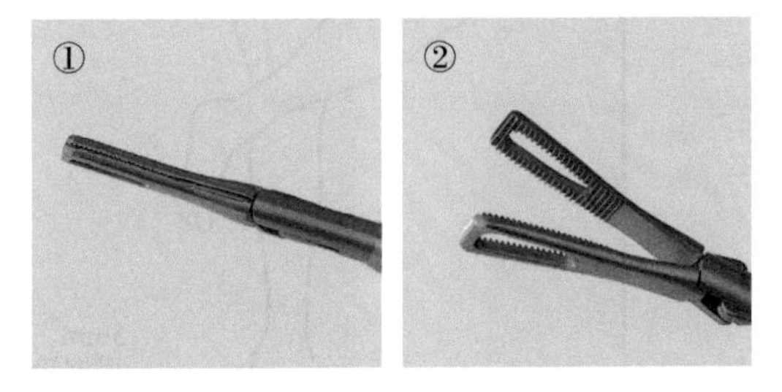

图 88-4　① Duval 10mm 钳头端（闭合）；② Duval 10mm 钳头端（张开）

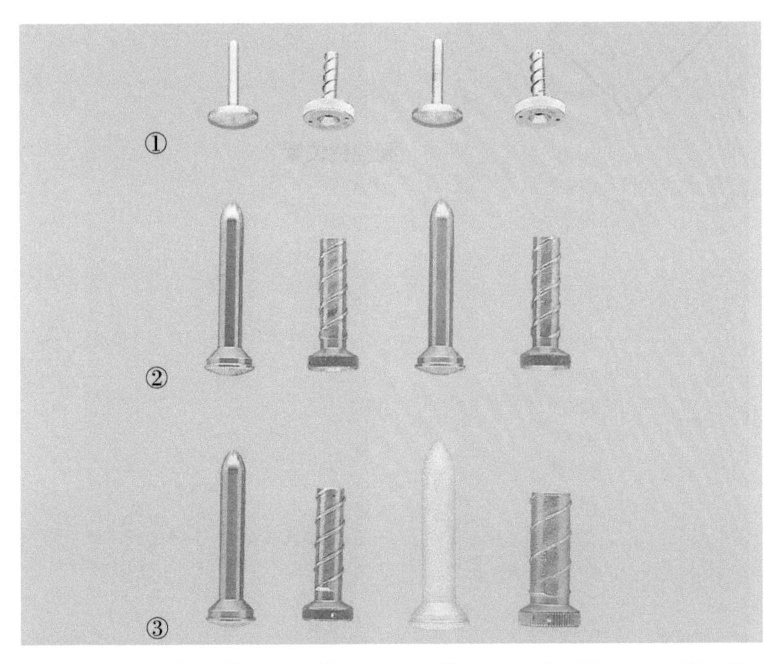

图 88-5　① 5mm 穿刺器 2 个：鞘卡芯 1 个和鞘卡 1 个；② 10mm 穿刺器 2 个：鞘卡芯 1 个和鞘卡 1 个；③ 12mm 穿刺器 1 个：鞘卡芯 1 个和鞘卡 1 个；15mm 穿刺器 1 个：鞘卡芯 1 个和鞘卡 1 个

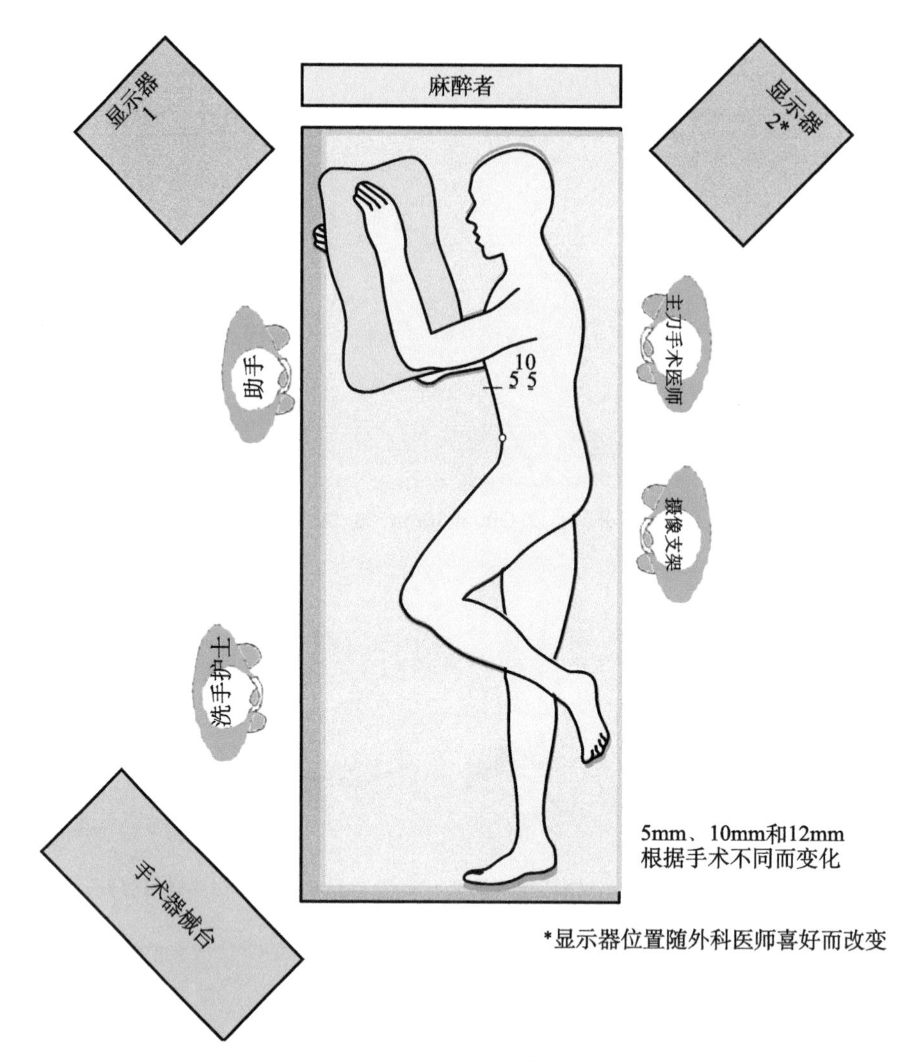
麻醉者
显示器
1
显示器
2*
助手
主刀手术医师
摄像支架
洗手护士
手术器械台
10
5 5
5mm、10mm和12mm
根据手术不同而变化
*显示器位置随外科医师喜好而改变

图 88-6 胸腔镜位置

第 89 章

胸科器械

开胸术是指切开胸腔的手术。可能需要的器械有：1 套腹部血管器械和心血管器械。器械使用简述如下（图 89-1 至图 89-5）。

1. 用 Maston 肋骨剥离器去除肋骨上的肌肉和骨膜。
2. 用 Giertz 肋骨剪切除肋骨。
3. 用 Semb 咬骨钳修剪骨端。
4. 用 Burford 牵开器撑开肋骨。
5. 用 Semb 牵开器暴露肺。
6. 放置 Duval 肺叶钳用于轻微操作肺叶。
7. 用 Sarot 夹住支气管。
8. 用 Bailey 肋骨闭合器关闭胸腔。

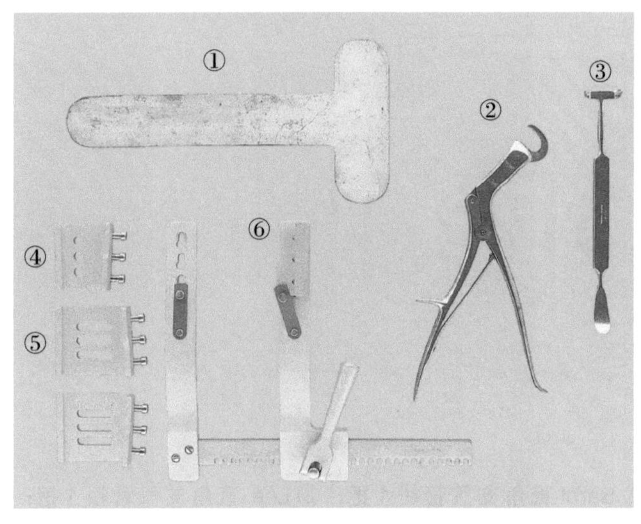

图 89-1 ① 可塑形 T 形拉钩 1 个；② Giertz 肋骨咬骨钳 1 把；③ Matson 两用肋骨剥离器 1 把；④ 浅叶片 1 个；⑤ 深叶片 2 个；⑥ Burford 浅叶片肋骨撑开器

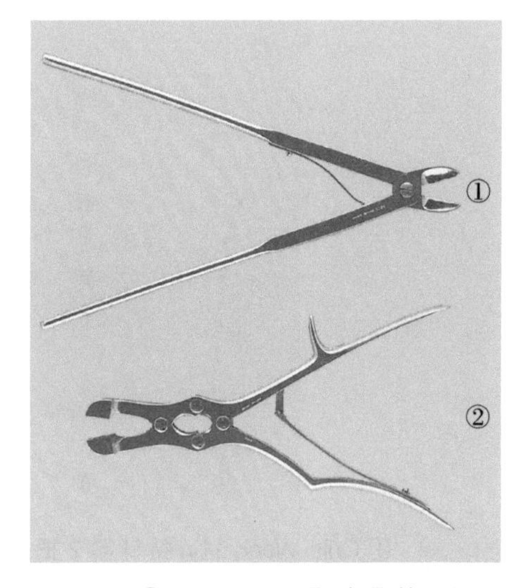

图 89-2 ① Bethune 肋骨咬骨剪 1 把；② Sauerbruch 肋骨双关节咬骨剪 1 把

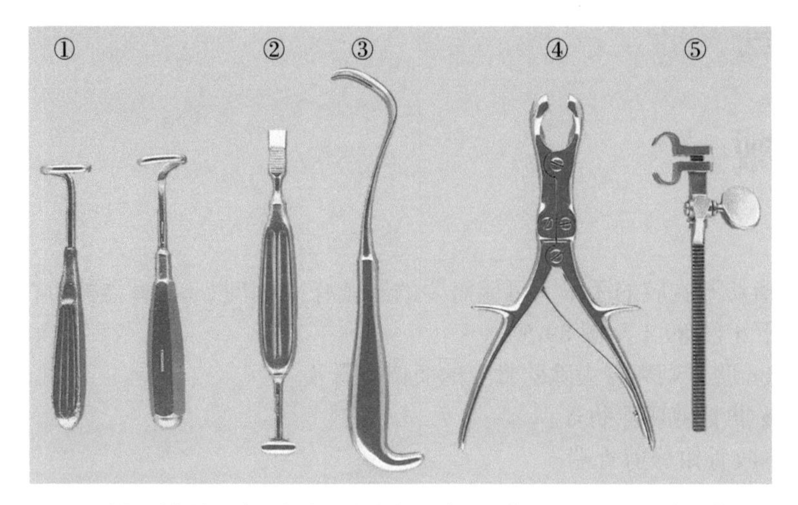

图 89-3　① Doyen 两用肋骨剥离器 2 个（左弯和右弯各 1 个）；② Alexander 双头肋骨骨锉（骨膜刀）1 把；③ Semb 肺叶拉钩 1 个；④ Semb 双关节刨削咬骨钳 1 把；⑤ Bailey 肋骨闭合器 1 个

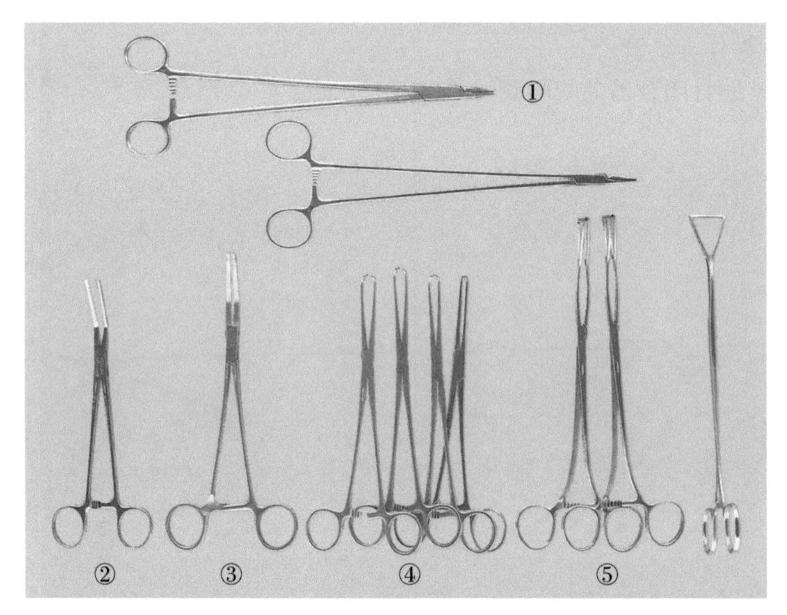

图 89-4　① Crile-Wood 11in 持针器 2 把；② Sarot 直角支气管钳 1 把；③ Lee 直角支气管钳 1 把；④ Allis 长组织钳 4 把；⑤ Duval 肺叶钳 3 把（2 把正面观，1 把侧面观）

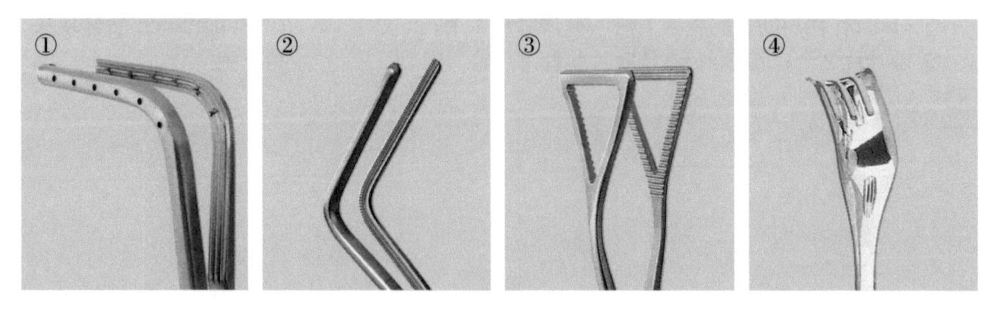

图 89-5　① Saror 直角支气管钳（头端）；② Lee 直角支气管钳（头端）；③ Duval 肺叶钳（头端）；④ Semb 肺拉钩（头端）

第 90 章

心脏外科手术

心脏手术是指与心脏有关的手术，包括冠状动脉旁路移植术或 CABG，心脏瓣膜置换术或心脏瓣膜成形术，心脏间隔缺损修补术或房 / 室间隔缺损修补术。打开心脏需要的专用器械包括胸骨锯和心脏器械。器械使用的简述如下（图 90-1 至图 90-7）。

1. 胸骨刀或锯用于开胸。
2. 胸骨牵开器用来暴露心包。
3. 留缝是用来把心包打开和暴露心脏。
4. 进行心脏手术关键步骤。
5. 依次关闭心包、胸骨、软组织和皮肤。

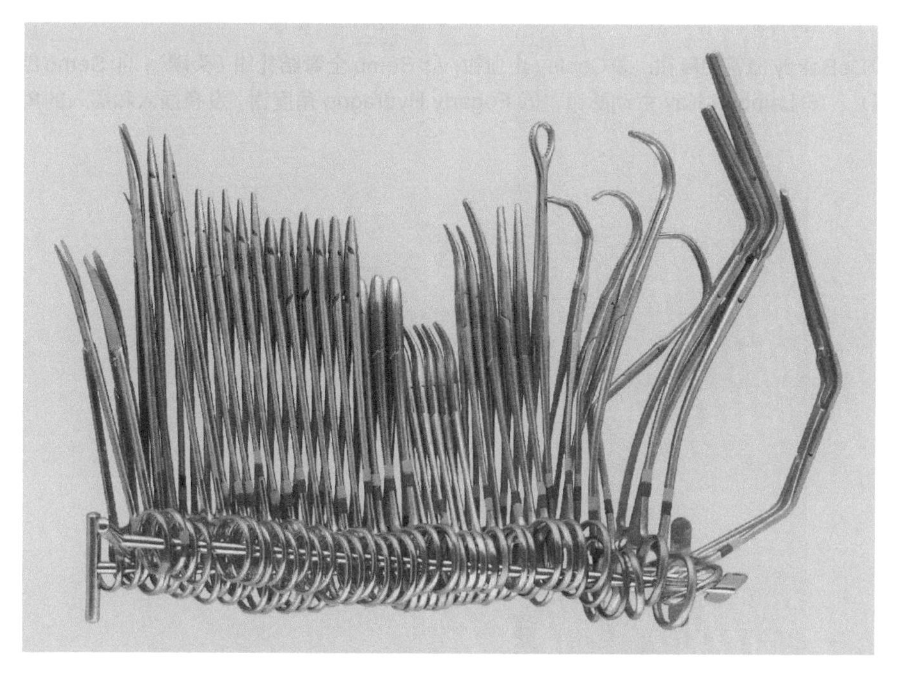

图 90-1 Vital Metzenbaum 剪 1 把，Mayo 6¾in 弯解剖剪 1 把，Metzenbaum 9in 钝弯精细剪 1 把，Metzenbaum 8in 精细剪（隐藏）1 把，DeBakey 9in 锯齿持针器 2 把，Julian 8in 锯齿持针器 6 把，Mayo-Hegar 7in 持针器 6 个，钢丝钳 3 把，Crile 5½in 弯止血钳（1 个隐藏）6 把，Boettcher 7½in 扁桃体钳 2 把，Mayo-Pean 8in 止血钳 1 把，Kocher 8in （1×2 齿）止血夹钳 2 把，Foerster 直海绵钳 1 把，DeBakey7¾in 血管阻断钳 1 把，Cooley 8in 弯止血钳 1 把，Semb 9in 全弯结扎钳 1 把，Lambert-Kay 8in 主动脉钳 1 把，Fogarty Hydragrip 8½in 角度钳 1 把，Fogarty Hydragrip 9¼in 角度弯柄钳 1 把，9in 隐形角度主动脉阻断钳 1 把

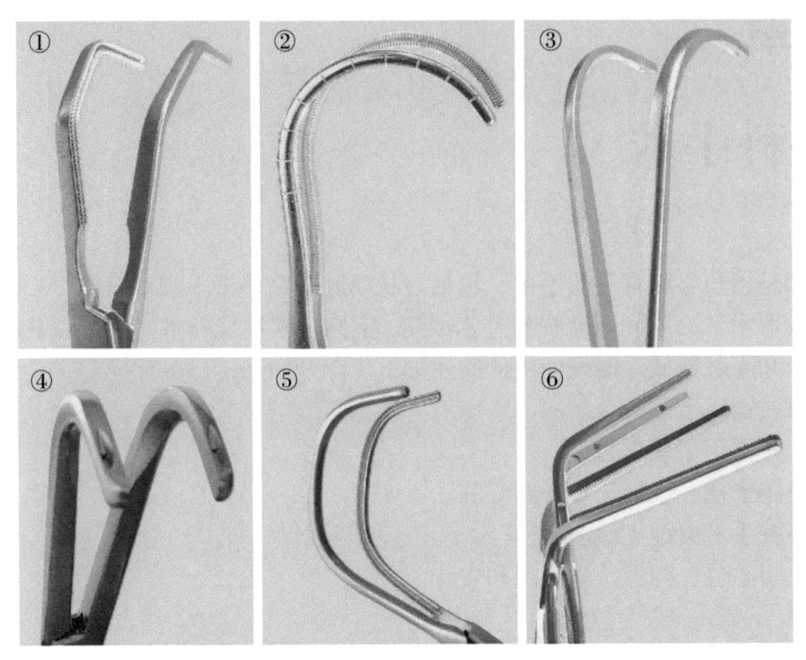

图 90-2 ① DeBakey 血管阻断钳；② Cooley 止血钳；③ Semb 全弯结扎钳（头端）；④ Semb 结扎钳顶（尖端）；⑤ Lambert-Kay 主动脉钳；⑥ Fogarty Hydragrip 角度钳，没有插入和插入的角度

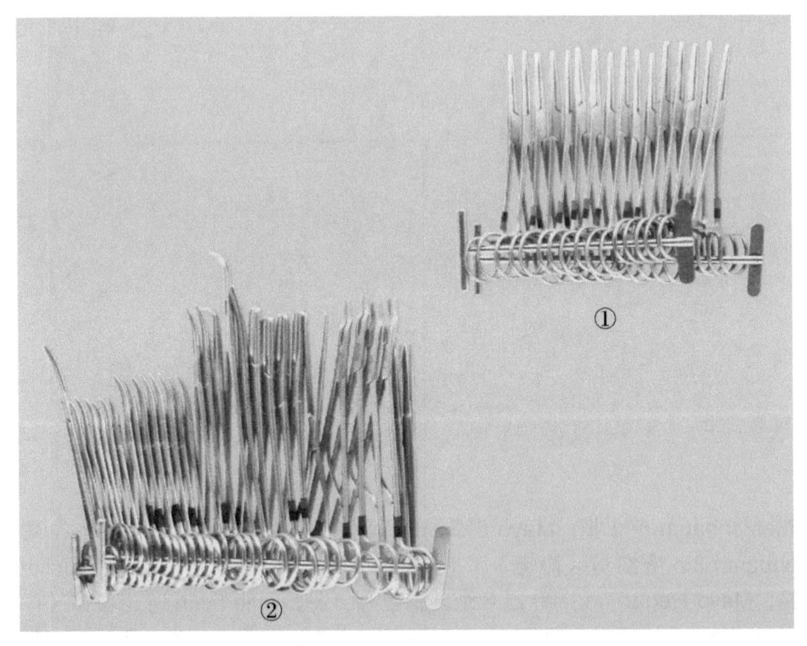

图 90-3 ① Kocher 6¼in（1×2）齿组织钳 16 把；②（由左至右）Vital Metzenbaum 剪 1 把，Halsted 5in 弯蚊式钳 6 把，Crile 5½in 弯钳 8 把，Boettcher 7½in 扁桃体钳 2 把，Kantrostatic 8in 钳 1 把，Carmalt 9in 重型直角止血钳 1 把，Mayo-Pean 8in 止血钳 1 把，7½in 管套钳（直径为 OD，⅝in）4 把，Fogarty 隐形敷料钳 1 把，中号血管夹钳 2 个，Mayo 6¾in 解剖剪 2 把

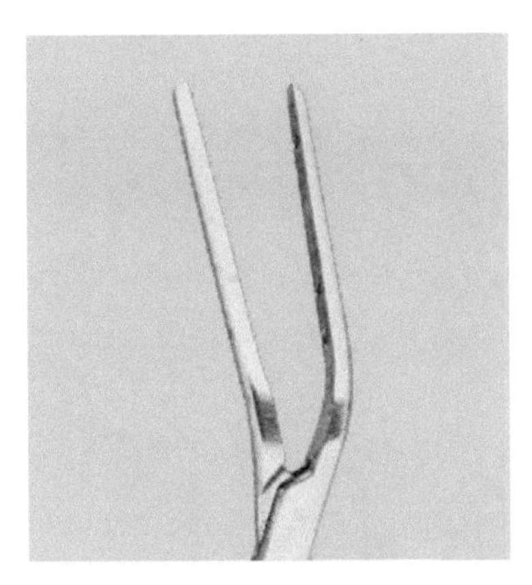

图 90-4　Fogarty 隐形敷料钳（头端放大）

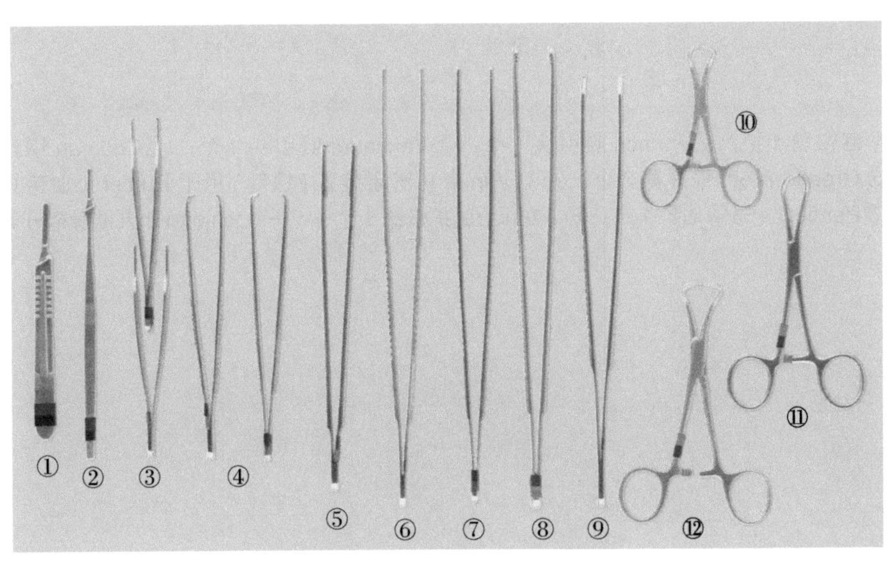

图 90-5　① Bard-Parker4 号刀柄 1 把；② Bard-Parker 7 号刀柄 1 把；③ Adson $4\frac{3}{4}$ in（1×2）齿镊 2 把；④ 6in（7×8）齿固定镊 2 把；⑤ Baker $7\frac{1}{2}$in（1×2）锯齿组织镊 1 把；⑥ De Bakey-Diethrich $9\frac{1}{2}$in 冠状动脉镊 (1.0mm 头端)1 把；⑦ DeBakey $9\frac{1}{2}$in 组织镊 (2mm 头端)1 把；⑧ Russian 10in 镊 1 把；⑨ DeBakey $9\frac{1}{2}$in 角度血管镊 1 把；⑩ Backhaus 小巾钳 1 把；⑪ Backhaus 大巾钳 1 把；⑫ Lorna $5\frac{1}{4}$in 无损巾钳 1 把

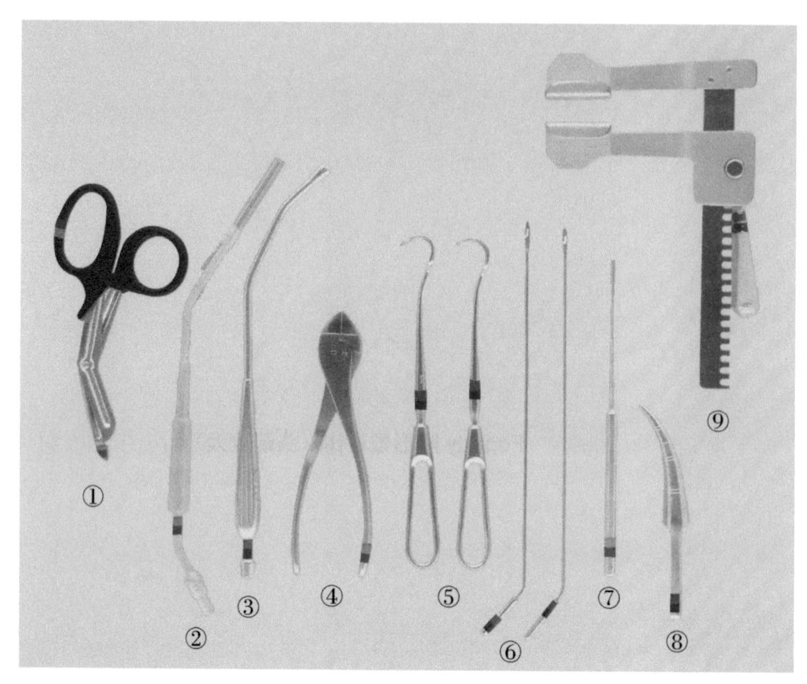

图 90-6 ①绷带剪 1 把；② Pemco 吸引头 1 个；③ Yankauer 吸引头 1 个；④ Codman 钢丝剪 1 把；⑤ Greene 8½in 牵开器 2 个；⑥ 11½in 带孔密闭装置 (探针) 用于 Rumel 止血带止血 2 个；⑦ Penfield 4 号解剖器 1 个；⑧ 5¾in 心肌扩张器 1 个；⑨ Finochietto 小儿肋骨撑开器 1 把

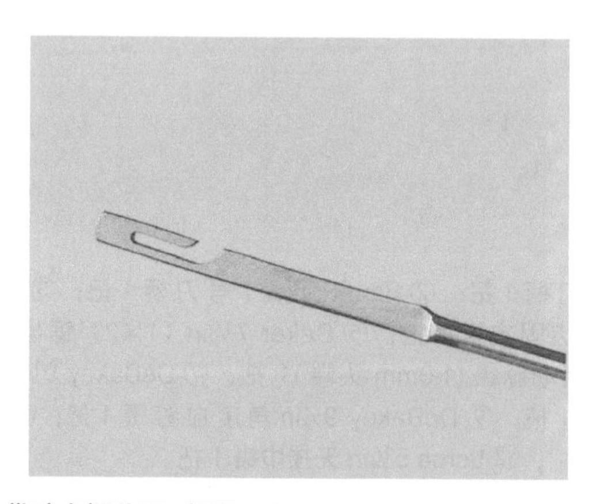

图 90-7 带孔密闭装置 (探针) 用于 Rumel 止血带止血（头端放大）

第 91 章

开放心脏显微器械

开放的显微心脏器械用于冠状动脉旁路移植。这些精细的器械允许外科医师在狭小的空间夹持非常精细的缝针和在狭小的心脏手术区域内操作（图 91-1 和图 91-2）。

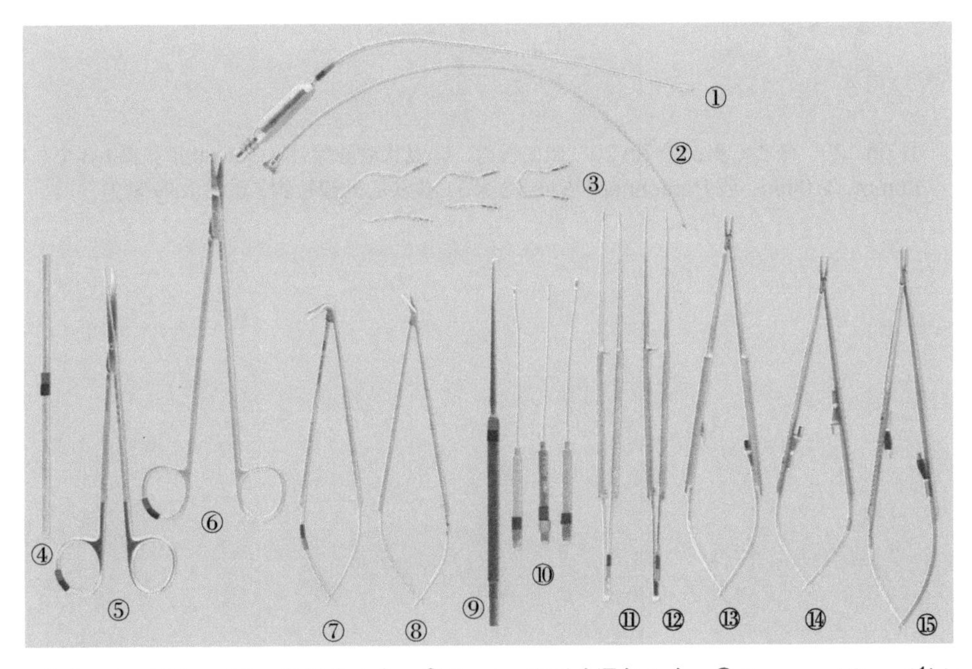

图 91-1 ① Frazier 7½in，7Fr，吸引头 1 个；② Frazier 吸引头通条 1 个；③ Parsonnet 2in，1½ in,1¼ in 尖爪心外膜（弹簧自动牵开器）拉钩 3 个；④ Beaver 6in 圆刀柄 1 个；⑤ Prince-Metzenbaum 剪刀 1 个；⑥ Strully 8in 剪刀 1 个；⑦ 7in 120° 微血管剪 1 个；⑧ 7in 25° 微血管剪 1 个；⑨ Weary 精细神经钩 1 个；⑩冠状动脉探针 3 个，1.0mm，1.5mm，2.0mm；⑪ 8½in 钛显微手术镊 1 个（0.5mm 头端）；⑫ Castroviejo 8¼in 钛显微齿镊 1 个（0.5mm 头端）；⑬ Castroviejo 8¼in 钛显微针持 1 个；⑭ Castroviejo 7¼in 钛显微针持 1 个；⑮ Jacobson 8½in 钛显微针持 1 个

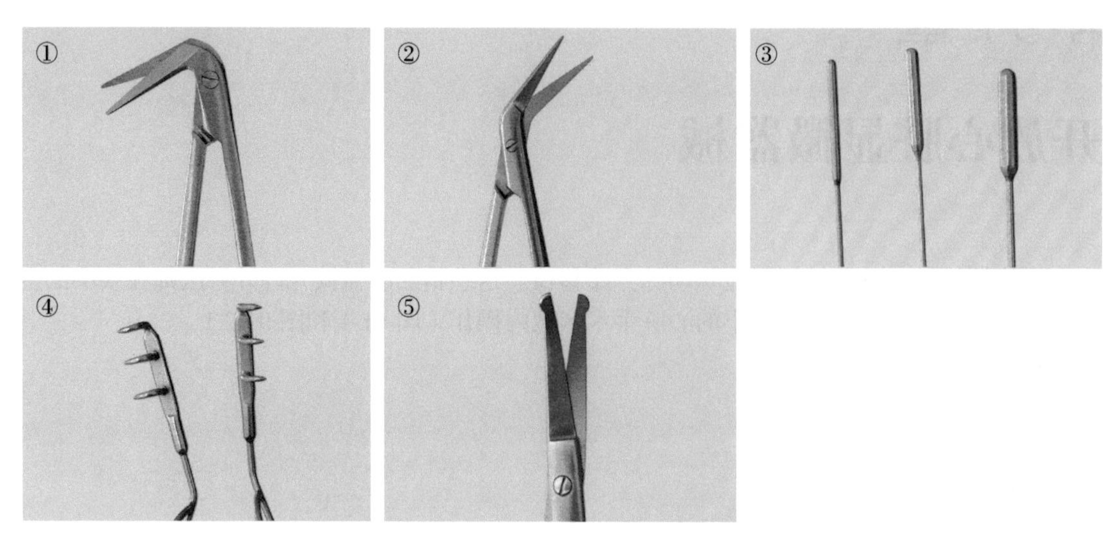

图 91-2 ① 7in 120° 微血管剪；② 7in 25° 微血管剪；③冠状动脉探针（Garrett 扩张器）3 个：1.0mm，1.5mm，2.0mm；④ Parsonnet 1½ in（3 ×3）尖头心外膜拉钩；⑤ Strully 剪刀

第 92 章

胸骨锯和胸骨刀

胸骨刀和胸骨锯用于显露心包和心脏。切口通过皮肤、皮下组织、肌肉暴露胸骨，然后进行胸骨切开术（图 92-1 至图 92-3）。

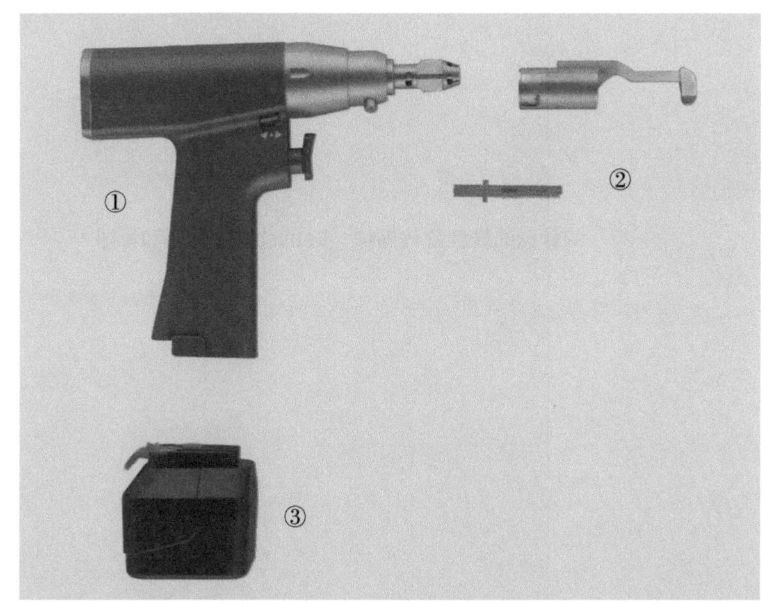

图 92-1　① Stryker 分离电池的手柄 1 个；②锯片 1 个；③ Stryker 胸骨锯安全附件 1 个

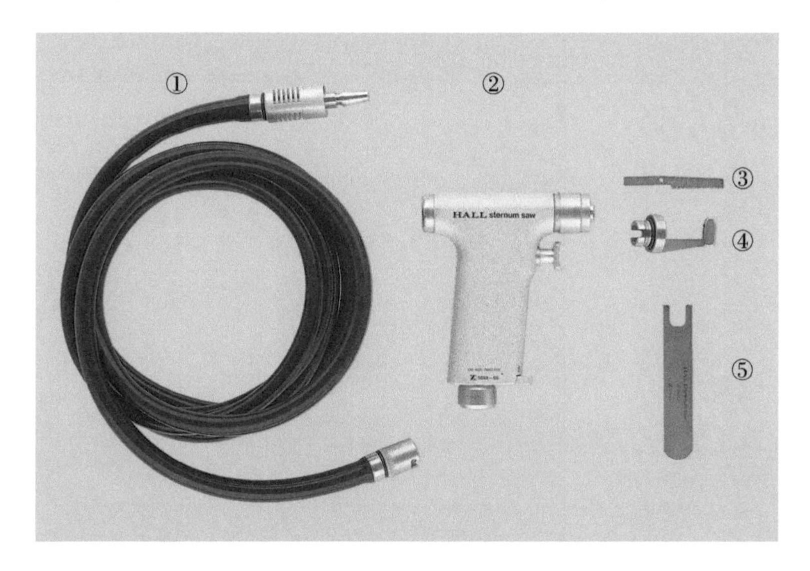

图 92-2　①电源线 1 根；② Hall 胸骨锯 1 把；③锯片 1 个；④锯条导架 1 个；⑤扳手 1 个

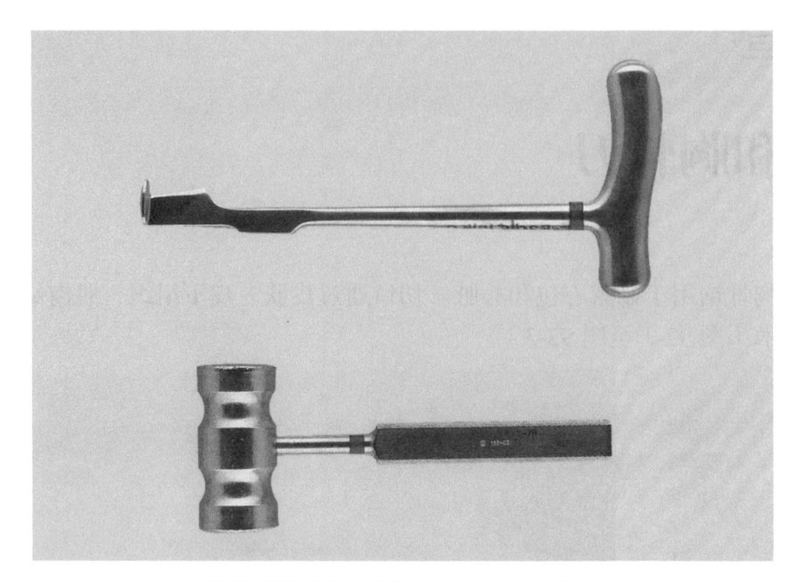

图 92-3　胸骨锯的最佳替代器械：Lebsche 胸骨刀和骨锤

第 93 章

心外科其他手术器械

心脏手术其他器械包括心内除颤电极、胸骨保护系统、心脏撑开器和稳定器装置。心内除颤仪电极用来恢复心脏纤维颤动和重新刺激心肌收缩。胸骨保护系统用来在切开胸骨后固定胸骨。心脏撑开器连接到胸骨撑开器近端，心脏稳定器装置与心肌相连以固定将被移植的冠状动脉不被移动。心脏稳定器装置将会固定或在切开动脉的周围抽吸组织以固定吻合点（图 93-1 至图 93-8）。

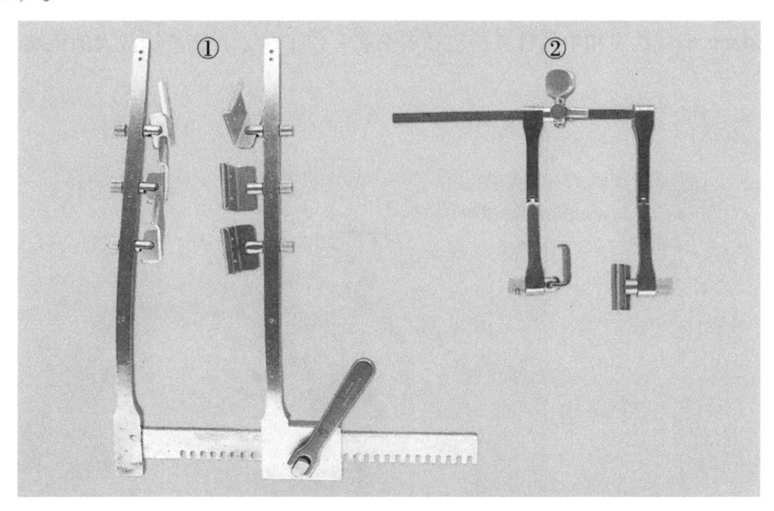

图 93-1　① Ankeney 胸骨拉钩 1 个；② Himmelstein 胸骨拉钩 1 个

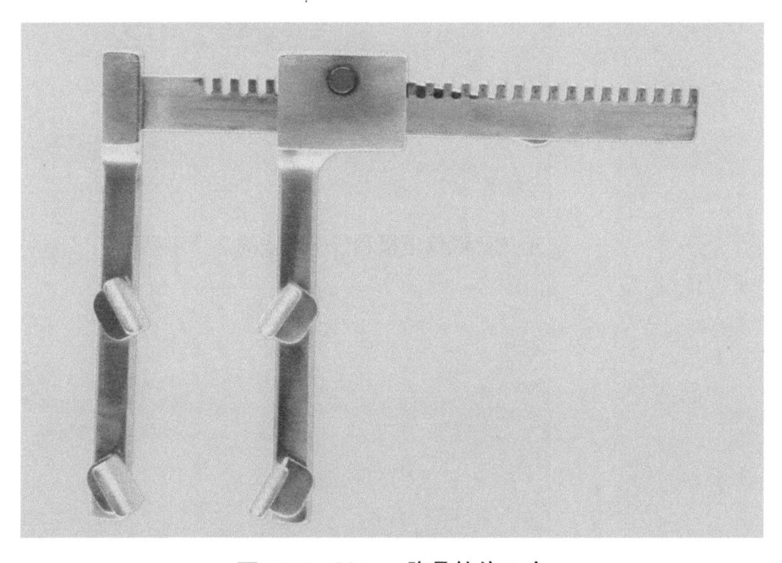

图 93-2　Morse 胸骨拉钩 1 个

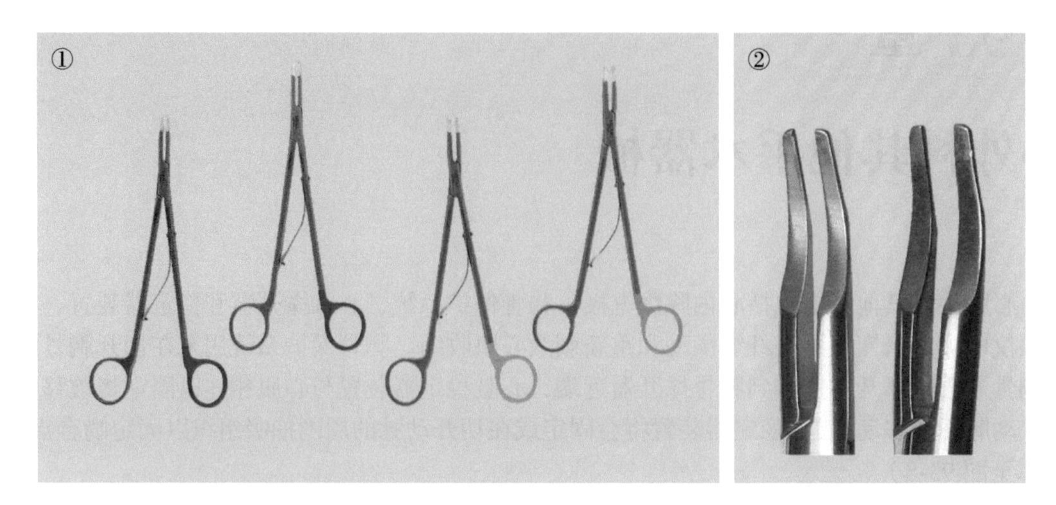

图 93-3 ① Horizon 小号钛夹和中号钛夹施夹钳各 2 把；② Horizon 施夹钳放大的头端（小号和中号）

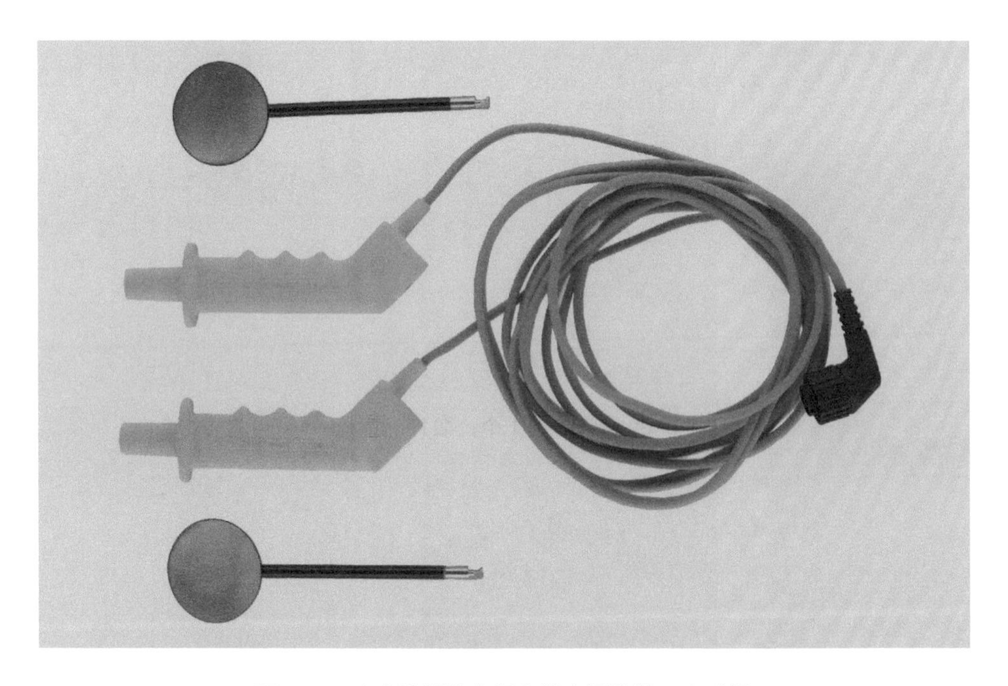

图 93-4 心内除颤仪电极和带电源线的 2 个手柄

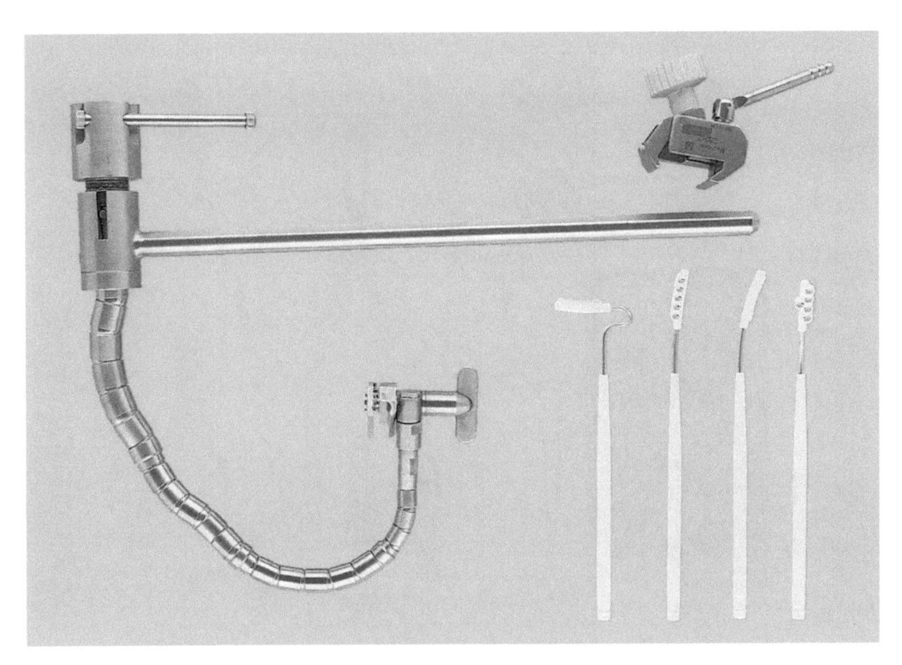

图 93-5 带一次性心脏稳定器的章鱼形心脏稳定器装置

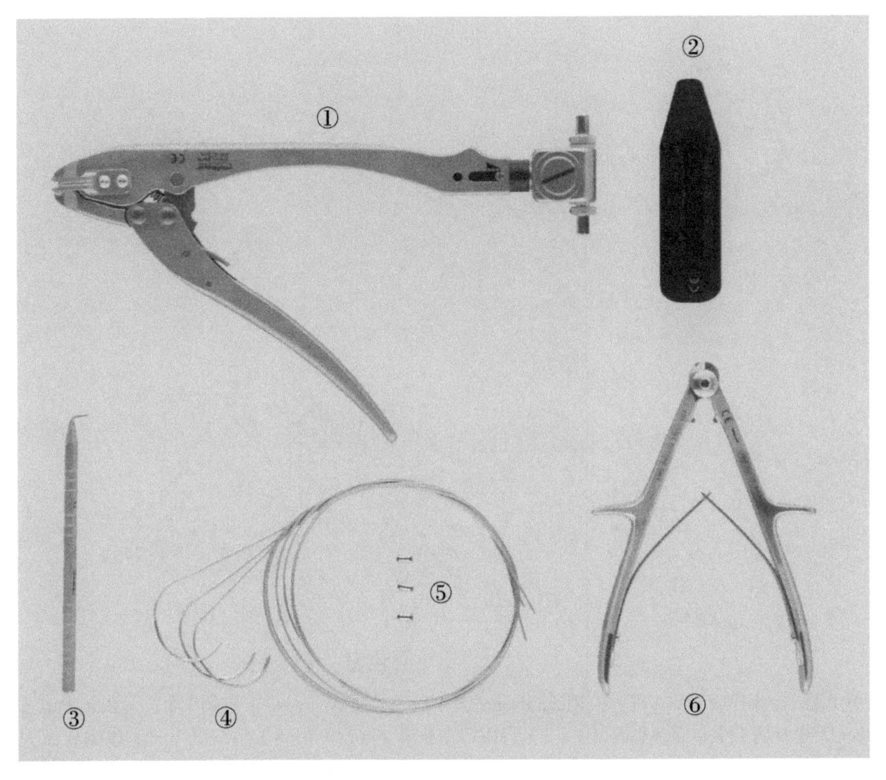

图 93-6 ①胸骨压折器 1 把；②拉力柄 1 个；③钢丝引导钩 1 个；④胸骨带针钢丝 3 根；⑤压线卷轴 3 个；⑥钢丝剪 1 把

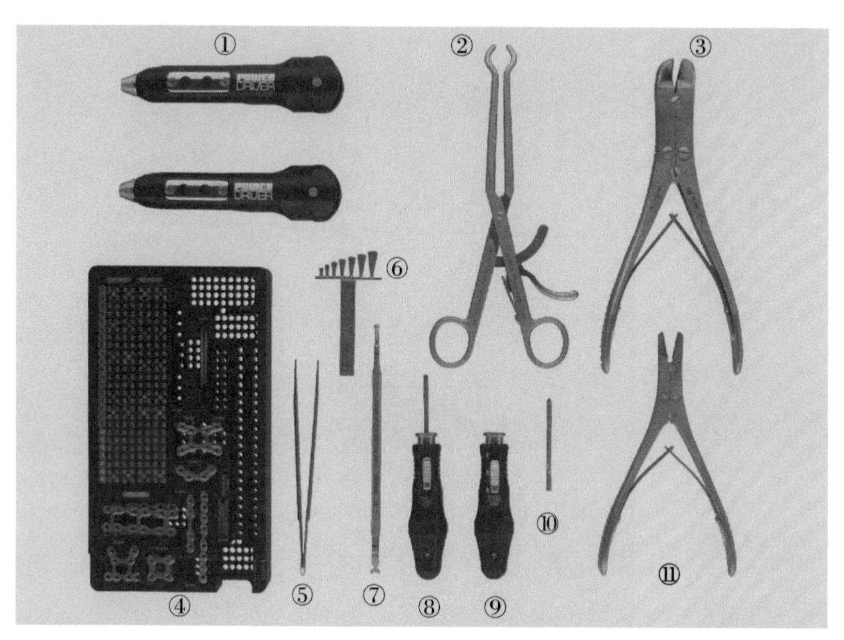

图 93-7 ①锁胸骨带电起子部件（绳子不包括在内）2 个；②紧骨钳 1 把；③钢丝剪 1 把；④ Tray 托盘 1 个，有钢板，螺丝钉，刀片（锯片）；⑤ Beuse 持钢丝镊 1 把；⑥锁胸骨螺钉筛选器 1 件；⑦ 2.4mm 钢板持棒器 1 把；⑧带锯片螺丝刀 1 件；⑨螺丝刀手柄 1 件；⑩锁胸骨锯片 1 个；⑪小号双头咬骨钳 1 把

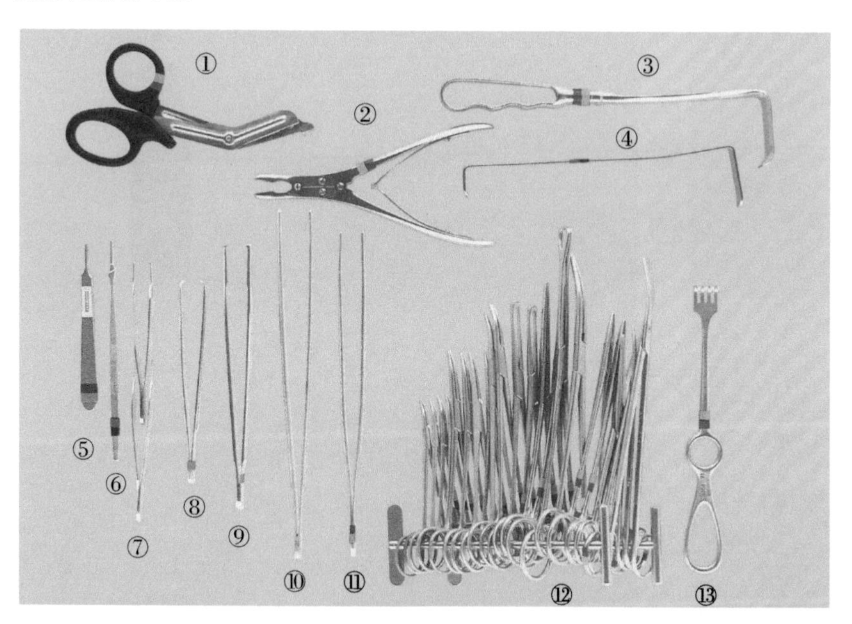

图 93-8 **心包窗**

①绷带剪 1 把；②小号咬骨钳 1 把；③ Richardson 窄拉钩 1 个；④ Army Navy 拉钩 1 个；⑤ Bard-Parker 3 号刀柄 1 个；⑥ Bard-Parker 7 号刀柄 1 个；⑦ Adson（1×2）有齿镊 2 把；⑧ 6in（7×8）组织镊 1 把；⑨ Baker 7½in（1×2）齿镊 1 把；⑩ Russian 10in 组织镊 1 把；⑪ 9½in 组织镊 1 把；⑫ Halsted 5in 弯蚊式钳 4 把，Crile 6½in 弯血管钳（1 个被遮住），Allis 组织钳 2 把，Ochsner-Kocher 8in(1 个被遮住)，绷带钳 1 个，Mayo-Hegar 7¼in 持针器 2 把，Mayo 6¾in 直解剖剪，Vital Metzenbaum 剪刀 1 把，Nelson 9in 弯剪刀 1 把；⑬ 8½in 四爪尖拉钩 1 把

第 94 章

心血管器械

心血管器械用于处理血管，因为这些器械头端在夹住血管时不会对其造成损伤。心血管手术通常需要的器械包括 1 套基本的剖心器械（图 94-1 至图 94-6）。

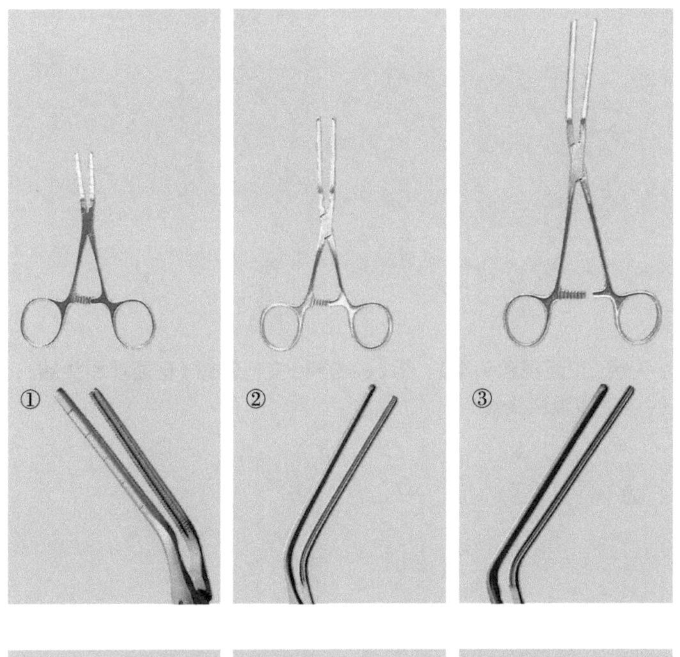

图 94-1　① Cooley $5\frac{1}{4}$in 直柄血管钳（有角度钳口，正面观和头端）；② DeBakey $4\frac{3}{4}$in，45° 环柄哈巴狗血管钳（正面观和头端）；③ DeBakey 7in 外周血管钳（有尖角，正面观和头端）

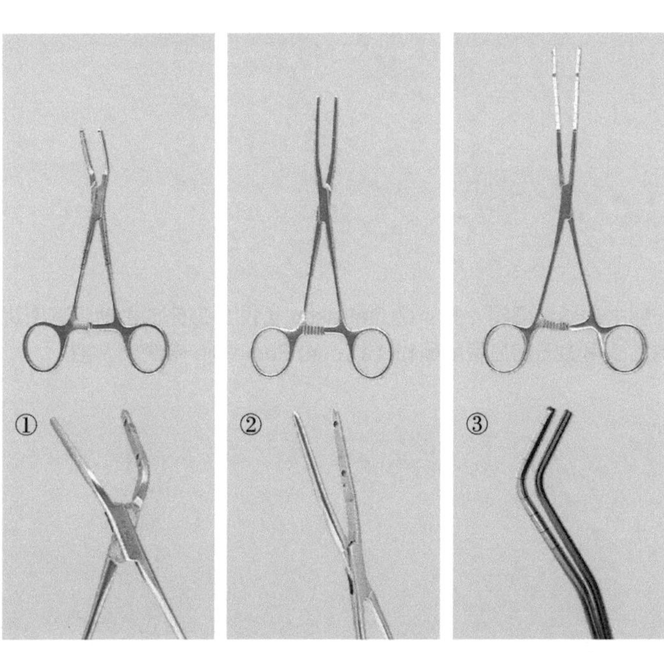

图 94-2　① Fogarty 角度血管夹闭钳（正面观和头端）；② Fogarty 直血管夹闭钳（正面观和头端）；③ $7\frac{1}{4}$in 肾动脉钳（正面观和头端）

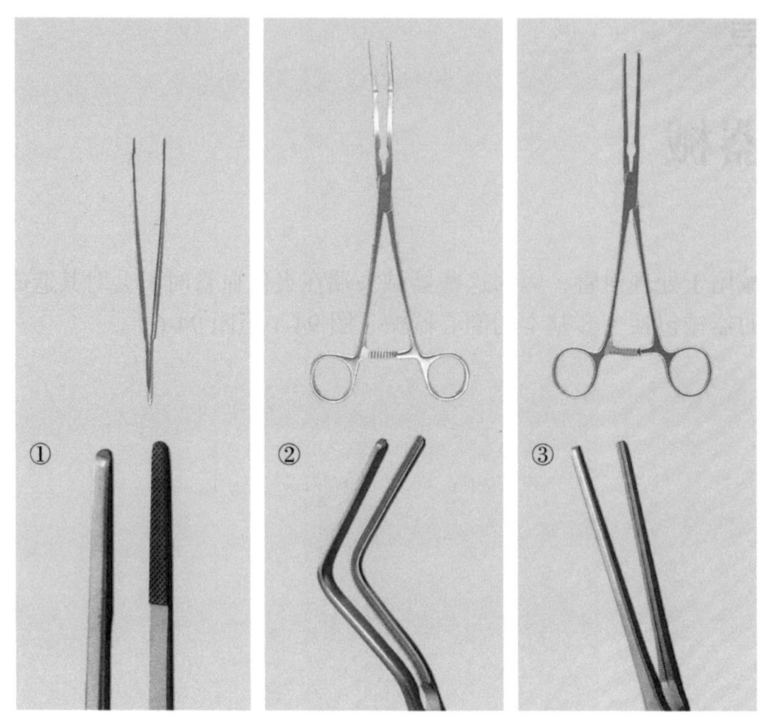

图 94-3 ① Potts-Smith 组织镊，Carb-Bite 头端（正面观和头端）；② Lee 9¼in 支气管钳（正面观和头端）；③ Cooley 8¾in 直柄缩窄夹密集钳（正面观和头端）

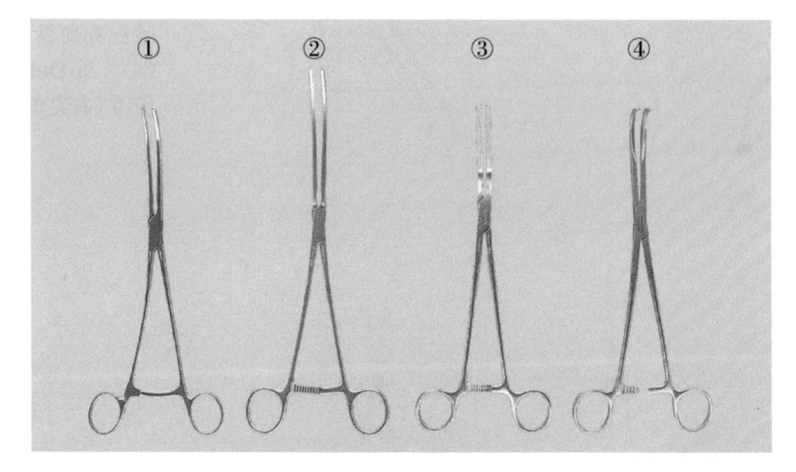

图 94-4 ① DeBakey 7¼in 中号锐 S 形无创主动脉游离钳 1 把；② DeBakey 长锐 S 形无创主动脉游离钳 1 把；③ DeBakey 8¼in，60° 钝角多用途无创血管阻断钳 1 把；④ Semb 9in 带线钳 1 把

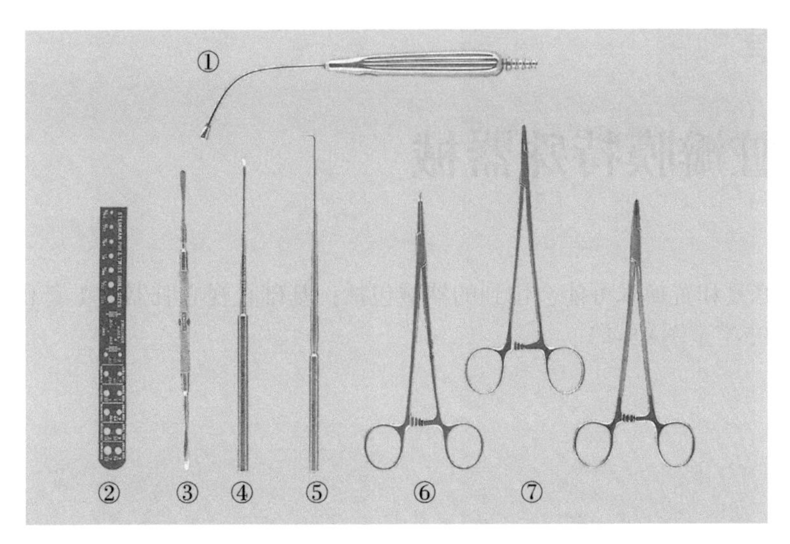

图 94-5　① Andrews-Pynchon 吸引管 1 根；② 6in 钢尺 1 把；③ Freer 双头剥离器 1 个；④ Penfield 4 号单头剥离器 1 个；⑤ Hoen 神经钩 1 个；⑥ Adson 角度止血钳 1 把（精细头端）；⑦ Ryder 7in 持针器 2 把（精细头端）

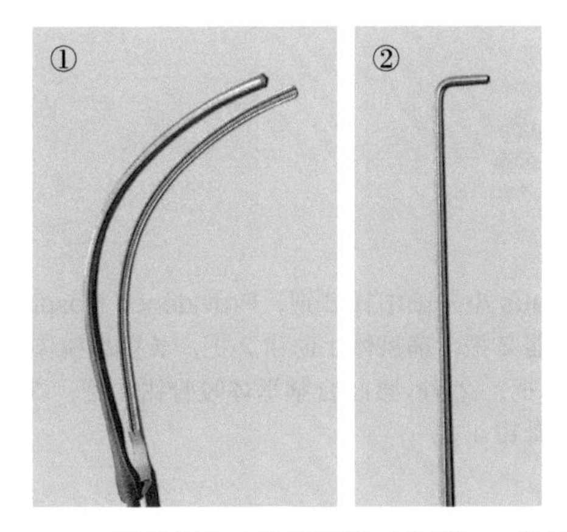

图 94-6　① DeBakey S 形无创主动脉游离钳（头端）；② Hoen 直角神经钩

第 95 章

直视心脏瓣膜特殊器械

心脏瓣膜修复和置换术可能会用到的器械包括：基础直视心脏器械 1 套和直视心脏特殊器械 1 套（图 95-1 至图 95-4）。

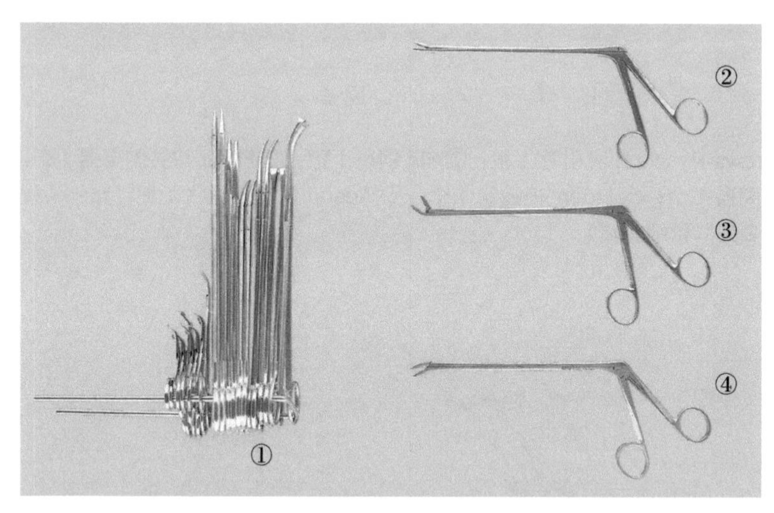

图 95-1　①（由左至右）Backhaus 小号细巾钳 6 把，Providence Hospital 止血钳 1 把，Ayers 11in 持针器 2 把，Heaney 持针器 2 把，扁桃体止血钳 2 把，长型扁桃体止血钳 2 把，长型 Allis 组织钳 2 把，Allis 长弯组织钳 1 把；② 7in 直咬合脑垂体咬骨钳 1 把；③ 7in 上咬合脑垂体咬骨钳 1 把；④ 7in 下咬合脑垂体咬骨钳 1 把

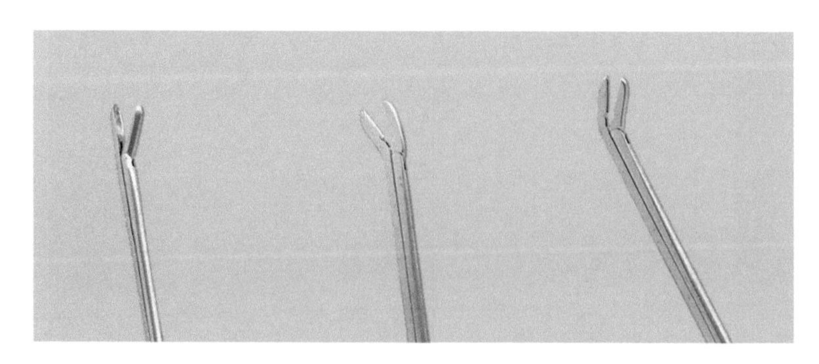

图 95-2　脑垂体咬骨钳头端 3 个：直咬、下咬合、上咬合

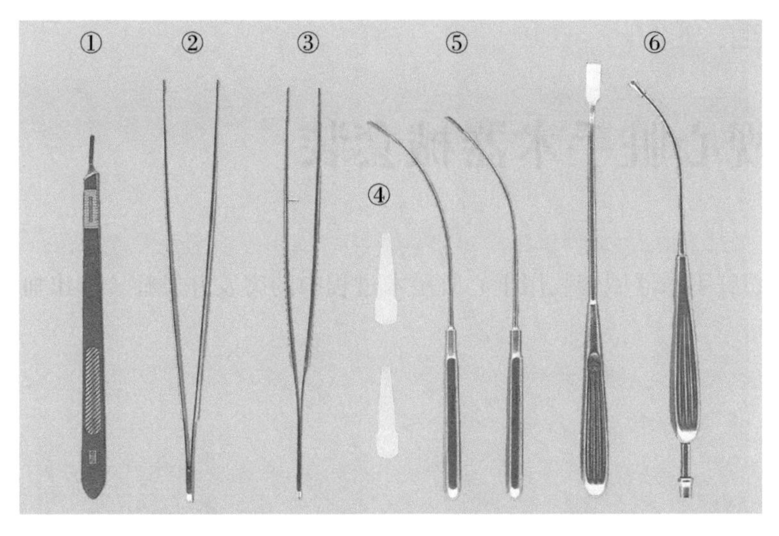

图 95-3 ① Bard-Parker 3 号长刀柄 1 把；② Cushing-Brown 有齿（9×9）组织镊 1 把；③ Cushing-Brown 有齿（1×2）组织镊 1 把；④ Teflon Bardic 插塞 2 个；⑤ 小叶状拉钩 3 个，（2 个侧面观，1 个正面观）；⑥ 移植吸引管 1 个

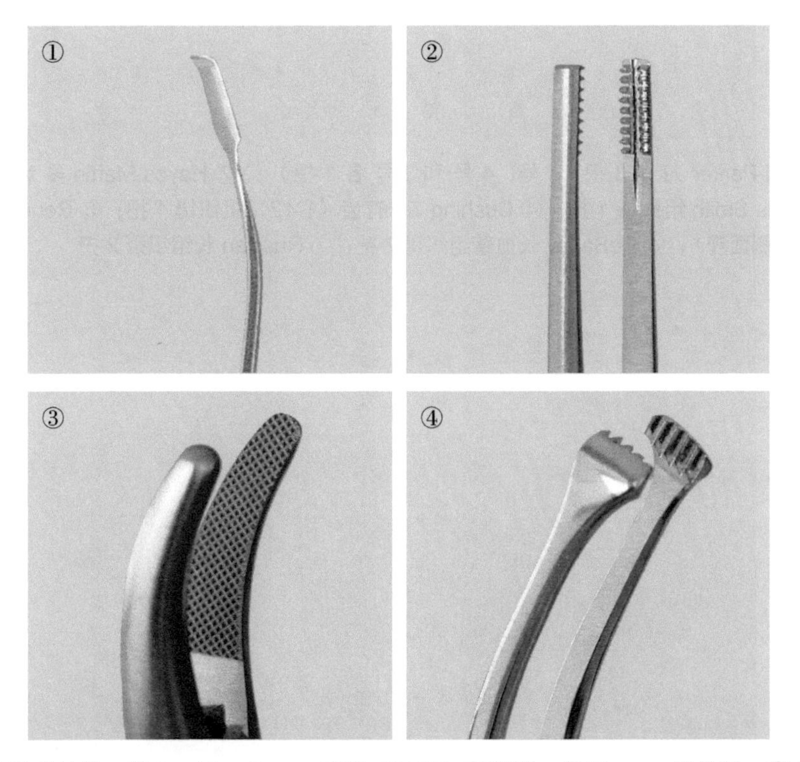

图 95-4 ① 小叶状拉钩；② Cushing-Brown 有齿（9×9）组织镊；③ Heaney 持针器；④ Allis 弯组织钳

第 96 章

再次直视心脏手术器械套装

再次直视心脏手术器械套装用于心脏手术过程中的突发并发症（如出血）（图 96-1 至图 96-5）。

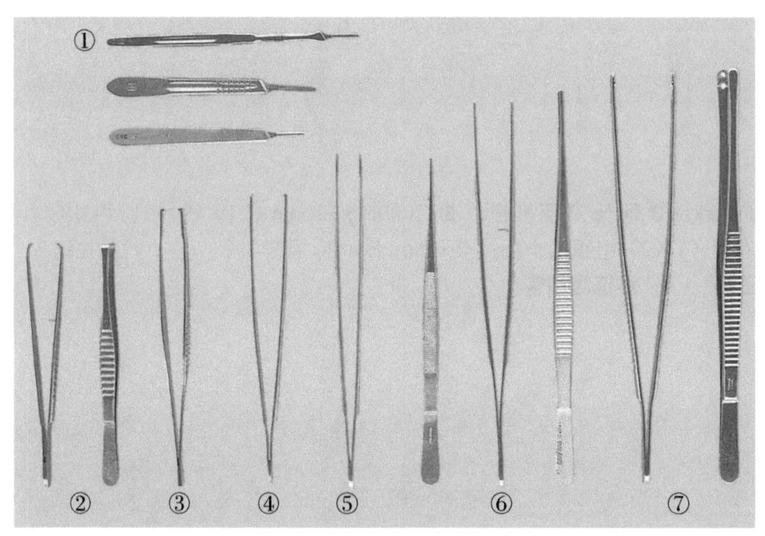

图 96-1　① Bard-Parker 刀柄 3 把（7 号、4 号和 3 号各 1 把）；② Hayes Martin 多齿组织镊 2 把；③ Ferris Smith 组织镊 1 把；④ Cushing 7in 有齿（1×2）组织镊 1 把；⑤ Reul 敷料镊 2 把（正面观和侧面观）；⑥ DeBakey 长血管组织镊 2 把；⑦ Russian 长组织镊 2 把

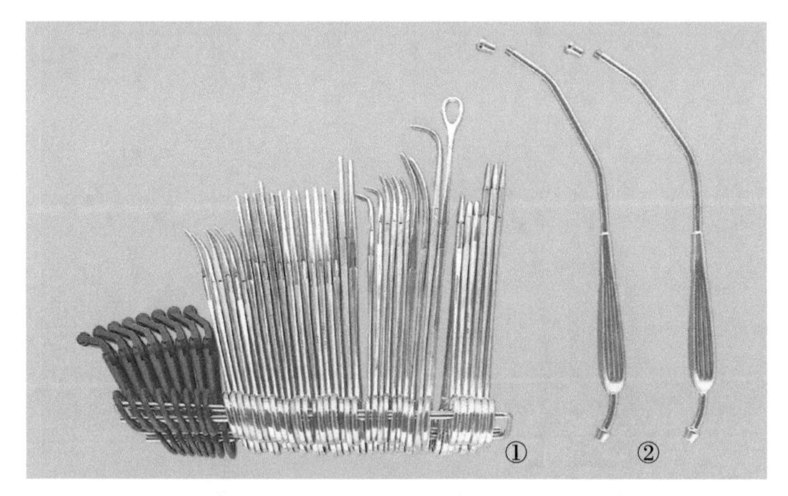

图 96-2　①粗巾钳 8 把，Crile 6½in 止血钳 6 把，Ochsner 中钳口止血钳 12 把，Ochsner 长钳口止血钳 2 把，Westphal 短止血钳 2 把，扁桃体止血钳 4 把，Mayo-Pean 长止血钳 2 把，Adson 长止血钳 1 把，Foerster 海绵钳 1 把，Crile-Wood 7in 持针器 1 把，Jarit 7in 胸骨持针器 2 把，Crile-Wood 8in 持针器 2 把，Ayers 8in 持针器 1 把；② Yankauer 吸引管及旋拧接头 2 套

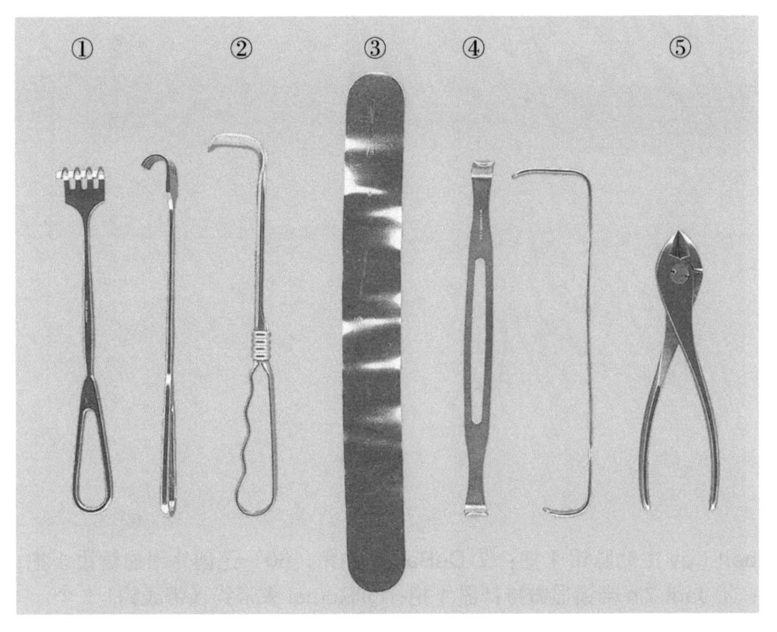

图 96-3　① Volkmann 四爪钝头拉钩 2 个（正面观和侧面观）；② Richardson 小号开腹拉钩 1 个；③ Ochsner 中号可塑形拉钩 1 个；④ 甲状腺拉钩 2 个（正面观和侧面观）；⑤ 重型钢丝剪 1 把

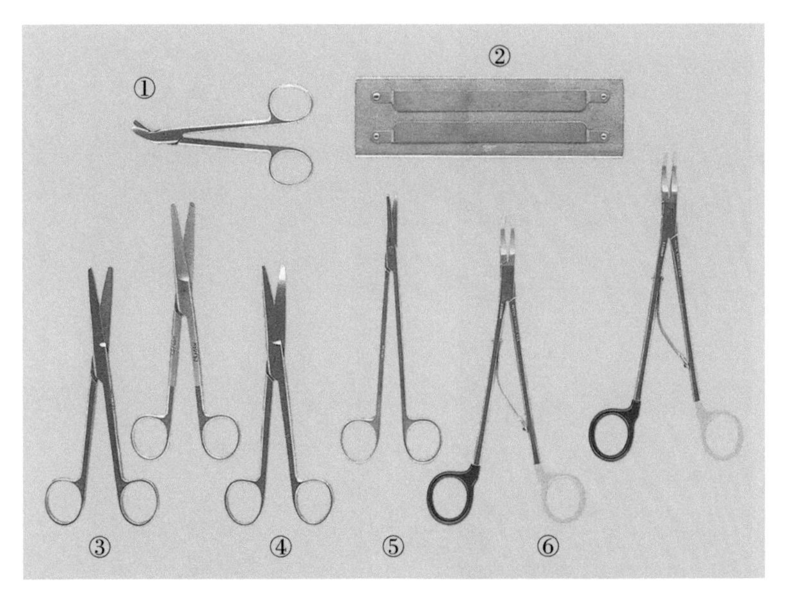

图 96-4　① 小号钢丝剪 1 把；② 止血夹放置座 1 个；③ Mayo 直解剖剪 2 把；④ Mayo 弯解剖剪 1 把；⑤ Metzenbaum 7in 剪 1 把；⑥ Weck EZ 施夹钳 2 把（新版为 Weck Horizon 血管夹）

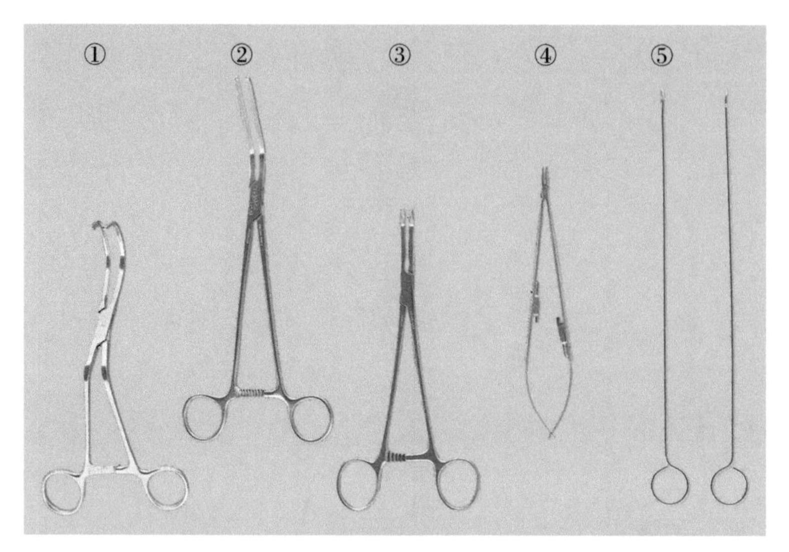

图 96-5 ① Lambert-Kay 主动脉钳 1 把；② DeBakey 钝角，60° 无创外周血管钳 1 把；③ Beck 主动脉钳 1 把；④ Jarit 7in 带锁显微持针器 1 把；⑤ Rumel 束带钩（带线钩）2 个

第 97 章

血管移植器械

血管移植器械常用于从身体某一部位的静脉血管（常是腿或手臂），取来用在心脏旁路移植手术中。采取腿部大隐静脉手术可被作为一个开放手术或一个微创手术。血管移植器械常用于血管微创手术（图 97-1 至图 97-3）。

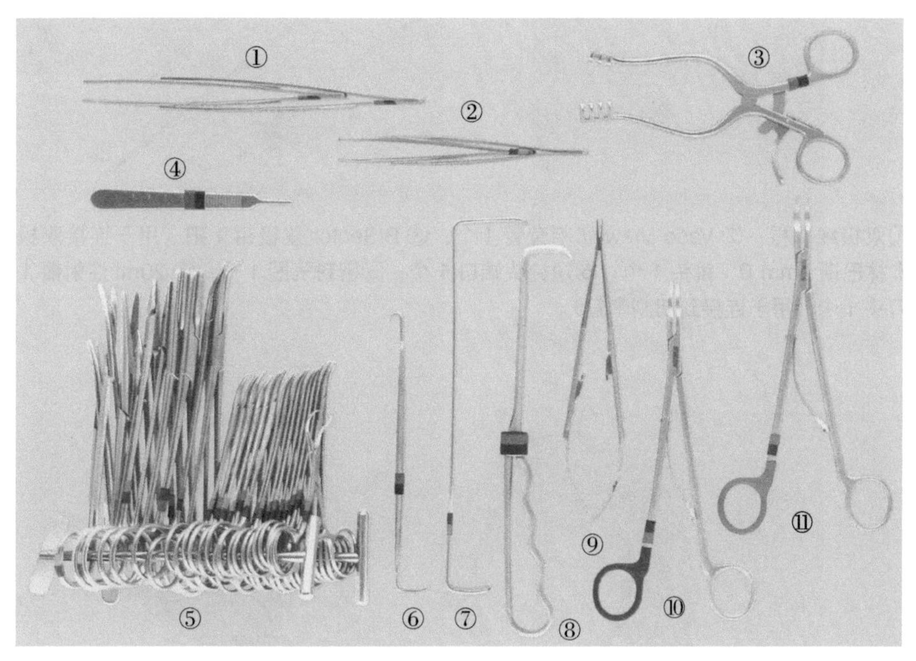

图 97-1 ① DeBakey 6in 组织镊 2 把；② Adson 4¾in(1×2) 组织镊 2 把；③ Weitlaner 6½in（3×4）尖头乳突牵开器 1 个；④ Bard-Parker 3 号刀柄 1 个；⑤ Metzen-baum 5½in 弯剪 2 把，Vital Metzenbaum 剪刀 1 把，Mayo 6¾in 直解剖剪 1 把，6in 肌腱剪（被遮住）1 把，Mayo-Hegar 7¼in 持针器 2 把，管状钳 2 把（管头外径 ⅝in），Boettcher 7½in 弯扁桃体钳 2 把，Lahey 7½in 胆管钳 1 把，Halsted 5in 弯蚊式钳 6 把，精细蚊式钳 10 把（1 把被遮住），Backhaus 3½in 巾钳 1 把；⑥ Senn 6¾ in 尖头拉钩 1 个；⑦ Army Navy 拉钩 1 个；⑧ Richardson (1in×¾in) 拉钩 1 个；⑨ Castroviejo 7⅝in 带锁直显微持针器 1 把；⑩小号血管夹钳 1 把；⑪中号血管夹钳 1 把

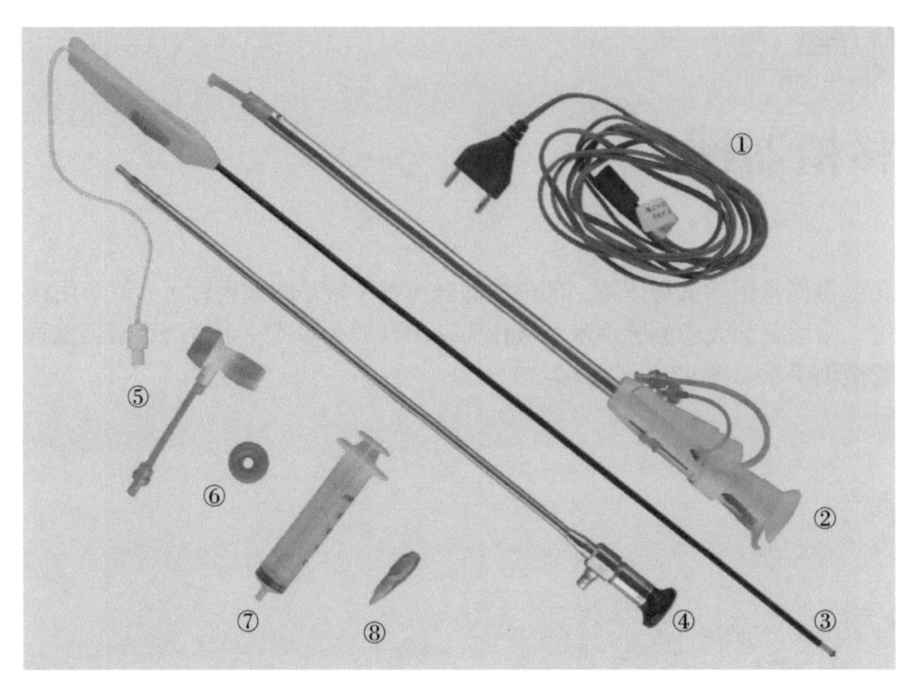

图 97-2 ①双极线 1 根；② Vaso View 切割套管 1 个；③ BiSector 双极钳 1 把（用于连接双极线）；④奥林巴斯 5mm 0° 镜头 1 个；⑤短钝头端口 1 个；⑥密封气圈 1 个；⑦ 20ml 注射器 1 个；⑧剪刀头 1 个（用于连接到切割套管）

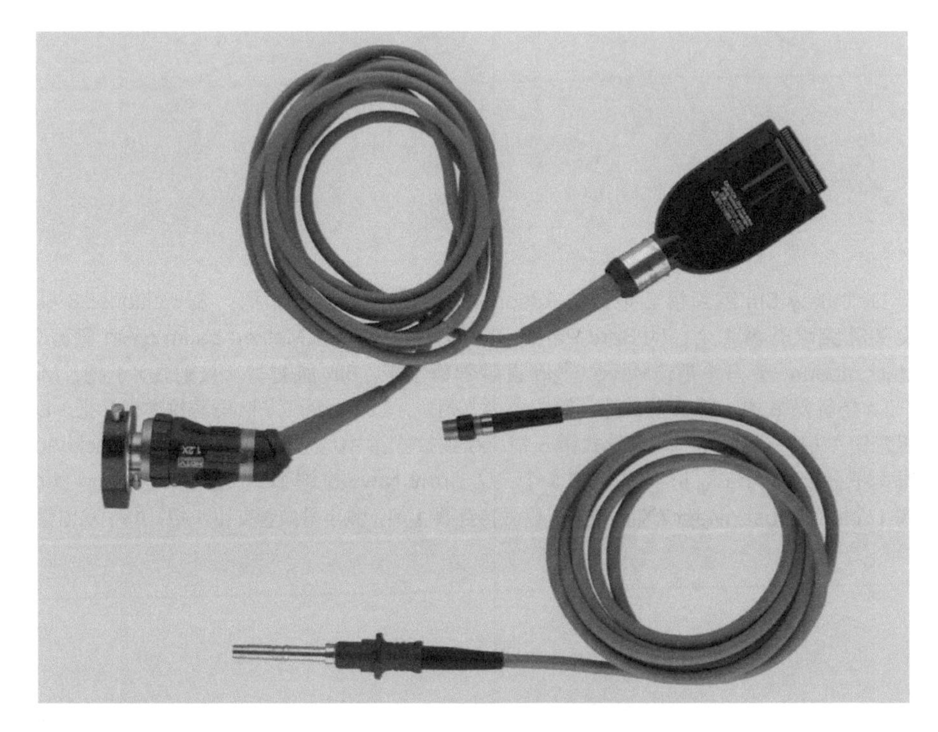

图 97-3 奥林巴斯带芯片摄像头和光缆线各 1 根

第 98 章

桡动脉采取器械

桡动脉采取器械常用来把桡动脉从手臂上取出用于冠状动脉旁路移植手术（图 98-1）。

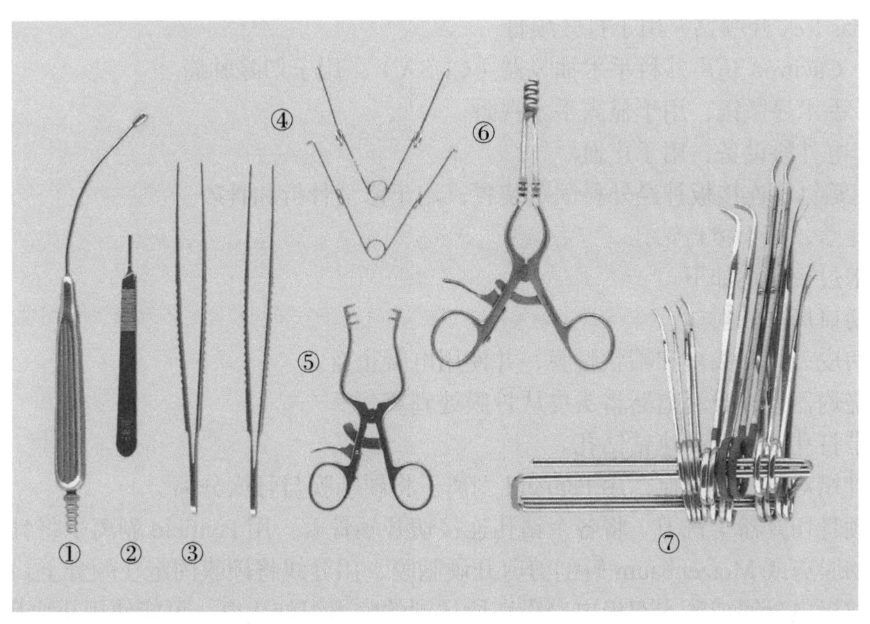

图 98-1　①Andrews-Pynchon 吸引管 1 个；②Bard-Parker 3 号刀柄 1 把；③De Bakey 中号血管组织镊 2 把；④ Brawley 巩膜伤口拉钩 2 个；⑤ Weitlaner 乳突牵开器 1 个；⑥ 小号小脑牵开器 1 个；⑦（由左至右）器械组连 U 型架，Halsted 微斜动脉钳 4 把，Adson 精细直角止血钳 2 把，Horizon 小号施夹钳 2 把，Metzenbaum 解剖剪 2 把（7in 和 5in 各 1 把），Crile-Wood 5in 持针器 1 把（隐藏）

第十单元　神经外科手术

第 99 章

开颅手术

开颅术即在头部做一切口，打开颅骨进行的脑部手术，包括脑部肿瘤切除，修复血管缺陷或脑外伤手术。该手术可能需要的器械如下（图 99-1 至图 99-11）。

1. Midas Rex 开颅钻，用于打开颅骨。
2. 1 个 Cavitron 超声外科手术抽吸器（CUSA），用于切除肿瘤。
3. 1 个手术显微镜，用于显露手术视野。
4. 1 套电外科设备，用于止血。
5. 1 套螺钉和连接板神经外科固定装置，用于修复骨折和骨瓣。
6. 钻孔盖，用于覆盖钻孔。

该手术过程简述如下。

1. 在切口局部注射。
2. 用切皮刀切开头皮和帽状腱膜，并使用电凝止血。
3. 用烧灼器或骨膜剥离器将头皮从骨膜处剥离。
4. 用带打孔钻头的高速钻钻孔。
5. 用骨蜡对钻孔处止血，用 Penfield 剥离子将硬脑膜与骨瓣分离。
6. 用颅骨切开器（铣刀）将各个钻孔连接切开颅骨瓣。用 Penfield 剥离子将骨瓣取出。
7. 用脑膜剪或 Metzenbaum 解剖剪剪开硬脑膜，用缝线将硬膜固定在颅骨上。
8. 用双极电凝镊或滴水双极电凝镊在所达到的脑组织处止血。可能使用止血用物如凝血酶和明胶海绵。
9. 用 Leyla 或 Greenerg 牵开器显露深部脑组织。切口或骨瓣太小可能限制韦特莱纳牵开器或皮肤拉钩挂在手术巾单上。
10. 脑肿瘤切除或剥离可能使用显微器械，如显微 Penfield 解剖器、剪及 Rhoton 解剖器。大的肿瘤可能使用超声灌洗 / 吸出器。上述所有器械将在显微镜下使用。
11. 动脉瘤或颅内动静脉畸形开颅术使用特殊的夹子及施夹钳，以阻止动脉瘤破裂。
12. 止血、关闭硬膜后，将骨瓣复位并使用钛钉和钛板固定。如果脑组织肿胀太严重不能放回骨瓣，患者的骨瓣将被冷藏保存直到脑肿胀消退。如果骨瓣有缺损，甲基丙烯酸甲酯可以和钛网联合代替骨瓣，或者使用由聚芳醚酮 (PEEK) 构成的可塑体修建，并应用在单独的颅骨成形术。

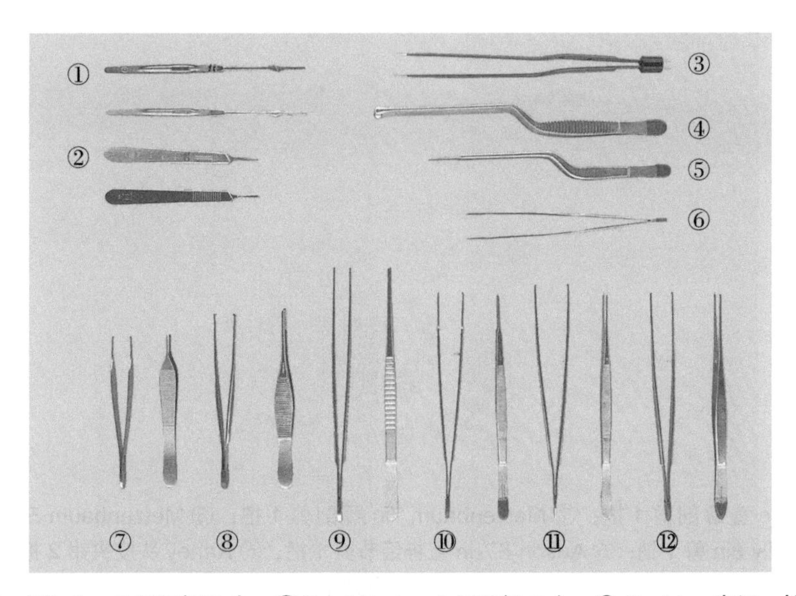

图 99-1 ① Bard-Parker 7 号刀柄 2 个；② Bard-Parker 3 号刀柄 2 个；③ Cushing 尖细，枪状双极电凝镊 1 把；④ Adson 枪状，杯状垂体镊 1 把；⑤ Gerald 枪状，尖窄，锯齿状镊 1 把；⑥ Adson 枪状镊 1 把；⑦ Adson 有齿（1×2）组织镊 2 把（正面观和侧面观）；⑧ Gillies 有齿（1×2）组织镊 2 把（正面观和侧面观）；⑨ DeBakey 中号血管组织镊 2 把（正面观和侧面观）；⑩ Gerald 有齿（1×2）组织镊 2 把（正面观和侧面观）；⑪ Cushing 有齿（1×2）组织镊 2 把（正面观和侧面观）；⑫ Cushing 有齿（1×2）组织镊 2 把（正面观和侧面观）

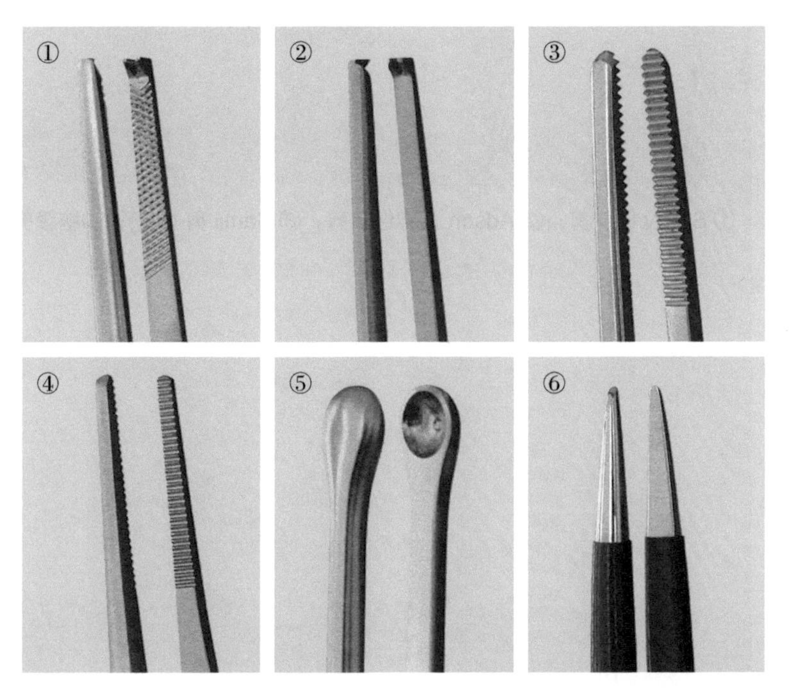

图 99-2 ① Gillies（1×2）有齿组织镊；② Gerald（1×2）有齿组织镊；③ Adson 枪状镊；④ Gerald 窄尖锯齿枪状镊；⑤ Adson 尖圆杯状脑垂体枪状镊；⑥ Cushing 尖细双极绝缘枪状电凝镊

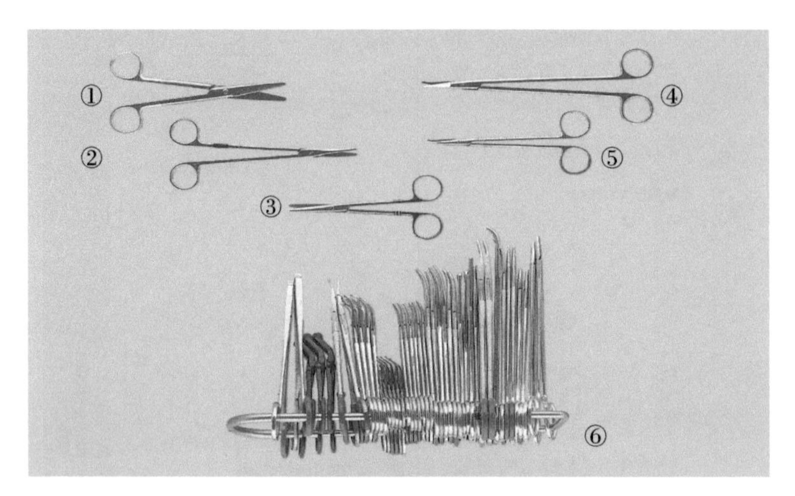

图 99-3 ① Mayo 直解剖剪 1 把；② Metzenbaum 7in 解剖剪 1 把；③ Metzenbaum 5in 解剖剪 1 把；④ Strully 8in 剪 1 把；⑤ Adson 6¼in 直神经节剪 1 把；⑥ Raney 头皮夹钳 2 把，粗巾钳 3 把，Ligaclip 小号短式施夹钳 2 把，Backhaus 小号细巾钳 4 把，Carins 止血钳 6 把，Crile 弯止血钳 6 把，Allis 组织钳 2 把，Ochsner 组织钳 2 把，Ligaclip 中号施夹钳 2 把，Westphal 止血钳 1 把，Adson 精细止血钳 1 把，DeBakey 7in 持针器 2 把，Webster 6in 持针器 2 把，Crile-Wood 7in 持针器 2 把

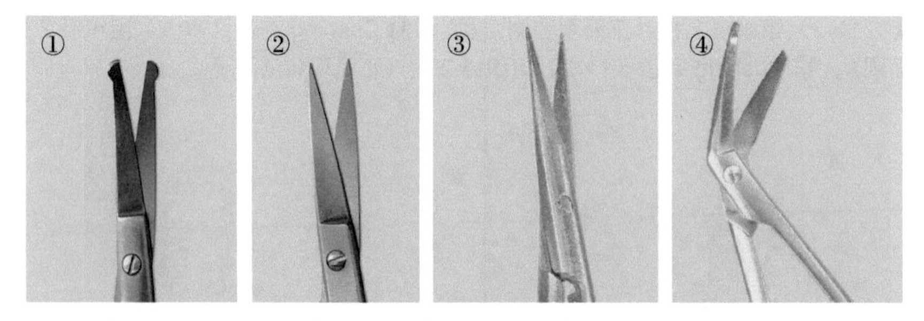

图 99-4 ① Strully 圆头剪；② Adson 直神经节剪；③ Samii 剪 (尖)；④脑膜剪（尖）

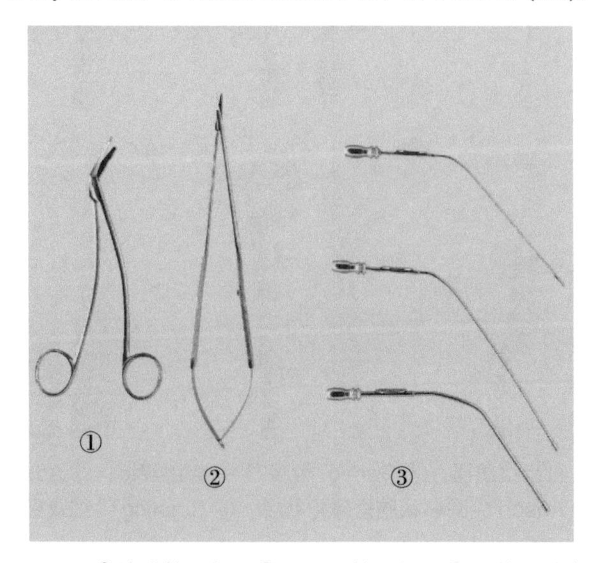

图 99-5 ①脑膜剪 1 把；② Samii 剪 1 把；③显微吸引头 3 个

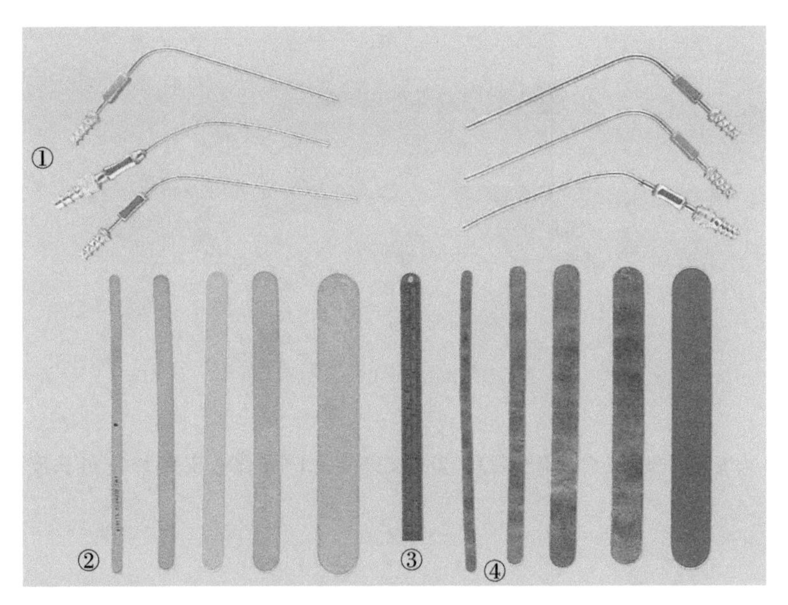

图 99-6　① Frazier 吸引管 6 个（6 至 12 号）；② 硅酮脑压板 5 个（6mm，9mm，13mm，16mm 和 22mm）；③钢尺 1 把；④ Davis 脑压板 5 个（不同宽度）

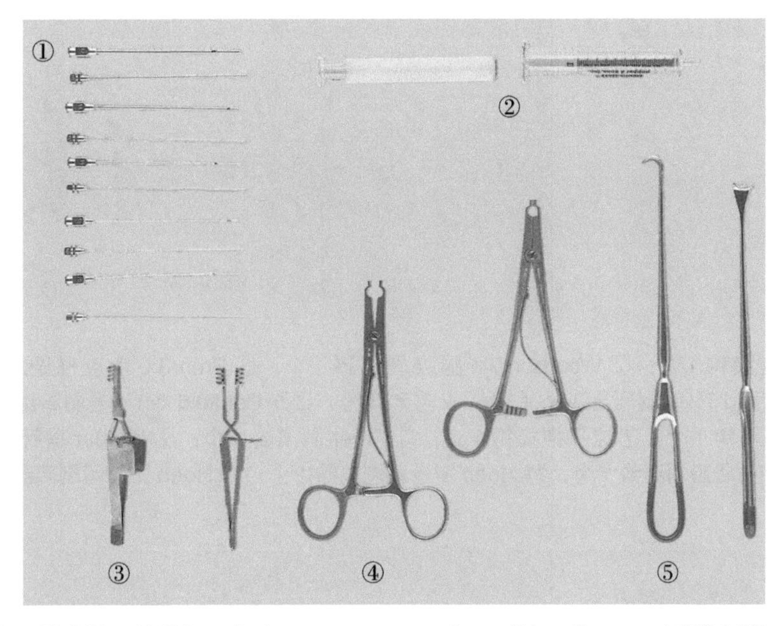

图 99-7　① 3½in 脑穿针及其通条 5 套（12、14、16、18 和 20 号）；② 10ml 玻璃注射器 1 副（两部分）；③ Jarit 4in 钝齿交锁关节牵开器 2 个；④ Raney 头皮夹钳 2 把（正面观）；⑤ 静脉拉钩 2 把（侧面观、正面观）

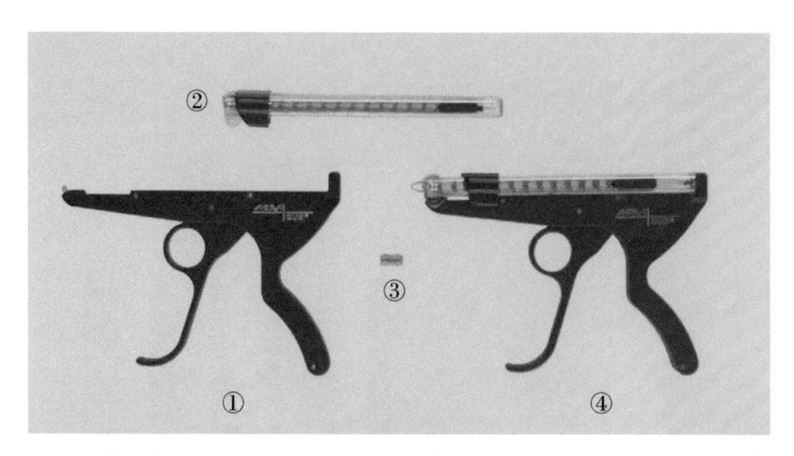

图 99-8 ①Acra 头皮夹施夹器 1 个（未安装）；②头皮夹弹盒 1 个；③头皮夹 1 个；④头皮夹施夹器 1 个（已安装）

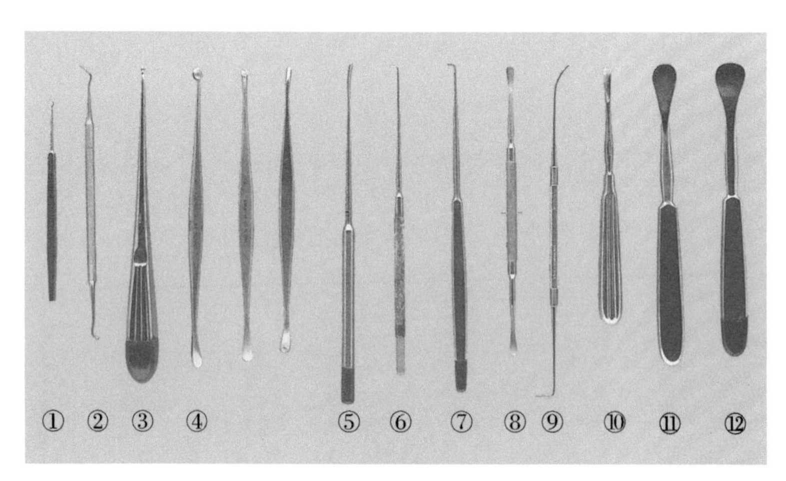

图 99-9 ①硬脑膜钩 1 个；② Woodson 7in 脑膜剥离器 1 个；③ Brun 3-0 角度椭圆杯状刮匙 1 个；④ Penfield 7¼in 剥离器 3 个（1 号、2 号和 3 号）；⑤ Penfield 8in 4 号剥离器 1 个；⑥ Adson 锐头脑膜钩 1 个；⑦钝平神经钩 1 个；⑧ Freer 剥离器 1 个；⑨ Kistner 探针 1 根；⑩ Adson 6¾in 钝弯骨膜剥离器 1 个；⑪ Hoen 窄骨膜剥离器 1 个；⑫ Hoen 宽骨膜剥离器 1 个

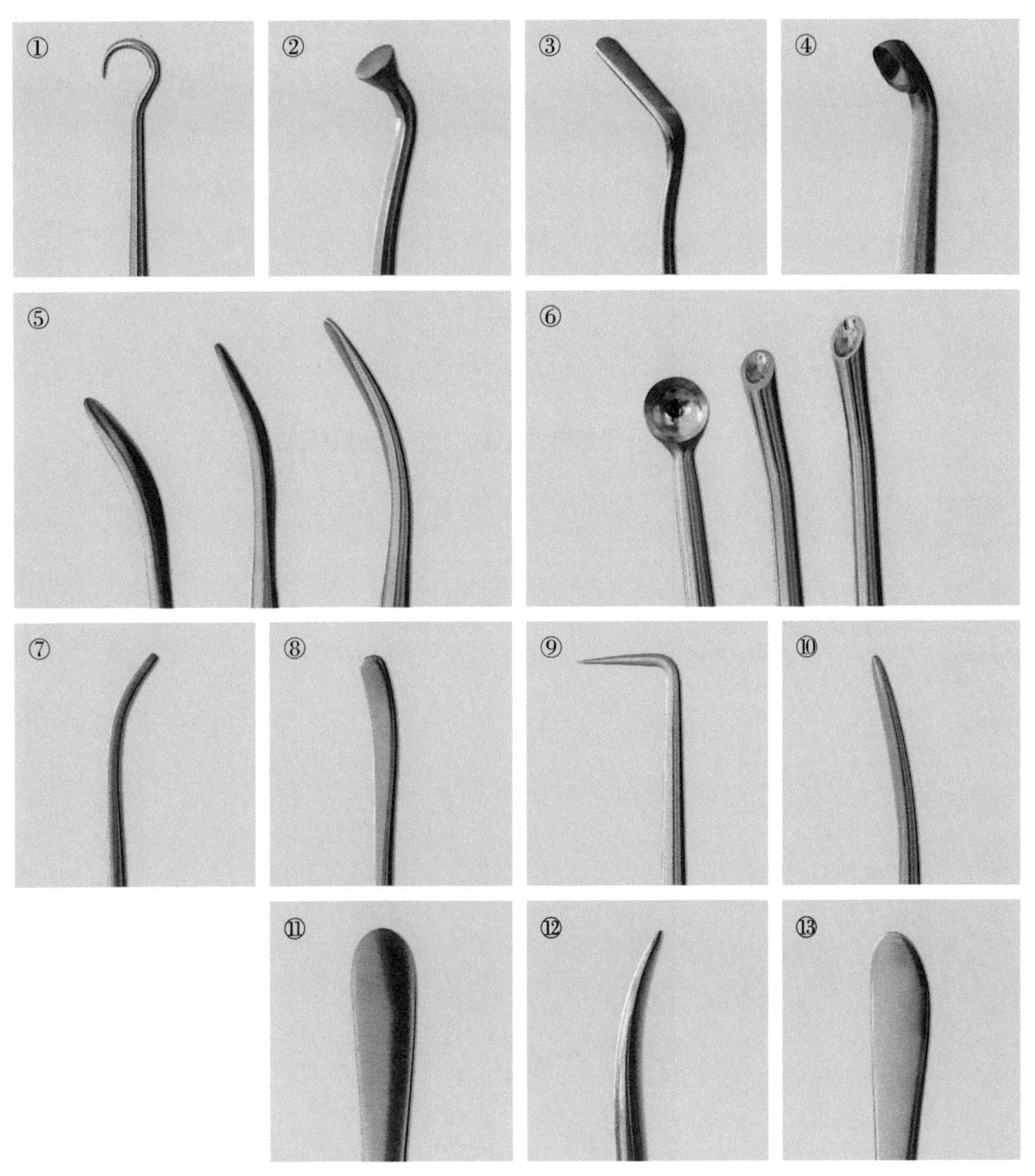

图 99-10　① Frazier 5in 脑膜钩；② Woodson 7in 双头脑膜剥离器和组装器填塞端；③剥离端；④ Brun3-0 有角度椭圆杯状刮匙；⑤ Penfield 剥离器（1 号，2 号和 3 号）剥离端（侧面观）；⑥杓状端和蜡状填塞器端（正面观）；⑦ Penfield 8in 4 号剥离器侧面观；⑧ Penfield 剥离器正面观；⑨ Adson 8in 尖头脑膜钩；⑩ Freer 7¾in 双头剥离器侧面观；⑪ Freer 双头剥离器正面观；⑫ Adson 6¾in 钝弯骨膜剥离器侧面观；⑬ Adson 骨膜剥离器正面观

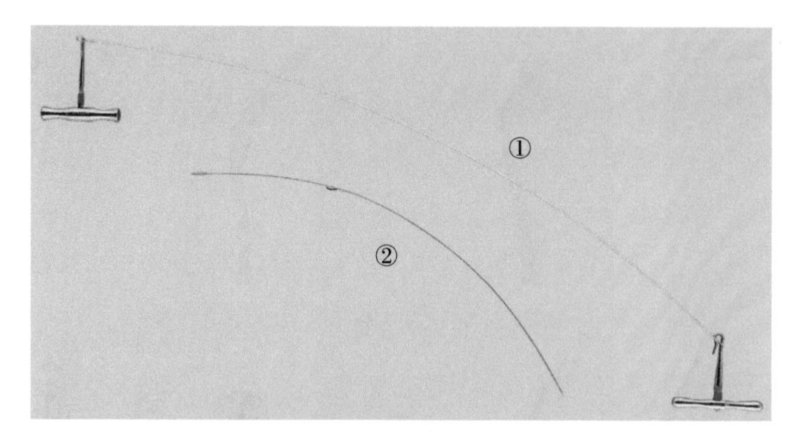

图 99-11 ① Gigli 带锯柄的线锯条 1 个；②线锯导板 1 个

第 100 章

神经系统专用骨钉板器械盘

该器械包括用于骨头和韧带的器械，也可能包括手动和自动牵开器（图 100-1 至图 100-4）。

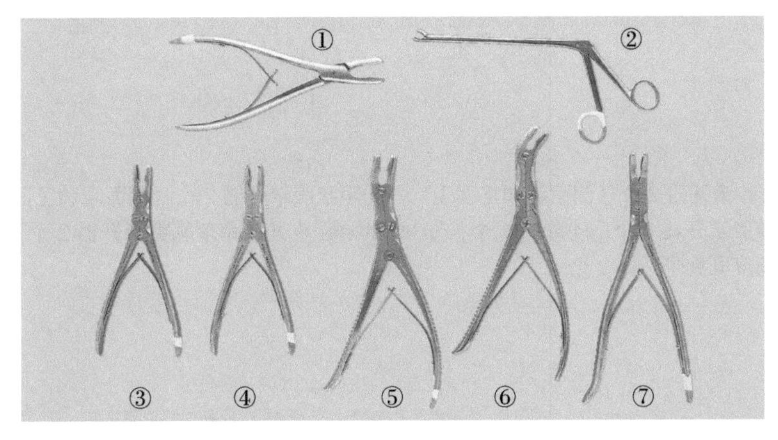

图 100-1 ① Adson 咬骨钳 1 把；② 6mm 杯状咬骨钳 1 把；③ Ruskin 小号直双关节咬骨钳 1 把；④ Ruskin 小号弯双关节咬骨钳 1 把；⑤ Leksell 侧弯咬骨钳 1 把；⑥ Leksell 鹰嘴咬骨钳 1 把；⑦ Smith Petersen 咬骨钳 1 把

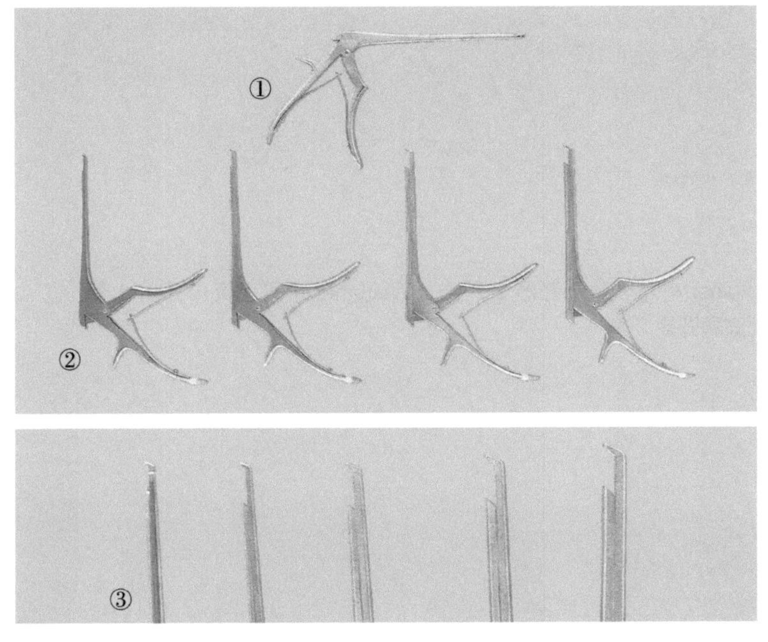

图 100-2 ① Kerrison 45°，1mm 椎板咬骨钳 1 把；② Kerrison 45° 椎板咬骨钳 4 把（2mm、3mm、4mm、5mm）；头端：③ Kerrison 45° 椎板咬骨钳 5 把（1mm、2mm、3mm、4mm、5mm）

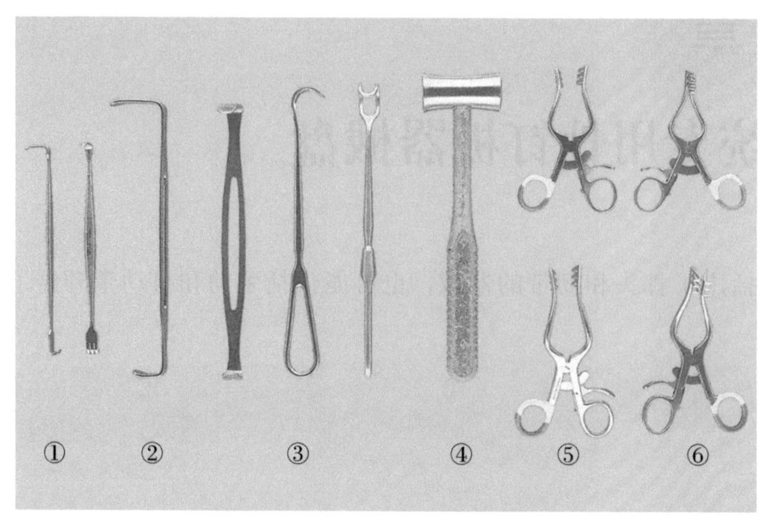

图 100-3 ① Senn 牵开器 2 个（侧面观和正面观）；②甲状腺牵开器 2 个（侧面观和正面观）；③ Green 甲状腺肿牵开器 2 个；④骨锤 1 个；⑤ Weitlaner 小儿有角度乳突牵开器 2 个；⑥ Weitlaner 小号有角度乳突牵开器 2 个

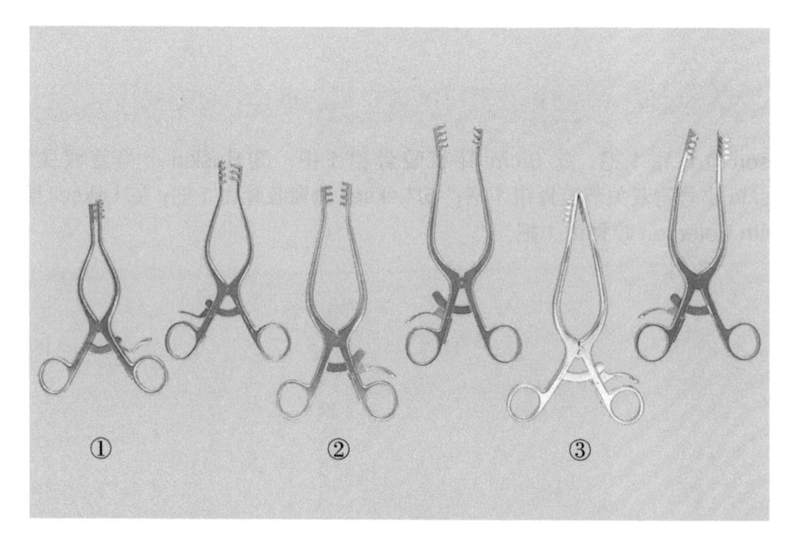

图 100-4 ① Weitlaner 小号乳突牵开器 2 个；② Weitlaner 中号乳突牵开器 2 个；③ Adson 中号尖头有角度乳突牵开器 2 个

第 101 章

神经系统牵开器

神经系统牵开器一般是灵活的，由许多附件组成各种各样的尺寸，以便于固定，达到最好的暴露效果（图 101-1 至图 101-4）。

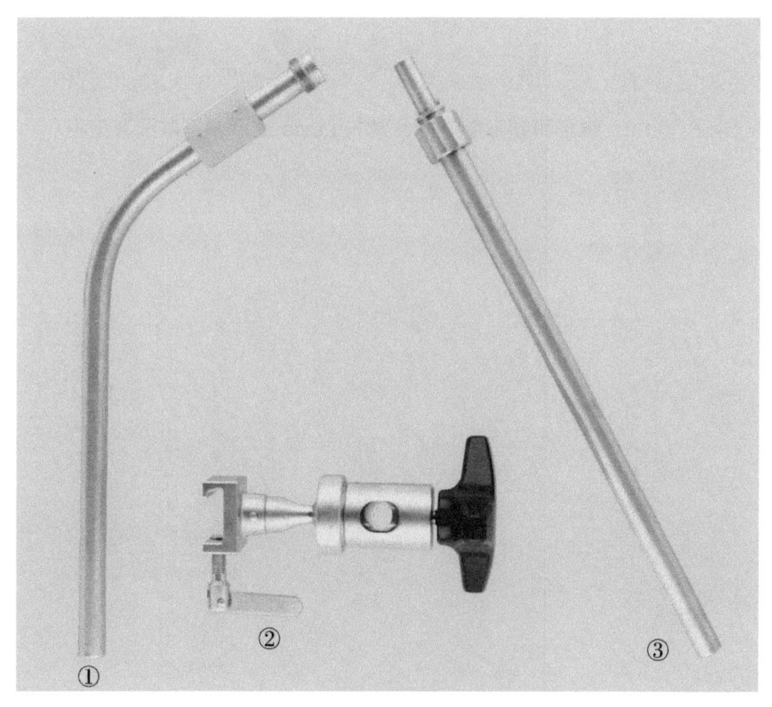

图 101-1 ① Leyla 有弧度固定臂 1 个；② Leyla 带球状关节固定底座 1 个；③ Leyla 直固定臂 1 个（图 31-8 所示的可弯曲单独星形牵开器拉钩可以安装在 Leyla 牵开器上，用来向后牵拉）

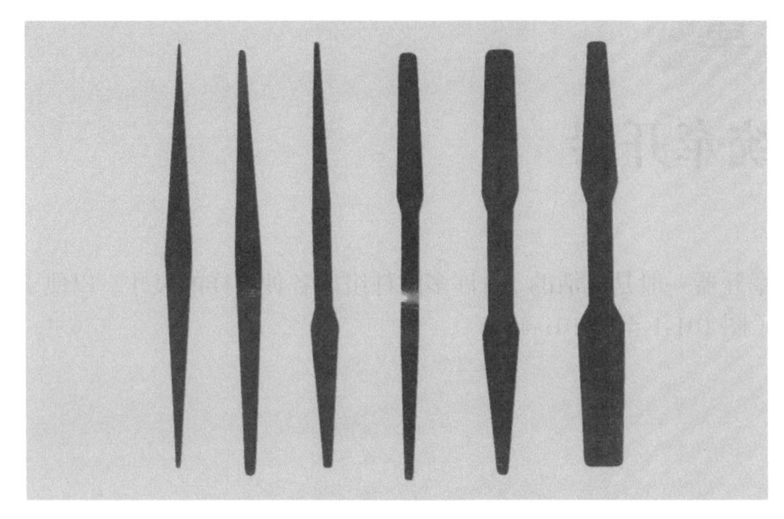

图 101-2　锥形可塑形脑压板，常与 Leyla 蛇形牵开器配套使用

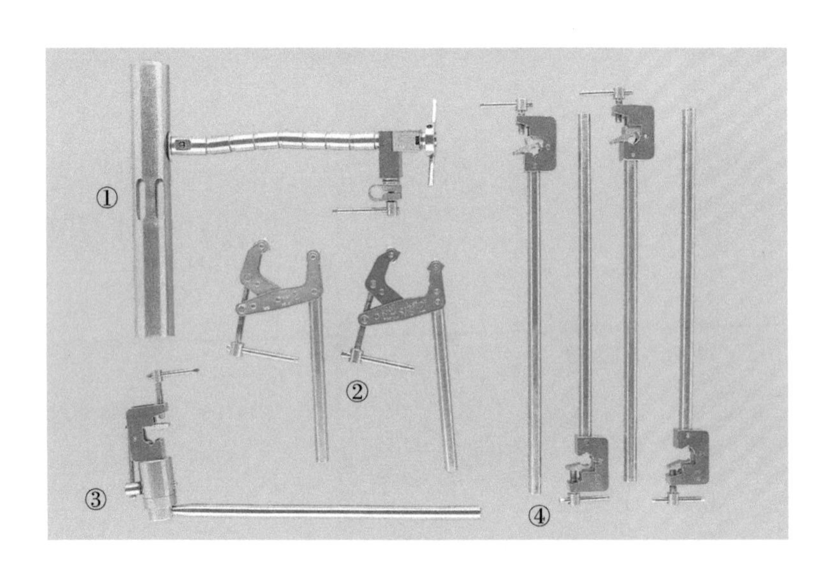

图 101-3　① Greenberg Universal 牵开器：扶手与旋拧夹头连接弯臂；②一级杆 2 个；③牵开器长臂 1 个；④二级杆 4 个

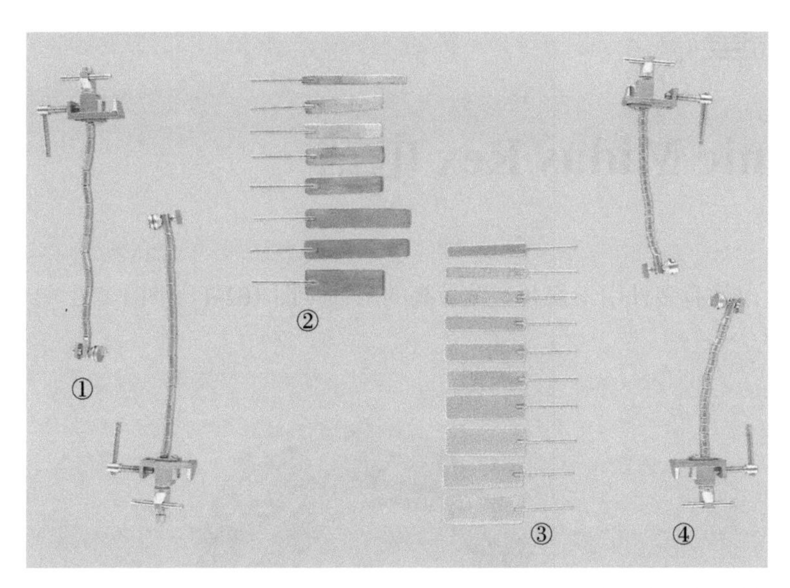

图 101-4　① Greenberg Universal 牵开器：可弯曲牵开器长臂 2 个；②不同宽度不锈钢脑压板 8 个；③不同宽度塑料涂层脑压板 10 个；④可弯曲牵开器短臂 2 个

第 102 章

Medtronic Midas Rex 电钻

Midas Rex 电钻有多种用于切开和钻骨头的附件（图 102-1 至图 102-3）。

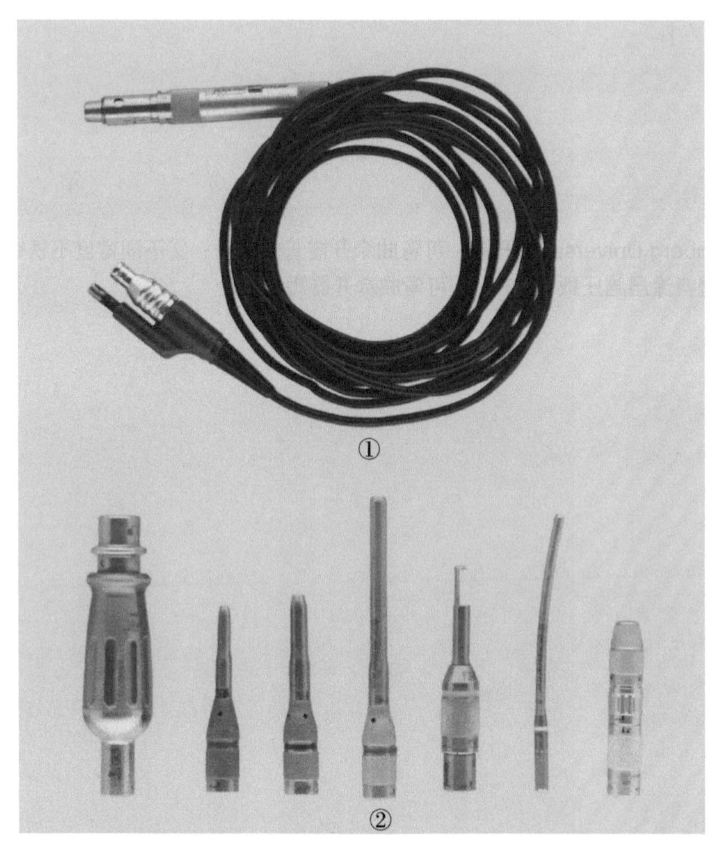

图 102-1　① Midas Rex 导线及手柄；②（由左至右）Midas Rex 手柄附件：打孔器 1 个，8B 小骨附件，9M 大骨附件，AM-14 大骨附件，F1 B5 铣刀附件，TT12 套管式附件，AT10 套管式附件

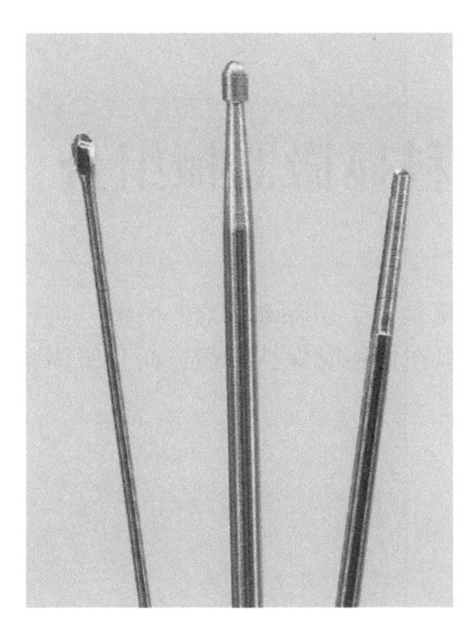

图 102-2　Midas 磨钻头 3 个

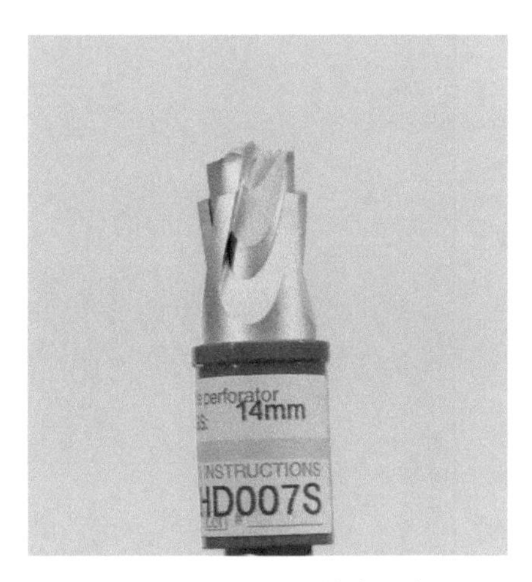

图 102-3　Midas 钻头 1 个

第 103 章

Rhoton 神经外科显微器械组合

Rhoton 神经外科显微器械是用于切除动脉瘤、肿瘤、听神经瘤的解剖器械。每种器械都是由轻型钛组成，这样可以在使用时保持平衡，而且坚固耐用。这些器械常被编码（图 103-1 至图 103-8）。

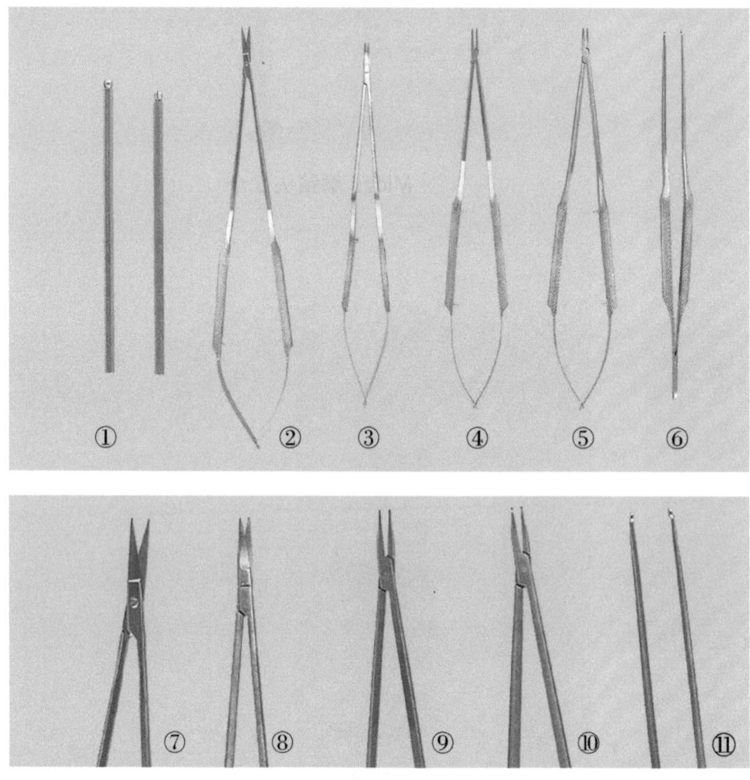

图 103-1 ① Beaver 嵌入式滚花刀柄 2 把；② 直显微剪 1 把；③ 弯显微剪 1 把；④ 直显微持针器 1 把；⑤ 弯显微持针器 1 把；⑥ 显微圆头抓持镊 1 把；⑦（头端）直显微剪；⑧ 弯显微剪；⑨ 直显微持针器；⑩ 弯显微持针器；⑪ 显微圆头抓持镊

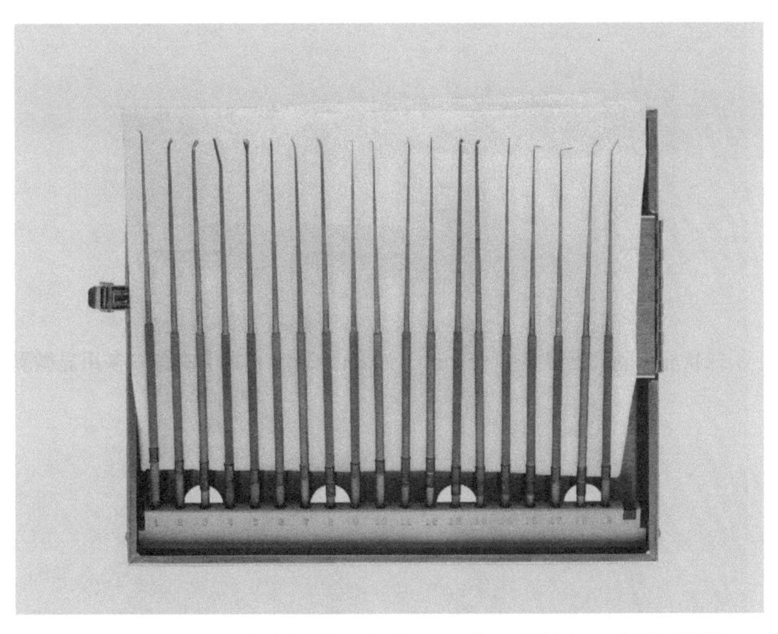

图 103-2 Rhoton 解剖器放于标有 1 号到 19 号的架子上用于区分

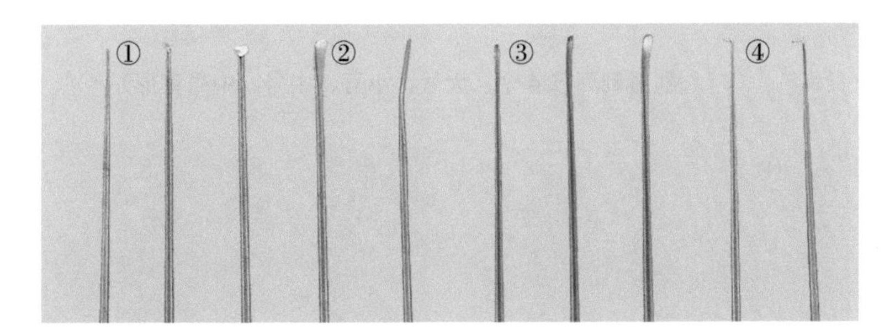

图 103-3 ①球状显微剥离器械 3 个（1mm，2mm，3mm）；②多用角度弯显微剥离子 2 个；③匙型剥离器 3 个（小、中、大）；④ 90° 半锋利钝头显微神经钩 2 个

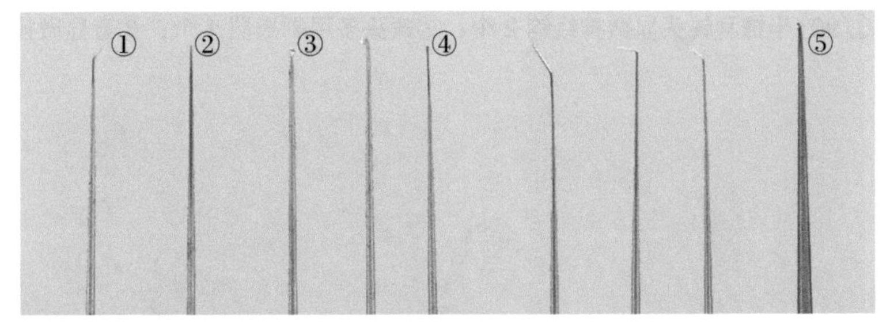

图 103-4 ①半锋利 45° 显微神经钩 1 个；②直显微操作针 1 个；③有角度直显微刮匙 2 把；④球状显微剥离器 4 个（直；40°，4mm；90°，5mm；40°，8mm）；⑤蛛网膜显微刀 1 把

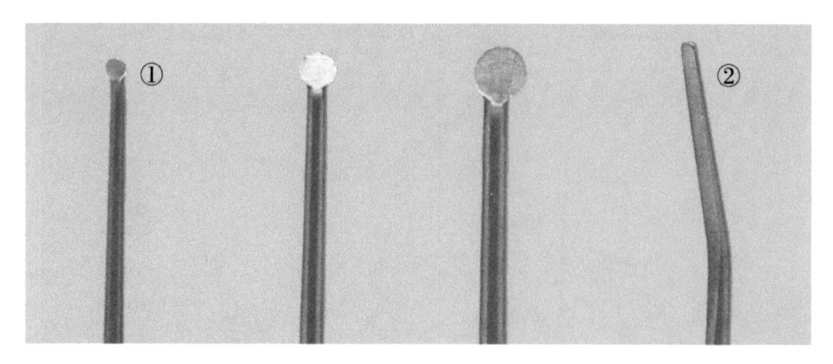

图 103-5 ①球状显微剥离器械 3 个（1mm，2mm，3mm）；②有角度多用显微剥离子 1 个

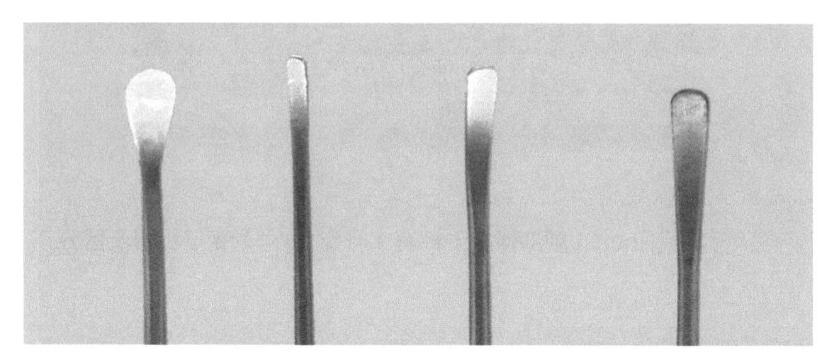

图 103-6 匙形剥离器 4 个（大号、小号、中号、中号直形）

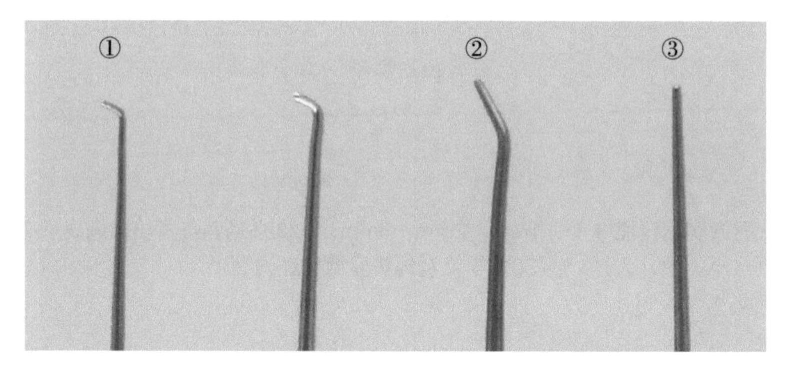

图 103-7 ① 90º 半锋利钝头显微神经钩 2 个；②弯头多用剥离器 1 个；③直显微操作针 1 个

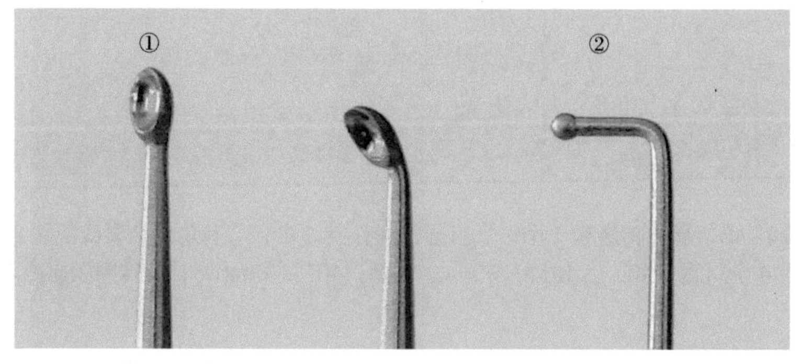

图 103-8 ①显微刮匙 2 个（直式和有角度）；② 90º 球状显微剥离器 1 个

第 104 章

超声手机

超声吸引器是利用超声技术分离吸引目标组织，可以最大限度地保护正常神经周围组织结构，并且最大限度减少血液流失（图 104-1）。

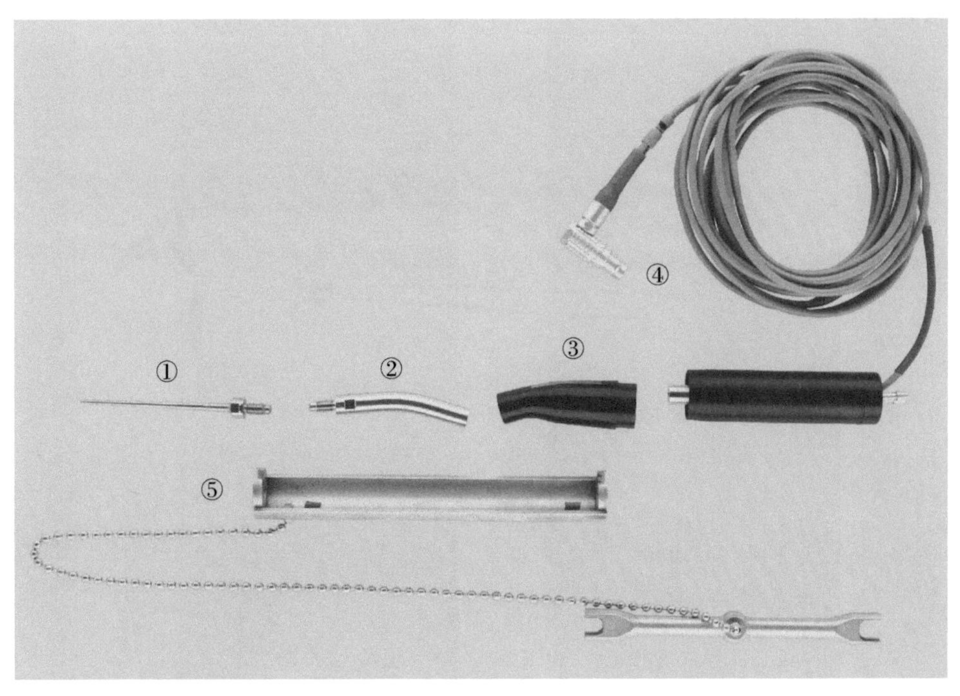

图 104-1　① 24kHz 管形旋钮 1 个；②角度金属延长旋钮 1 个；③角度黑胶旋钮 1 个；④带导线的手机旋钮 1 个；⑤带扳手的手机 1 个

第 105 章

神经外科分流器械

分流术是将导管或相关装置置入体内，用于将体液从某体腔或血管分流到另一处。总的来说，神经外科分流术是将脑脊液从脑室重新分流到另一体腔，通常是腹腔。将阀门及导管连接起来安置好。神经外科医师安置阀门及导管，普外科医师在腹腔镜的协助下将导管放入腹腔中（图 105-1 和图 105-2）。

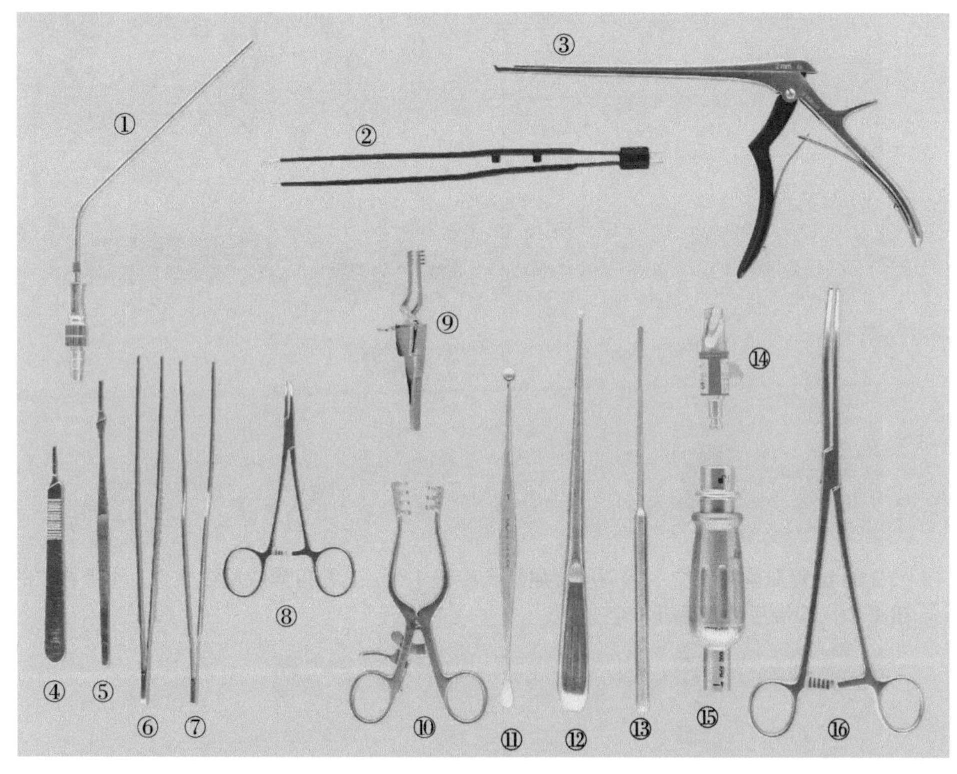

图 105-1 ① Frazier 10Fr 角度吸引器 1 个；② Green 1.5mm×8.5in 双极卡口镊 1 个；③ Kerrison 7in 2mm 椎板咬骨钳 1 把；④ Bard-Parker 3 号刀柄 1 个；⑤ Bard-Parker 7 号刀柄 1 个；⑥ DeBakey 7¾in 血管组织镊 1 把；⑦ 7¾in 有齿镊 1 把（Gutsch 手柄）；⑧ Crile 6¼in 弯止血钳 1 把；⑨ Heiss 钝头皮肤牵开器 1 个（4×4 齿）；⑩ Weitlaner 尖头乳突牵开器 1 个；⑪ Penfield 1 号剥离器 1 个；⑫ 3-0 直刮匙 1 把；⑬ Penfield 4 号剥离器 1 个；⑭ Condman 颅骨钻头 1 个；⑮ Midas Rex 钻头手柄 1 个；⑯ 10in 弯钳 1 把

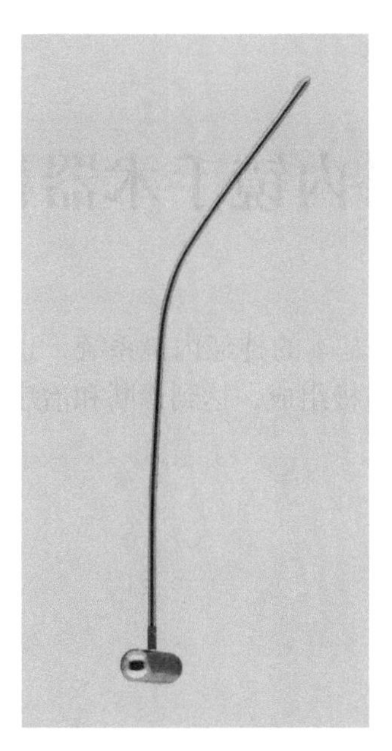

图 105-2　**分流通条**

第 106 章

MINOP 神经外科内镜手术器械

MINOP 是主要用于脑室的最基本的神经内镜系统，也可以用于神经外科的内镜辅助手术。它是由内镜、鞘管、器械和电极组成，达到诊断和治疗的目的（图 106-1 至图 106-3）。

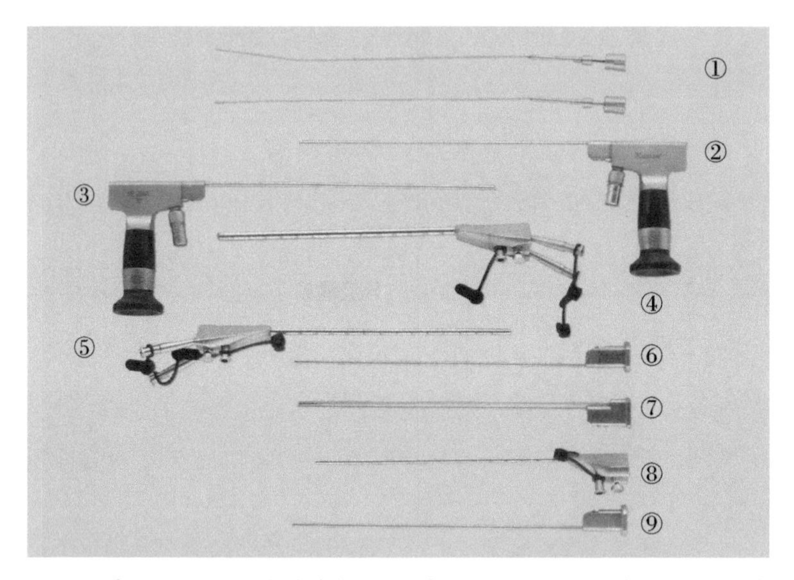

图 106-1 ① 导丝 2 根；② 0° ×2.7mm 内镜镜头 1 个；③ 30° ×2.7mm 内镜镜头 1 个；④ 6mm 外鞘 1 个；⑤ 4.6mm 外鞘 1 个；⑥ 4.6mm 套管针 1 个；⑦ 6mm 套管针 1 个；⑧ 3.2mm 外鞘 1 个（无操作通道）；⑨ 3.2mm 套管针 1 个

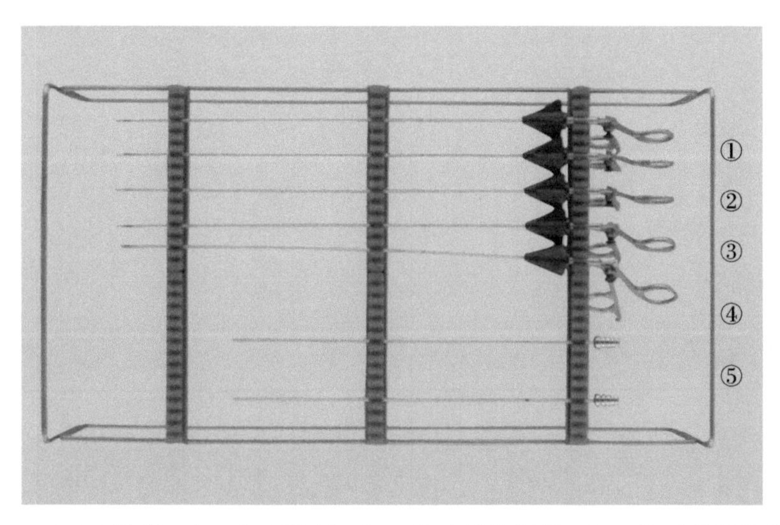

图 106-2 ① B/B，S/S 显微剪 2 把；② 活检钳 1 把；③ 夹持解剖钳 1 把；④ 手术显微钳 1 把；⑤ 吸引头 2 个

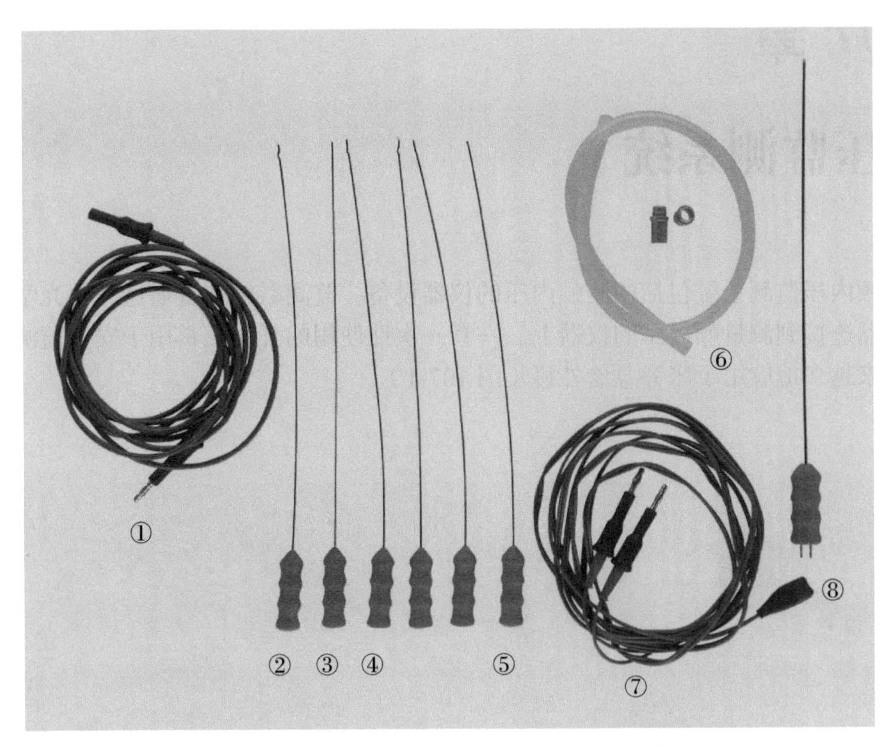

图 106-3　① 单极电凝线 1 根；② 钩形电极 1 个；③ 针形电极 1 个；④ 钩形电极 3 个；⑤ 钝头电极 1 个；⑥ 硅胶管 1 根及光源线接头 2 个；⑦ 双极电凝线 1 根；⑧ 双插头电极 1 个

第 107 章

颅内压监测系统

一套颅内压监测系统包括监测颅内压的仪器设备。监测系统装置通过一根光学纤维导管或者传感器连接到测量颅内压的仪器上。一套一次性使用的开颅工具用于安置监测系统，这种技术越来越多地应用于床旁急诊外科（图 107-1）。

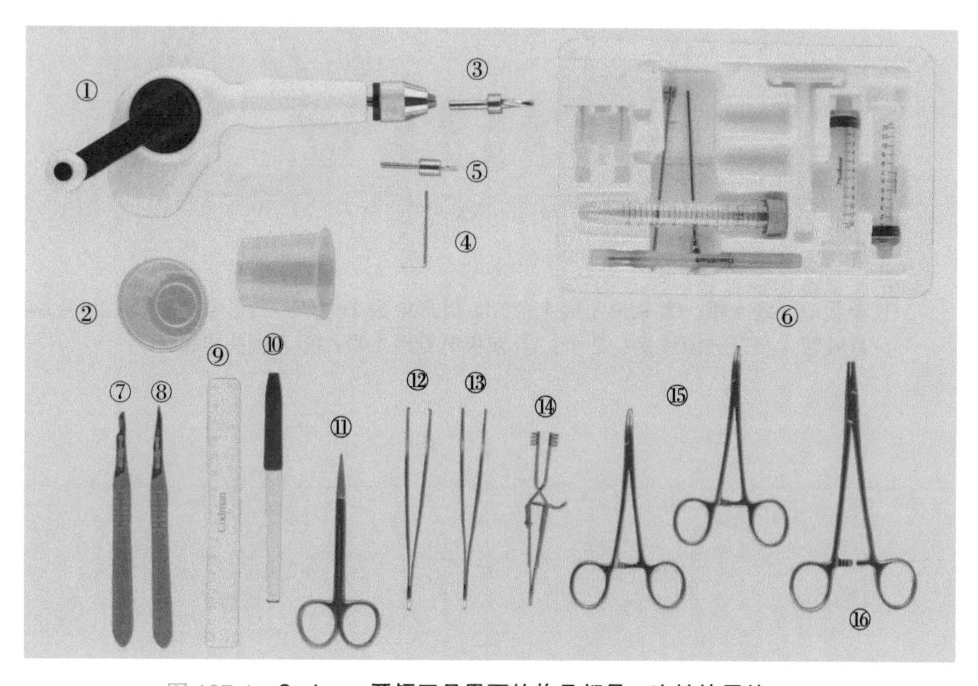

图 107-1　Codman 开颅工具里面的物品都是一次性使用的

① Codman 曲柄颅骨钻手柄 1 把；②医用药杯 2 个；③ 2.7mm 可停钻头 1 把；④ Allen 扳手 1 把；⑤ 5.8mm 可停钻头 1 把；⑥托盘里面：25G 针头 2 件，18G 针头 1 件，脊髓穿刺针 1 件，脑穿刺针 1 件，带螺帽培养管 1 件，剃刀 1 把，12ml 注射器 2 个；⑦ 15 号手术刀 1 把；⑧ 11 号手术刀 1 把；⑨尺子 1 件；⑩皮肤记号笔 1 件；⑪锐线剪 1 把；⑫ Adson 齿镊 1 把；⑬ Adson 平镊 1 把；⑭ Heiss（4×4）齿钝皮肤牵开器；⑮ 弯蚊式钳 2 把；⑯ 持针器 1 把

第 108 章

Yasargil 动脉瘤夹及施夹器

Yasargil 动脉瘤夹用于各个位置的动脉瘤（动脉壁因局部病变而向外膨出）（图 108-1）。

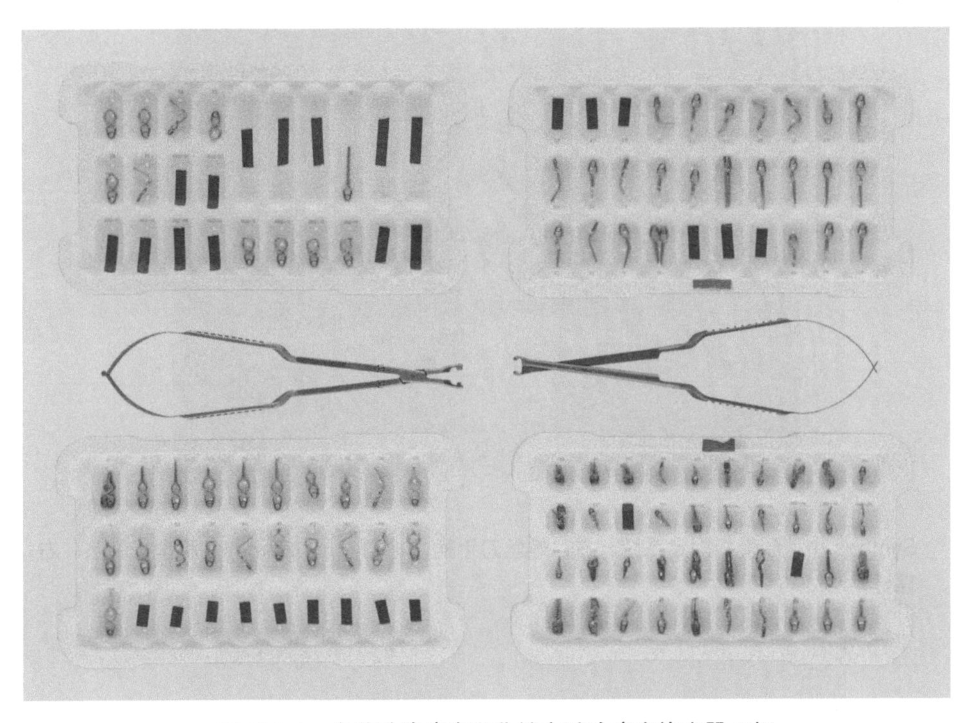

图 108-1　盒装动脉瘤夹和非锁定动脉瘤夹施夹器 2 把

第 109 章

Synthes 小型颅骨板固定系统

见图 109-1 和图 109-2。

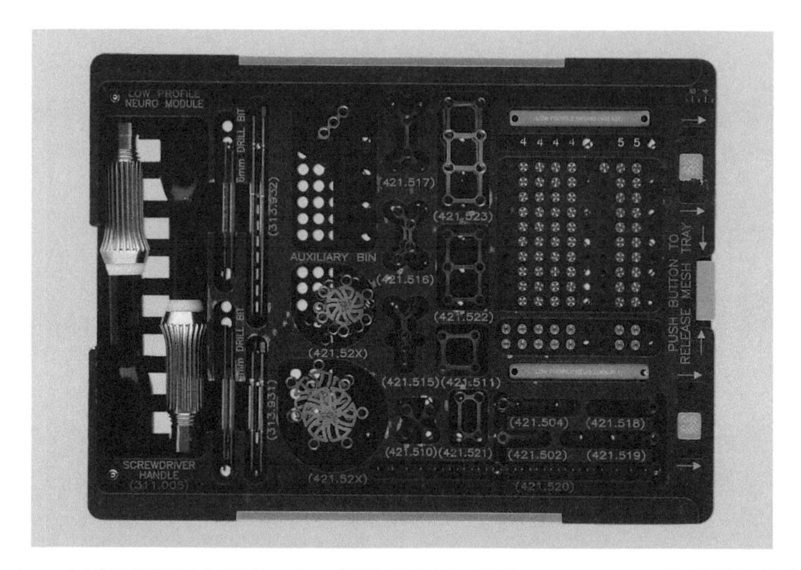

图 109-1　Synthes 小型颅骨板固定系统。左：螺丝刀手柄 2 把和 4mm、6mm 各种型号钻头。右：1.5mm 螺钉

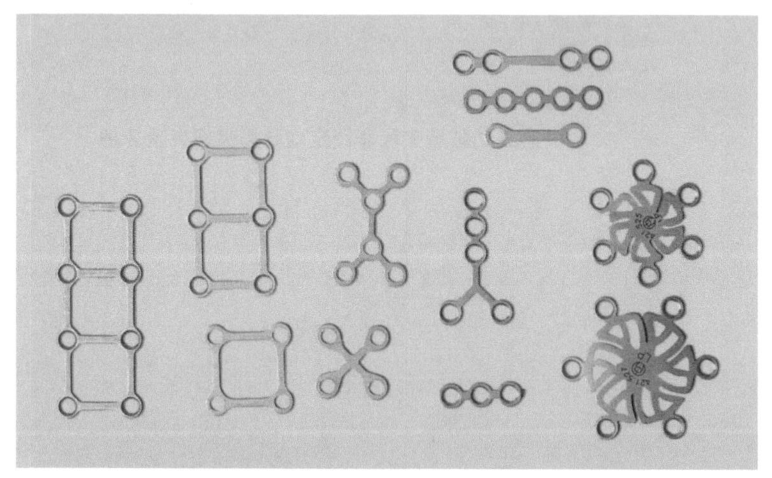

图 109-2　各种类型的小型颅骨固定板。右：12mm、17mm 颅骨孔遮盖片 2 个

第 110 章

椎板切除术

椎板切除术是指在背部做切口切除椎板以露出脊柱。手术可能需要的器械设备包括：1套神经系统软组织器械；1个手术显微镜；1把电刀；1把电钻；1个钻头；1把骨凿。手术器械使用过程简述如下（图 110-1 至图 110-7）。

1. 用 Beckman-Adson 拉钩露出脊椎。
2. 用 Hibbs 拉钩进一步显露脊椎。
3. 用 Cobb 剥离器剥离椎板上的骨膜。
4. 用 Smith-Petersen 咬骨钳咬去棘突。
5. 用 Cushing 有齿镊抓持黄韧带。
6. 用 Bard-Parker 7 号刀柄和 15 号刀片在连接中线的地方做切口。
7. 用 Mellon 刮匙刮出侧面骨缝之间的韧带。
8. 用 Brun 刮匙分开椎板边缘。
9. 用 Leksell 咬骨钳去除椎板显露出脊髓。
10. 用 Adson 钝性神经钩显露神经根和硬脊膜外间隙。
11. 用 Love 拉钩保护神经免受损伤。
12. Cushing 椎板咬骨钳用于咬除椎间隙组织。

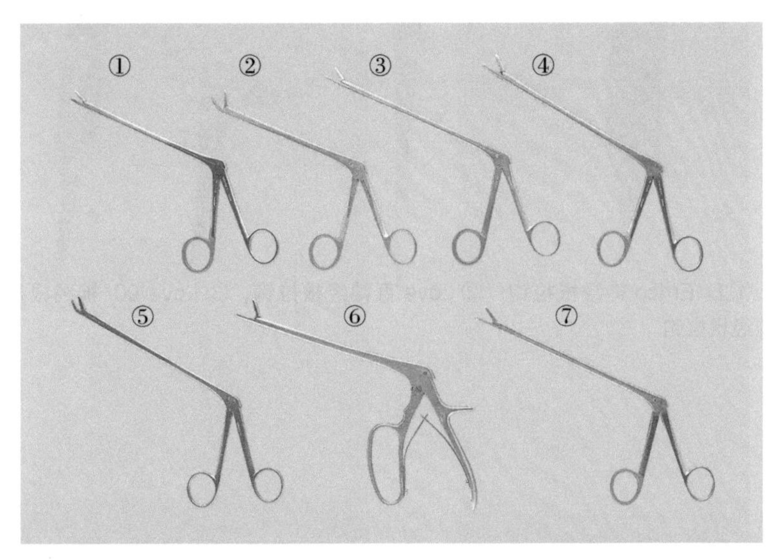

图 110-1 ① Cushing 6in 2mm 直椎板咬骨钳 1 把；② Cushing 6in 2mm 上翘椎板咬骨钳 1 把；③ Cushing 7in 2mm 窄直椎板咬骨钳 1 把；④ Cushing 7in 2mm 直椎板咬骨钳 1 把；⑤ Cushing 7in 3mm 上翘椎板咬骨钳 1 把；⑥ Ferris Smith 7in 6mm 垂体咬骨钳 1 把；⑦ Cushing 7in 4mm 椎板咬骨钳 1 把

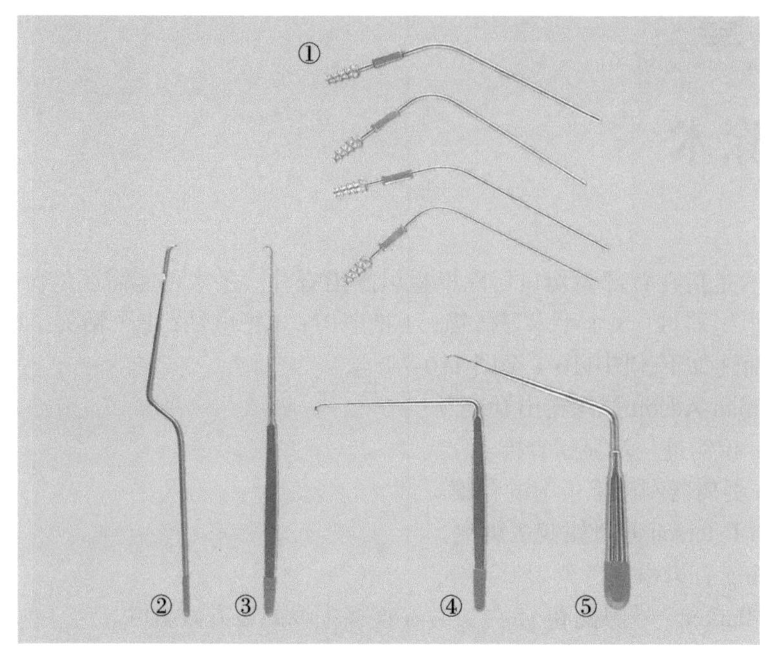

图 110-2 ① Frazier 12Fr、10Fr、8Fr、6Fr 吸引管 4 根；② D′Errico 神经根拉钩 1 个；③ Love 直神经根拉钩 1 个；④ Love 90° 直神经根拉钩 1 个；⑤ Scoville 角度神经根拉钩 1 个

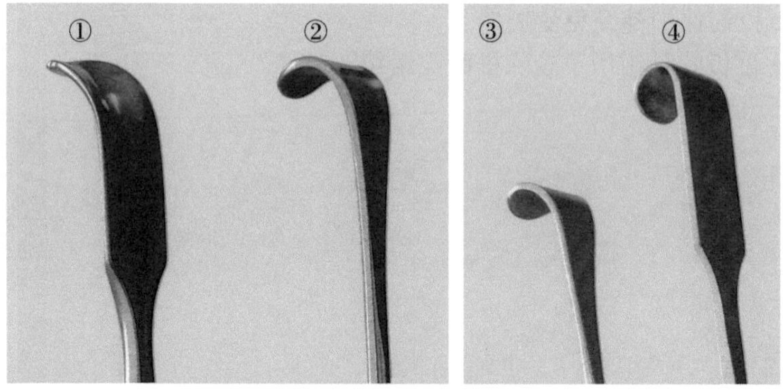

图 110-3 头端：① D′Errico 神经根拉钩；② Love 直神经根拉钩；③ Love 90°神经根拉钩；④ Scoville 角度神经根拉钩

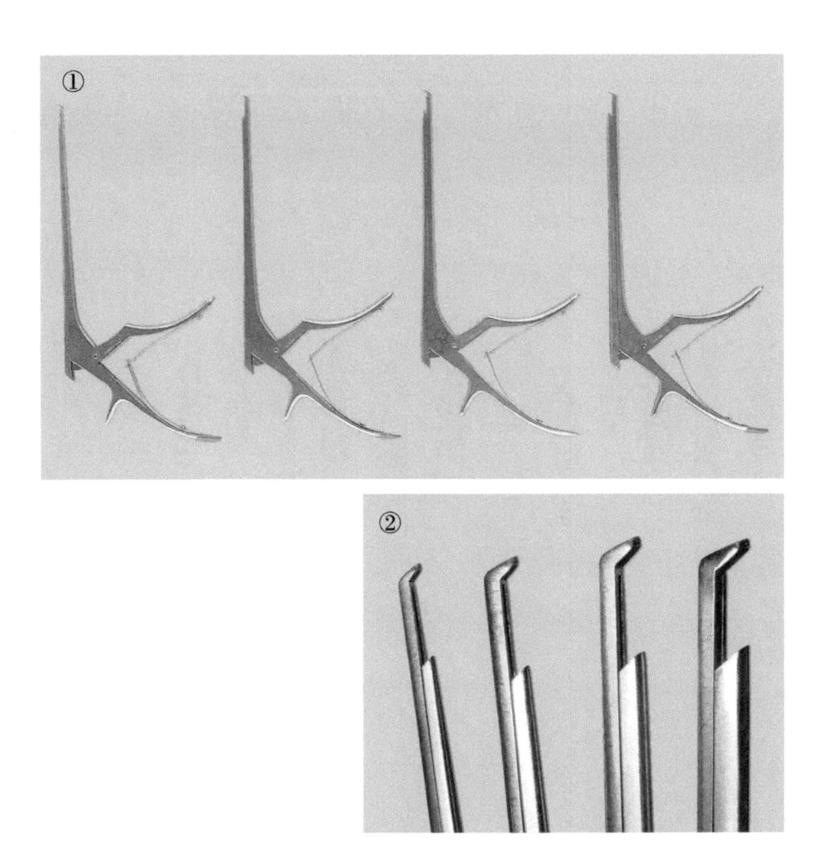

图 110-4　① Spurling -Kerrison 2mm、3mm、4mm 和 5mm 40° 椎板咬骨钳 4 把；②头端：Spurling-Kerrison 2mm、3mm、4mm 和 5mm 40° 椎板咬骨钳 4 把

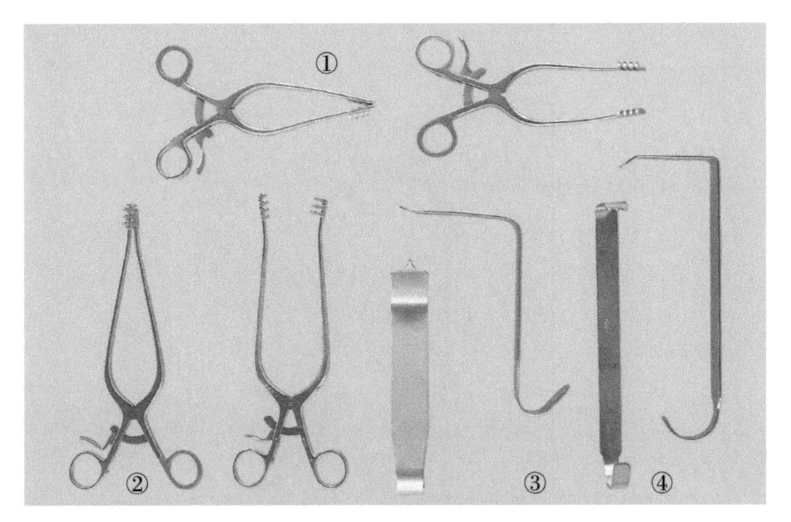

图 110-5　① Adson 中号小脑乳突牵开器 2 把；② Weitlancer 长直乳突牵开器 2 把；③ Talyor 短棘突拉钩 2 把（正面观和侧面观）；④ Hibbs 椎板切除拉钩 2 把（窄正面观、宽侧面观）

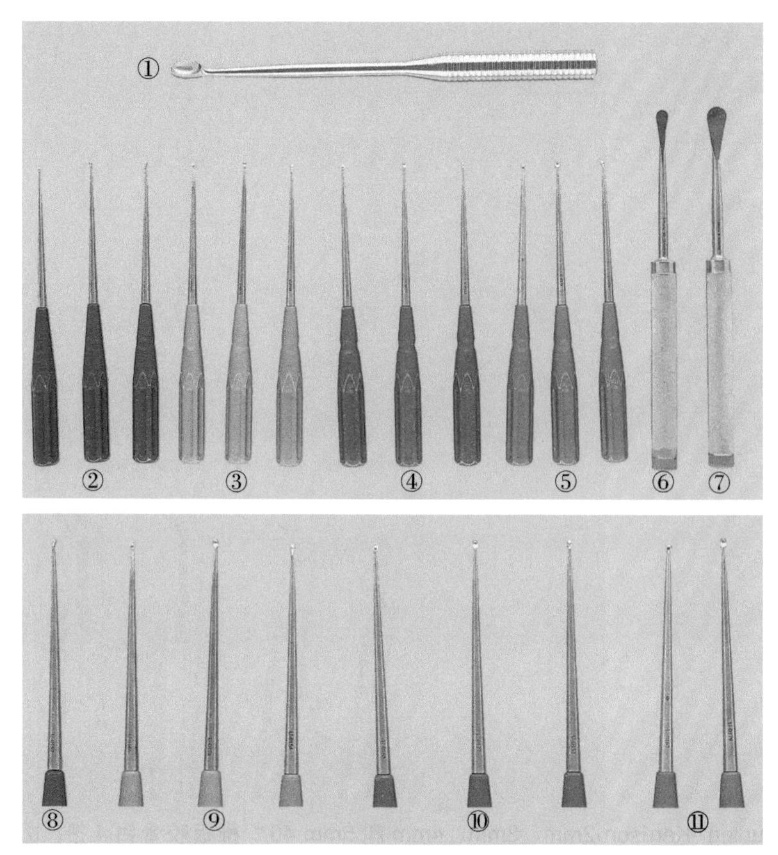

图 110-6 ① Mellon 大号长刮匙 1 把；② 4-0 的刮匙 3 把（偏头、成角、直刮匙各 1 把）；③ 2-0 的刮匙 3 把：（偏头、成角、直刮匙各 1 把）；④ 3-0 的刮匙 3 把：（偏头、成角、直刮匙各 1 把）；⑤ 0 号刮匙 3 把：（偏头、成角、直刮匙各 1 把）；⑥ Cobb 窄棘突拉钩 1 把；⑦ Cobb 宽棘突拉钩 1 把；⑧刮匙头端：4-0 直刮匙 1 把；⑨ 2-0 的刮匙 3 把：（偏头、成角、直刮匙各 1 把）；⑩ 3-0 的刮匙 3 把：（偏头、成角、直刮匙各 1 把）；⑪ 0 号刮匙 2 把：（成角、直刮匙各 1 把）

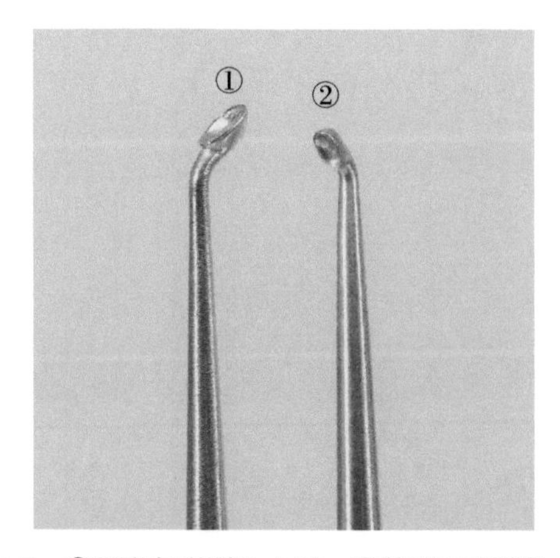

图 110-7 ①后弯角度刮匙 1 把；②前弯角度刮匙 1 把

第 111 章

Williams 椎板微型牵开器

Williams 椎板微型牵开器是利用其尖钩端钩住骨头固定，另一端则分离固定远端组织，充分暴露椎板（图 111-1）。

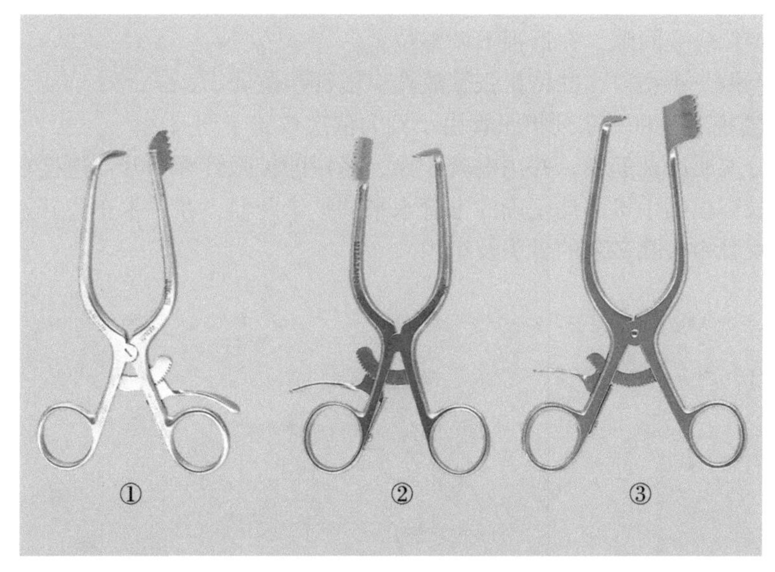

图 111-1 ① Williams 椎板微型牵开器：短叶片、右旋式（背面观）；② Williams 椎板微型牵开器：长叶片、右旋式（正面观）；③ Williams 椎板微型牵开器：长叶片、左旋式（正面观）

第 112 章

微创脊柱外科

微创脊柱外科是通过利用牵引系统形成小切口，达到手术解剖清晰可视化的脊柱外科手术。特别设计的自动牵开器用来提高可视化。此手术步骤简述如下（图 112-1 和图 112-2）。

1. 手术部位进行局部注射。
2. 克氏针定位病变间隙，在透视下调整位置。
3. 在皮肤上做一小切口，并将扩张管放在克氏针定位处。
4. 在 X 线透视下，将一系列扩张管由小到大依次放置于切口内。

用扩张管分离肌肉及筋膜，并用电凝止血，将短的扩张管和牵开器连接在一起并固定在手术床一侧，最终根据手术部位正确的椎管水平调整牵开器，在手术正式开始前，用微创电钻和专用精细咬骨钳去除多余的骨头及组织。

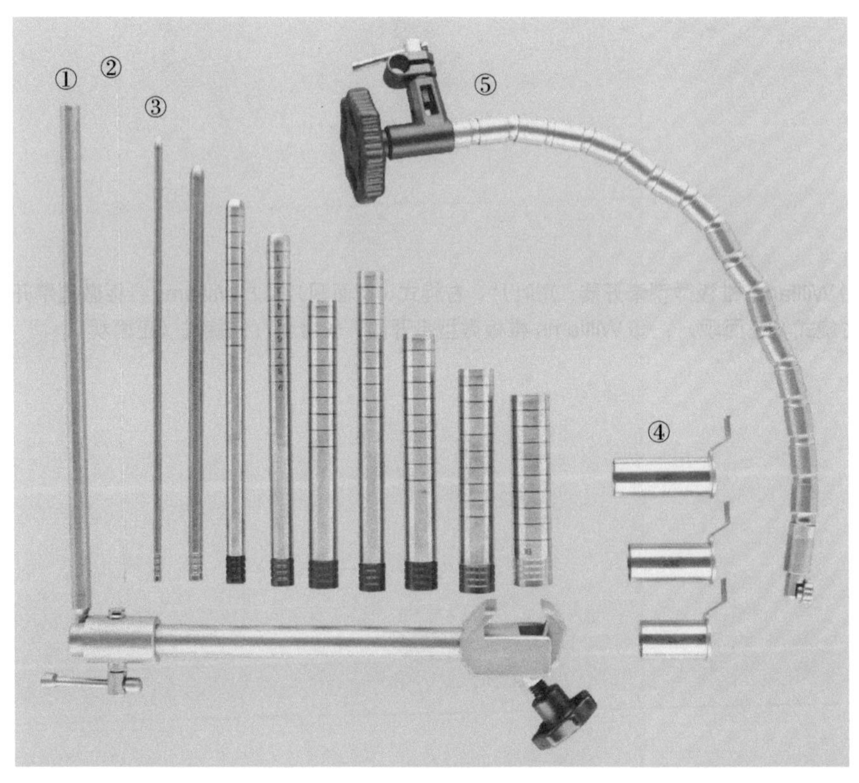

图 112-1 ① Boss 钛床夹轨器 1 个；②导针 1 个；③ Boss 钛扩张管 9 个；④ Boss 钛管状牵开器 3 个；⑤ Boss 自由臂 1 个

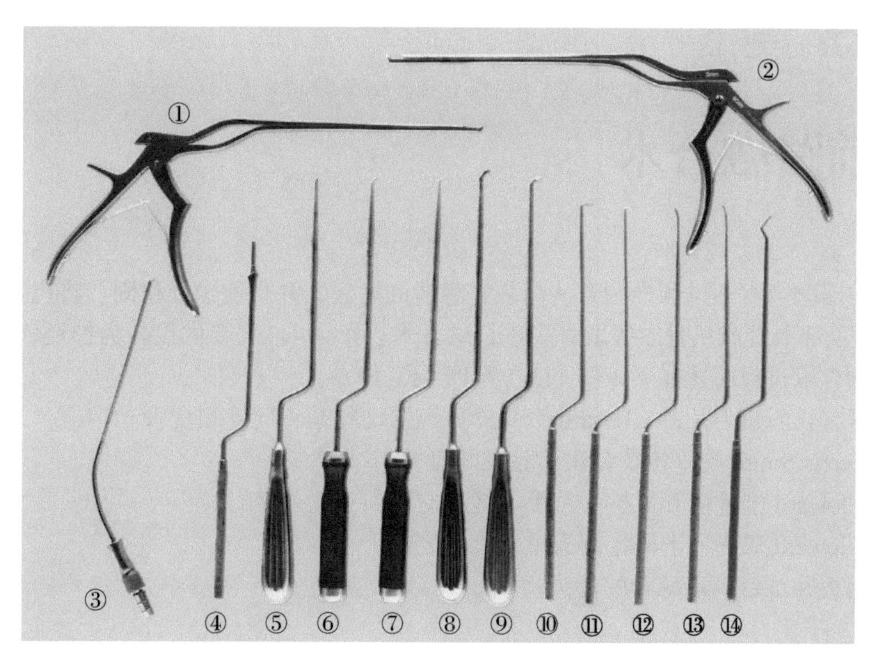

图 112-2　① Kerrison 2mm 椎板咬骨钳 1 个；② Kerrison 3mm 椎板咬骨钳 1 个；③吸引头 1 个；④ 11 号刀柄 1 个；⑤ 6-0 MIS 直刺刀 1 个；⑥ 6-0 MIS 角度刺刀 1 个；⑦ 6-0 MIS 扭转角刺刀 1 个；⑧ 3-0 MIS 扭转角刮匙 1 个；⑨ 3-0 MIS 角度刮匙 1 个；⑩显微钩刀 1 个；⑪神经钩刀 1 个；⑫ Penfield 4 号剥离器 1 个；⑬ Penfield 4 号显微剥离器 1 个；⑭ Woodson 角度刺刀 1 个

第 113 章

颈椎前路融合术

颈椎前路融合术通过颈椎融合从而减轻患者的疼痛，并且使颈椎稳固。将患者置于仰卧位，从髂骨顶部取骨或从骨库提取骨头进行融合术。手术可能需要的设备为神经软组织器械。颈椎前路融合术过程简述如下（图 113-1 至图 113-4）。

1. 用带有长、短刀片的 Cloward 牵开器分离颈动脉鞘、气管和食管。
2. 用 Ferris Smith 脑垂体咬骨钳移除椎间盘。
3. 用 Cloward 椎骨牵开器扩大（手术区）空间。
4. 用 Cloward 双头冲击器将骨头植于椎体之间。
5. 用钢板和螺钉固定融合的骨头。

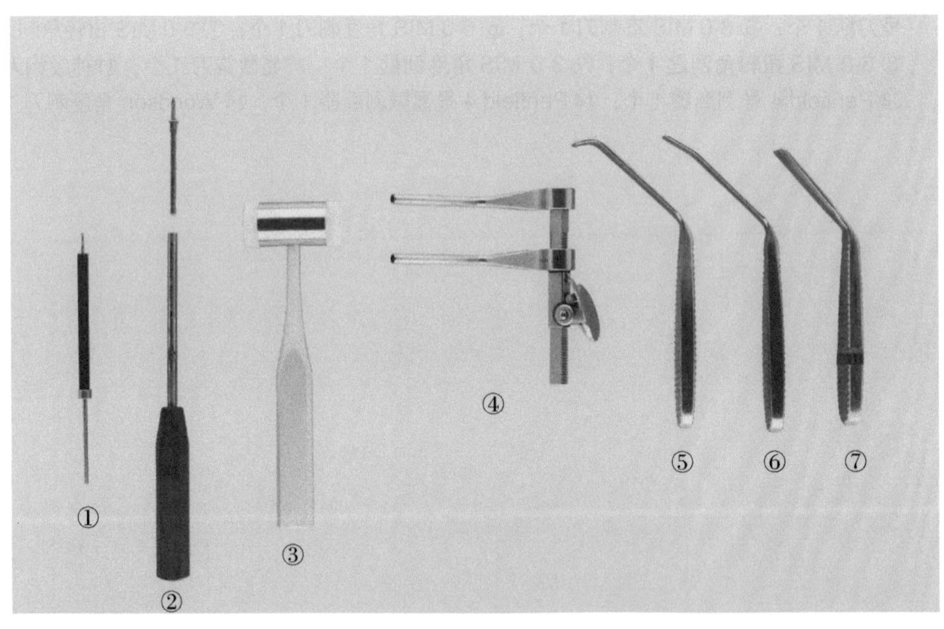

图 113-1 ①钻骨锥 1 个；② 14mm 螺丝起子 1 个；③骨锤 1 个；④右椎骨拉钩 1 个；⑤ Cloward 17mm 嘴唇叶片牵开器 1 个；⑥ Cloward 13mm 无唇叶片牵开器 1 个；⑦ Cloward 20mm 叶片牵开器 1 个

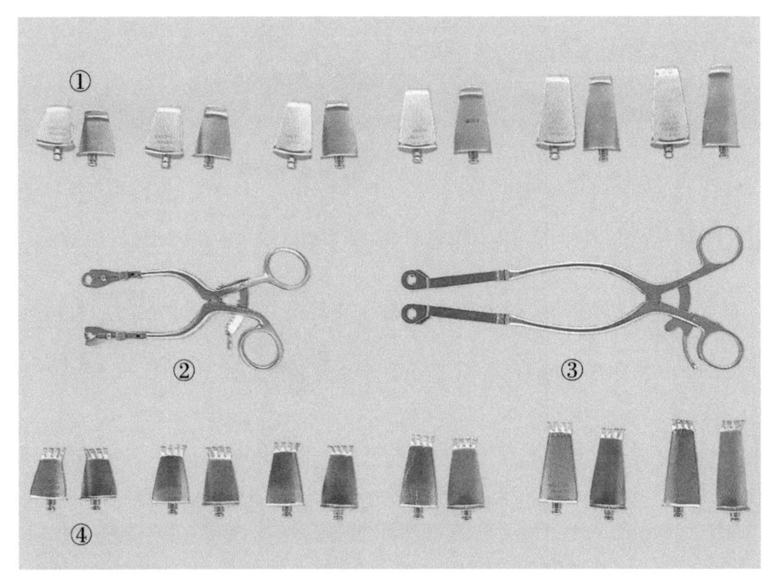

图 113-2　①钝头颈部牵开器叶片 6 对（小号到大号）；② Cloward 小号颈部牵开器支架 1 个；③ Cloward 大号颈部牵开器支架 1 个；④ 四爪颈部牵开器叶片 6 对（小号到大号）

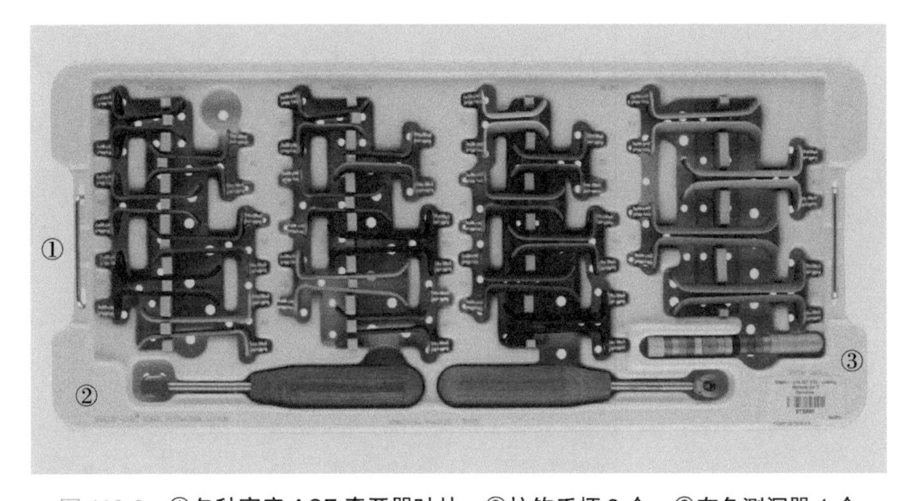

图 113-3　①各种宽度 ACF 牵开器叶片；②拉钩手柄 2 个；③有色测深器 1 个

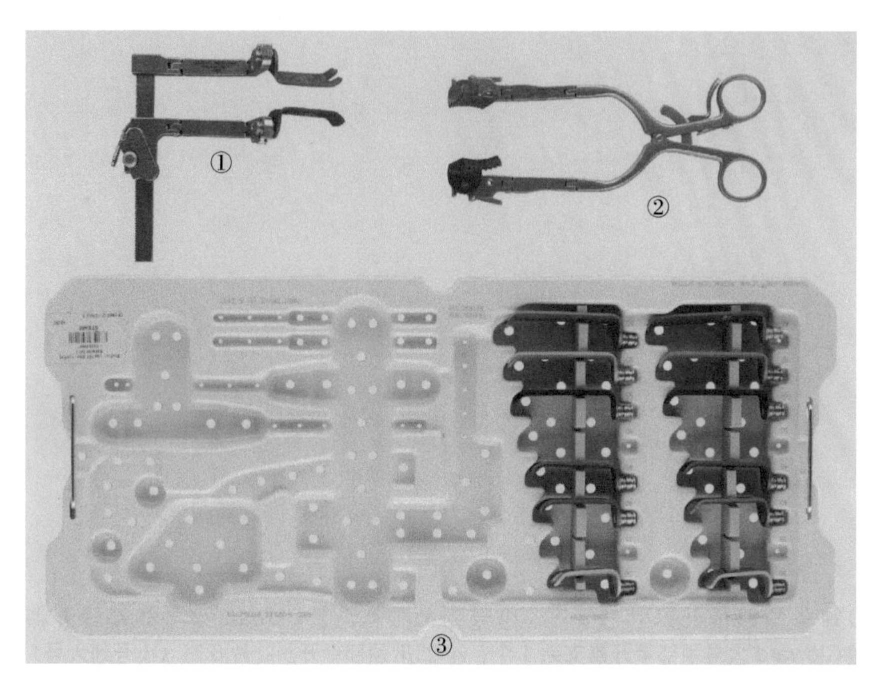

图 113-4 ① ACF 横向牵开器附加叶片 1 个；② ACF 纵向牵开器附加叶片 1 个；③各种长度的牵开器叶片

第 114 章

ASIF 颈椎前路锁定接骨板器械

见图 114-1 至图 114-3。

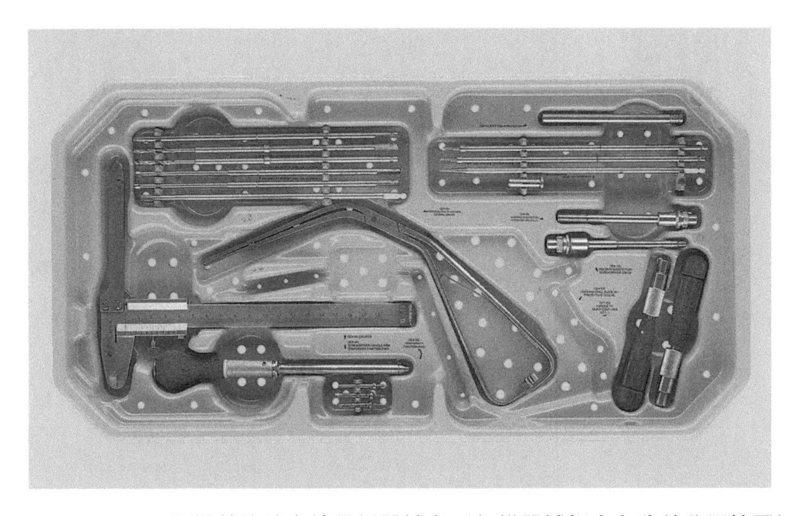

图 114-1　ASIF 颈椎前路锁定接骨板器械盘（每样器械标有名称并分开放置）

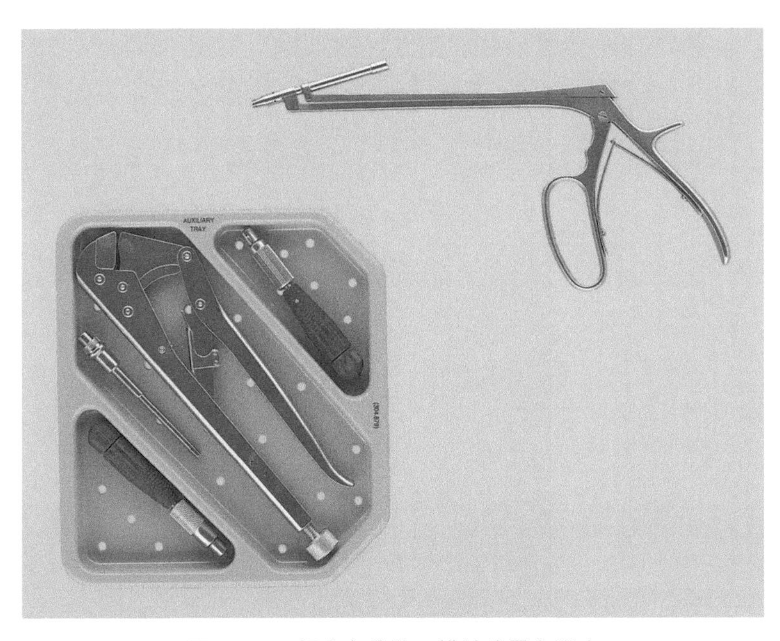

图 114-2　标有名称的凹槽钻头导向器盒

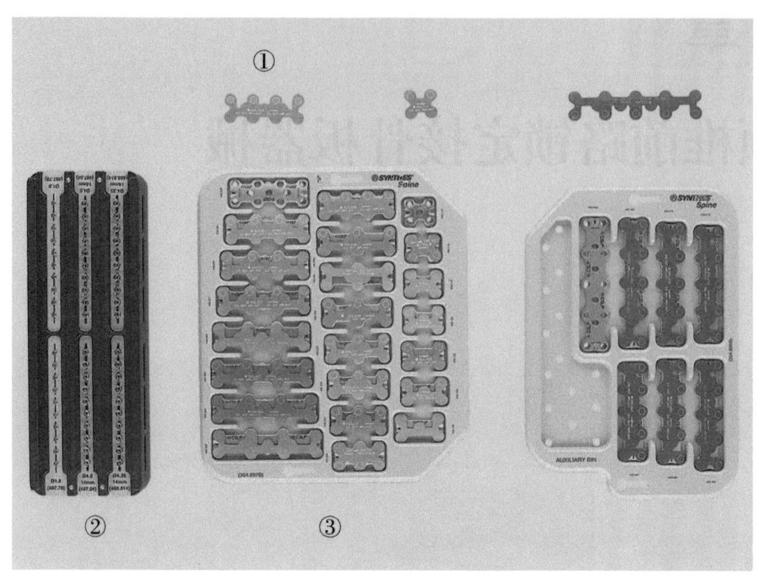

图 114-3 ①各种型号颈椎接骨板 3 个；②螺钉 1 盒；③各种型号颈椎接骨板 2 盒